市政材料员

专业与实操

Shizheng Cailiaoyuan Zhuanye Yu Shicao

本书编写组 编

中国建材工业出版社

图书在版编目(CIP)数据

市政材料员专业与实操 / 《市政材料员专业与实操》
编写组编. —北京:中国建材工业出版社,2015.4
市政施工专业技术人员职业资格培训教材
ISBN 978-7-5160-1146-1

Ⅰ.①市… Ⅱ.①市… Ⅲ.①建筑材料-技术培训-
教材 Ⅳ.①TU5

中国版本图书馆CIP数据核字(2015)第039943号

市政材料员专业与实操
本书编写组 编

出版发行:中国建材工业出版社
地 址:北京市海淀区三里河路1号
邮 编:100044
经 销:全国各地新华书店
印 刷:北京紫瑞利印刷有限公司
开 本:850mm×1168mm 1/32
印 张:18.5
字 数:515千字
版 次:2015年4月第1版
印 次:2015年4月第1次
定 价:50.00元

本社网址:www.jccbs.com.cn 微信公众号:zgjcgycbs
本书如出现印装质量问题,由我社营销部负责调换。电话:(010)88386906
对本书内容有任何疑问及建议,请与本书责编联系。邮箱:dayi51@sina.com

内 容 提 要

　　本书依据市政工程最新材料标准规范，从材料管理应用入手，详细地介绍了市政工程材料员必须掌握的基础理论和各种专业知识。全书主要内容包括绪论，市政工程基础知识，市政工程材料基本性质，市政结构性材料，给排水管道材料，材料管理，材料仓储与保管，危险物品及施工余料、废弃物管理等。

　　本书内容翔实，充分体现了"专业与实操"的理念，具有较强的实用价值，既可作为市政工程材料员职业资格培训的教材，也可供市政工程施工现场其他技术及管理人员工作时参考。

市政材料员专业与实操

编写组

主　　编：刘伟娜

副主编：韩艳方　　陈爱连

参　　编：张晓莲　　卜永军　　侯建芳　　孙冬梅

　　　　　刘彩霞　　李红芳　　孙　琳　　赵艳娥

　　　　　王　恪　　屈明飞　　许斌成　　汪永涛

　　　　　刘伟娜　　刘　雨

职业资格是对从事某一职业所必备的学识、技术和能力的基本要求，反映了劳动者为适应职业劳动需要而运用特定的知识、技术和技能的能力。职业资格与学历文凭是不同的，学历文凭主要反映学生学习的经历，是文化理论知识水平的证明，而职业资格与职业劳动的具体要求密切结合，能更直接、更准确地反映特定职业的实际工作标准和操作规范，以及劳动者从事该职业所达到的实际工作能力水平。

职业资格证书是表明劳动者具有从事某一职业所必备的学识和技能的证明，是劳动者求职、任职、开业的资格凭证，是用人单位招聘、录用劳动者的主要依据。职业资格证书认证制度是劳动就业制度的一项重要内容，是指按照国家制定的职业技能标准或任职资格条件，通过政府认定的考核鉴定机构，对劳动者的技能水平或职业资格进行客观公正、科学规范的评价和鉴定，对合格者授予相应的国家职业资格证书的一种制度。

市政工程建设所包含的城市道路、桥梁、隧道、给排水、防洪堤坝、燃气、集中供热及绿化等设施是城市的重要基础设施，是城市必不可少的物质基础，是城市经济发展和实行对外开放的基本条件。国家的工业化都是以大力发展基础设施为前提，并伴随着市政工程的各个领域发展起来的。建设现代化的城市，必须有相应的基础设施，使之与各项事业的发展相适应，以创造良好的生活环境，提高城市的经济效益和社会效益。随着国民经济的快速发展和科技水平的不断提高，市政工程建设领域的技术也得到了迅速发展。在快速发展的科技时代，市政工程建设标准、功能设备、施工技术等在理论与实践方面也有了长足的发展，并日趋全面、丰富。

市政工程建设所涉及的学科领域相当广泛，这就要求市政工程建设从业人员必须熟练地掌握各学科基本理论和专业技术知识。只有具备了完善的专业知识，才能在市政工程建设领域进行相关的研究、规划、设计、施工等工作。同时，在国家经济建设迅速发展的带动下，市政工程建设已进入专业化的时代，市政工程建设规模也在不断扩大，建设速度正不断加快，复杂性也相继增加，因而，在市政工程建设行业的生产操作人员中实行职业资格证书制度具有十分重要的现实意义与作用，同时也是适应社会主义市场经济和国际形势的需要，是全面提高劳动者素质和企业竞争能力、实现市政工程建设行业长远发展的保证，是规范劳动管理、提高市政工程建设工程质量的有效途径。

　　为更好地促进市政工程建设行业的发展，广泛开展市政工程职业资格培训工作，全面提升市政工程施工企业专业技术与管理人员的素质，我们根据市政工程建设行业岗位与形势发展的需要，组织有关方面的专家学者，编写了本套《市政施工专业技术人员职业资格培训教材》。本套教材从专业岗位的需要出发，既重视理论知识的讲述，又注重实际工作能力的培养。本套教材包括《市政施工员专业与实操》《市政质量员专业与实操》《市政材料员专业与实操》《市政安全员专业与实操》《市政测量员专业与实操》《市政监理员专业与实操》《市政造价员专业与实操》《市政资料员专业与实操》等分册。

　　为配合和满足专业技术人员职业资格培训工作的需要，教材各分册均配有一定量的课后练习题和模拟试卷，从而方便学员课后复习参考和检验测评学习效果。

　　为保证教材内容的先进性和完整性，在教材编写过程中，我们参考了国内同行的部分著作，部分专家学者还对我们的编写工作提出了很多宝贵意见，在此我们一并表示衷心地感谢！由于编写时间仓促，加之编者水平所限，教材内容能否满足市政工程施工专业技术人员职业资格培训工作的需要，还望广大读者多提出宝贵的意见，以利于教材能得以不断修订完善。

编　者

上篇 专业基础知识

中篇　市政工程材料

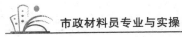

下篇　岗位知识与实务

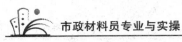

上篇　专业基础知识

第一章　绪　论

第一节　材料员岗位职责

市政工程现场材料员主要具有以下职责：

（1）按材料预算或包干指标，结合施工进度计划，并与现场统计员或工长配合，按时提出月度用料计划。

（2）做好材料收、发工作。做到亲自点数、检尺、量方、过磅，发现质量差或其他问题时，要及时与供（送）料方联系处理。在办理验收前，要认真核对验收记录，无误后方可签证。

（3）执行限额领料制度，并认真审核限额用料数量。无限额领料单不予发料，节超数据要准确，原因要清楚，超用材料须有超用报告，经有关领导审批后方可供料。

（4）加强周转材料管理。坚持按生产计划与进度需求办理租赁、调拨、拆除，不用者应及时退租（库）。做到专料专用，现场无积压，不占用。

（5）执行包装品回收制度，对包装品不得擅自销售和处理。应做到及时回收利用。

（6）认真搞好账务处理，按财务要求建账、记账，做到账物相符，现场小库要整洁有序。同时，要求在工程竣工后，做出主要材料消耗、节超对比分析表（同预、决算对比），上报材料主管部门。

（7）材料采购人员，要本着对企业负责、对工程质量负责的精神，认真搞好材料采购,做到比质、比价、比运距、算成本,按时、准确完成采购任务。

(8)严格执行统计工作。认真、及时、准确、全面地做好各种统计报表,各种凭证单据要按月进行装订,保存备查。

第二节　材料员职业能力标准与评价

一、材料员的工作职责

材料员的工作职责应符合表 1-1 的规定。

表 1-1　　　　　　　材料员的工作职责

项次	分类	主要工作职责
1	材料管理计划	(1)参与编制材料、设备配置计划。 (2)参与建立材料、设备管理制度
2	材料采购验收	(1)负责收集材料、设备的价格信息,参与供应单位的评价、选择。 (2)负责材料、设备的选购,参与采购合同的管理。 (3)负责进场材料、设备的验收和抽样复检
3	材料使用存储	(1)负责材料、设备进场后的接收、发放、储存管理。 (2)负责监督、检查材料、设备的合理使用。 (3)参与回收和处置剩余及不合格材料、设备
4	材料统计核算	(1)负责建立材料、设备管理台账。 (2)负责材料、设备的盘点、统计。 (3)参与材料、设备的成本核算
5	材料资料管理	(1)负责材料、设备资料的编制。 (2)负责汇总、整理、移交材料和设备资料

二、材料员的专业技能

材料员的专业技能应符合表 1-2 的规定。

表 1-2   材料员的专业技能

项次	分类	专业技能
1	材料管理计划	能够参与编制材料、设备配置管理计划
2	材料采购验收	(1)能够分析建筑材料市场信息,并进行材料、设备的计划与采购。 (2)能够对进场材料、设备进行符合性判断
3	材料使用存储	(1)能够组织保管、发放施工材料、设备。 (2)能够对危险物品进行安全管理。 (3)能够对施工余料、废弃物进行处置或再利用
4	材料统计核算	(1)能够建立材料、设备的统计台账。 (2)能够参与材料、设备的成本核算
5	材料资料管理	能够编制、收集、整理施工材料、设备资料

三、材料员的专业知识

材料员的专业知识应符合表 1-3 的规定。

表 1-3   材料员的专业知识

项次	分类	专业知识
1	通用知识	(1)熟悉国家工程建设相关法律法规。 (2)掌握工程材料的基本知识。 (3)了解施工图识读的基本知识。 (4)了解工程施工工艺和方法。 (5)熟悉工程项目管理的基本知识

项次	分类	专业知识
2	基础知识	(1)了解建筑力学的基本知识。 (2)熟悉工程预算的基本知识。 (3)掌握物资管理的基本知识。 (4)熟悉抽样统计分析的基本知识
3	岗位知识	(1)熟悉与本岗位相关的标准和管理规定。 (2)熟悉建筑材料市场调查分析的内容和方法。 (3)熟悉工程招投标和合同管理的基本知识。 (4)掌握建筑材料验收、存储、供应的基本知识。 (5)掌握建筑材料成本核算的内容和方法

知识链接

施工员的工作职责

建筑与市政工程施工现场专业人员参加职业能力评价,其施工现场职业实践年限应符合表1-4的规定。

表1-4　　　　施工现场职业实践最少年限(年)

岗位名称	土建类本专业专科及以上学历	土建类相关专业专科及以上学历	土建类本专业中职学历	土建类相关专业中职学历	非土建类中职及以上学历
施工员、质量员、安全员、标准员、机械员	1	2	3	4	—
材料员、劳务员、资料员	1	2	3	4	4

四、材料员职业能力评价

材料员专业能力测试权重应符合表 1-5 的规定。

表 1-5　　　　　　　　　　材料员专业能力测试权重

项次	分类	评价权重
专业技能	材料管理计划	0.10
	材料采购验收	0.20
	材料使用存储	0.40
	材料统计核算	0.20
	材料资料管理	0.10
	小计	1.00
专业知识	通用知识	0.20
	基础知识	0.40
	岗位知识	0.40
	小计	1.00

▶ 复习思考题 ◀

1. 市政材料员工作职责中的材料采购验收包括哪些内容？
2. 市政材料员的专业技能有哪些？
3. 市政材料员应具备哪些专业知识？

第二章 市政工程基础知识

第一节 市政工程概述

一、市政工程内容

（一）市政工程定义

市政工程是一个相对的概念，随着社会经济的发展和城市化的推进，城市的功能日益增加，市政工程也在不断拓展其内涵和外延。市政工程都是由国家投资（包括地方投资）兴建，是城市的基础设施，是供城市生产和人民生活的公用工程，通常称为市政公用设施，简称市政工程。市政工程也可称为支柱工程、骨干工程、血管工程，属于社会主义国家的基本建设。

市政工程设施则是城市的重要基础设施，是城市必不可少的物质技术基础，是城市经济发展和实行对外开放的基本条件。国家的工业化都是以大力发展基础设施为前提，伴随着市政、交通、能源等基础设施发展起来的。建设现代化的城市必须有相适应的基础设施，使之与生存和发展各项建设事业相适应，以创造良好的生活环境，提高城市经济效益和社会效益。它既输送经济建设中的养料，如城市供水设施向企业提供生产用水、向居民提供生活用水，又排除废料，如城市排水设施排放、处理工业废水和生活污水。城市防洪设施既保证生产安全，又保障人民生活安全；城市道路、桥梁保证生产用车和生活用车的通行，沟通城乡物资交流，对于促进农业生产以及科学技术的发展，改善城市面貌，使国家经济建设和人民物质文明生活提高，有极为重要的作用。

(二)市政工程研究范围

随着市政工程内涵和外延的不断发展,市政工程的研究范围也在不断扩展。目前,凡是与城市基础设施工程有关的内容都是市政工程所研究的范围,它主要包括城市的道路、桥涵、隧道、给排水、供电、物资供应、防洪堤坝、燃气、邮政电信、防灾工程、集中供热及绿化等工程。其研究对象主要是城市基础设施工程的规划、设计、施工和维修等。

(三)市政工程研究内容

市政工程属于国家的基础建设,是指城市建设中的道路、桥梁、给水、排水、燃气、城市防洪、环境卫生及照明等基础设施建设,是城市生存和发展必不可少的物质基础,也是提高人民生活水平和对外开放的基本条件。

市政工程也称为市政公用设施或城市公共设施,其内容十分广泛,有广义和狭义之分。广义的市政工程基础设施,主要包括给水工程、排水工程、交通桥梁工程、电力工程、燃气工程、集中供热工程、消防工程、防洪工程、环境保护工程、城市绿化工程、城市防空工程、环境卫生工程等;狭义的市政工程基础设施,主要是指城市建成区及规划区范围内的道路、桥梁、排水、给水、电力、供热、环卫设施等工程,这些是城市基础设施最主要、最基本的内容。

城市基础设施是建设城市物质文明和精神文明的重要保证。城市市政基础设施是保证正常运转和城市发展的基础,是持续保障城市可持续发展的关键设施。它主要由交通、排水、给水、供电、供热、环卫、通信、防灾等各项工程系统构成。

城市公用设施和城市基础设施、城市的发展规划、城市的环境保护、城市的卫生管理等都属于市政,都需要政府把这些事务综合起来,设立相应的市政部门,运用各种法律规章和行政手段对其进行管理和规范,保证社会公共事务的正常运行,促使市政及市政管理朝着良性运行的方向发展。

(四)市政工程材料概念

市政工程材料就是构成市政工程的所有材料的统称。它包括道路、桥梁、排水、给水、电力、供热、环卫设施等工程所用到的各种材料。市政工程材料种类繁多,性能差别很大,使用量也很大。正确选择和使用市政工程材料,不仅与市政工程的坚固、耐久和适用性有密切关系,而且直接影响到市政工程造价(材料费用一般占市政工程总造价的50%～60%)。因此,在选材时应充分考虑材料的技术性能和经济性能,在使用中加强对材料的科学管理,无疑会对提高市政工程质量和降低工程造价起重要作用。

(五)工程材料分类

工程材料按一定的原则有各种不同的分类方法。根据材料来源,可分为天然材料和人工材料;根据材料在工程结构物中的使用部位,可分为饰面材料、承重材料、屋面材料、墙体材料和地面材料等;根据材料在工程中的功能又可分为承重结构材料和非承重结构材料、功能(防水、装饰、防火、声、光、电、热、磁等)材料等。

目前,工程材料最基本的分类方法是根据组成物质的种类和化学成分分类,可分为无机材料、有机材料和复合材料,各大类中又可细分,具体见表2-1。

表 2-1　　　　　　　　　　工程材料分类

工程材料分类	无机材料	金属材料	黑色金属:钢、铁
			有色金属:铝、铜等及其合金
		非金属材料	天然石材:砂石及各种石材制品
			烧土及熔融制品:黏土砖、瓦、陶瓷及玻璃等
			胶凝材料:石膏、石灰、水泥、水玻璃等
			混凝土及硅酸盐制品:混凝土、砂浆及硅酸盐制品
	有机材料	植物质材料	木材、竹材等
		沥青材料	石油沥青、煤沥青、沥青制品
		高分子材料	塑料、涂料、胶粘剂
	复合材料	无机材料基复合材料	水泥刨花板、混凝土、砂浆、纤维混凝土
		有机材料基复合材料	沥青混凝土、玻璃纤维增强塑料(玻璃钢)

二、市政工程特点

（1）开工急、工期短、质量控制难度大。市政工程建设项目通常是由政府投资，为了减少工程建设期间对城市的干扰，对工期有十分严格的要求，工期只能提前，不准推后，往往是开工急，工期短。承包人常常倒排施工进度，这就会出现片面追求进度与数量，不求质量，不讲效益的情况，增加了质量控制的难度。

（2）施工场地狭窄。市政工程一般是在市内的大街小巷进行施工，场地狭窄，并常常影响该工程实施地段的环境和交通，给人们生产和生活带来不便，也增加了市政工程建设进度控制、质量控制的难度。

（3）地下管线复杂。在市政工程建设实施过程中，常常遇到地下管线位置不清的情况，容易发生事故，例如挖断通信电缆，特别是国际电信电缆和军用电缆，燃气管道和自来水管道等，造成重大经济损失和严重的社会影响，因此，承包人在开工前应多作调查研究，摸清施工地段地下管线情况，避免挖断管线，影响施工进度和造成经济损失。

三、城镇道路分类

（一）城镇道路分级

我国城镇道路按道路在道路网中的地位、交通功能以及对沿线的服务功能等，分为快速路、主干路、次干路和支路四个等级。

1. 快速路

快速路应中央分隔、全部控制出入且控制出入口间距及形式，以实现交通连续通行；单向设置不应少于两条车道，并应设有配套的交通安全与管理设施。快速路两侧不应设置吸引大量车流、人流的公共建筑物的出入口。

2. 主干路

主干路应连接城市各主要分区，以交通功能为主。主干路两侧不宜设置吸引大量车流、人流的公共建筑物的出入口。

3. 次干路

次干路应与主干路结合组成干路网，以集散交通的功能为主，兼有服务功能。

4. 支路

支路宜与次干路和居住区、工业区、交通设施等内部道路相连接，以解决局部地区交通，以服务功能为主。

(二)城镇道路技术标准

我国城镇道路分类及主要技术指标见表2-2。

表 2-2　　　　　　　　我国城镇道路分类及主要技术指标

等　　级	设计车速 (km/h)	双向机动 车道数(条)	机动车道 宽度(m)	分隔带 设置	横断面 采用形式	设计使用 年限(年)
快速路	60～100	≥4	3.50～3.75	必须设	双、四幅路	20
主干路	40～60	≥4	3.25～3.50	应设	三、四幅路	20
次干路	30～50	2～4	3.25～3.50	可设	单、双幅路	15
支路	20～40	2	3.25～3.50	不设	单幅路	10～15

(三)城镇道路路面分类

1. 按结构强度分类

(1)高级路面。路面强度高、刚度大、稳定性好是高级路面的特点。它使用年限长，适宜繁重交通量，且路面平整、车速高、运输成本低、建设投资高、养护费用少。

(2)次高级路面。路面强度、刚度、稳定性、使用寿命、车辆行驶速度、适宜交通量等均低于高级路面，但是维修、养护、运输费用较高。

2. 按力学特性分类

(1)柔性路面。荷载作用下产生的弯沉变形较大、抗弯强度小，在反复荷载作用下产生累积变形，它的破坏取决于极限垂直变形和弯拉应变。柔性路面主要代表各种沥青类面层,包括沥青混凝土（英国标准称压实后的混合料为混凝土）面层、沥青碎石面层、沥青贯入式碎（砾）石面层等。

（2）刚性路面。行车荷载作用下产生板体作用,弯拉强度大,弯沉变形很小,呈现出较大的刚性,它的破坏取决于极限弯拉强度。刚性路面主要代表是水泥混凝土路面,包括接缝处设传力杆、不设传力杆及设补强钢筋网的水泥混凝土路面。

(四)挡土墙

在城镇道路的填土工程、城市桥梁的桥头接坡工程中常用到重力式挡土墙、衡重式挡土墙、钢筋混凝土悬臂式挡土墙和钢筋混凝土扶壁式挡土墙。

1. 重力式挡土墙(类型一)

（1）结构特点。

1）依靠墙体自重抵挡土压力作用。

2）一般用浆砌片（块）石砌筑,缺乏石料地区可用混凝土砌块或现场浇筑混凝土。

> 重力式挡土墙依靠墙体的自重抵抗墙后土体的侧向推力（土压力）,以维持土体稳定,多用料石或混凝土预制块砌筑,或用混凝土浇筑,是目前城镇道路常用的一种挡土墙形式。

3）形式简单,就地取材,施工简便。

（2）结构形式。重力式挡土墙（类型一）的结构示意图,如图 2-1 所示。

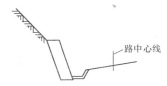

图 2-1 重力式挡土墙(类型一)的结构示意图

2. 重力式挡土墙(类型二)

（1）结构特点。

1)依靠墙体自重抵挡土压力作用。

2)在墙背设少量钢筋,并将墙趾展宽(必要时设少量钢筋)或基底设凸榫抵抗滑动。

3)可减薄墙体厚度,节省混凝土用量。

(2)结构形式。重力式挡土墙(类型二)的结构示意图,如图2-2所示。

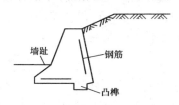

图2-2　重力式挡土墙(类型二)的结构示意图

3. 衡重式挡土墙

(1)结构特点。

1)上墙利用衡重台上填土的下压作用和全墙重心的后移增加墙体稳定。

2)墙胸坡,下墙倾斜,可降低墙高,减少基础开挖。

> 衡重式挡土墙的墙背在上下墙间设衡重台,利用衡重台上的填土重量使全墙重心后移增加墙体的稳定性。

(2)结构形式。衡重式挡土墙的结构示意图,如图2-3所示。

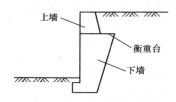

图2-3　衡重式挡土墙的结构示意图

4. 钢筋混凝土悬臂式挡土墙

(1)结构特点。

1)采用钢筋混凝土材料,由立壁、墙趾板、墙踵板三部分组成。

2)墙高时,立壁下部弯矩大,配筋多,不经济。

（2）结构形式。钢筋混凝土悬臂式挡土墙的结构示意图，如图 2-4 所示。

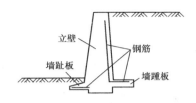

图 2-4 钢筋混凝土悬臂式挡土墙的结构示意图

5. 钢筋混凝土扶壁式挡土墙

（1）结构特点。

1）沿墙长，每隔一定距离加筑肋板（扶壁），使墙面与墙踵板连接。

2）比悬臂式受力条件好，在高墙时较悬臂式经济。

（2）结构形式。钢筋混凝土扶壁式挡土墙的结构示意图，如图 2-5 所示。

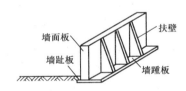

图 2-5 钢筋混凝土扶壁式挡土墙的结构示意图

知识链接

挡土墙基础地基承载力的规定

挡土墙基础地基承载力必须符合设计要求，并经检测验收合格后方可进行后续工序施工。施工中应按设计规定布设挡土墙的排水系统和泄水孔，反滤层和结构变形缝。挡土墙投入使用时，应进行墙体变形观测，确认合格。

第二节　市政工程施工图识读

一、道路工程施工图识读

(一)道路平面图识读

城市道路平面图是应用正投影的方法,先根据标高投影(等高线)或地形地物图例绘制出地形图,然后将道路设计平面的结果绘制在地形图上,该图样称为道路平面图。

道路平面图是用来说明道路路线的平面位置、线型状况、沿线地形和地物、纵断标高和坡度、路基宽度和边坡坡度、路面结构、地质状况以及路线上的附属构造物,如桥涵、通道、隧道、挡土墙的位置及其与路线的关系,如图 2-6 所示。

1. 道路平面图主要内容

一般来说,道路平面图主要包括地形、路线两部分内容。

(1)地形部分。

1)比例。为了清晰地表示图样,根据地形起伏情况的不同,地形图采用不同的比例。一般在山岭区采用 1∶2000,丘陵和平原地区采用 1∶5000。

2)坐标网与指北针。在路线平面图上应画出坐标网或指北针,指出公路所在地区的方位与走向,同时,坐标或指北针又可作为拼接图线时校对之用。

3)等高线。地形情况一般采用等高线或地形点表示。由于城市道路一般比较平坦,因此多采用大量的地形点来表示地形高程。如图 2-6 所示可以看出,两等高线的高差为 2m。等高线愈密,表示地势愈陡;等高线愈稀,表示地势愈平坦。图中正前方有一座山丘,山脚下河套地带有名为石门的村落,村落南面有一条河,河的南岸是一条沥青路面的旧路。图 2-6 所示为待建的公路在山腰下方依山势以"S"形通过该村落。

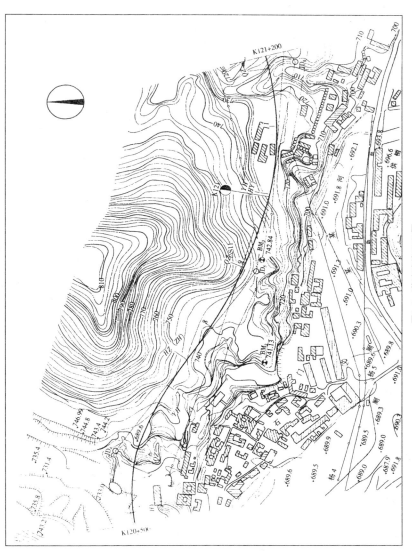

图2-6　道路路线平面图

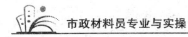

4)道路工程常用地物图例和构造图例分别见表2-3、表2-4。

表2-3　　　　　　　　　道路工程常用地物图例

名　　称	图　　例	名　　称	图　　例
机场		港口	
井		学校	
交电室		房屋	
土堤		水渠	
烟囱		河流	
冲沟		人工开挖	
铁路		公路	
大车道		小路	
低压电力线 高压电力线		电讯线	
果园		旱地	
草地		林地	
水田		菜地	
导线点		三角点	
图根点		水准点	
切线交点		指北针	

表 2-4　　　　　　　　道路工程常用构造图例

项目	序号	名　　称	图　　例
平 面	1	涵洞	
	2	通道	
	3	分离式立交 a. 主线上跨 b. 主线下穿	
平 面	4	桥梁 （大、中桥梁按 实际长度绘）	
	5	互通式立交 （按采用形式绘）	
	6	隧道	
	7	养护机构	
	8	管理机构	
	9	防护网	
	10	防护栏	
	11	隔离墩	

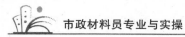

项目	序号	名　称	图　例
纵断面	12	箱涵	□
	13	管涵	○
	14	盖板涵	⊔
	15	拱涵	⌂
	16	箱型通道	⊓
	17	桥梁	
	18	分离式立交 a. 主线上跨 b. 主线下穿	
	19	互通式立交 a. 主线上跨 b. 主线下穿	
材料	20	细粒式沥青混凝土	
	21	中粒式沥青混凝土	
	22	粗粒式沥青混凝土	
	23	沥青碎石	

续二

项目	序号	名　　称	图　　例
材 料	24	沥青贯入碎砾石	
	25	沥青表面处治	
	26	水泥混凝土	
	27	钢筋混凝土	
	28	水泥稳定土	
	29	水泥稳定砂砾	
	30	水泥稳定碎砾石	
	31	石灰土	
	32	石灰粉煤灰	
	33	石灰粉煤灰土	
	34	石灰粉煤灰砂砾	

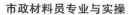

续三

项目	序号	名　　称	图　　例
材料	35	石灰粉煤灰碎砾石	
	36	泥结碎砾石	
	37	泥灰结碎砾石	
	38	级配碎砾石	
	39	填隙碎石	
	40	天然砂砾	
	41	干砌片石	
	42	浆砌片石	
	43	浆砌块石	
	44	横 木材 纵	

续四

项目	序号	名　称	图　例
材 料	45	金属	
	46	橡胶	
	47	自然土壤	
	48	夯实土壤	

（2）路线部分。

1）路线表示。道路规划红线是道路的用地界限，常用双点画线表示。道路规划红线范围内为道路用地，一切不符合设计要求的建筑物、构筑物、各种管线等需拆除。

城市道路中心线一般采用细点画线表示。由于路线平面图所采用的绘图比例较小，公路的宽度无法按实际尺寸画出，因此，在路线平面图中，路线用粗实线沿着路线中心线表示，如图2-7中的粗实线表示公路路线的位置和方向。

2）里程桩号。里程桩号反映了道路各段长度及总长，一般在道路中心线上。从起点到终点，沿前进方向注写里程桩号，也可向垂直道路中心线方向引一条细直线，再在图样边上注写里程桩号。如K120＋500，即距离路线起点为120500m。如里程桩号直接注写在道路中心线上，则"＋"号位置即为桩的位置。

3）平面线形。路线的平面线形有直线形和曲线形。对于曲线形路线的公路转弯处，在平面图中是用交角点编号来表示，如图2-7中

JD₅ 表示第 5 号交角点。路线平面图中,对曲线还需标出曲线起点 ZY(直圆)、曲线中点 QZ(曲中)、曲线终点 YZ(圆直)的位置;对带有缓和曲线的路线则需标出 ZH(直缓)、HY(缓圆)、QZ(圆中)、YH(圆缓)、HZ(缓直)的位置。

2. 道路平面图识读

(1)仔细观察图形,根据平面图图例及等高线的特点,了解该图样反映的地形地物状况、地面各控制点高程、构筑物的位置、道路周围建筑的情况及性质、已知水准点的位置及编号、坐标网参数或地形点方位等。

(2)依次阅读道路中心线、规划红线、机动车道、非机动车道、人行道、分隔带、交叉口及道路中心曲线设置情况等。

(3)道路方位及走向,路线控制点坐标、里程桩号等。

(4)根据道路用地范围了解原有建筑物及构筑物的拆除范围以及拟拆除部分的性质、数量,所占农田性质及数量等。

(5)结合路线纵断面图掌握道路的填挖工程量。

(6)查出图中所标注水准点位置及编号,根据其编号到有关部门查出该水准点的绝对高程,以备施工中控制道路高程。

(二)道路纵断面图识读

1. 道路纵断面图的形成

道路纵断面图是通过公路中心线用假想的铅垂面进行剖切展平后获得的。由于公路中心线是由直线和曲线所组成,因此剖切的铅垂面既有平面又有柱面。为了清晰地表达道路纵断面情况,特采用展开的方法将断面展平成一平面,然后进行投影,形成道路纵断面图。

道路纵断面图的作用是表达路线中心纵向线形以及地面起伏、地质和沿线设置构造物的概况。

2. 道路纵断面图内容与识读

道路纵断面图包括图样和资料表两部分。图样画在图纸的上方,资料表列在图纸的下方。现参考图 2-7 进行识读介绍。

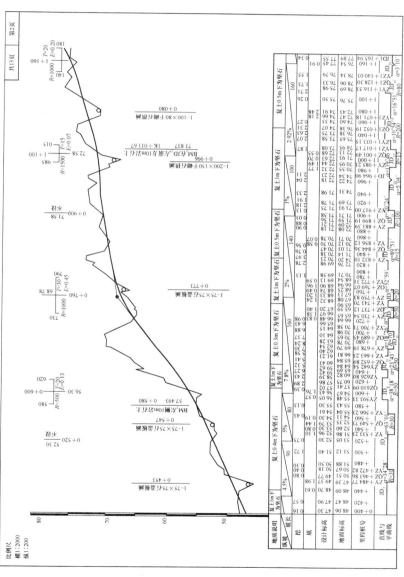

图2-7 道路纵断面图

（1）图样部分。

1）比例。图样中水平方向表示路线长度，垂直方向表示高程。由于地面线和设计线的高差比起路线的长度小得多，如果铅垂方向与水平方向用同一比例画就很难把高差明显地表示出来。

为了清晰反映垂直方向的高差，规定铅垂方向的比例比水平方向的比例放大 10 倍，一般在山岭区，水平方向采用 1：2000，铅垂方向为 1：200，在丘陵区和平原区因地形变化较小，所以水平方向采用 1：5000，铅垂方向采用 1：500。一条公路纵断面图有若干张，应在第一张的适当位置（在图纸右下角图标内或左侧竖向标尺处）注明铅垂、水平方向所用比例。本图铅垂方向比例采用 1：200，水平方向比例采用 1：2000，图上所画出的图线实际坡度大，看起来明显。从图中可知，纵断面图共有 13 张，本图图纸序号为 2。

2）地面线。图样中不规则的细折线表示沿道路设计中心线处的地面线。具体画法是将水准测量所得各桩的高程按铅垂方向 1：200 的比例，点绘在相应的里程桩上；然后顺次把各点用直尺连接起来，即为地面线，地面线用细实线画出。

3）路面设计高程线。图上比较规则的直线与曲线相间的粗实线称为设计坡度，简称设计线，表示路基边缘的设计高程。它是根据地形、技术标准等设计出来的，设计线用粗实线画出。

4）竖曲线。在设计路面纵向坡度变更处，两相邻坡度之差的绝对值超过一定数值时，为有利于车辆行驶，应在坡度变更处设置圆形竖曲线。竖曲线分为凸形和凹形两种，并在其上标注竖曲线的半径 R、切线长 T 和外距 E。如图 2-7 中在 0+660 处设有一个凹形竖曲线，其 $R=500$，$T=20$、$E=0.13$。如变坡处不设竖曲线，则在图上该处注明不设。

5）桥梁构造物。当路线上有桥涵时，应在设计线上方（或下方）桥涵的中心位置处标出桥涵名称、种类、大小及中心里程桩号，并采用 "○" 符号来表示。如图 2-7 中的 1-75×75 石盖板涵 0+773 表示在里程 0+773 处设有一座单孔石盖板涵，断面尺寸为 75cm×75cm。在新建的大、中桥梁处还应标出水位标高。

6）水准点。沿线设置的水准点，都应按所在里程注在设计线的上方(或下方),并标出其编号、高程和路线的相对位置,如图 2-7 中 BM_2 左侧 10m 岩石上 57.4930+580 表示在里程 0+580 处的左侧 10m 的岩石上,设有 2 号水准点,其高程为 57.493m。

(2)资料表。

1)地质情况。指道路路段上土质变化情况,注明各段土质名称。

2)坡度/坡长。指设计线的纵向坡度和其长度,表的第二栏中第一分格表示坡度,对角线表示坡度的方向,先低后高表示上坡,先高后低表示下坡。对角线上方数字表示坡度,下方数字表示坡长,坡长以 m 为单位。如第三分格内注有"5%/80",表示顺路线前进方向是上坡,坡度为 5%、坡长为 80m。如在不设坡度的平路范围内,则在方格中画一水平线,上方注数字"0",下方注坡长。各分格线为变坡点位置,应与竖曲线中心线对齐。

3)填挖情况。路线的设计线低于地面线时,需要挖土;路线的设计线高于地面线时,需要填土。这一项的各个数据是各点(桩号)的地面标高与设计标高的差。

4)标高。分为设计标高和地面标高。它们和图样相对应,两者之差就是挖填的数值。

5)桩号。各点的桩号是按测量所测的里程填入表内,单位为 m。有些数据前有 ZY、QZ 和 YZ 符号,表示圆弧的起点、中点和终点;后面的数据表示起点、中点和终点的里程桩号,里程桩号之间的距离在表中按横向比例列入。因此,图中的设计线、地面线、竖曲线和涵洞等位置以及资料表中的各个项目都要与相应的桩号对齐。

6)平曲线。道路中心线示意图,平曲线的起止点用直角折线。如图 2-7 中表示第 7 号交角点沿路线前进方向左转弯,转折角 $\alpha = 34°28'$,平曲线半径 $R = 30m$。又如表示第 9 号交角点沿路线前进方向右转弯,转折角 $\alpha = 38°18'$,平曲线半径 $R = 50m$。两铅垂线间的距离为曲线长度。当转折角小于某一定值时,不设平曲线,"定值"随公路等级而定。如四级公路的转折角≤5°时,不设平曲线,但需画出转折方向。如 JD_{20} 用"∨"符号表示路线向左转弯,若是用"∧"符号则表示路线向右转弯。

(三)道路横断面图识读

1. 道路横断面图的形成

在路线每一中桩处假设用一垂直于设计中心线的平面进行剖切，画出剖切面与地面的交线，再根据填挖高度和规定的路基宽度和边坡，画出路基横断面设计线，即称为道路横断面。

道路横断面有路基标准横断面图、路基一般设计图和特殊路基设计图三种。

(1)路基标准横断面图。在路基设计阶段，抽取比较有代表性的断面绘成的图叫作路基标准横断面图。其作用是表达道路与地形、道路各组成部分间以及与构造物的横向布置关系。在标准横断面图上，表达了行车道、路缘带、硬路肩、路面厚度、土路肩和中央分隔带等道路各组成部分的横向布置，如图 2-8 所示。

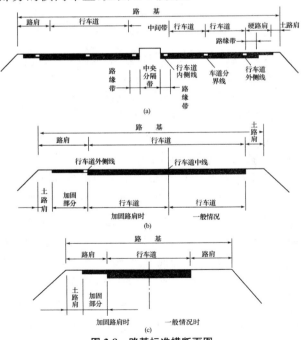

图 2-8 路基标准横断面图

（2）路基一般设计图。路基一般设计图要绘出一般路堤、路堑、半填半挖路基、陡坡路基等不同形式的代表性路基设计图。

1）路堤，如图 2-9（a）所示。在图下注有该断面的里程桩号、中心线处的填方高度（m）以及该断面的填方面积（m^2）。

2）路堑，如图 2-9（b）所示。在图下注有该断面的里程桩号、中心线处挖方高度（m）以及该断面的挖方面积（m^2）。

3）半填半挖路基。即前两种路基的综合，如图 2-9（c）所示。在图下注有该断面的里程桩号、中心线处的填方高度（m）和挖方高度（m）以及该断面的填方面积（m^2）和挖方面积（m^2）。

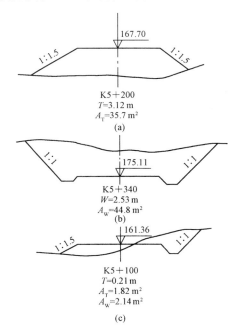

图 2-9 路基一般设计横断面图

（a）路堤；（b）路堑；（c）半填半挖路基

（3）特殊路基设计图。在特殊的地质区域，为确保道路的长久耐用，需要对路基进行复杂的处理，其设计结果要用特殊点路基设计图表达。

以图 2-10 所示为例进行分析。从图中可以看出：

1）图中用横断面图和局部大样图表达了高填量路基段道路路基的结构形式和采用的处理方案。

2）图中实线表示施工时的路基形状和尺寸。

3）如果在软土地基路段，还用虚线表示沉降稳定后的路基形状和尺寸，技术要求等在附注中给出。

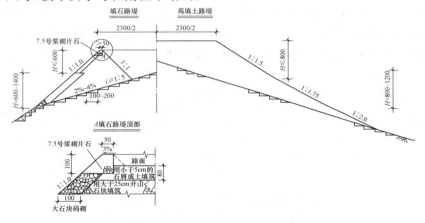

图 2-10 特殊路基设计图

注：1. 图中尺寸均以 cm 计。

2. 填石路堤顶部浆砌片石砌筑时应预留标志柱，护栏柱孔详见交通部公路科研所交通工程有关图纸。

3. 路槽底面 80cm 范围内，石块粒径不得大于 5cm，并应分层填筑，嵌缝压实。

4. 在石料欠缺的填石路段，路堤内部可以用土或石屑填筑，但必须保证填石顶宽不小于 50cm，内坡不陡于 1∶1.0。

5. 位于梯田的填石或填土路堤，应清除表土，开挖台阶后方可填筑。

6. 填石路堤外侧为手摆干砌片石。路堤高度在 6m 以内时，其砌筑宽度为 1.0m；高度大于 6m 时，大于 6m 的部分砌筑宽度为 2.0m。

二、市政给排水工程施工图识读

市政给排水施工图按设计任务要求，应包括平面布置图（总平面图、建筑平面图）、系统图、施工详图（大样图）、设计施工说明及主要设备材料表等。

（一）给水、排水平面图

给排水平面图是施工图纸中最基本和最重要的图纸，它主要表明建筑物内给排水管道及设备的平面布置。

给排水平面图应表达如下内容：用水设备的种类、数量、位置等；各种功能的管道、管道附件、卫生器具、用水设备，如消火栓箱、喷头等，均应用图例表示；各种横干管、立管、支管的管径、坡度等均应标出；各管道、立管均应编号标明。

给排水平面图的识读要点主要如下：

（1）查明所需给排水工程设备的类型、数量、安装位置及定位尺寸。各种设备通常都是用图例画出来的，它只说明器具和设备的类型，而不能具体表示各部分的尺寸及构造，因此，在识读时必须结合有关详图和技术资料，搞清楚这些器具和设备的构造、接管方式及尺寸。

（2）弄清给水引入管和污水排出管的平面位置、走向、定位尺寸、与室外给排水管网的连接形式、管径及坡度。

（3）查明给排水干管、立管、支管的平面位置与走向、管径尺寸及立管的编号。从平面图上可清楚地查明管道是明装还是暗装，以确定施工方法。

（4）消防给水管道要查明消火栓的布置、口径大小及消防箱的形式与位置。

（二）给水、排水系统图

给水、排水系统图，也称"给水、排水轴测图"，应表达出给排水管道和设备在工程中的空间布置关系。系统图一般应按给水、排水、热水供应、消防等各系统单独绘制，以便于安装施工和造价计算使用。其绘制比例应与平面图一致。

（三）施工详图

凡平面图、系统图中局部构造因受图面比例影响而表达不完整或无法表达时，必须采用八进制施工详图。详图中应尽量详细注明尺寸,不应以比例代替尺寸。

施工详图首先应采用标准图、通用施工详图,如局部污水处理构筑物等,均有各种施工标准图。

第三节　标准计量相关知识

一、标准与标准化

(一)基本概念

1. 标准

标准是为了在一定的范围内获得最佳秩序,经协商一致制定并由公认机构批准,共同使用和重复使用的一种规范性文件。标准是以科学、技术和经验的综合成果为基础,以促进最佳的共同效益为目的特殊文件。其特殊性主要表现在以下五个方面:

(1)是经过公认机构批准的文件。

(2)是根据科学、技术和经验成果制定的文件。

(3)是在兼顾各有关方面利益的基础上,经过协商一致而制定的文件。

(4)是可以重复和普遍应用的文件。

(5)是公众可以得到的文件。

2. 标准化

标准化是指为在一定的范围内获得最佳秩序,对实际的或潜在的问题制定共同和重复使用的规则活动。标准化是一个活动过程,主要是指制定标准、宣传贯彻标准、对标准的实施进行监督管理、根据标准实施情况修订标准的过程。这个过程不是一次性的,而是一个不断循环、不断提高、不断发展的运动过程。每一个循环完成后,标准化的水平和效益就提高一步。标准是标准化活动的产物。标准化的目的和作用,都是通过制定和贯彻具体的标准来体现的。

(二)标准化的作用

由于标准化其领域的广泛性、内容的科学性和制定程序的规范性,在经济建设和社会发展中发挥了重要作用。其主要作用如下:

(1)是生产社会化和管理现代化的重要技术基础。

(2)是提高质量,保障人体健康,人身、财产安全,维护消费者合法权益的重要手段。

(3)是发展市场经济,促进贸易交流的技术纽带。

(三)标准的分级、编号和性质

1. 标准的分级

标准分级,就是根据标准适用范围的不同,将其划分为若干不同的层次。《中华人民共和国标准化法》(以下简称《标准化法》)规定,我国标准分为四级,即国家标准、行业标准、地方标准和企业标准。

(1)国家标准。是指由国务院标准化行政主管部门编制计划,组织草拟,统一审批、编号、发布的在全国范围内统一和适用的标准。

工程建设国家标准由国务院工程建设行政主管部门编制计划,组织草拟,审查批准,由国务院标准化行政主管部门统一编号,由国务院标准化行政主管部门和工程建设行政主管部门联合发布。

(2)行业标准。是指为没有国家标准而又需要在全国某个行业范围内统一的技术要求而制定的标准。行业标准由国务院有关行政主管部门编制计划,组织草拟,统一审批、编号、发布,并报国务院标准化行政主管部门备案。行业标准是对国家标准的补充,在相应国家标准实施后,行业标准自行废止。

工程建设行业标准的计划根据国务院工程建设行政主管部门的统一部署由国务院有关行政主管部门组织编制和下达,报国务院工程建设行政主管部门备案。工程建设行业标准由国务院有关行政主管部门审批、编号和发布。

(3)地方标准。是指为没有国家标准和行业标准而又需要在省、自治区、直辖市范围内统一的工业产品的安全和卫生要求而制定的标准。地方标准由省、自治区、直辖市人民政府标准化行政主管部门编制计划,组织草拟,统一审批、编号、发布,并报国务院标准化行政主管部门和国务院有关行政主管部门备案。地方标准不得与国家标准、行业标准相抵触,在相应的国家标准或行业标准实施后,地方标准自行废止。

工程建设地方标准在省、自治区、直辖市范围内由省、自治区、直辖市有关主管部门统一计划、统一审批、统一发布和管理。工程建设地方标准批准发布30日内,应向建设部门备案。

(4)企业标准。是指企业所制定的产品标准和在企业内需要协调、统一的技术要求和管理、工作要求所制定的标准。企业生产的产品没有国家标准、行业标准和地方标准时,应当制定相应的企业标准,作为组织生产和交付的依据。对已有国家标准、行业标准和地方标准时,国家鼓励企业制定严于国家标准、行业标准和地方标准的企业标准,在企业内部适用。企业标准由企业制定,由企业法人代表或法人代表授权的主管领导批准、发布和管理。企业的产品标准,应在发布后30日内报当地标准化行政主管部门和有关行政主管部门备案。

(5)其他标准。是指在改革开放中适应市场经济的需要而产生的标准,目前这些标准的法律地位尚未明确,有待《标准化法》修订后进一步明确。其内容主要包括:①协会标准。协会标准是市场经济发展的产物,也是标准化体系结构转化的方向。工程建设行业化协会,在这方面做了有益的尝试,工程建设行业化协会(CECS)标准使用中可视同行业标准。②企业联合标准。企业联合标准是由若干企业联合编制的标准,技术内容协商一致并共同实施,较一般企业标准有更强的适应性。但其本质上还是企业标准。

2. 标准的编号

我国国家标准的代号,用"国标"两个字汉语拼音的第一个字母"G"和"B"表示。强制性国家标准的代号为"GB",推荐性国家标准的代号为"GB/T"。国家标准的编号由国家标准的代号、国家标准顺序号和国家标准发布的年号三部分构成。工程建设的国家标准顺序号为 50×××。

行业标准代号由国务院标准化行政主管部门规定。目前,国务院标准化行政主管部门已批准发布了 64 个行业标准代号。工程建设行业标准的代号为"×××J",例如建设工程行业标准的代号为"JGJ",建材行业标准的代号为"JC"。行业标准的编号由行业标准代号、标准顺序号及年号组成。

地方标准的代号,由汉语拼音字母"DB"加上省、自治区、直辖市行政区划代码前两位数、再加斜线、顺序号和年号共四部分组成。

知识链接

国家及行业标准代号

国家及行业标准代号见表 2-5。

表 2-5　　　　　国家及行业标准代号

标准名称	代　号	标准名称	代　号
国家标准	GB	交通行业	JT
建材行业	JC	黑色冶金行业	YB
建工行业	JG	石化行业	SH
铁道部	TB	林业行业	LY
中国工程建设标准化协会	CECS	中国土木工程协会	CCES

3. 标准的性质

国家标准及行业标准分为强制性标准和推荐性标准。保障人体健康,人身、财产安全,工程建设质量、安全、卫生标准和法律、行政法规规定强制执行的标准是强制性标准,其他标准是推荐性标准。《标准化法》同时还规定,省、自治区、直辖市标准化行政主管部门制定的工业产品的安全、卫生要求的地方标准,在本行政区域内是强制性标准。

强制性标准可分为全文强制和条文强制两种形式。标准的全部技术内容需要强制的,为全文强制形式;标准中部分技术内容需要强制的,为条文强制形式。

强制性标准以外的标准是推荐性标准,也就是说,推荐性标准是非强制执行的标准,国家鼓励企业自愿采用推荐性标准。

推荐性标准,是指生产、交换、使用等方面,通过经济手段调节而自愿采用的一类标准,又称自愿性标准。这类标准任何单位都有权决定是否采用,违反这类标准,不承担经济或法律方面的责任。但是,一经接受采用,或各方面商定同意纳入商品、经济合同之中,就成为各方共同遵守的技术依据,具有法律上的约束力,各方必须严格遵照执行。

二、计量

(一)计量基本概念

计量是实现单位统一、保障量值准确可靠的活动。

计量的内容在不断地扩展和充实,通常可概括为六个方面:

(1)计量单位与单位制。

(2)计量器具(或测量仪器),包括实现或复现计量单位的计量基准、计量标准与工作计量器具。

(3)量值传递与溯源,包括检定、校准、测试、检验与检测。

(4)物理常量、材料与物质特性的测定。

(5)测量不确定度、数据处理与测量理论及其方法。

(6)计量管理,包括计量保证与计量监督等。

计量涉及社会的各个领域。根据其作用与地位,计量可分为科学计量、工程计量和法制计量三类,分别代表计量的基础性、应用性和公益性三个方面。

(1)科学计量是指基础性、探索性、先行性的计量科学研究,它通常采用最新的科技成果来准确定义和实现计量单位,并为最新的科技发展提供可靠的测量基础。

(2)工程计量是指各种工程建设、工业企业中的实用计量。随着工程建设、工业产品技术含量提高和复杂性的增大,为保证经济贸易全球化所必需的一致性和互换性,它已成为生产过程中不可缺少的环节。

3)法制计量是指由政府或授权机构根据法制、技术和行政的需要进行强制管理的一种社会公用事业,其目的主要是保证与贸易结算、安全防护、医疗卫生、环境监测、资源控制、社会管理等有关的测量工作的公正性和可靠性。

计量属于国家的基础事业。它不仅为科学技术、国民经济和国防建设的发展提供技术基础,而且有利于最大限度地减少商贸、医疗、安全等诸多领域的纠纷,维护社会各方的合法权益。

(二)计量特点

计量的特点可以归纳为准确性、一致性、溯源性及法制性四个方面。

(1)准确性是指测量结果与被测量真值的一致程度。

(2)一致性是指在统一计量单位的基础上,测量结果应是可重复、可再现(复现)、可比较的。

(3)溯源性是指任何一个测量结果或测量标准的值,都能通过一条具有规定不确定度的不间断的比较链,与测量基准联系起来的特性。

(4)法制性是指计量必需的法制保障方面的特性。

知识拓展

计量与测量的区别

计量不同于一般的测量。测量是以确定量值为目的的一组操作,一般不具备、也不必完全具备上述特点。计量既属于测量而又严于一般的测量,在这个意义上可以狭义地认为,计量是与测量结果置信度有关的、与测量不确定度联系在一起的一种规范化的测量。

(三)计量认证、试验室认可

1. 计量认证

计量认证是指依据《中华人民共和国计量法》(以下简称《计量

法》)的规定对产品质量检验机构的计量检定、测试能力和可靠性、公正性进行考核,证明其是否具有为社会提供公证数据的资格。经计量认证的产品质量检验机构所提供的数据,用于贸易出证、产品质量评价、成果鉴定作为公正数据,具有法律效力。

2. 试验室认可

试验室认可是指对从事相关检测检验机构(试验室)资质条件与合格评定活动,由国家认监委按照国际通行做法对校准、检测、检验机构及试验室实施统一的资格认定。是我国加入 WTO 和参与经济全球化、适应社会生产力发展和满足人民群众日益增长的物质文化需求的需要,也是规范市场秩序的重要手段,提高我国产品质量、增强出口竞争力保护国内产业的重要举措。

(四)计量单位

为定量表示同种量的大小而约定的定义和采用的特定量,称为计量单位;为给定量值按给定规则确定的一组基本单位和导出单位,称为计量单位制;由国家法律承认、具有法定地位的计量单位,称为法定计量单位。实行法定计量单位是统一我国计量制度的重要决策,我国《计量法》规定:"国家采用国际单位制。国际单位制计量单位和国家选定的其他计量单位,为国家法定计量单位。"它将彻底结束多种计量单位制在我国并存的现象,并与国际标准相一致。

国际单位制是我国法定计量单位的主体,所有国际单位制单位都是我国的法定计量单位。国际标准 ISO1000 规定了国际单位制的构成及其使用方法。我国规定的法定计量单位的使用方法,包括量级单位的名称、符号及其使用、书写规则,与国际标准的规定一致。

国家选定的作为法定计量单位的非国际单位制单位,是我国法定计量单位的重要组成部分,具有与国际单位制单位相同的法定地位。

国际标准或有关国际组织的出版物中列出的非国际单位制单位(选入我国法定计量单位的除外),一般不得使用。若某些特殊领域或特殊场合下有特殊需要,可以使用某些非法定计量单位,但应遵守相关的规定。

第四节 材料员对标准计量知识的应用

材料员在工程建设材料采购、验收、保管、使用过程中会涉及材料的各项性能指标，这些性能指标又通过标准、合同等形式提出。为了保证工程建设材料的质量，便于对材料供应商管理，必须熟悉建筑材料产品标准和建筑施工验收规范，并了解两者之间的关系。才能合理地对工程建设材料进行管理，做到物尽其用，提高工程建设材料的管理水平，降低工程建设材料成本。

工程建设材料的检测必须确定执行的标准以后才能进行。否则，将无法判断建材产品合格与否，是否可以用于建设工程。同时，还必须了解建设工程材料使用的有关技术发展政策，不用明令禁止使用的淘汰产品，尽量避免使用技术落后的限制使用的材料，大力推广符合技术发展政策的新技术、新材料。在实际工作中要做到能够合理解读产品标准和检验报告，这是材料员必须掌握的基本知识。

一、产品标准

(一)产品标准

材料员在采购工程建设材料之前应了解并确定建材产品执行的标准，是否满足设计文件对材料的要求，然后订立材料采购合同。建材产品的技术指标也能在工程建设施工验收规范中找到，工程建设施工验收规范中往往仅列出材料的主要性能指标，一般不规定材料的试验方法和合格评定程序，只作为工程建设施工的基本要求，性能指标一般低于产品标准，也不具备产品验收的全部要素，不能作为施工现场材料验收的依据。对执行不同的产品标准应有相应的管理措施，建材产品执行的标准主要从以下几个方面来解读。

1. 标准的合法性

执行国家标准或行业标准的，首先必须确认标准现行有效，避免执行已被新版标准替代的或已废止的标准,同时,也要避免执行批准、发布后尚未实施的标准和标准的送审稿、报批稿。执行企业标准的,除确认标准现行有效外,还必须确认标准是否经过当地标准化行政主管部门和有关行政主管部门备案(企业产品标准备案的有效期为3年),看标准上是否有备案编号和备案机构的印章。

2. 标准的适用范围

每个产品都有一个适用范围,是否适合工程的需要。特别是执行企业标准时必须确认产品执行的标准是否和工程建设所需材料相一致。有一些企业标准给产品起了个非常动听的商品名称,其实质仅是一种达不到相应推荐性标准的产品。还有一些产品是某些专用产品根本达不到工程建设材料的质量要求。例如:将农用塑料管当给水管、将包装用防水卷材当建筑防水卷材。

3. 标准的技术要求

产品标准中的技术要求必须满足工程建设施工验收规范中所列出材料的主要性能指标。企业标准中的技术要求项目设置应合理,指标值应能满足使用要求。标准的技术要求并非越高越好,标准也不存在好坏,最合适的才是最好的。技术指标项目设置过多、指标值过高,必然增加生产成本,产品价格也会较高。在日常工作中,常拿相类似产品的国家标准或行业标准作比较,再根据产品的实际增减技术指标项目、调整指标值。避免一些企业因产品某项达不到相应国家标准或行业标准的要求,制定企业标准时故意将该指标删除。

4. 标准中产品的试验方法

试验方法不同、试验条件不同或试样制备的要求不同将给试验带来不同的结果,在标准中应选用公认的试验方法和试验条件,当有多种试验方法同时并用时,应选用能使同类的不同产品之间具有可比性的方法,否则应当对新方法进行验证。

5. 标准的检验规则与判定规则

建材产品一般采用抽样检验的方法检验,其中包括:组批规则、抽样规则、检验分类、检验项目等,要合理地对建筑材料产品进行检验,既能够反映建筑材料产品的质量水平,又可以节约检验成本。因此,既要防止过分强调增加出厂检验项目,又要防止重要指标的漏检。判断规则是合格评定的内容,在抽样检验中根据不同的产品合理确定检验水平(IL)、合格质量水平(AQL)和抽样方案类型使建材质量得到有效控制。

(二)基础标准和相关标准

材料员不但应当熟悉产品标准,还要熟悉基础标准和相关标准。有规定产品系列的基础标准[《流体输送用热塑性塑料管材公称外径和公称压力》(GB/T 4217)]、产品的安全性能标准[《室内装饰装修材料 人造板及其制品中甲醛释放限量》(GB 18580)]等。这些标准在产品标准中虽然没有直接引用,但是这些标准是标准化的基础,必须严格执行。建材产品违反了这些基础标准同样是不合格产品。如在标准中引用了大量试验方法标准和其他相关标准,材料员也必须熟悉掌握。

执行国家标准或行业标准的有强制性标准和推荐性标准,这些材料执行的标准一般能较全面反映材料的各项技术指标和合格评定规则,可以直接用作材料采购的依据。在材料采购合同中应当明确执行的标准号,对于标准中有产品分类、等级或多种规格的,应当明确采购的是哪类、哪个等级和什么规格。避免产生不必要的经济纠纷。

二、检验报告

工程建设材料确定了执行的标准后,依据产品标准对材料进行检验,是确认产品质量必不可少的环节。不论是专业检验机构还是材料生产企业的试验室都将以检验报告的形式给出检验结果。对检验报告的每一项内容的了解是有效控制工程建设材料质量的重要手段。建材产品的检验报告主要从以下几个方面来解读。

(一)检验机构的法律地位

对材料供应商提供的检测报告,应当了解检验机构是否具有对社会出具公正数据的资格,也就是必须通过由省级以上人民政府计量行政部门对其测试能力和可靠性考核即计量认证,通过计量认证的机构检验报告封面上显著位置应当标有 CMA 计量认证标志并有计量认证编号。应该指出的是计量认证是针对产品或检测项目的,在确认标志的同时还必须核对经计量认证的产品和检测项目,防止检测机构超范围进行检测。材料生产企业一般只能对本企业生产的产品提供检测,只有通过计量认证后才具有对社会出具公正数据的资格。检验报告上还可能标有产品质量检验机构认可标志和国家实验室认可标志等。这些标志的真伪和经计量认证的产品和检测项目可以在相关省级以上人民政府计量行政部门网站上查询。

(二)检验类别

检验类别表示检验的种类,常见的有监督抽样检验、委托抽样检验、送样检验等。监督抽样检验是指由政府质量管理行政部门依据产品质量法或上级行政主管部门对产品质量实行监督而进行的抽样检验;委托抽样检验是指受材料生产商、供应商或其他社会组织委托而进行的抽样检验;送样检验是指由委托检验者自行选取的样品进行的检验。抽样检验一般都在一定批量的产品中,根据预先规定的抽样规则随机抽取具有代表性的样本,以样本的检验结果来代表该批产品的质量情况。而送样检验结果只能代表所送样品的质量情况,一般检验机构只对来样负责。

根据产品的特点检验又可分为出厂检验(常规检验、交收检验、交付检验)、质量一致性检验、形式检验、定型检验、鉴定检验、首件检验等。建材产品一般采取出厂检验和形式检验,出厂检验是检验产品的部分主要指标,对每一批产品都必须进行检验,作为产品出厂的依据。形式检验是检验产品的全部技术指标,由于形式检验成本较高、检测设备要求较高,所以产品标准中对性能比较稳定、检验成本较高、检测设备投资高的检验项目,允许以一次检验结果来代表稳定生产时的一段时间该项目的质量。具体时间间隔根据产品性质和检验项目性质由产品标准规定。因此,材料员应在订购材料时要求供应商提供形式检验周期以内的形式检验报告;在材料交付时还应要求供应商提供材料同批号产品的出厂检验报告。

(三)检验结果和结论

拿到检验报告,首先,要检查报告是否齐全,一般检验报告上都有页码,同时检验单位盖有检验章和各页的骑缝章。一份检验报告各页组成一个文件,取其中的一部分是没有意义的。其次,要检查报告里是否包含产品标准所规定的每个检验项目和其他强制性标准所规定的检验项目,当一项产品检验由几份报告组成时所取的试样必须是同一批号,检验报告上每个检验项目给出的检验结果(包括多次抽样)经按预先规定的综合判定原则判定为合格时,才能认为该批产品合格。最后,要注意给出的单位和标准上的单位是否一致;检验依据和综合判定原则是否合理并符合预先的约定;检验环境条件是否符合要求;主要检验设备是否满足标准要求;检测结果的不确定度是否合理。

▶**复习思考题**◀

1. 什么是市政工程材料?

2. 市政工程的特点有哪些?

3. 城镇道路分为哪几个等级?

4. 城镇道路路面分为哪几类?

5. 我国标准分为哪几级?

6. 检验报告应满足哪些要求?

第三章　市政工程材料基本性质

第一节　材料物理性质

一、材料相关密度

(一)密度

密度是指材料在绝对密实状态下,单位体积的质量。其计算公式为:

$$\rho = \frac{m}{V} \tag{3-1}$$

式中　ρ——密度(g/cm³ 或 kg/m³);

m——干燥材料的质量(g 或 kg);

V——材料在绝对密实状态下的体积(cm³ 或 m³)。

知识拓展

密度的测定

绝对密实状态下的体积是指不包括材料内部孔隙在内的体积。除钢材和玻璃等少数材料外,绝大多数市政工程材料都含有一定的孔隙。在密度测定中,应把含有孔隙的材料破碎并磨成细粉,烘干后用李氏比重瓶测定其密实体积。材料粉磨得越细,测得的密度值越精确。对砖、石等材料常采用此种方法测定其密度。

（二）表观密度

表观密度又称视密度，是指材料在规定的温度下，材料的视体积（包括实体积和孔隙体积）的单位质量，即材料在自然状态下单位体积的质量，常用单位为 kg/m^3。其计算公式为：

$$\rho_0 = \frac{m}{V_0} \qquad (3\text{-}2)$$

式中　ρ_0——密度（g/cm^3 或 kg/m^3）；

　　　m——材料的质量（g 或 kg）；

　　　V_0——材料在自然状态下的体积（cm^3 或 m^3）。

知识拓展

干表观密度与湿表观密度

材料在自然状态下的体积，若只包括孔隙在内而不含有水分，此时计算出来的表观密度称为干表观密度；若既包括材料内的孔隙，又包括孔隙内所含的水分，则计算出来的表观密度称为湿表观密度。

（三）堆积密度

堆积密度一般是指砂、碎石等的质量与堆积的实际体积的比值，即粉状或颗粒状材料在堆积状态下，单位体积的质量。其计算公式为：

$$\rho_0' = \frac{m}{V_0'} \qquad (3\text{-}3)$$

式中　ρ_0'——堆积密度（kg/m^3）；

　　　m——材料的质量（kg）；

　　　V_0'——材料的堆积体积（m^3）。

材料在自然状态下的堆积体积包括材料的表观体积和颗粒（纤维）间的空隙体积，其数值的大小与材料颗粒（纤维）的表观密度和堆积的密实程度有直接关系，同时受材料的含水状态影响。

在市政工程中，密度、表观密度和堆积密度常用来计算材料的配料、用量、构件的自重、堆放空间和材料的运输量。工程中常用的材料密度、表观密度或堆积密度值见表 3-1。

材　料	密　度	表观密度或堆积密度	材　料	密　度	表观密度或堆积密度
普通黏土砖	2500	1800～1900	花岗石	2700	2500～2700
黏土空心砖	2500	900～1450	砂　子	2600	1400～1700
普通混凝土	2700	2200～2450	松　木	1550	400～700
泡沫混凝土	3000	600～800	钢　材	7850	7850
水　泥	3100	1250～1450	水(4℃)	1000	1000

表 3-1　　　　　　常用材料密度、表观密度或堆积密度值　　　　　　kg/m³

二、材料密实度与孔隙率

1. 密实度

密实度一般指土、集料或混合料在自然状态或受外界压力后的密实程度，以最大单位体积质量表示砂土的密实度，通常按孔隙率的大小可分为密实、中密、稍密和松散四种。其计算公式为：

$$D = \frac{V}{V_0} \times 100\% \ \text{或} \ D = \frac{\rho_0}{\rho} \times 100\% \tag{3-4}$$

式中　D——材料的密实度，常以百分数表示。

凡具有孔隙的固体材料，其密实度都小于1。材料的密实度与表观密度越接近，材料就越密实。材料的密实度大小与其强度、导热性和耐水性等很多性质有关。

2. 孔隙率

材料的孔隙率是指材料内部孔隙体积占材料在自然状态下体积的百分率，又称真气孔率。其计算公式为：

$$P = \frac{V_0 - V}{V_0} \times 100\% = \left(1 - \frac{V}{V_0}\right) \times 100\% = \left(\frac{1 - \rho_0}{\rho}\right) \times 100\% \tag{3-5}$$

$$D + P = 1$$

式中 P——材料的孔隙率（%）。

材料的孔隙率大，则表明材料的密实程度小。材料的许多性质，如表观密度、强度、透水性、抗渗性、抗冻性、导热性和耐蚀性等，除与孔隙率的大小有关，还与孔隙的构造特征有关。孔隙的构造特征，主要是指孔的大小和形状。根据孔隙的大小可分为粗孔和微孔两类；根据孔隙的形状可分为开口孔隙和封闭孔隙两类。一般均匀分布的微小孔隙比开口或相互连通的孔隙对材料性质的影响小。

（1）开口孔隙率。材料中能被水饱和（即被水所充满）的孔隙体积与材料在自然状态下的体积之比的百分率。

（2）闭口孔隙率。材料中闭口孔隙的体积与材料在自然状态下的体积之比的百分率。

（3）含水率。材料在自然状态下所含水的质量与材料干重之比。

三、散粒状材料空隙率与填充率

1. 空隙率

散粒状材料的空隙率是指散粒状材料在堆积状态下，颗粒间的空隙体积占堆积体积的百分率。其计算公式为：

$$P' = \frac{V_0' - V_0}{V_0'} \times 100\%$$
$$= \left(1 - \frac{V_0}{V_0'}\right) \times 100\% = \left(\frac{1 - \rho_0'}{\rho_0}\right) \times 100\%$$

(3-6)

式中 P'——材料的空隙率（%）。

空隙率的大小表征着散粒材料颗粒间相互填充的致密程度，可作为控制混凝土集料级配与计算砂率的依据。

2. 填充率

填充率是指颗粒材料或粉状材料的堆积体积内，被颗粒所填充的程度，用 D' 表示。其计算公式为：

$$D' = \frac{V_0}{V_0'} \times 100\% = \frac{\rho_0'}{\rho_0} \times 100\%$$
$$D' + P' = 1$$

(3-7)

第二节　材料化学性质

市政工程材料员掌握材料的一些主要的化学性质是非常必要的，因为材料的化学性质直接影响到市政工程的使用及其寿命。

一、酸碱性及碱—集料反应

（1）工程材料由各种化学成分组成，而且绝大部分工程材料是多孔材料，会吸附水分，许多胶凝材料还需要加水拌和才能固结硬化。因此，在实际使用时，与工程材料固相部分共存的水溶液（孔隙液或水溶出液）中就会存在一定的氢离子和氢氧根离子，化学领域里通常用 pH 值表示氢离子的浓度，pH＝7 为中性，pH＜7 为酸性，pH＞7 为碱性。pH 值越小，酸性越强，越大则碱性越强。

水泥在用水拌和后发生水化反应，水化生成物中有大量氢氧化钙等，不仅未硬化的水泥浆中呈很强的碱性，而且硬化后的水泥石孔隙中仍有很浓的氢氧根离子，所以硬化的水泥石以及由其构成的砂浆、混凝土仍保持了很强的碱性，往往 pH 值可达 12～13（强碱性会对人体皮肤、眼睛角膜造成伤害，因此施工时应采取必要的劳动保护措施），时间久了，空气中弱酸性的 CO_2 气体逐渐渗透出来，与水泥中的碱发生酸碱中和反应，水泥石逐渐被"碳酸化"（也叫"碳化"），其 pH 值慢慢下降，对钢筋混凝土中钢筋的保护作用逐渐丧失，就容易发生钢筋锈蚀，危及建筑物的使用安全。

（2）水泥中的碱性成分（K_2O、Na_2O）含量过高时，有可能诱发碱—集料反应，从而造成工程破坏。

碱—集料反应是指硬化混凝土中水泥析出的碱（KOH、$NaOH$）与集料（砂、石）中活性成分发生化学反应，从而产生膨胀的一种破坏作用。碱—集料反应与水泥中的碱含量、集料的矿物组成、气候和环境条件等因素有关。

容易发生碱—集料反应的集料中的活性成分有两类，其反应机理也不同,因此可把碱—集料反应分为两大类:一类是因集料中含有非晶质的活性二氧化硅(如蛋白石、玉髓、火山熔岩玻璃等),当水泥中碱性成分(K_2O、Na_2O)含量较多时,混凝土又长期处于潮湿环境中,以致相互作用生成碱的硅酸盐凝胶,产生膨胀而造成建筑结构破坏;另一类是含黏土质的石灰岩集料引起的碱—碳酸盐反应。这两类碱—集料反应的反应机理虽不相同,但对混凝土造成的破坏是类似的,且往往"潜伏期"很长,从几年到几十年。

检查集料是否含有较多会引发碱—集料反应的活性成分,必须按相应标准方法进行碱—集料反应活性检验,先要对集料进行岩相分析,明确其属于何种矿物,然后选用不同的快速碱—集料反应活性检验方法。

二、碳化

碳酸化(简称碳化)是胶凝材料中的碱性成分,主要是氢氧化钙与空气中的二氧化碳(CO_2)发生反应,生成碳酸钙($CaCO_3$)的过程。

众所周知,过去在内墙粉刷层上广泛使用的纸筋石灰糊,其硬化就主要依赖这种碳酸化过程,碳酸化使消化石灰中的 $Ca(OH)_2$ 反应生成具有一定强度的 $CaCO_3$ 固定构架。然而碳酸化作用对现今广泛使用的水硬性胶凝材料的耐久性则不利。

在水泥砂浆、混凝土以及粉煤灰硅酸盐砌块等制品中,均有大量 $Ca(OH)_2$ 及水化硅酸钙等水化产物,它们形成了一个具有一定强度的固体构架,空气中 CO_2 渗入浆体后首先与 $Ca(OH)_2$ 反应生成中性的 $CaCO_3$,从而使浆体的碱度降低,$CaCO_3$ 则以不同的结晶形态沉积出来。因其孔隙液中钙离子浓度下降,其他水化产物会分解出 $Ca(OH)_2$,进一步的碳酸化反应持续进行,直至水化硅酸钙等水化产物全部分解,所有钙都结合成 $CaCO_3$。因碳化后由 $CaCO_3$ 构成的固体构架强度远不如原先生成的固体构架,在材料的孔隙结构上也往往使外界水汽、离子等更容易侵入,因此在强度降低的同时还伴随着抗渗性能劣化等一系列不利于耐久性的变化。

水泥及胶凝材料本身的化学组成对抗碳化性能有着直接的影响,但如何减缓 CO_2 进入水泥浆体,从而提高水泥砂浆、混凝土的抗碳化性能一直是人们十分关心的问题。如在砂浆、混凝土表面涂刷保护层,掺入硅粉、矿粉等外掺料,掺加减水剂以减小砂浆、混凝土的水灰比,使水泥石中的孔隙变小、变窄等措施均是常用的方法。但在使用过程中严格控制水灰比,做好振捣减少蜂窝麻面,使砂浆、混凝土密实,做好浇捣后的养护等均是十分方便而有效的措施,务必引起重视。

三、硫酸盐侵蚀性及钢筋锈蚀

(一)硫酸盐侵蚀性

硫酸盐侵蚀是因为各种硫酸盐能与已硬化水泥石中的 $Ca(OH)_2$ 发生反应,生成 $CaSO_4$,因 $CaSO_4$ 在水中溶解度低,所以有可能以二水石膏($CaSO_4 \cdot 2H_2O$)晶体的形式析出;即使孔隙液中硫酸根浓度还不足以析出二水石膏,但当已饱和了 $Ca(OH)_2$ 的孔隙液中还含有不少水泥水化时常产生的高铝水化铝酸钙时,仍会析出针状的水化硫铝酸钙晶体(即"钙矾石"——$3CaO \cdot Al_2O_3 \cdot 3CaSO_4 \cdot 32H_2O$)。无论是生成二水石膏还是钙矾石,都会伴随着晶体体积的明显增大,对已硬化的混凝土,就会在其内部产生可怕的膨胀应力,导致混凝土结构的破坏,轻则使强度下降,重则混凝土分崩离析。

(二)钢筋锈蚀

钢筋混凝土结构中的钢筋承受了主要的拉应力,因此,一旦钢筋严重锈蚀就将使整个钢筋混凝土结构失去支撑而溃塌。然而钢筋锈蚀是个比较复杂的电化学过程,对浇捣密实的正常混凝土而言,由于碱度高,钢筋会被钝化,即使在浇捣混凝土时钢筋表面有轻微锈蚀,也会被溶解,但随后其表面则因阳极控制而形成稳定相或吸附膜,抑制了铁变成离子状态的阳极过程,不再锈蚀,即强碱性的混凝土保护了钢筋,使之免遭氧气和湿气等介质的侵害,除非混凝土的碱度很低,或混凝土内因集料、外加剂等含有过多的氯化物,妨碍了钢筋的钝化,或仅仅处于一种很不稳定的钝化状态。

钢筋锈蚀的出现是不可避免的,即使没有混凝土自身的不利因素

（即碱度低、氯化物含量高等），在外部因素的影响下，经过若干时间后，钢筋也会出现锈蚀并持续严重化，只是时间迟早而已。

因各种外力（为撞击、振动、磨损）或冻融等外部的物理作用，使原先在钢筋外面裹覆的混凝土保护层破坏，钢筋直接裸露在有害的介质中而锈蚀，这是发生钢筋锈蚀的一种情况。

另一种情况则是由于外部介质进入混凝土，发生一系列化学作用和物理化学作用而导致钢筋锈蚀。如发生前面所说的碳酸化作用、硫酸盐侵蚀作用，还有外界氯离子的进入等，均改变了混凝土孔隙液中的成分，或使 pH 值下降，或水泥石结构遭到破坏，混凝土对钢筋的保护作用丧失殆尽，结果钢筋发生了锈蚀。在保护层干湿交替的情况下，钢筋锈蚀速度往往会比直接暴露在水中时发生锈蚀的速度更快。

钢筋锈蚀是个恶性循环的过程。一旦锈蚀，其锈蚀产物引起的体积膨胀使混凝土承受内部的巨大拉应力，从而进一步破坏保护层，又加快了钢筋锈蚀，反复加重了对整个钢筋混凝土的破坏。

四、高分子材料老化

高分子材料的耐老化性能（即耐候性）是指其抵御外界光照、风雨、寒暑等气候条件长期作用的能力，这又是一个非常复杂的过程。

高分子材料（不论是天然的还是人工合成的）在储存和使用过程中，会受内外因素的综合作用，性能出现逐渐变差，直至最终丧失使用价值。相对于无机材料而言，高分子材料的这种变化尤为突出，人们称之为"老化"。建筑涂料因老化而褪色、粉化，建筑塑料、橡胶制品等则变硬、变脆，乃至开裂粉化，或发黏变软而无法使用，胶粘剂则完全丧失粘结力，且其过程不可逆转。

老化的内因与高聚物自身的化学结构和物理结构中特有的缺点有关，其外因则与太阳光（尤其是其中能量较高能切断许多高分子聚合物分子链的紫外线）、氧气和臭氧、热量以及空气中的水分等有关，它们都直接或间接地使已聚合的大分子链和网变短、变小，甚至变成单体或分解成其他化合物。这种化学结构的破坏导致高分子材料的物理性能改变，机械性能改变，使原先的高聚物的特性丧失殆尽。

为了减缓这种老化的发生,人们在高分子材料的抗老化剂(抗氧剂、紫外光稳定剂和热稳定剂等)及加工工艺等一系列问题上作努力,以期改进其抗老化性能,至于其效果则需要通过一系列的人工加速老化试验(耐候试验)来加以验证。因此,高分子材料的产品标准中往往会列入光、臭氧和热老化指标。

第三节　材料力学性质

一、弹性与塑性

(一)弹性变形

材料受外力作用而发生变形,外力去掉后能完全恢复原来形状,这种变形称为弹性变形。材料的弹性变形曲线,如图 3-1 所示。材料的弹性变形与外力(荷载)成正比。

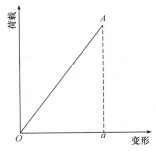

图 3-1　材料的弹性变形曲线

(二)塑性变形

材料受外力作用而发生变形,外力去掉后不能恢复的变形称为塑性变形(或永久变形)。

许多材料受力不大时,仅产生弹性变形;受力超过一定限度后,即产生塑性变形,如建筑钢材。有的材料在受力时弹性变形和塑性变形同时产生,如图 3-2 所示。如果取消外力,弹性变形 ab 可以消失,而其塑性变形 Ob 则不能消失,如混凝土。

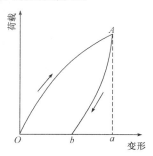

图 3-2　材料的弹塑性变形曲线

二、强度

材料在外力(荷载)作用下抵抗破坏的能力称为强度。当材料承受外力时,内部就产生应力。外力逐渐增加,应力也相应增大,直到材料内部质点间的作用力不再能抵抗这种应力时,材料即被破坏,此时的极限应力就是材料的强度。

根据外力作用方式的不同,材料强度有抗拉、抗压、抗剪、抗弯(抗折)强度等,如图 3-3 所示。

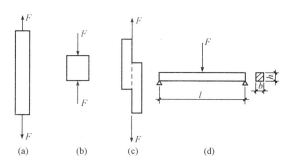

图 3-3　材料承受各种外力示意图
(a)抗拉;(b)抗压;(c)抗剪;(d)抗弯

（一）拉伸强度

材料拉伸时，在破坏前所承受的最大负荷除以原始横截面面积所得的应力，表示材料在拉力作用下抵抗破坏的最大能力。其计算公式为：

$$R_{\mathrm{m}} = \frac{F_{\mathrm{m}}}{A_0} \qquad (3\text{-}8)$$

式中　R_{m}——材料立方体试件抗拉强度（MPa）；

　　　F_{m}——破坏荷载（N）；

　　　A_0——试件原始横截面面积（mm^2）。

（二）抗压强度

材料压缩时，在破坏前承受的最大负荷除以负载截面面积所得的应力，表示材料在压力作用下抵抗破坏的最大能力。其计算公式为：

$$f_{\mathrm{cc}} = \frac{F}{A} \qquad (3\text{-}9)$$

式中　f_{cc}——材料立方体试件抗压强度（MPa）；

　　　F——破坏荷载（N）；

　　　A——负载截面面积（mm^2）。

（三）抗剪强度

材料受剪切时，在破坏前所承受的最大负荷除以原始横截面面积所得的应力，表示材料在剪切作用下抵抗破坏的最大能力。其计算公式为：

$$F \geqslant T \times A \qquad (3\text{-}10)$$

式中　F——材料立方体试件抗剪强度（MPa）；

　　　T——剪切应力极限（N）；

　　　A——承受剪切的作用面积（mm^2）。

塑性材料：剪切应力极限＝（0.6～0.8）×抗拉极限；

脆性材料：剪切应力极限＝（0.8～1.0）×抗拉极限。

（四）抗弯强度

材料在外力作用下抗折断（弯曲）的强度，即材料在折断破坏时的

最大折拉(弯拉)应力。其计算公式为:

$$f_f = \frac{Fl}{bh^2} \qquad (3-11)$$

式中 f_f——试件抗弯强度(MPa);

F——试件破坏荷载(N);

l——支座间跨度(mm);

h——试件截面高度(mm);

b——试件截面宽度(mm)。

知识链接

常用材料的强度

各种不同化学元素组成的材料具有不同的强度值。同一种类的材料,其强度随其孔隙率及构造特征的变化也有差异。一般孔隙率越大的材料其强度越低,其强度与孔隙率具有近似的线性关系。常用材料的强度值见表3-2。

表 3-2　　　　　　　　　　常用材料的强度

材料种类	抗压强度(MPa)	抗拉强度(MPa)	抗弯强度(MPa)
花岗石	100~250	5~8	10~14
普通混凝土	5~60	1~9	4.8~6.1
松土(顺纹)	30~50	80~120	60~100
建筑钢材	240~1500	240~1500	—

(五)抗冲击

通常指某一材料受另一规定质量物体的较高速度同其相接触后所能承受的能力。冲击能量用焦耳(1J=1N·m)表示。

(六)挠度

通常指材料或构件在荷载或其他外界条件影响下,其材料的纤维长度与位置的变化。沿轴线长度方向的变形称为轴向变形,偏离轴线的变形称为挠度。

大部分材料根据其极限强度的大小,划分为若干不同的强度等级。砖、石、水泥、混凝土等材料,主要根据其抗压强度划分强度等级。钢材的型号主要按其抗拉强度划分。将市政工程材料划分为若干强度等级,对掌握材料性能,合理选用材料,正确进行设计和控制工程质量是十分必要的。

　　材料的强度主要取决于材料成分、结构及构造。不同种类的材料,其强度不同;即使是同类材料,由于组成、结构或构造的不同,其强度也有很大差异。疏松及孔隙率较大的材料,其质点间的联系较弱,有效受力面积减小,孔隙附近产生应力集中,故强度低。某些具有层状或纤维状构造的材料在不同方向受力时强度性能也不同,即各向异性。

三、脆性、韧性与疲劳极限

(一)脆性和韧性

　　材料在冲击荷载作用下发生破坏时会出现两种情况:一种是在冲击荷载作用下,材料突然破坏,破坏时不产生明显的塑性变形,材料的这种性质称为脆性。脆性材料的变形曲线如图 3-4 所示。另一种是破坏时产生较大的塑性变形。一般来说,脆性材料的抗压强度远远高于其抗拉强度,它对承受振动和冲击作用是极为不利的。砖、石、陶瓷、玻璃和铸铁都是脆性材料。

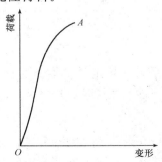

图 3-4　脆性材料的变形曲线

材料在冲击、振动荷载作用下,吸收能量,抵抗破坏的性质称为冲击韧性或冲击强度。材料冲击韧性的大小,以标准试件破坏时单位面积或体积所吸收的能量来表示。根据荷载作用的方式不同,有冲击抗压、冲击抗拉及冲击抗弯等。对于用作桥梁、路面、桩、吊车梁、设备基础等有抗震要求的结构,都要考虑材料的冲击韧性。

(二)疲劳极限

材料受到拉伸、压缩、弯曲、扭转以及这些外力的反复作用,当应力超过某一限度时即会导致材料的破坏,这个限度叫作疲劳极限,又称疲劳强度。当应力小于疲劳极限时,材料或结构在荷载多次重复作用下不会发生破坏。疲劳强度的大小与材料的性质、应力种类、疲劳应力比值、应力集中情况以及热影响等因素有关。材料的疲劳极限是由试验确定的,一般是在规定应力循环次数下,把它对应的极限应力作为疲劳极限。疲劳破坏与静力破坏不同,它不产生明显的塑性变形,破坏应力远低于强度,甚至低于屈服极限。

对于混凝土,通常规定应力循环次数为 $10^6 \sim 10^8$ 次。此时混凝土的压缩疲劳极限为抗压强度的 $50\% \sim 60\%$。

四、硬度和耐磨性

(一)硬度

硬度是材料表面的坚硬程度,是抵抗其他物体刻划、压入其表面的能力。通常用刻划法、回弹法和压入法测定材料的硬度。

刻划法用于天然矿物硬度的划分,按滑石、石膏、方解石、萤石、长石、石英、黄晶、刚玉、金刚石的顺序分为 10 个硬度等级。

回弹法用于测定混凝土表面硬度,并间接推算混凝土的强度;也用于测定陶瓷、砖、砂浆、塑料、橡胶、金属等的表面硬度并间接推算其强度。

压入法用于测定金属(包括钢材)、木材等的硬度。

(二)耐磨性

耐磨性是材料表面抵抗磨损的能力。材料的耐磨性用磨耗率表示,计算公式为:

$$Q_{ab} = \frac{m_1 - m_2}{m_1} \times 100\%$$ (3-12)

式中　Q_{ab}——材料的磨耗率(%)；

　　　m_1——试件磨耗前的质量(g)；

　　　m_2——试件磨耗后的质量(g)。

第四节　材料热工性质

一、导热性

热量由材料的一面传至另一面的性质称为导热性,用热导率"λ"表示。

材料的传热能力主要与传热面积、传热时间、传热材料两面温度差及材料的厚度、自身的热导率大小等因素有关,可用下面公式计算：

$$Q = \frac{At(T_2 - T_1)}{d}\lambda$$ (3-13)

$$\lambda = \frac{Qd}{At(T_2 - T_1)}$$

式中　λ——材料的热导率[W/(m·K)]；

　　　Q——材料传导的热量(J)；

　　　d——材料的厚度(m)；

　　　A——材料导热面积(m^2)；

　　　t——材料传热时间(s)；

$T_2 - T_1$——传热材料两面的温度差(K)。

热导率是评定材料绝热性能的重要指标。材料的热导率越小,则材料的绝热性能越好。

热导率的大小,受材料本身的结构,表观密度,构造特征,环境的温度、湿度及热流方向的影响。一般金属材料的热导率最大,无机非金属材料次之,有机材料最小。成分相同时,密实性大的材料,热导率大;孔隙率相同时,具有微孔或封闭孔构造的材料,热导率偏小。另外,材料处于高温状态要比常温状态时的热导率大;若材料含水后,其热导率会明显增大。

知识链接

典型材料的热工性质指标

各种市政工程材料的导热系数差别很大,大致在 $0.03\sim3.30$W/(m·K) 之间,如泡沫塑料 $A=0.03$W/(m·K),而大理石 $A=3.30$W/(m·K),具体见表 3-3。习惯上,把导热系数不大于 0.175W/(m·K) 的材料称为绝热材料。

表 3-3　　典型材料的热工性质指标

材　料	导热系数[W/(m·K)]	比热容[J/(g·K)]
铜	370	0.38
钢	55	0.46
花岗石	2.9	0.80
普通混凝土	1.8	0.88
松土(横纹)	0.15	1.63
泡沫塑料	0.03	1.30
冰	2.20	2.05
水	0.60	4.19
密闭空气	0.025	1.00

二、热容量和比热容

材料在受热时吸收热量,冷却时放出热量的性质称为材料的热容量。单位质量材料温度升高或降低 1K 所吸收或放出的热量称为热容量系数或比热容。比热容的计算公式为:

$$C=\frac{Q}{m(t_2-t_1)} \qquad (3\text{-}14)$$

式中　C——材料的比热容[J/(g·K)];

　　　Q——材料吸收放出的热量(J);

　　　m——材料质量(g);

　　　t_2-t_1——材料受热或冷却前后的温差(K)。

比热容的物理意义表示 1g 材料温度升高或降低 1K 时所吸收或放出的热量。材料的比热容主要取决于矿物成分和有机质的含量,无机材料的比热容比有机材料的比热容小。

湿度对材料的比热容也有影响,随着材料湿度的增加比热容也提高。

比热容 C 与材料质量的乘积称为材料的热容量。采用热容量大的材料作围护结构,对维持建筑物内部温度的相对稳定十分重要。夏季高温时,室内外温差较大,热容量较大的材料温度升高所吸收的热量就多,室内温度上升较慢;冬季采暖后,热容量大的建筑物吸收的热量较多,短时间停止采暖,室内温度下降缓慢。所以,热容量较大、导热系数较小的材料,才是良好的绝热材料。

三、热阻和传热系数

热阻是材料层(墙体或其他围护结构)抵抗热流通过的能力。其计算公式为:

$$R = \frac{d}{\lambda} \tag{3-15}$$

式中　R——材料层热阻$[(m^2 \cdot K)/W]$;

　　　d——材料层厚度(m);

　　　λ——材料的热导率$[W/(m \cdot K)]$。

热阻的倒数 $1/R$ 称为材料层的传热系数。

市政工程常用材料的热工性质指标见表 3-4。

表 3-4　　　　　市政工程常用材料的热工指标

材料	热导率(λ) $[W/(m \cdot K)]$	比热容(C) $[J/(g \cdot K)]$	材料	热导率(λ) $[W/(m \cdot K)]$	比热容(C) $[J/(g \cdot K)]$
普通混凝土	1.8	0.88	泡沫塑料	0.03	1.30
烧结普通砖	0.55	0.84	水	0.60	4.19
钢材	58	0.48	冰	2.20	2.05
花岗石	2.9	0.80	密闭空气	0.025	1.00
松木	横纹 0.1 顺纹 0.35	0.25			

四、耐燃性

建筑物失火时,材料能经受高温与火的作用不破坏、强度不严重下降的性能,称为材料的耐燃性。根据耐燃性可将材料分为以下三大类:

(1)不燃烧类(A级)。材料遇火遇高温不易起火、不阴燃、不碳化,如普通石材、混凝土、砖、石棉等。

(2)难燃烧类(B1级)。材料遇火遇高温不易起火、不阴燃或不碳化,只有在火源存在时能继续燃烧或阴燃,火焰熄灭后,即停止燃烧或阴燃,如沥青混凝土、经防火处理的木材等。

(3)燃烧类(B2或B3级)。材料遇火遇高温即起火或阴燃,在火源移去后,能继续燃烧或阴燃,如木材、沥青等。

五、耐火性

材料在长期高温作用下,保持不熔性并能工作的性能称为材料的耐火性,如砌筑窑炉、锅炉、烟道等的材料。按耐火性高低可将材料分为以下三类:

(1)耐火材料。耐火度不低于1580℃的材料,如耐火砖中的硅砖、镁砖、铝砖和铬砖等。

(2)难熔材料。耐火度为1350~1580℃的材料,如难熔黏土砖、耐火混凝土等。

(3)易熔材料。耐火度低于1350℃的材料,如普通黏土砖等。

第五节 材料与水有关的性质

一、亲水性与憎水性

水分与不同固体材料表面之间的相互作用情况各不相同,因此,根据水分子与材料分子间相互吸引力的大小可以把材料分为亲水性材料和憎水性(或疏水性)材料。

分子间的吸引力就是水被材料表面吸附的过程,它和材料本身的性质有关。如材料分子与水分子间的相互作用力大于分子本身之间的作用力,则材料表面能被水所润湿。此时,在材料、水和空气三相的交点处,沿水滴表面所引的切线与材料表面所成的夹角(称润湿角)$\theta \leqslant 90°$[图 3-5(a)],这种材料称为亲水材料。润湿角 θ 越小,则润湿性越好。如果材料分子与分子间的相互作用力小于水分子本身之间的作用力,则材料表面不能被水润湿,此时,润湿角 $\theta > 90°$[图 3-5(b)],这种材料称为憎水材料。

图 3-5　材料的润湿角

(a)亲水材料;(b)憎水材料

特别提示

亲水材料与憎水材料

大多数工程材料,如天然石材、砖、混凝土、钢材、木材等都属于亲水材料。憎水材料有沥青、油漆、石蜡等。憎水材料不仅可作防水材料用,而且还可用于处理亲水材料的表面,以降低其吸水性,提高材料的防水、防潮性能。

二、材料的含水状态

亲水性材料的含水状态可分为四种基本状态(图 3-6)。

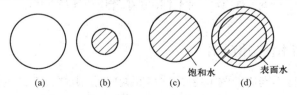

图 3-6　材料的含水状态

(a)干燥状态;(b)气干状态;(c)饱和面干状态;(d)表面润湿状态

干燥状态——材料的孔隙中不含水或含水极微；

气干状态——材料的孔隙中含水时其相对湿度与大气湿度相平衡；

饱和面干状态——材料表面干燥，而孔隙中充满水达到饱和；

表面湿润状态——材料不仅孔隙中含水饱和，而且表面上被水润湿附有一层水膜。

除上述四种基本含水状态外，材料还可以处于两种基本状态之间的过渡状态中。

三、吸水性与吸湿性

(一)吸水性

材料能在水中吸水的性质，称为材料的吸水性。吸水性的大小用吸水率表示。质量吸水率的计算公式为：

$$W = \frac{m_1 - m}{m} \times 100\%$$ （3-16）

式中 W——材料的质量吸水率（%）；

m——材料质量（干燥）（g）；

m_1——材料吸水饱和后质量（g）。

体积吸水率的计算公式为：

$$W_0 = \frac{m_1 - m}{V_0} \times 100\%$$ （3-17）

式中 W_0——材料的体积吸水率（%）；

V_0——材料在自然状态下的体积（cm^3）；

$m_1 - m$——所吸水质量（g），即所吸水的体积（cm^3）。

通常所说的吸水率，常指材料的质量吸水率。

(二)吸湿性

材料在潮湿的空气中吸收空气中水分的性质称为吸湿性，该性质可用材料的含水率表示，按下式进行计算：

$$W_{含} = \frac{m_含 - m_干}{m_干} \times 100\%$$ （3-18）

式中　$W_含$——材料的含水率(%);

　　　$m_含$——材料含水时的质量(kg);

　　　$m_干$——材料烘干至恒重时的质量(kg)。

材料吸湿性的大小取决于材料本身的化学成分和内部构造,并与环境空气的相对湿度和温度有关。一般来说,总表面积较大的颗粒材料,以及开口相互连通的孔隙率较大的材料吸湿性较强,环境空气的相对湿度越高、温度越低时其含水率越大。

材料吸湿含水后,会使材料的质量增加,体积膨胀,抗冻性变差,同时使其强度、保温隔热性能下降。

材料可以从湿润空气中吸收水分,也可以向干燥的空气中扩散水分,最终使自身的含水率与周围空气湿度持平,此时材料的含水率称为平衡含水率。

四、耐水性

材料在吸水饱和状态下不发生破坏,强度也不显著降低的性能,称为材料的耐水性。耐水性用软化系数表示为:

$$K_R = f_1/f_0 \tag{3-19}$$

式中　K_R——材料的软化系数;

　　　f_0——材料在干燥状态下的强度;

　　　f_1——材料在吸水饱和状态下的强度。

对经常受潮或位于水中的工程,材料的软化系数应不低于0.75。软化系数在0.85以上的材料,可以认为是耐水的。

五、抗冻性

材料在多次冻融循环作用下不被破坏,强度也不显著降低的性质称为抗冻性。

材料在吸水饱和后,从$-15℃$冷冻到$20℃$融化称作经受一个冻融循环作用。材料在多次冻融循环作用后表面将出现开裂、剥落等现象,材料将有质量损失,与此同时其强度也将会有所下降。所以严寒地区选用材料,尤其是在冬季气温低于－15℃的地区,一定要对所用材料进行抗冻试验。

材料抗冻性能的好坏与材料的构造特征、含水率多少和强度等因素有关。通常情况下,密实的并具有封闭孔的材料,其抗冻性较好;强度高的材料,抗冻性能较好;材料的含水率越高,冰冻破坏作用也越显著;材料受到冻融循环作用次数越多,所遭受的损害也越严重。

材料的抗冻性常用抗冻等级表示,即抵抗冻融循环次数的多少,如混凝土的抗冻等级有 F50、F100、F150、F200、F250 和 F300 等。

六、抗渗性

抗渗性是材料在压力水作用下抵抗水渗透的性能。材料的抗渗性用渗透系数表示。渗透系数的计算公式为:

$$K = \frac{Qd}{AtH} \tag{3-20}$$

式中　K——渗透系数[$\mathrm{cm^3/(cm^2 \cdot h)}$];

　　　Q——渗水量($\mathrm{cm^3}$);

　　　A——渗水面积($\mathrm{cm^2}$);

　　　d——试件厚度(cm);

　　　H——静水压力水头(cm);

　　　t——渗水时间(h)。

抗渗性的另一种表示方法是试件能承受逐步增高的最大水压而不渗透的能力,通称为材料的抗渗等级,如 P4、P6、P8、P10……,表示试件能承受逐步增高至 0.4MPa、0.6MPa、0.8MPa、1.0MPa……水压而不渗透。

第六节　材料耐久性

工程结构物在使用过程中,除受各种力的作用外,还受到各种自然因素长时间的破坏作用,为了保持结构物的功能,要求用于结构物中的各种材料具有良好的耐久性。

材料的耐久性是指材料在各种因素作用下,抵抗破坏、保持原有性质的能力。自然界中各种破坏因素包括物理的、化学的以及生物的作用等。

物理作用包括干湿交替、热胀冷缩、机械摩擦、冻融循环等。这些作用会使材料发生形状和尺寸的改变而造成体积的胀缩,或者导致材料内部裂缝的引发和扩展,久而久之终将导致材料和结构物的完全破坏。

化学作用包括酸、碱、盐水溶液以及有害气体的侵蚀作用,光、氧、热和水蒸气作用等。这些作用会使材料逐渐变质而失去其原有性质或破坏。

生物作用多指虫、菌的蛀蚀作用,如木材在不良使用条件下会受到虫蛀、腐朽变质而破坏。砖、石、混凝土等矿物性材料,受物理作用破坏的机会较多,同时也受到化学作用的破坏。

金属材料主要受化学和电化学作用引起锈蚀而破坏。木、竹等有机材料常受生物作用而破坏。

沥青、树脂、塑料等高分子有机物在阳光、空气和热的作用下,逐渐老化、变脆或开裂而失去其使用价值。

综上所述,材料的耐久性是一项综合的技术性质,它包括抗渗性、抗冻性、抗风化性、耐热性、耐蚀性、抗老化性以及耐磨性等各方面的内容。

通常采取以下三个方面的措施提高材料的耐久性:

(1)提高材料本身对外界破坏作用的抵抗力,如提高材料的密实度,改变孔结构的形式,合理选定原材料的组成等。

(2)减轻环境条件对材料的破坏作用,如对材料进行特殊处理或采取必要的构造措施。

(3)在主体材料表面加保护层,如覆盖贴面、喷涂料等,使主体材料与大气、阳光、雨、雪等隔绝,不致受到直接侵害。

▶▶复习思考题◀◀

1. 市政工程材料应具备哪些基本性质?

2. 材料的密度、表观密度和堆积密度有什么区别?

3. 材料的密实度和孔隙率的定义分别是什么?

4. 材料的碱—集料反应的定义与影响因素是什么?

5. 材料与水有关的性质有哪些?

6. 分别画出材料的弹性曲线和弹塑性曲线。

7. 材料在荷载(外力)作用下的强度有哪几种?

8. 按刻划法划分天然矿物硬度,可分为几个硬度等级?

9. 什么是材料的耐久性? 提高材料的耐久性有哪些措施?

中篇　市政工程材料

第四章　市政结构性材料

第一节　土的工程性质

一、土的三相组成

土由固体土粒、液体水和气体三部分组成,通常称之为土的三相组成(图 4-1)。

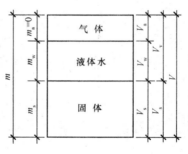

图 4-1　土的三相组成

随着环境的变化,土的三相比例也发生相应的变化,三相物质组成的质量和体积的比例不同,土的状态和工程性质也随之不同。例如:

固相＋气相(液相＝0)为干土时,黏土呈干硬状态;砂石呈松散状态。

固相＋液相＋气相为湿土时,黏土多为可塑状态;砂土具有一定的连接性。

固相＋液相(气相＝0)为饱和土时,黏土多为流塑状态;砂土仍呈松散状态,但遇强烈地震时可能产生液化,使工程结构物遭到破坏。

1. 土的固相物质

土的固相物质包括无机矿物和有机矿物,它们是构成土的骨架最基本的物质。土中的无机矿物成分可以分为原生矿物和次生矿物两大类。具体如下:

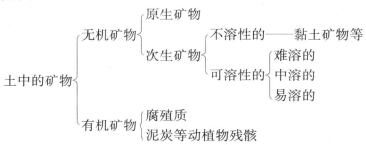

(1)原生矿物。原生矿物直接由岩石经物理风化而来,其性质未发生改变,如石英、长石、云母等。这类矿物的化学性质稳定,具有较强的抗水性和抗风化能力,而亲水性弱。它们是在物理风化的机械破坏作用下所形成的土粒,一般较粗大,是砂类土和粗碎屑土(砾石类土)的主要组成矿物。

(2)次生矿物。次生矿物主要是受化学风化而产生的新矿物。如三氧化二铁、三氧化二铝、次生二氧化硅,黏土矿物、碳酸盐等。次生矿物按其与水的作用可分为可溶的或不可溶的。可溶的按其溶解难易程度又可分为易溶的、中溶的和难溶的。次生矿物的成分和性质均较复杂,对土的工程性质影响也较大。

(3)有机质。由于动植物有机体的繁殖、死亡和分解,常使土中含有有机质。因分解程度不同,常以腐殖质、泥炭及生物遗骸等状态存在。腐殖质是土壤中常见的有机质,其黏性和亲水性更胜于黏粒。泥炭土疏松多孔,压缩性高,抗剪强度低,生物遗骸的分解程度更差。随着分解度增高,土的工程性质也发生变化。

2. 土中水的特性

(1)土中含水,是非常普遍的情况。按水本身的物理状态可分为固态、液态、气态,它们存在于土颗粒间的孔隙中。按水和土颗粒的相互关系可分为矿物结晶水或化学结合水、结合(吸附)水、自由水(图 4-2)。

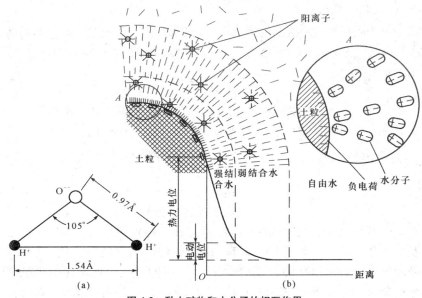

图 4-2 黏土矿物和水分子的相互作用
(a)极性水分子示意图;(b)土粒表面的结合水膜

1)强结合水。强结合水是被吸附紧贴在土颗粒表面的一层水膜。此时表面吸附力极强,可达 1000MPa 的压力。强结合水的水膜厚度为 1.0~5.0nm。强结合水和普通水的性质大不一样,强结合水的密度 $\rho=1.2\sim2.4g/cm^3$,其平均值为 $\rho=1.5\sim2.0g/cm^3$,土颗粒吸附强结合水后体积会减小。强结合水的结冰点温度为 $-78℃$,它只有在高温条件下或温度在 $105\sim110℃$ 的条件下,才能发生移动或排出。强结合水包括在土的含水量中,在通常情况下,强结合水属于固体的一部分,是含水固定层,但不是液态,不能随便移动。强结合水没有溶解能力,不具有静水压力的性质,因而也不能传递静水压力。强结合水变形时具有明显的黏弹性性质,它具有一定的抗剪强度。强结合水作为土中含水量的一部分,在砂类土中能达到 1%左右,在粉土中能达到

5%～7%左右,在黏性土中能达到10%～20%左右,会对土的工程性质产生一定的影响。

2)弱结合水。在土颗粒表面的吸附能力范围之内又在强结合水膜外圈的水膜称为弱结合水,但仍然具有比较强的吸附作用力。弱结合水膜是扩散层,此时,离子既受到一定的吸附作用,也受到热运动产生的扩散作用。弱结合水膜的厚度远大于强结合水,为10～100nm左右。这种水也没有溶解能力,不具有静水压力性质,故仍然不能传递静水压力。其密度随距土颗粒表面的远近而不同,通常ρ为1.1～1.74g/cm³,结冰点温度低于0℃,也具有一定的抗剪强度。在土的含水量试验中,加热到105～110℃时,弱结合水比较容易脱离土颗粒排出去。在一定的压力作用下弱结合水膜可以随土颗粒一起移动,在土颗粒间的滑润作用明显,使土具有较好的塑性,利用这一特性比较容易使土体压实,也有利于土体造型。

(2)水分子距土颗粒表面的距离超过了固定层(强结合水)和扩散层(弱结合水)之后,就不再受土颗粒的吸附作用,这种水就称为自由水即普通水。按自由水的存在状态又可分为毛细水和重力水。

1)毛细水。毛细水是在一定的条件下存在于地下水位以上土颗粒间孔隙中的水。地表水向下渗或夏天湿度高的气体进入地下产生凝结水时,形成的毛细水称为下降毛细水或称悬挂毛细水;地下水自地下水位面向上沿着土颗粒间的孔隙上升到一定的高度时,形成的毛细水称上升毛细水。这里着重讲后一类毛细水。毛细水是自由水,像普通水一样,密度ρ为1.0g/cm³,结冰时的温度为0℃,具有溶解能力、静水压力性质,能传递静水压力。

2)重力水。重力水是地下水位以下的水,为普通的液态水。这种水只受重力规律支配,所谓水的重力规律,简而言之就是水往低处流。这种水有溶解能力,密度ρ为1.0g/cm³,冰点为0℃,具有静水压力性质,能传递静水压力。

(3)土中的气体主要存在于地下水位以上的包气带中,与大气相通,也存在于黏性土中的一些封闭孔隙中。一般而言,土中的气体对土的工程性质影响较小。对于淤泥类、泥炭类土及其他有机质含量较高的土,由于有微生物活动和有机质,使这些土中的气体含量较多,封闭气泡较多,还常含有一些可燃性、有毒性气体。这些土在工程上的表现是低承载力、高压缩性,在荷载作用下既有孔隙水压力,又有孔隙气压力;固结过程特别复杂漫长,在应力、应变关系中具有一定的弹性和明显的流变特性,孔隙比大、渗透性低、灵敏度高。在干旱、半干旱地区的黄土,孔隙比大、含水量低,孔隙中有较多的气体,发生强烈地震时,能够产生很高的孔隙气压力,使黄土山坡迅速形成干粉状态流动,与泥石流相比,这称为黄土粉状干流。含气体多的土质和地层,在地震时具有气垫作用,可减轻震害。在工程开挖时若遇可燃性、有毒性气体,也能造成地质灾害。

3. 土中的气体

土中的气体主要是指土孔隙中充填的气体(主要是 CO_2、N_2 和极少量的 O_2),占据着未被水所充满的那部分孔隙,在土孔隙中气体与水占据的体积、比例不同,土的工程性质也不同。当土中孔隙全部被气体所占满时,此时的土称为干土。

土中的气体可分为与大气连通和不连通两类。与大气连通时的气体在受压力作用时,气体很快从土层孔隙中逸出,对土的工程性质影响不大。但密闭的气体对土的工程性质影响很大,在受到压力作用时,气泡会恢复原状或游离出来,造成土体的高压缩性和低渗透性。

知识拓展

土的用途

土是一种重要的市政工程材料。在土层上修建桥梁、房屋、道路、堤坝时,土是用来支撑建筑物传来的荷载,此时土作为地基;在隧道、涵洞及地下建筑物工程中的土被作为建筑物周围的介质。

二、土的固体颗粒特性

1. 粒度、粒径和粒组划分

土颗粒的大小称为粒度。土颗粒的形状、大小各异,但都可以将土颗粒的体积化作一个当量的小球体，据此可算得当量小球体的直径，称为当量粒径，简称粒径。人们可根据粒径大小对颗粒进行分类定名。工程经验表明，颗粒粒径相近时，其工程性质也相近，所以工程上把土颗粒按粒径大小划分为若干组，称为粒组。依据《土的工程分类标准》(GB/T 50145—2007)，土的粒组可按表 4-1 进行划分。

表 4-1　　　　　　　　　　　　　土的粒组划分

粒　　组	颗粒名称		粒组及粒径(mm)
巨　　粒	漂石或块石颗粒		＞200
	卵石或碎石颗粒		200～60
粗　　粒	砾　粒	粗　砾	60～20
		中　砾	20～5
		细　砾	5～2
	砂　粒	粗　砾	2～0.5
		中　砂	0.5～0.25
		细　砂	0.25～0.075
细　　粒	粉　粒		0.075～0.005
	黏　粒		≤0.005

2. 颗粒分析

(1)颗粒分析就是确定颗粒粒组和粒径。根据工程经验，粒径大于 0.1mm(或 0.074mm、0.075mm)的颗粒称为粗颗粒，粒径小于 0.1mm(或 0.074mm、0.075mm)的颗粒称为细颗粒。粗颗粒用筛分法进行颗粒分析，细颗粒(包括粉砂粒、粉粒和黏粒、胶粒)不能用筛分法，根据土粒在水中均匀下沉时的速度与粒径关系的斯托克斯(Stokes)定律，应用密度计法(旧称比重计法)或移液管法进行颗粒分析。

(2)表达颗粒分析结果的曲线称为粒径级配曲线。如图 4-3 所示是三组土试样的粒径级配曲线。它是粗、细粒土颗粒分析结果的平滑组合曲线。曲线的竖轴表示小于某粒径的土重含量的百分比，曲线的横轴表示粒径的常用对数值，这种特征曲线称为半对数曲线。为了定量表示粒径级配曲线的特征及其工程意义,工程上使用下面两个系数。

$$C_u = \frac{d_{60}}{d_{10}} \quad (4-1)$$

$$C_c = \frac{d_{30}^2}{d_{60}d_{10}} \quad (4-2)$$

C_u 称为粒径级配不均匀系数,表示曲线的斜率即曲线陡与缓的情况,曲线很缓时表示颗粒分布范围很大,C_u 值也大;相反,曲线很陡时表示颗粒分布范围较小,C_u 值也小。C_c 称为曲线的曲率系数,即表示曲线斜率的连续性状况,作图表明,当 $C_c < 1.0$ 或 $C_c > 3.0$ 时,曲线上会出现局部水平段即曲线的斜率不连续。

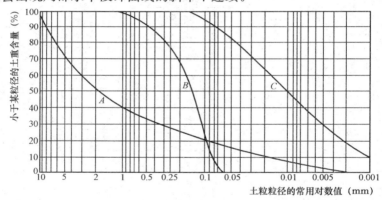

图 4-3 土的粒径级配曲线

三、土粒的矿物特性

(1)土粒的矿物化学成分包括原生矿物,次生矿物,可溶、难溶及不溶盐类,有机矿物,各种化合物及许多种微量元素。

(2)土粒的矿物化学成分和土粒的颗粒级配对土的工程性质影响很大,土粒的矿物化学成分对土工程性质的影响尤为显著。对于粗粒土的工程性质,粒径级配的影响是首要的。

1)砂粒及其以上的粗大颗粒,其矿物成分基本上是与母岩相同的原生矿物,如石英、长石、云母等,一般是单矿物。

2)粉粒组中的矿物成分是少量原生矿物和次生矿物的混合体,石英含量较多。在干旱、半干旱地区,碳酸盐和硫酸盐矿物是粉粒组中的主要矿物成分,其中还有少量的黏土矿物。

3)黏粒和更细的粒组中的矿物成分主要是次生矿物,特别是黏土矿物。黏粒中的盐类以难溶的钙、镁碳酸盐类为主,对土粒起到很好的胶结作用,提高了强度,降低了压缩性,但吸水后体积膨胀。

(3)黏土矿物是次生矿物中最主要的一种。它对土的性质,尤其对黏性土的性质具有很大的甚至决定性的影响。

1)颗粒极细,比表面积极大,黏土矿物的一些特征见表 4-2。土颗粒比表面积的定义是颗粒的总表面积与其体积的比值,单位为 cm^{-1}。土颗粒越细,比表面积越大。土颗粒变化时,尺寸有变化,矿物化学成分也会有变化,土颗粒的表面能及有关表面特性,如物理化学特性也不同,因此可用比表面积来衡量土粒间连接的牢固程度。

表 4-2　　　　　　　黏土矿物的一些特征

黏土矿物名称	颗粒形状	当量直径(nm)	厚度(nm)	单位质量表面积(m^2/g)	液限(%)	塑限(%)
高岭石 $Al_2O_3 \cdot 2SiO_2 \cdot 2H_2O$	片状	500~1000	50	10~20	30~110	25~40
蒙脱石 $Al_2O_3 \cdot 4SiO_2 \cdot nH_2O$	片状	50	0.1	800~1000	100~900	50~100
伊利石 $K_2O \cdot 3Al_2O_3 \cdot 6SiO_2 \cdot 4H_2O$	片状	500	10	60~100	60~120	35~60

注:$1nm = 10^{-9}m = 10^{-7}cm$。

2)吸附能力。当颗粒小到胶粒时,就具有表面能。比表面积越大,表面能就越强,就和周围的离子、原子、分子及微粒产生相互作用,形成微观力力场。吸附作用是最普遍的相互作用方式,吸附水分子,也吸附溶液中的离子及一些杂质。黏土矿物表面都有很强的离子吸附及交换能力。蒙脱石的这种能力最强,伊利石次之,高岭石相对差些。上述能力都是在溶液中表现出来的,离子的吸附和交换,改变了颗粒的表面能状况,从而影响土的工程性质,如使土的含水量、透水性、可塑性、强度、变形及稳定性等发生变化。

3)黏土矿物颗粒的带电性。黏土矿物颗粒呈微小片状,在片状的表面带有负电荷,而在颗粒的边棱处或断口处局部带正电荷。这些表面电荷主要是离子电荷。表面电荷会发生由于电子运动的不平衡性而产生的变动(或瞬间)偶极现象。由于表面的带电性,产生了颗粒之间的键结合力和静电引力,这是原始内聚力的主要来源。在不同的沉积环境中形成了不同的结构、构造状态,从而影响土的物理、化学性质。

四、土的结构与构造

(一)土的结构

1. 单粒结构

单粒结构为碎石土和砂土的结构特征,这种结构是由土粒在水中或空气中自重下落堆积而成。因土粒尺寸较大,粒间的分子引力远小于土粒自重,故土粒间几乎没有相互连接作用,是典型的散粒状物体,简称散体。单粒结构可分为疏松的与紧密的。前者颗粒间的孔隙大,颗粒位置不稳定,不论在静载或动载下都很容易错位,产生很大下沉,特别是在振动作用下尤为明显(体积可减少20%)。因此,疏松的单粒结构不经处理不宜作为地基。紧密的单粒结构的颗粒排列已接近最稳定的位置,在动、静荷载下均不会产生较大下沉,是较理想的天然地基(图4-4)。

2. 蜂窝结构

蜂窝结构多为颗粒细小的黏性土具有的结构形式,有时粉砂也可能有。粒径在 $0.002 \sim 0.02$mm 左右的土粒在水中沉积时,基本是单

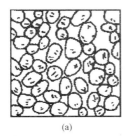 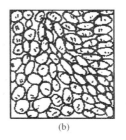

(a)   (b)

图 4-4 土的单粒结构

(a)疏松结构;(b)紧密结构

个土粒下沉,在下沉途中碰上已沉积的土粒时,由于土粒间的相互分子引力对自重而言已有足够大,因此土粒就停留在最初的接触点上不再下降,形成很大孔隙的蜂窝状结构(图 4-5)。

3. 絮状结构

这是颗粒最细小的黏性土特有的结构形式。粒径小于 0.002mm 的土粒能够在水中长期悬浮,不因自重而下沉,当在水中加入某些电解质后,颗粒间的排斥力削弱,运动着的土粒凝聚成絮状物下沉,形成类似蜂窝而孔隙很大的结构,称为絮状结构(图 4-6)。

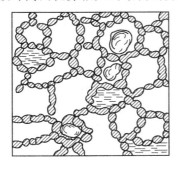 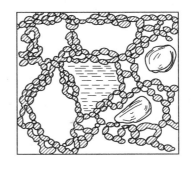

图 4-5 蜂窝结构   图 4-6 絮状结构

(二)土的构造

1. 层状构造

层状构造也称为层理,是大部分细粒土的重要外观特征之一。土层表现为由不同细度与颜色的颗粒构成的薄层交叠而成,薄层的厚度可由零点几毫米至几毫米,成分上有细砂与黏土交互层或黏土交互层等。最常见的层理是水平层理(薄层互相平行,且平行于土层界面),另外,还有波状层理(薄层面呈波状,总方向平行于层面)及斜层理(薄层倾斜,与土层界面有一交角)等。

层状构造使土在垂直层理方向与平行层理方向的性质不一,平行于层理方向的压缩模量与渗透系数往往要大于垂直方向的(图 4-7)。

2. 分散构造

土层中各部分的土粒组合无明显差别,分布均匀,各部分的性质亦相近。各种经过分选的砂、砾石、卵石形成较大的埋藏厚度,无明显层次,都属于分散构造。分散构造的土比较接近理想的各向同性体(图 4-8)。

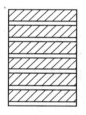　　　　　　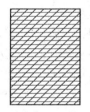

图 4-7　层状构造　　　　　　　　图 4-8　分散构造

3. 裂隙状构造

裂隙中往往充填盐类沉淀,不少坚硬与硬塑状态的黏土具有此种构造。裂隙破坏土的整体性。裂隙面是土中的软弱结构面,沿裂隙面的抗剪强度很低而渗透性却很高,浸水以后裂缝张开,工程性质更差(图 4-9)。

4. 结核状构造

在细粒土中明显掺有大颗粒或聚集的铁质、钙质集合体和贝壳等杂物。例如,含砾石的冰碛黏土,含结核的黄土等均属此类。由于大颗粒或结核往往分散,故此类土的性质取决于细颗粒部分,但在取小型试样试验时应注意将结核与大颗粒剔除,以免影响成果的代表性(图 4-10)。

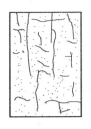

图 4-9　裂隙状构造

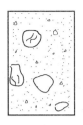

图 4-10　结核状构造

五、土的物理性质指标

1. 三个实测物理性质指标

（1）密度 ρ 和重度 γ。重度定义为单位体积土的重量，计算公式为：

$$\gamma = \frac{W}{V} \qquad (4\text{-}3)$$

式中　W——土的重量（kN）；

V——土的体积（m^3）。

> 天然状态下土的和的变化范围分别为16～22kN/m^3 和16～22g/cm^3。

密度可表示为：

$$\rho = \frac{m}{V} = \frac{W}{gV} = \frac{\gamma}{g} \qquad (4\text{-}4)$$

式中　m——土样的总质量（kg）；

g——重力加速度，取 9.8 m/s^2。

（2）含水量 w。含水量又被称为湿度，定义为土中水的质量与土固体颗粒质量的比值，常用百分数表示为：

> 测量含水量的常用方法是烘箱烘干法。

$$w = \frac{m_w}{m_s} \times 100\% \qquad (4\text{-}5)$$

（3）土粒比重 G_s。土粒比重定义为土中固体矿物颗粒的质量与同体积 4℃时的纯水质量的比值。其计算公式为：

$$G_s = \frac{m_s}{V_s \rho_{w1}} = \frac{\rho_s}{\rho_{w1}} \tag{4-6}$$

式中　ρ_s——土粒密度,为土粒质量 m_s 和土粒体积 V_s 的比值(g/cm³);

　　　ρ_{w1}——纯水在4℃时的密度,一般取 1g/cm³。

土粒比重 G_s 常用比重瓶法测定。由试验测定的比重值代表整个试样内所有土粒比重的平均值。G_s 是一个无量纲的参数,其数值大小取决于土粒的矿物成分,不同土的 G_s 常见平均值变化范围见表4-3。若土中含有有机质和泥炭,其比重会明显地降低。

表 4-3　　　　　　　　　　　土粒比重常见范围

土的名称	砂　土	粉　土	黏　性　土		有机质	泥　炭
			粉质黏土	黏土		
土粒比重 G_s	2.65～2.69	2.70～2.71	2.72～2.73	2.74～2.76	2.4～2.5	1.5～1.8

2. 土的物理性质指标的换算

土的物理性质指标的换算见表4-4。

表 4-4　　　　　　　　　　土的物理性质指标的换算关系式

名　称	符　号	换算公式	名　称	符　号	换算公式
重度	γ	$\gamma = \frac{(1+w)G_s}{1+e}\gamma_w$	含水量	w	$w = \left(\frac{\gamma}{\gamma_d} - 1\right) \times 100\%$
密度	ρ	$\rho = \rho_d(1+w)$			
干重度	γ_d	$\gamma_d = \frac{\gamma}{1+w}$	孔隙比	e	$e = \frac{n}{n-1}$
干密度	ρ_d	$\rho_d = \frac{\rho}{1+w}$			
饱和重度	γ_m	$\gamma_m = \frac{G_r+e}{1+e}r_w$	孔隙比	n	$n = \frac{e}{1+e}$
饱和密度	ρ_m	$\rho_m = \frac{G_n+e}{1+e}\rho_w$			
有效重度	γ'	$\gamma' = \gamma_m - \gamma_w$	孔隙比	e	$e = \frac{n}{n-1}$
有效密度	ρ'	$\rho' = \rho_m - \rho_w$			

六、土的物理状态指标

对于粗粒土来说,土的物理状态是指土的密实程度;对于细粒土来说,土的物理性质是指土的软硬程度或黏性土的稠度。

1. 粗粒土(无黏性土)的密实度

无黏性土如砂、卵石均为单粒结构,它们最主要的物理性质指标为密实度。工程上常用孔隙比 e、相对密度 D_r 和标准贯入锤击次数 N 作为划分其密实度的标准。

(1)用孔隙比 e 为标准。以孔隙比 e 作为砂土密实度划分标准,见表 4-5。

表 4-5　　　　　　　　　按孔隙比 e 划分砂土密实度表

砂土名称	密实度		
	密实的	中密的	松散的
砾砂、粗砂、中砂	$e<0.55$	$0.55\leqslant e\leqslant 0.65$	$e>0.65$
细砂	$e<0.60$	$0.60\leqslant e\leqslant 0.70$	$e>0.70$
粉砂	$e<0.60$	$0.60\leqslant e\leqslant 0.80$	$e>0.80$

用一个指标 e 来划分砂土的密实度,无法反映影响土的颗粒级配的因素。例如,两种级配不同的砂,一种颗粒均匀的密砂,其孔隙比为 e_1,另一种级配良好的松砂,孔隙比为 e_2,结果 $e_1>e_2$,即密砂孔隙比反而大于松砂的孔隙比。为了克服用一个指标 e 对级配不同的砂土难以准确判断其密实程度的缺陷,工程上引用相对密度 D_r 这一指标。

(2)以相对密度 D_r 为标准。用天然孔隙比 e 与同一种砂的最疏松状态孔隙比 e_{max} 和最密实状态孔隙比 e_{min} 进行对比,看 e 靠近 e_{max},还是靠近 e_{min},以此来判别它的密实度,即相对密度法。

$$D_r=\frac{e_{max}-e}{e_{max}-e_{min}}　　　　　(4-7)$$

当 $D_r=0$,即 $e=e_{max}$ 时,表示砂土处于最疏松状态;当 $D_r=1$,即 $e=e_{min}$ 时,表示砂土处于最紧密状态。

在工程上用相对密度 D_r 来判定砂土的密实程度的标准见表 4-6。

表 4-6   **用 D_r 判别砂土密实度标准**

相对密度 D_r	砂土物理状态
$0 < D_r \leqslant \dfrac{1}{3}$	稍　松
$\dfrac{1}{3} < D_r \leqslant \dfrac{2}{3}$	中　密
$D_r > \dfrac{2}{3}$	密　实

（3）以标准贯入锤击次数为标准。标准贯入度试验是在现场进行的一种原位测试。这项试验的方法是：用卷扬机将质量为 63.5kg 的钢锤提升 76cm 高度，让钢锤自由下落，打击贯入器，使贯入器贯入土中深为 30cm，所需的锤击数记为 $N_{63.5}$（简化为 N），对照表 4-7 中的分级标准来鉴定该土层的密实程度。

表 4-7   **天然砂土的密实度标准**

标准贯入度试验锤击数 N	密实度
$N \leqslant 10$	松　散
$10 < N \leqslant 15$	稍　密
$15 < N \leqslant 30$	中　密
$N > 30$	密　实

经验总结

细粒土的密实度

细粒土的密实度一般用天然孔隙比 e 或干重度 γ_d 来衡量，而不用相对密度 D_r。由于细粒土不是粒状结构，不存在最大和最小孔隙比。与密实度概念相比，细颗粒土的含水量、稠度等指标更能反映其物理特征的本质。

2. 黏性土的稠度

黏性土的颗粒很细，土粒与土中水的相互作用很显著，关系极密切。例如,同一种黏性土,当它的含水量小时,土呈半固体坚硬状态;当含水量适当增加,土粒间距离加大,土呈现可塑状态。如含水量再增加,土中出现较多的自由水时,黏性土变成液体流动状态。

黏性土随着含水量不断增加,土的状态变化为固态→半固态→塑性→液态,相应的地基土的承载力也随着降低,即承载力基本值相差10倍以上。由此可见,黏性土最主要的物理特性是土粒与土中水相互作用产生的稠度,即土的软硬程度。

(1)稠度界限。黏性土的稠度,反映土粒之间的联结强度随着含水量高低而变化的性质。其中不同状态之间的界限含水量具有重要的意义,如图4-11所示,其中 V 表示土体体积,w 表示含水量,V_0 表示不再随 w 而变化的体积。

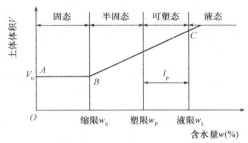

图 4-11 黏性土 $V-w$ 关系示意图

特别提示

液限、塑限和缩限

液限国内常采用锥式液限仪或光电式液塑限联合测定仪测出;塑限国内一般采用搓条法确定,但目前较流行的光电式液塑限联合测定仪也可测出塑限;缩限国内一般采用收缩皿方法测定。

(2)液性指数。液性指数是反映土的天然状态含水量和界限含水量之间相对关系的指标,定义式为:

$$I_L = \frac{w - w_P}{w_L - w_P} \qquad\qquad (4\text{-}8)$$

式中　w——土的天然含水量(%)；

　　w_L、w_P——液限(%)和塑限(%)。

当 $w < w_P$ 时，$I_L < 0$，土呈坚硬状态；当 $w = w_P$ 时，$I_L = 0$，土从半固态进入可塑状态；而当 $w = w_L$ 时，$I_L = 1.0$，土由可塑态进入液态。因此，根据 I_L 值，可直接判定土的物理状态。工程上，按 I_L 的大小，把黏性土分成 5 种状态，见表 4-8。

表 4-8　　　　　　　　　　黏性土的液性指数

液性指数	$I_L \leqslant 0$	$0 < I_L \leqslant 0.25$	$0.25 < I_L \leqslant 0.75$	$0.75 < I_L \leqslant 1$	$I_L > 1$
状　态	坚　硬	硬　塑	可　塑	软　塑	流　塑

（3）塑性指数。液限与塑限的差值定义为塑性指数，即：

$$I_P = w_L - w_P \qquad\qquad (4\text{-}9)$$

塑性指数习惯上用不带"%"的数表示。工程上用塑性指数 I_P 对细粒土进行分类和命名，见表 4-9。

表 4-9　　　　　　　　　　土按塑性指数 I_P 的分类

土的名称	砂土(无塑性土)	粉土(低塑性土)	粉质黏土(中塑性土)	黏土(高塑性土)
塑性指数 I_P	$I_P \leqslant 1$	$0.1 < I_P \leqslant 10$	$10 < I_P \leqslant 17$	$I_P > 17$

七、土的力学性质

(一)土的压缩性

在建筑物基底附加压力作用下，地基土内各点除承受由土自重引起的自重应力外，还要承受附加应力使地基土产生附加的变形，即体积变形和形状变形。对土这种材料来说，体积变形通常表现为体积缩小，我们把这种在外力作用下土体积缩小的特性称为土的压缩性。

土的压缩性的实质是土颗粒之间产生相对移动而靠拢，使土体内孔隙减小。

土的压缩性主要有两个特点：

(1)土的压缩性主要是由孔隙体积减小而引起的。对一般的工程问题，土体的应力水平多在数百千帕以下，在这样的应力作用下，土中颗粒的变形很小，完全可忽略不计，因此，土的压缩性是土中孔隙减小的结果，土体积的变化量就等于其中孔隙的减小量。

(2)由于孔隙水的排出而引起的压缩对于饱和性黏土来说是需要时间的，土的压缩随时间增长的过程称为土的固结。这是由于黏性土的透水性很差，土中水沿着孔隙排出的速度很慢。

土的压缩性指标主要有压缩系数 a、压缩模量 E_s 和变形模量 E。压缩系数 a、压缩模量 E_s 可通过室内固结试验获得，变形模量 E 可由现场荷载试验取得。不同的土压缩性有很大的差别，其主要影响因素包括土本身的性状(如土粒级配、结构构造、成分、孔隙水等)和环境因素(如应力路线、应力历史、温度等)。

(二)土的抗剪性

土的抗剪强度是指土体对于外荷载所产生的剪应力的极限抵抗能力。其数值等于剪切破坏时滑动的剪应力。当土中某点由外力所产生的剪应力达到土的抗剪强度，沿某一面发生了与剪切方向一致的相对位移时，便认为该点发生了剪切破坏。

在实际工程中，与土的抗剪强度有关的问题主要有以下三个方面：

(1)土坡稳定性问题。包括天然土坡(如山坡、河岸等)和人工土坡(如土坝、路堤等)的稳定性问题。

(2)土压力问题。包括挡土墙、地下结构物等周围的土体对其产生的侧向压力可能导致这些构造物发生滑动或倾覆。

(3)地基的承载力与稳定性问题。当外荷载很大时，基础下地基的塑性变形区扩展成一个连续的滑动面，使得建筑物整体丧失了稳定性。

土的抗剪强度指标包括内摩擦角 φ 和黏聚力 c，其值是地基与基础设计的重要参数，该指标需要用专门的仪器通过试验来确定。常用的试验仪器有直接剪切仪、无侧限压力仪、三轴剪切仪和十字板剪切仪等。

(三)土的压实性

在工程建设中,经常遇到填土或软弱地基,填土不同于天然土层,因为经过挖掘、搬运之后,原状结构已被破坏,含水量已变化,堆填时必然在土团之间留下许多孔隙。未经压实的填土强度低,压缩性大而且不均匀,遇水易发生陷坍、崩解等。为了改善这些土的工程性质,常采用压实的方法使土变得密实,使之具有足够的密实度("足够密实度"是指通过在标准压实条件下获得压实填土的最大干密度和相应的最佳含水量),以确保行车平顺和安全。对于松散土层构成的路堑地段的路基面,为改善其工作条件也应予以压实。

压实是采用人工或机械手段对土施加夯压能量,使土粒在外力作用下不断靠拢,重新排列成密实的新结构,使土粒之间的内摩阻力和黏聚力不断增加,从而达到提高土的强度,改善土的性质的目的。

知识拓展

填土压实质量的控制

由于黏性填土存在最优含水量,因此施工时应该将填土的含水量控制在最优含水量左右,以期用较小的击实能量获得最好的密度。当含水量小于最优含水量时,击实土的结构常具有凝絮结构的特征:比较均匀,强度较高,较脆硬,不宜压密,但浸水时容易沉降。当含水量高于最优含水量时,土具有分散结构的特征:变形能力强,但强度较低,且具有不等向性。所以,含水量高于或低于最优含水量时,填土的性质各有优缺点,在设计土料时要根据对填土提出的要求和当地土料的天然含水量,选定合适的含水量,一般含水量要求在 $w_{op} \pm (2\% \sim 3\%)$ 范围内。

工程上黏性土压实质量的检验,用压实系数(或压实度)表示,即:

$$压实度 = \frac{现场测试的干重度 \ \gamma_d}{标准击实试验的最大干重度 \ \gamma_{d \cdot max}}$$

无黏性土压实性也与含水量有关,不过不存在最优含水量。一般在完全干燥或者充分洒水饱和的情况下容易压实到较大的干密度。潮湿状态下,由于具有微弱的毛细水联结,土粒间移动所受阻力较大,不易被挤紧压实,干密度不大。粗砂含水量为 $4\% \sim 5\%$;中砂含水量为 7% 左右时,压实干密度最小,如图 4-12 所示。

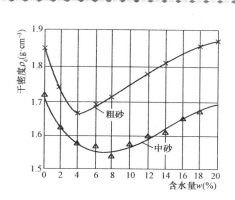

图 4-12　无黏性土的击实曲线

无黏性土的压实标准,一般用相对密度 D_r。一般要求砂土压实至 $D_r>0.7$,即达到密实状态。

八、土样的采集、运输与保管

(一)土样的采集

(1)采取原状土或扰动土视工程对象而定。凡属桥梁、涵洞、隧道、挡土墙、房屋建筑物的天然地基以及挖方边坡、渠道等,应采取原状土样;如为填土路基、堤坝、取土坑(场)或只要求土的分类试验者,可采取扰动土样。冻土采取原状土样时,应保持原土样温度、土样结构和含水率不变。

(2)土样可在试坑、平洞、竖井、天然地面及钻孔中采取。取原状土样时,必须保持土样的原状结构及天然含水量,并使土样不受扰动。用钻机取土时,土样直径不得小于 $10cm$,并使用专门的薄壁取土器;在试坑中或天然地面下挖取原状土时,可用有上、下盖的铁壁取土筒,打开下盖,扣在欲取的土层上,边挖筒周围土,边压土筒至筒内装满土样,然后挖断筒底土层(或左、右摆动即断),取出土筒,翻转削平筒内土样。若周围有空隙,可用原土填满,盖好下盖,密封取土筒;采取扰动土时,应先清除表层土,然后分层用四分法取样。对于盐渍土,一般应分别在 0～0.05m、0.05～0.25m、0.25～0.50m、0.50～0.75m、0.75～1.0m 垂直深度处,分层取样。同时,应测记采样季节、时间和气温。

(3)土样数量按相应试验项目规定采取。

(4)取土记录和编号。无论采用什么方法取样,均应用"取样记录簿"记录并扯下其一半作为标签,贴在取土筒上(原状土)或折叠后放入取土袋内。"取样记录簿"宜用韧质纸并必须用铅笔填写各项记录。取样记录簿记录内容应包括工程名称、路线里程(或地点)、记录开始日期、记录完毕日期、取样单位、采取土样的特征、试样号、取样深度、土样号、取土袋号、土样名、用途、要求试验项目或取样说明、取样者、取样日期等。对取样方法、扰动或原状、取样方向以及取土过程中出现的现象等,应记入取样说明栏内。

(二)土样的包装和运输

(1)原状土或需要保持天然含水量的扰动土,在取样后,应立即密封取土筒,即先用胶布贴封取土筒上的所有缝隙,在两端盖上,再用红油漆写明"上、下"字样,以表示土样层位。在筒壁贴上"取样记录簿"中扯下的标签,然后用纱布包裹,再浇筑熔蜡,以防水分散失。原状土样应保持土样结构不变;对于冻土,原状土样还应保持温度不变。

(2)密封后的原状土在装箱前应放于阴凉处,不需保持天然含水量的扰动土,最好风干稍加粉碎后装入袋中。

(3)土样装箱时,应与"取样记录簿"对照清点,无误后再装入,并在记录簿存根上注明装入箱号。对原状土应按上、下部位将筒立放,木箱中筒间空隙宜以稻(麦)草或软物填紧,以免在运输过程中受振、受冻。木箱上应编号并写明"小心轻放"、"切勿倒置"、"上"、"下"等字样。对已取好的扰动土样的土袋,在对照清点后可以装入麻袋内,扎紧袋口,麻袋上写明编号并拴上标签(如同行李签),签上注明麻袋号数、袋内共装的土袋数和土袋号。

(4)盐渍土的扰动土样宜用塑料袋装。为防取样记录标签在袋内湿烂,可用另一小塑料袋装标签,再放入土袋中;或将标签折叠后放在盛土的塑料袋口,并将塑料袋折叠收口,用橡皮圈绕扎袋口标签以下,再将放标签的袋口向下折叠,然后以未绕完的橡皮圈绕扎系紧。每一盐渍土剖面所取的5个塑料袋土,可以合装于一个稍大的布袋内。同样在装入布袋前要与记录簿存根清点对照,并将布袋号补记在原始记录簿中。

(三)土样的验收与管理

(1)土样运到试验单位,应主动附送"试验委托书",委托书内各栏根据"取样记录簿"的存根填写清楚,若还有其他试验要求,可在委托书内注明。土样试验委托书应包括试验室名称、委托日期、土样编号、试验室编号、土样编号(野外鉴别)、取样地点或里程桩号、孔(坑)号、取样深度、试验目的、试验项目等,以及责任人(如主管、主管工程师审核、委托单位及联系人等)。

(2)试验单位在接到土样之后,即按照"试验委托书"清点土样,核对编号并检查所送土样是否满足试验项目的需要等。同时,每清点一个土样,即在委托书中的试验室编号栏内进行统一编号,并将此编号记入原标签上,以免与其他工程所送土样编号相重而发生错误。

(3)土样清点验收后,即根据"试验委托书"登记于"土样收发登记簿"内,并将土样交负责试验人员妥善保存,按要求逐项进行试验。土样试验完毕,将余土仍装入原装内,待试验结果发出,并在委托单位收到报告书一个月后,仍无人查询,即可将土样处理。若有疑问,尚可用余土复试。试验结果报告书发出时,即在原来"土样收发登记簿"内注明发出日期。

▶ **复习思考题** ◀

1. 什么是土的三相组成? 试画出土的三相组成示意图。

2. 粒度和粒径的概念分别是什么?

3. 工程上用哪些系数表示粒径级配曲线的特征?

4. 土的物理性质指标有哪些? 其中可以直接测定的有哪些?

5. 相对密度的公式及其在工程上的应用是什么?

6. 塑性指数的定义及其在工程上的作用是什么?

7. 液限、塑限和缩限分别如何测定?

第二节　地基岩土

一、地基岩土的分类

(一)岩土的分类

1. 岩石

岩石应为颗粒间牢固连接,呈整体或具有节理裂隙的岩体。作为地基,除应确定岩石的地质名称外,还应划分其坚硬程度和完整程度。

(1)岩石的坚硬程度应根据岩块的饱和单轴抗压强度 f_{rk} 分为坚硬岩、较硬岩、较软岩、软岩和极软岩。当缺乏饱和单轴抗压强度资料或不能进行该项试验时,可在现场通过观察定性划分。

(2)岩体的完整程度可划分为完整、较完整、较破碎、破碎和极破碎。

2. 碎石土

碎石土为粒径大于 2mm 的颗粒含量超过全重 50% 的土。碎石土可分为漂石、块石、卵石、碎石、圆砾和角砾。

3. 砂类土

砂土为粒径大于 2mm 的颗粒含量不超过全重 50%、粒径大于 0.075mm 的颗粒含量超过全重 50% 的土。砂土可分为砾砂、粗砂、中砂、细砂和粉砂。

4. 黏性土

黏性土为塑性指数 I_p 大于 10 的土,可分为黏土和粉质黏土。

5. 粉土

粉土为介于砂土与黏性土之间,塑性指数 $I_p \leqslant 10$ 且粒径大于 0.075mm 的颗粒含量不超过全重 50% 的土。

6. 淤泥

淤泥为在静水或缓慢的流水环境中沉积,并经生物化学作用形成,其天然含水量大于液限、天然孔隙比大于或等于 1.5 的黏性土。天然含水量大于液限而天然孔隙比小于 1.5 但大于或等于 1.0 的黏性土或粉土为淤泥质土。

7. 红黏土

红黏土为碳酸盐岩系的岩石经红土化作用形成的高塑性黏土,其液限一般大于 50。红黏土经再搬运后仍保留其基本特征,其液限大于 45 的土为次生红黏土。

8. 人工填土

人工填土根据其组成和成因,可分为素填土、压实填土、杂填土、冲填土。

素填土为由碎石土、砂土、粉土、黏性土等组成的填土。经过压实或夯实的素填土为压实填土。杂填土为含有建筑垃圾、工业废料、生活垃圾等杂物的填土。冲填土为由水力冲填泥砂形成的填土。

9. 膨胀土

膨胀土为土中黏粒成分,主要由亲水性矿物组成,同时具有显著的吸水膨胀和失水收缩特性,其自由膨胀率大于或等于 40% 的黏性土。

10. 湿陷性土

湿陷性土为浸水后产生附加沉降,其湿陷系数大于或等于 0.015 的土。

(二)岩石的分类

1. 岩体分类

(1)岩体按完整程度的定性分类见表 4-10。

表 4-10　　　　　　　　岩体按完整程度的定性分类

分类	结构面发育程度		主要结构面的结合程度	主要结构面类型	相应结构类型	完整体指数
	组数	平均间距(m)				
完整	1~2	>1.0	结合好或结合一般	裂隙、层面	整体状或巨厚层状结构	>0.75

分　类	结构面发育程度		主要结构面的结合程度	主要结构面类型	相应结构类型	完整体指数
	组数	平均间距(m)				
较完整	1～2	＞1.0	结合差	裂隙、层面	块状或厚层状结构	0.55～0.75
	2～3	0.4～1.0	结合好或结合一般		块状结构	
较破碎	2～3	0.4～1.0	结合差	裂隙、层面、小断层	裂隙块状或中厚层状结构	0.35～0.55
	≥3	0.2～0.4	结合好		镶嵌碎裂结构	
			结合一般		中、薄层状结构	
破碎	≥3	0.2～0.4	结合差	各种类型结构面	裂隙块状结构	0.15～0.35
		≤0.2	结合一般或结合差		碎裂状结构	
极破碎	无序	—	结合很差	—	散体状结构	＜0.15

注:1. 平均间距指主要结构面(1～2 组)间距的平均值。

2. 完整性指数为岩体纵波波速与岩块纵波波速之比的平方。选定岩体或岩块测定波速时应有代表性。

（2）岩体按结构类型分类见表 4-11。

表 4-11　　　　　　　　　　岩体按结构类型分类

岩体结构类型	岩体地质类型	结构体形状	结构面发育情况	岩土工程特征	可能发生的岩土工程问题
整体状结构	巨块状岩浆岩和变质岩,巨厚层沉积岩	巨块状	以层面和原生、构造节理为主,多呈闭合型,间距大于1.5m,一般为1～2组,无危险结构	岩体稳定,可视为均质弹性各向同性体	局部滑动或坍塌,深埋洞室的岩爆
块状结构	厚层状沉积岩,块状岩浆岩和变质岩	块状柱状	有少量贯穿性节理裂隙,结构面间距0.7～1.5m,一般为2～3组,有少量分离体	结构面互相牵制,岩体基本稳定,接近弹性各向同性体	

续表

岩体结构类型	岩体地质类型	结构体形状	结构面发育情况	岩土工程特征	可能发生的岩土工程问题
层状结构	多韵律薄层、中厚层状沉积岩,副变质岩	层状板状	有层理、片理、节理,常有层间错动	变形和强度受层面控制,可视为各向异性弹塑性体,稳定性较差	可沿结构面滑塌,软岩可产生塑性变形
碎裂状结构	构造影响严重的破碎岩层	碎块状	断层、节理、片理、层理发育,结构面间距 0.25～0.50m,一般 3 组以上,由许多分离体	整体强度很低,并受软弱结构面控制,呈弹塑性体,稳定性很差	易发生规模较大的岩体失稳,地下水加剧失稳
散体状结构	断层破碎带、强风化及全风化带	碎屑状	构造和风化裂隙密集,结构面错综复杂,多充填黏性土,形成无序小块和碎屑	完整性遭极大破坏,稳定性极差,接近松散体介质	易发生规模较大的岩体失稳,地下水加剧失稳

2. 岩石分类

(1)岩石按坚硬程度等级定性分类见表 4-12。

表 4-12　　　　　　　　　岩石按坚硬程度等级的定性分类

坚硬程度等级		定性鉴定	代表性岩石	饱和单轴抗压强度标准值 f_{rk}(MPa)
硬质岩	坚硬岩	锤击声清脆,有回弹,震手,难击碎,基本无吸水反应	未风化～微风化的花岗石、闪长岩、辉绿岩、玄武岩、安山岩、片麻岩、石英岩、石英砂岩、硅质砾岩、硅质石灰岩等	$f_{rk}>60$
	较硬岩	锤击声较清脆,有轻微回弹,稍震手、较难击碎,有轻微吸水反应	(1)微风化的坚硬岩。(2)未风化～微风化的大理岩、板岩、石灰岩、白云岩、钙质砂岩等	$30 \geqslant f_{rk}>60$

坚硬程度等级		定性鉴定	代表性岩石	饱和单轴抗压强度标准值 f_{rk}(MPa)
软质岩	较软岩	锤击声不清脆，无回弹，较易击碎，浸水后指甲可刻出印痕	(1)中等风化～强风化的坚硬岩或较硬岩。 (2)未风化～微风化的凝灰岩、千枚岩、泥灰岩、砂质泥岩等	$15 \geqslant f_{rk} > 30$
	软岩	锤击声哑，无回弹，有凹痕，易击碎，浸水后手可掰开	(1)强风化的坚硬岩或较硬岩。 (2)中等风化～强风化的较软岩。 (3)未风化～微风化的页岩、泥岩、泥质砂岩等	$5 \geqslant f_{rk} > 15$
极软岩	极软岩	锤击声哑，无回弹，有较深凹痕，手可捏碎，浸水后可捏成团	(1)全风化的各种岩石。 (2)各种半成岩	$f_{rk} \leqslant 5$

(2)岩石按风化程度分类见表 4-13。

表 4-13　　　　　　　　　岩石按风化程度分类

风化程度	野外特征	风化程度参数指标	
		波速比 K_v	风化系数 K_f
未风化	岩质新鲜，偶见风化痕迹	0.9～1.0	0.9～1.0
微风化	结构基本未变，仅节理面有渲染或略有变色，有少量风化裂隙	0.8～0.9	0.8～0.9
中等风化	结构部分破坏，沿节理面有次生矿物，风化裂隙发育，岩体被切割成岩块。用镐难挖，岩芯钻方可钻进	0.6～0.8	0.4～0.8
强风化	结构大部分破坏，矿物成分显著变化，风化裂隙很发育，岩体破碎，用镐可挖，干钻不易钻进	0.4～0.6	<0.4

续表

风化程度	野外特征	风化程度参数指标	
		波速比 K_v	风化系数 K_f
全风化	结构基本破坏,但尚可辨认,有残余结构强度,可用镐挖,干钻可钻进	0.2～0.4	—
残积土	组织结构全部破坏,已风化成土状,锹镐易挖掘,干钻易钻进,具可塑性	<0.2	—

注:1. 波速比 K_v 为风化岩石与新鲜岩石压缩波速度之比。

2. 风化系数 K_f 为风化岩石与新鲜岩石饱和单轴抗压强度之比。

3. 岩石风化程度,除按表列野外特征和定量指标划分外,也可根据当地经验划分。

4. 花岗石类岩石,可采用标准贯入试验划分,$N \geqslant 50$ 为强风化;$30 \leqslant N < 50$ 为全风化,$N < 30$ 为残积土。

5. 泥岩和半成岩,可不进行风化程度划分。

(三)碎石土的分类

碎石土的分类方法见表 4-14 和表 4-15。

表 4-14　　　　　　　　　碎石土的分类

土的名称	颗粒形状	粒组含量
漂 石	圆形及亚圆形为主	粒径大于 200mm 的颗粒含量超过全重的 50%
块 石	棱角形为主	
卵 石	圆形及亚圆形为主	粒径大于 20mm 的颗粒含量超过全重的 50%
碎 石	棱角形为主	
圆 砾	圆形及亚圆形为主	粒径大于 2mm 的颗粒含量超过全重的 50%
角 砾	棱角形为主	

注:分类时应根据粒组含量栏从上到下以最先符合者确定。

表 4-15　　　　　　　碎石土密实度按锤击数分类

密实度	重型动力触探锤击数 $N_{63.5}$	超重型动力触探锤击数 N_{120}
松散	$N_{63.5} \leqslant 5$	$N_{120} \leqslant 3$
稍密	$5 < N_{63.5} < 10$	$3 < N_{120} \leqslant 6$
中密	$10 < N_{63.5} < 20$	$6 < N_{120} \leqslant 11$
密实	$N_{63.5} > 20$	$11 < N_{120} \leqslant 14$
很密	—	$N_{120} > 14$

注：重型动力触探锤击数适用于平均粒径等于或小于 50mm，且最大粒径小于 100mm
的碎石土；超重型动力触探锤击数适用于平均粒径大于 50mm，或最大粒径大于
100mm 的碎石土。

(四)砂土的分类

砂土的分类方法见表 4-16。

表 4-16　　　　　　　　　砂土的分类

土的名称	粒组含量	土的名称	粒组含量
砾　砂	粒径大于 2mm 的颗粒含量占全重的 25%～50%	细　砂	粒径大于 0.075mm 的颗粒含量超过全重的 85%
粗　砂	粒径大于 0.5mm 的颗粒含量超过全重的 50%	粉　砂	粒径大于 0.075mm 的颗粒含量超过全重的 50%
中　砂	粒径大于 0.25mm 的颗粒含量超过全重的 50%	—	—

注：分类时应根据粒组含量栏从上到下以最先符合者确定。

(五)粉土的分类

粉土的分类方法见表 4-17 和表 4-18。

表 4-17　　　　　　　　　粉土密实度分类

孔隙比 e	$e < 0.75$	$0.75 \leqslant e \leqslant 0.90$	$e > 0.9$
密实度	密　实	中　密	稍　密

注：当有经验时，也可用原位测试或其他方法划分粉土的密实度。

表 4-18　　　　　　　　　　粉土湿度的分类

含水量 $w(\%)$	$w<20$	$20\leqslant w\leqslant 30$	$w>30$
湿　度	稍　湿	湿	很　湿

(六)黏性土的分类

黏性土的分类见表 4-19。

表 4-19　　　　　　　　　　黏性土的分类

塑性指数 I_P	土的名称
$I_P>17$	黏　土
$10<I_P\leqslant 17$	粉质黏土

注:塑性指数由相应于 76g 圆锥体沉入土样中深度为 10mm 时测定的液限计算而得。

二、岩石

(一)岩石的基本性质

1. 岩石的物理性质

常见岩石的物理性质指标见表 4-20。

表 4-20　　　　　　　　　　常见岩石的物理性质指标

岩石名称	相对密度	天然密度		孔隙度 (%)	吸水率 (%)	软化系数
		kN/m³	g/cm³			
花岗石	2.50~2.84	22.56~7.47	2.30~2.80	0.04~2.80	0.10~0.70	0.75~0.97
闪长岩	2.60~3.10	24.72~9.04	2.52~2.96	0.25 左右	0.30~0.38	0.60~0.84
辉长岩	2.70~3.20	25.02~9.23	2.55~2.98	0.28~1.13	—	0.44~0.90
辉绿岩	2.60~3.10	24.82~9.14	2.53~2.97	0.29~1.13	0.80~5.00	0.44~0.90
玄武岩	2.60~3.30	24.92~9.41	2.54~3.10	1.28 左右	0.30 左右	0.71~0.92
砂　岩	2.50~2.75	21.58~26.49	2.20~2.70	1.60~28.30	0.20~7.00	0.44~0.97
页　岩	2.57~2.77	22.56~25.70	2.30~2.62	0.40~10.00	0.51~1.4	0.24~0.55
泥灰岩	2.70~2.75	24.04~26.00	2.45~2.65	1.00~10.00	1.00~3.00	0.44~0.54

岩石名称	相对密度	天然密度		孔隙度（％）	吸水率（％）	软化系数
		kN/m³	g/cm³			
石灰岩	2.48～2.76	22.56～26.49	2.30～2.70	0.53～27.00	0.10～4.45	0.58～0.94
片麻岩	2.63～3.01	25.51～29.43	2.60～3.00	0.30～2.40	0.10～3.20	0.91～0.97
片　岩	2.75～3.02	26.39～28.65	2.69～2.92	0.02～1.85	0.10～0.20	0.49～0.80
板　岩	2.84～2.86	26.49～27.27	2.70～2.78	0.45 左右	0.10～0.30	0.52～0.82
大理石	2.70～2.87	25.80～26.98	2.63～2.75	0.10～6.00	0.10～0.80	—
石英岩	2.63～2.84	25.51～27.47	2.60～2.80	0.00～8.70	0.10～1.45	0.96

2. 岩石的力学性质

公路与桥梁用的岩石，除受到各种自然因素的影响外，还受到车辆荷载的作用。因此，岩石除应具备上述的物理性质外，还必须具备各种力学性质，如抗压、抗剪、抗弯等纯力学性质以及一些为路用性能特殊设计的力学指标，如抗磨光性、抗冲击、抗磨耗等。在此仅讨论确定岩石等级的抗压强度和磨耗性。

（1）单轴抗压强度。单轴抗压强度是指标准试件经吸水饱和后，在单轴受压并按规定的加载条件下，达到极限破坏时，单位承压面积的强度。

道路建筑用岩石的单轴抗压强度试件，按我国现行标准《公路工程岩石试验规程》（JTG E41—2005）规定：建筑地基用岩石（岩块）制备成直径为 50mm±2mm，高径比为 2∶1 的圆柱体试件；桥梁工程用岩石制备成 70mm±2mm 的立方体试件；路面工程用岩石制备成边长为 50mm±2mm 的立方体（或直径和高度均为 50mm±2mm 的圆柱体）试件。单轴抗压强度按下式计算：

$$R = \frac{P}{A} \tag{4-10}$$

式中　R——岩石的单轴极限抗压强度（MPa）；

P——试件破坏时的荷载(N);

A——试件的截面面积(cm^2)。

(2)磨耗性。磨耗性是指岩石抵抗摩擦、撞击、边缘剪切等综合作用的性能,通常以磨耗率来表示。

我国现行标准《公路工程岩石试验规程》(JTG E41—2005)规定岩石磨耗试验方法与粗集料的磨耗试验方法相同,按《公路工程集料试验规程》(JTG E42—2005)采用洛杉矶式磨耗试验。

试验是采用洛杉矶式磨耗试验机,其圆筒内径为 710mm±5mm,内侧长 510mm±5mm,两端封闭。试验时将规定质量且有一定级配的试样和一定质量的钢球置于试验机中,以 30～33r/min 的转速转动至要求次数后停止,取出试样,用 1.7mm 的方孔筛筛去试样中的细屑,用水洗净留在筛上的试样,烘干至恒重并称其质量。岩石的磨耗率按下式计算:

$$Q = \frac{m_1 - m_2}{m_1} \times 100\%$$ （4-11）

式中 Q——石料的磨耗率(%);

m_1——试验前岩石试样烘干质量(g);

m_2——试验后留在 1.7mm 筛上的岩石试样洗净烘干后的质量(g)。

利用岩石的抗压强度和磨耗度可将路用岩石分级。

3. 路用岩石的技术分级和技术标准

(1)路用岩石的技术分级。在公路工程中对不同组成和不同结构的岩石,在不同的使用条件下对其技术性质的要求也不同。所以,在石料分级之前先按其矿物组成、含量以及结构构造确定岩石的名称,然后划分出岩石类别,再确定等级。按路用岩石的技术要求,可分为以下四大岩类:

1)岩浆岩类,如花岗石、正长岩、辉长岩、闪长岩、橄榄岩、辉绿岩、玄武岩、安山岩等。

2)石灰岩类,如石灰岩、白云岩、泥灰岩、凝灰岩等。

3)砂岩和片麻岩类,如石英岩、砂岩、片麻岩和花岗石等。

4)砾石类,如各种天然卵石。

各岩类按其物理力学性质(主要是饱水抗压强度和磨耗率)可分为下列四个等级:

1级——最坚强的岩石;

2级——坚强的岩石;

3级——中等强度的岩石;

4级——软弱的岩石。

(2)路用石料的技术标准。道路工程用石料按上述分类和分级方法,各岩类各等级石料的技术指标见表4-21。

表4-21 道路工程用石料技术分级标准

岩石类别	主要岩石名称	石料等级	技术标准		
			极限抗压强度(饱水状态)(MPa)	磨耗率(%)	
				搁板式磨耗机试验法	双筒式磨耗机试验法
岩浆岩类	花岗石、玄武岩、安山岩、辉绿岩等	1	>120	<25	<4
		2	100~120	25~30	4~5
		3	80~100	30~45	5~7
		4	—	45~60	7~10
石灰岩类	石岗石、白云岩	1	>100	<30	<5
		2	80~100	30~35	5~6
		3	60~80	35~50	6~12
		4	30~60	50~80	12~20
砂岩和片麻岩类	石英岩、砂岩、片麻岩和花岗石等	1	>100	<30	<5
		2	80~100	30~35	5~7
		3	50~80	35~45	7~10
		4	30~50	45~60	10~15
砾石类	各种卵石	1		<20	<5
		2		20~30	5~7
		3		30~50	7~12
		4	—	50~60	12~20

知识链接

市政工程用石料制品

1. 道路路面建筑用岩石制品

道路路面建筑用岩石制品,包括直接铺砌路面面层用的整齐块石、半整齐块石和不整齐块石三类,用作路面基层的锥形块石、片石等。各种岩石制品的技术要求和规格简要介绍如下:

(1)高级铺砌用整齐块石。由高强、硬质、耐磨的岩石,经精凿加工而成。这种块石铺筑的路面,须以水泥混凝土为底层,并且用水泥砂浆灌缝找平。因其造价较高,只用于有特殊要求的路面,如特重交通以及履带车行驶的路面。

整齐块石的尺寸一般可按设计要求确定,大方块石为 300mm×300mm×(120～150)mm,小方块石为 120mm×120mm×250mm。抗压强度不低于 100MPa,洛杉矶磨耗率不大于 5%。

(2)路面铺砌用半整齐块石。经粗凿而成立方体的方块石或长方体的条石。顶面与底面平行,顶面积与底面积之比不小于 40%～75%。半整齐块石通常顶面不进行加工,因此顶面平整性较差。一般只在特殊地段,如土基尚未沉实稳定的桥头引道及干道,铁轮履带车经常通过的地段等使用。

(3)铺砌用不整齐块石。铺砌用不整齐块石又称拳石,它是由粗打加工而得到的块石,要求顶面为一平面,底面与顶面基本平行,顶面积与底面积之比大于 40%～60%。其优点是造价不高,经久耐用;缺点是不平整,行车震动大,故目前应用较少。

(4)锥形块石。锥形块石又称"大块石",用于路面底基层,是由片石进一步加工而得的粗打集料,要求上小下大,接近截锥形,其底面积不宜小于 100cm²,以便砌摆稳定。锥形块石的高度一般为 160mm±20mm、200mm±20mm 和 250mm±20mm 等,通常底基层厚度应为石块高的1.1～1.4倍。除特殊情况外,一般不采用大石块基层。

2. 桥梁建筑用主要岩石制品

桥梁建筑用主要岩石制品有片石、块石、方块石、粗料石、细料石、镶面石等。

(1)片石。由打眼放炮采得的岩石,其形状不受限制,但薄片者不得使用。片石中部最小尺寸应不小于15cm,体积不小于0.01m³,每块质量一般在30kg以上。用于圬工工程主体的片石,其极限抗压强度应不小于30MPa;用于附属圬工工程的片石,其极限抗压强度不小于20MPa。

(2)块石。块石是由成层岩中打眼放炮开采而得,或用楔子打入成层岩的明缝或暗缝中劈出的岩石。块石形状大致方正,无尖角,有两个较大的平行面,边角可不加工。其厚度应不小于20cm,宽度为厚度的1.5～2.0倍,长度为厚度的1.5～3倍,砌缝宽度不大于20mm。极限抗压强度应符合设计文件规定。

(3)方块石。在块石中选择形状比较整齐者稍加修整,使岩石大致方正,厚度应不小于20cm,宽度为厚度的1.5～2.0倍,长度为厚度的1.5～4倍,砌缝宽度不大于20mm。极限抗压强度应符合设计文件规定。

(4)粗料石。形状尺寸和极限抗压强度应符合设计文件规定,其表面凹凸相差不大于10mm,砌缝宽度小于20mm。

(5)细料石。形状尺寸和极限抗压强度应符合设计文件规定,表面凹凸相差不大于5mm,砌缝宽度小于15mm。

(6)镶面石。镶面石受气候因素影响较大,损坏较快,一般应选用较好的、较硬的岩石。岩石的外露面可沿四周琢成2cm的边,中间部分仍保持原来的天然石面。岩石上下和两侧均加工粗琢成剡口,剡口的宽度不得小于10cm,琢面应垂直于外露面。

(二)岩石的构造

1. 岩浆岩

岩浆岩的构造,是指岩石中矿物或矿物集合体之间的相互关系特征。岩石的构造决定了岩石的外貌特点,其最常见的构造有:

(1)块状构造。矿物在岩石中呈无规律的致密状分布。花岗石、花岗斑岩等侵入岩具有这类构造。

(2)流纹状构造。岩石中存在的一些杂色条纹和拉长的气孔等构造。这种构造是由于熔岩流动而造成的,只出现于喷出岩中,如流纹岩的构造。

粗粒结构：矿物的结晶颗粒大于 5mm。

中粒结构：矿物的结晶颗粒介于 2～5mm。

细粒结构：矿物的结晶颗粒介于 0.2～2mm。

（3）气孔状构造。岩浆凝固时，由于一些挥发性气体未能及时逸出，而导致在岩石中留下了许多圆形、椭圆形或长管形的孔洞，称为气孔状构造，常见于喷出岩中的玄武岩等，且多分布于熔岩的表层。

（4）杏仁状构造。岩石中的气孔为后期的方解石、石英等矿物充填所形成的一种形似杏仁的构造。杏仁状构造常见于某些玄武岩和安山岩中，多分布于熔岩的表层。

2. 沉积岩

沉积岩的构造，是指其组成部分的相互空间关系特征。它最主要的构造是层理构造，另外，还有沉积层面上的波痕石、结核等构造特征。

常见的层理构造有水平层理、斜层理和交错层理等，如图 4-13 所示。

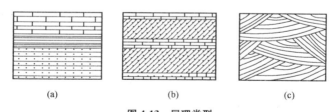

(a)　　　　　(b)　　　　　(c)

图 4-13　层理类型

(a)水平层理；(b)斜层理；(c)交错层理

层与层之间的界面称为层面；上下两个层面间成分基本均匀一致的岩石，称为岩层；一个岩层上下层面之间的垂直距离称为岩层的厚度；岩层厚度变薄以至消失称为尖灭；两端尖灭就成为透镜体；厚岩层中所夹的薄层，称为夹层，如图 4-14 所示。

3. 变质岩

（1）片麻状构造。岩石主要由条带状分布的长石、石英等粒状矿

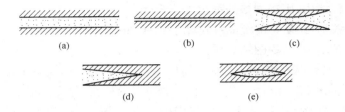

图 4-14 岩层的几种形态

(a)正常层;(b)夹层;(c)薄层;(d)尖灭;(e)透镜体

物组成,以及一定数量的断续定向排列的片状或柱状矿物。颗粒粗大,片理不规则,外表有深浅色泽相同的断续状条带,是片麻岩特有的构造。

(2)片状构造。岩石中大量片状矿物(如云母、绿泥石、滑石、石墨等)平行排列所形成的薄层状构造,是各种片岩所具有的特征构造。

(3)千枚状构造。岩石中的鳞片状矿物成定向排列,颗粒细密,片理薄,片理面具有较强的丝绢光泽,是千枚岩的特有构造。

(4)板状构造。岩石中由显微片状矿物平行排列形成的具有平行板状劈理的构造。岩石沿板理极易劈成薄板状,板面微具光泽,是板岩的特有构造。

(5)块状构造。岩石中矿物颗粒致密、坚硬,定向排列,大理石和石英岩具有此种构造。它与岩浆岩的块状构造相似,但又不完全一样。

三、岩土的工程特性

1. 岩石

(1)岩石种类繁多,工程性质极为多样。岩石的工程性质应从其坚硬性、完整性、风化程度以及有无其他特殊工程性质方面进行考察。

(2)坚硬岩、较硬岩、较软岩一般均属较好的地基,特别是坚硬岩与较硬岩。但最需注意的是软岩与极软岩,因为常有特殊的工程性质,如泥岩具有很高的遇水膨胀性。

1)片岩的各向异性特别显著。

2)有的第三级砂岩则遇水崩解。

3)有的岩体开挖时很硬,暴露后逐渐崩解。

(3)岩石的承载力一方面决定于岩石强度,但又很大程度上取决于其风化及完整程度。岩石的坚硬程度是由岩石的成因类型和风化程度这两个因素决定的,并由岩石试件的室内饱和单轴抗压强度标准值 f_{rk} 来判定其具体类别。但 f_{rk} 代表小体积试件的强度,却不能代表整个地基的强度,因此,在确定岩石地基的承载力时还需考虑岩体是否完整。对完整、较完整和较破碎的岩石地基,可根据岩体的完整程度,将 f_{rk} 乘以 0.1~0.5 的折减系数后,作为承载力特征值采用。对破碎与极易破碎的岩石则由地区经验或直接在现场进行静载荷试验确定,这时风化与完整程度的影响均可含在静载试验结果中反映,不需单独考虑。

2. 碎石土

(1)碎石土的土粒粗大,其工程特性主要取决于土的密实度,而与水的关系不大。

(2)土粒本身的风化程度对其强度有影响,风化易碎的颗粒组成的土的强度与压缩性将比有坚实颗粒的土的强度低。

(3)孔隙中有黏性土填充物时多对强度有不良影响,因为黏性土填充物可降低土粒间的摩擦力,增加对水的亲和性。

(4)一般碎石土在静载下抗压缩性较高,产生的沉降不大,通常可视作低压缩性土,但在动荷载(地震、机械振动等)下,中等密度以下的碎石土的压缩性提高,可能产生有害的震陷。

3. 砂土

(1)砂土成分中缺乏黏土矿物,与水的亲和力不大,不具有黏性与可塑性。

(2)砂土的结构是单粒结构。松砂的孔隙多,结构不稳定,在荷载下,特别是动荷载作用下能产生较大沉降。中密与密实的砂土则是较好的地基,强度高而且压缩性小。

(3)砂土的饱和度对砂土的工程特性也有影响。砂土的颗粒越细,受湿度的影响越大,因为水分起的润滑作用使土的抗剪强度降低,因此饱和的粉细砂强度比干燥时要低。但在砂土的含水量相当小时($w=4\%\sim8\%$),由于毛细压力的作用却能使砂土具有微小的毛细内聚力,使土不易振捣密实,对砂土的填土压实工程不利。当土饱和时,毛细现象消失,毛细内聚力不复存在。

(4)砂土的透水性远比黏性土高,因而是很好的含水层,如果抽取地下水,则应在砂、卵石层中抽取。

(5)饱和松砂土在振动或地震作用下,土中孔隙水压易上升,甚至使土的自重压力抵消,土粒处于失重状态,随水流动,即为液化,是地震区的一大震害因素。

4. 黏性土

(1)黏性土中含有较多的粘粒、胶粒和黏土矿物,这些颗粒有比表面积大、表面的离子交换能力强、表面活性强、亲水性很强等特点。英国土力学家斯肯普顿 1953 年提出对黏性土的活性用活动度的概念来表达,活动度的表达式为:

$$A=\frac{I_P}{m} \tag{4-12}$$

式中　m——黏土中胶粒($d<0.002\text{mm}$)含量的百分率(小数)。

根据黏土的活动度 A,可分类如下:

不活动黏土　　　　　　　　　　$A<0.75$

一般黏土　　　　　　　　　　　$A=0.75\sim1.25$

活动黏土　　　　　　　　　　　$A=1.25\sim2.00$

强活动黏土　　　　　　　　　　$A>2.00$

高岭土　　　　　　　　　　　　$A=0.5$

伊利土　　　　　　　　　　　　$A=1.0$

蒙脱土　　　　　　　　　　　　$A>6.0$

(2)土的灵敏度就是在不排水条件下,原状土的无侧限抗压强度(本质上是抗剪强度)与重塑土(完全扰动即土的原结构完全破坏但土

体含水量不变)的无侧限抗压强度之比,用 S_t 表示即:

$$S_t = \frac{q_u}{q_u'} \tag{4-13}$$

式中　q_u、q_u'——原状土、重塑土样在不排水条件下的无侧限抗压
强度。

工程上规定:不灵敏:$S_t \leqslant 1.0$

低灵敏:$1.0 < S_t \leqslant 2.0$

中等灵敏:$2.0 < S_t \leqslant 4.0$

灵敏:$4.0 < S_t \leqslant 8.0$

高灵敏:$8.0 < S_t \leqslant 16.0$

流动:$S_t > 16.0$

灵敏度的概念在工程上主要用于饱和、近饱和的黏性土。饱和软黏土灵敏度很高。沿海新近沉积的淤泥、淤泥质土,灵敏度极高,S_t 值可达几十甚至更大。

(3)与灵敏度密切相关的另一特性称为触变性。饱和及近饱和的黏性土、粉土,本来处于可塑状态,当受到扰动如震动、打桩等,土的结构受到破坏,强度显著降低,物理状态会变成流动状态。其中的自由水产生流动,部分弱结合水在震动作用下也会脱离土颗粒而成为自由水析出。但在扰动作用停止后,经过一段时间,土颗粒和水分子及离子会重新组合排列,形成新的结构,又可以逐步恢复原来的强度和物理状态。黏性土的水—土系统在含水量和密度不变的条件下,上述的状态变化及可逆性属胶体化学特性,在工程上称为触变性。

四、特殊土的工程特性

(一)软土

(1)高含水量和高孔隙性。软土的天然含水量一般为 $50\% \sim 70\%$,山区软土有时高达 200%。天然孔隙比在 $1 \sim 2$ 之间,最大达 $3 \sim 4$。其饱和度一般大于 95%。

(2)渗透性低。软土的渗透系数为 $1\times10^{-8}\sim1\times10^{-4}\,cm/s$,水平方向的渗透系数较垂直方向要大。土体的固结过程非常缓慢,其强度增长的过程也非常缓慢。

(3)压缩性高。软土的压缩系数 $a_{0.1\sim0.2}$ 为 $0.7\sim1.5\,MPa^{-1}$,最大可达 $4.5\,MPa^{-1}$,随着土的液限和天然含水量的增大,其压缩系数也进一步增高。具有变形大而不均匀、变形稳定历时长的特点。

(4)抗剪强度低。软土的抗剪强度很小,同时与加荷速度及排水固结条件密切相关。要提高软土地基的强度,必须控制施工和使用时的加荷速度。

(5)触变性和蠕变性强。触变性是软土的一个突出的性质。我国部分地区的灵敏度一般在 $4\sim10$ 之间,个别达 $13\sim15$。

软土的蠕变性也是比较明显的。在长期恒定应力作用下,软土将产生缓慢的剪切变形,并导致抗剪强度的衰减;在固结沉降完成之后,软土还可能继续产生可观的次固结沉降。

(二)黄土

(1)黄土的含水量小,一般为 $8\%\sim20\%$,其孔隙比大,一般在 1.0 左右,具有垂直节理,常呈现直立的天然边坡。

(2)黄土在天然含水量时一般呈坚硬或硬塑状态,具有较高的强度和较低的压缩性,遇水浸湿后,强度迅速降低,在其自重作用下也会发生大量的沉陷,称为湿陷性。凡具有湿陷性特征的黄土称为湿陷性黄土,否则,称为非湿陷性黄土。

(三)膨胀土

(1)膨胀土的物理、力学及胀缩性指标。

1)黏粒含量高达 $35\%\sim85\%$,液限一般为 $40\%\sim50\%$,塑性指数多在 $22\sim35$ 之间。

2)天然含水量接近或略小于塑限,不同季节变化幅度为 $3\%\sim6\%$。故一般呈坚硬或硬塑状态。

3)天然孔隙比小,常随土体含水量的增减而变化,即增湿膨胀,孔隙比变大；失水收缩，孔隙比变小，一般在 0.50～0.80 之间，云南的较大一些，为 0.7～1.20。

4）自由膨胀量一般超过 40％，也有超过 100％的。

（2）膨胀土的强度和压缩性。膨胀土在天然条件下一般处于硬塑或坚硬状态，强度较高，压缩性较低，但往往由于干缩而导致裂隙发育，使其整体性不好，从而承载力降低，并可能丧失稳定性。

当膨胀土的含水量剧烈增大或土的原状结构被扰动时，土体强度会骤然降低，压缩性增高。

（3）膨胀土地基上的建筑物。

1）建筑物破坏一般是在同一地貌单元的相同土层地段成群出现。

2）层次低、质量轻的房屋更容易破坏，四层以上的建筑物则基本不会受影响。

3）建筑物裂缝具有随季节变化而往复伸缩的性质。

4）山墙和内墙多出现呈"倒八字"的对称或不对称裂缝及垂直裂缝（图 4-15），外纵墙下端多出现水平裂缝，房屋角端裂缝严重，地坪多出现平行于外纵墙的通长裂缝，其特点是，靠近外墙者宽，离外墙较远的变窄。

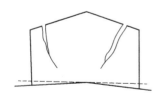

图 4-15　倒"八"字形裂缝和垂直裂缝

（四）红黏土

（1）天然含水量高，一般为 40％～60％，高的可达 90％。

（2）密度小，天然孔隙比一般为 1.4～1.7，最高 2.0，具有大孔性。

（3）高塑性，液限一般为 60％～80％，最高可达 110％；塑限一般为 40%~60%,最高可达 90%;塑性指数一般为 20~50。

(4)由于塑限很高,所以尽管天然含水量高,一般仍处于坚硬或硬可塑状态,液性指数 I_L 一般小于 0.25。但是其饱和度一般在 90%以上,因此,即使是坚硬黏土也处于饱水状态。

(5)一般呈现较高的强度和较低的压缩性,固结快剪内摩擦角 φ 为 8°~18°,黏聚力 c 为 4090kPa。压缩系数 $a_{0.2\sim0.3}$ 为 0.1~0.4MPa^{-1},变形模量 E_0 为 10~30MPa,最高可达 50MPa;载荷试验比例界限 P_0 为 200~300KPa。

(6)不具有湿陷性,原状土浸水后膨胀量很小(小于 2%),但失水后收缩剧烈,原状土体积收缩率为 25%,而扰动土可达 40%~50%。

(五)填土

1. 素填土

把利用素土进行回填的填方地段作为建筑场地,可以节约用地,降低工程造价。

2. 杂填土

以生活垃圾和腐蚀性及易变性工业废料为主要成分的杂填土,一般不宜作为建筑物地基;对以建筑垃圾或一般工业废料为主要成分的杂填土,采用适当的措施进行处理后可作为一般建筑物地基;当其均匀性和密实度较好,能满足建筑物对地基承载力要求时,可不做处理直接使用。

3. 冲填土

(1)冲填土的颗粒组成和分布规律与所冲填泥砂的来源及冲填时的水力条件有着密切的关系。在冲填的入口处,沉积的土粒较粗,顺出口处方向则逐渐变细。

(2)冲填土的含水量大,透水性弱,排水固结差,一般呈软塑或流塑状态。冲填土多属未完成自重固结的高压缩性的软土。而在越接近于外围方向,组成土粒越细,排水固结越差。

(3)冲填土一般比成分相同的自然沉积饱和土的强度低,压缩性高。冲填土的工程性质与其颗粒组成、均匀性、排水固结条件以及冲填形成的时间均有密切关系。对于含砂量较多的冲填土,它的固结情况和力学性质较好;对于含黏土颗粒较多的冲填土,评估其地基的变形和承载力时,应考虑欠固结的影响,对于桩基则应考虑桩侧负摩擦力的影响。

▶**复习思考题**◀

1. 地基岩土的工程分类有哪些?

2. 碎石土和砂类土的定义分别是什么?

3. 人工填土根据组成和成因可分为哪几类? 简要进行说明。

4. 根据现行《公路工程岩石试验规程》(JTG E41—2005)的规定,道路建筑用岩石的单轴抗压强度试件的尺寸是多少?

5. 路用岩石按技术要求可以分为哪几类? 列举各岩类的代表性岩石。

6. 软土的工程特性有哪些?

第三节　胶凝材料

一、水泥

水泥是当代最重要的工程材料之一,在市政工程建设中有着广泛的应用。

水泥属于无机水硬性材料,它不仅能够在空气中凝结硬化,也能够在水中凝结硬化,并保持和发展其强度。未与水拌和前呈粉末状,拌和后经物理、化学变化过程后,能由塑性浆体变成坚硬的石状体(硬化)。

(一)水泥的分类

水泥品种日益增多,可按其生产工艺、矿物组分、用途或性质等不同方式分为若干类。

1. 按生产工艺分类

按生产工艺,水泥可分为回转窑水泥、立窑水泥和粉磨水泥。回转窑产量较高,产品质量较好,所以在现代化的大型水泥厂中,普遍采用回转窑。立窑设备较简单,投资少,见效快,技术容易掌握,适宜于地方性小水泥厂采用。但立窑煅烧不易均匀,往往有些产品的细度、强度均达不到技术指标要求,还有些水泥因熟料中游离氧化钙含量过多,严重地影响水泥的安定性,因而逐步被淘汰。粉磨水泥是将水泥熟料加入掺合料进行磨细,水泥熟料的来源可能是回转窑生产,也可能是立窑生产的,因而在采购时应注意区分。

2. 按矿物组成分类

按矿物组成分,水泥可分为硅酸盐水泥、铝酸盐水泥、少熟料或无熟料水泥。

3. 按用途和性能分类

按用途和性能分,水泥可分为通用水泥、专用水泥和特性水泥,每类水泥按其用途和性能又有若干品种。具体分类见表 4-22。

表 4-22 水泥按用途和性能分类

分 类	品 种
通用水泥	硅酸盐水泥、普通硅酸盐水泥、矿渣硅酸盐水泥、火山灰质硅酸盐水泥、粉煤灰硅酸盐水泥、复合硅酸盐水泥
专用水泥	油井水泥、砌筑水泥、耐酸水泥、耐碱水泥、道路水泥等
特性水泥	白色硅酸盐水泥、快硬硅酸盐水泥、高铝水泥、硫铝酸盐水泥、抗硫酸盐水泥、膨胀水泥、自应力水泥等

(二)水泥的主要性能

水泥的主要性能见表 4-23。

表 4-23 水泥的主要性能

水泥主要性能	内　容
密度	密度是指水泥在自然状态下单位体积的质量。分松散状态下的密度和紧密状态下的密度两种。松散条件下的密度为 900～1300kg/m³，紧密状态下的密度为 1400～1700kg/m³，通常取 1300kg/m³。影响密度的主要因素为熟料矿物组成和煅烧程度、水泥的贮存时间和条件，以及混合材料的品种和掺入量等
强度等级	水泥的强度是评定其质量的重要指标，也是划分水泥强度等级的依据。 　　国家标准规定，采用水泥胶砂法测定水泥强度。该法是将水泥和标准砂按质量 1：3 混合，水灰比为 0.5，按规定方法制成 40mm×40mm×160mm 的试件，带模进行标准养护[(20±1)℃，相对湿度大于 90%]24h，再脱模放在标准温度[(20±2)℃]的水中养护，分别测定其 3d 和 28d 的抗压强度和抗折强度。根据测定结果，可确定该水泥的强度等级，其中有代号 R 者为早强型水泥
细度	细度是指水泥颗粒的粗细程度，它对水泥的凝结时间、强度、需水量和安定性有较大影响，是鉴定水泥品质的主要项目之一。 　　水泥颗粒越细，总表面积越大，与水的接触面积也越大，因此水化迅速、凝结硬化也相应增快，早期强度也高。但水泥颗粒过细，会增加磨细的能耗和提高成本，且不宜久存，过细水泥硬化时还会产生较大收缩。一般认为，水泥颗粒小于 40μm 时就具有较高的活性，大于 100μm 时活性较小。通常，水泥颗粒的粒径在 7～200μm 范围内
凝结时间	水泥的凝结时间分初凝时间和终凝时间。自加水起至水泥浆开始失去塑性、流动性减小所需的时间，称为初凝时间；自加水起至水泥浆完全失去塑性、开始有一定结构强度所需的时间，称为终凝时间。 　　水泥凝结时间与水泥的单位加水量有关，单位加水量越大，凝结时间越长，反之越短。国家标准规定，凝结时间的测定是以标准稠度的水泥净浆，在规定温度和湿度下，用凝结时间测定仪来测定。所谓标准稠度，是指水泥净浆达到规定稠度时所需的拌合水量，以占水泥质量的百分比表示。通用水泥的标准稠度一般在 23%～28% 之间，水泥磨得越细，标准稠度越大，标准稠度与水泥品种也有较大关系。 　　水泥凝结时间在施工中具有重要意义。为了保证有足够的时间在初凝之前完成混凝土成形等各种工序，初凝时间不宜过快；为了使混凝土在浇筑完毕后能尽早完成凝结硬化，产生强度，终凝时间不宜过长

水泥主要性能	内　容
体积安定性	水泥体积安定性是指水泥在凝结硬化过程中体积变化的均匀性。如果水泥硬化后产生不均匀的体积变化，会使水泥制品、混凝土构件产生膨胀性裂缝，降低工程质量，甚至引起严重事故。 　　引起水泥体积安定性不良的原因是由于其熟料矿物组成中含有过多的游离氧化钙（$f-CaO$）和游离氧化镁（$f-MgO$），以及粉磨水泥时掺入的石膏超量所致。熟料中所含的游离氧化钙（$f-CaO$）和游离氧化镁（$f-MgO$）处于过烧状态，水化很慢，它在水泥凝结硬化后才慢慢开始水化，水化时体积膨胀，引起水泥石不均匀体积变化而开裂；石膏过量时，多余的石膏与固态水化铝酸钙反应生成钙矾石，体积膨胀 1.5 倍，从而造成硬化水泥石开裂破坏。 　　由游离氧化钙（$f-CaO$）引起的水泥安定性不良用沸煮法检验，沸煮的目的是为了加速游离氧化钙（$f-CaO$）的水化。沸煮法包括试饼法和雷氏法。试饼法是将标准稠度水泥净浆做成试饼，连同玻璃在标准条件下[（20±2)℃，相对湿度大于 90％]养护 24h 后，取下试饼放入沸煮箱蒸煮 3h 之后，用肉眼观察未发现裂纹、崩溃，用直尺检查没有弯曲现象，则为安定性合格，反之，为不合格。雷氏法是测定水泥浆在雷氏夹中硬化沸煮后的膨胀值，当两个试件沸煮后的膨胀值的平均值不大于 5.0mm 时，即判为该水泥安定性合格，反之为不合格。当试饼法和雷氏法两者结论相矛盾时，以雷氏法为准。 　　由游离氧化镁（$f-MgO$）和三氧化硫（SO_3）引起的体积安定性不良不便快速检验，游离氧化镁（$f-MgO$）的危害必须用压蒸法才能检验，三氧化硫（SO_3）的危害需经长期在常温水中才能发现。这两种成分的危害，常用在水泥生产时严格限制含量的方法来消除

（三）通用硅酸盐水泥

1. 定义

　　通用硅酸盐水泥是以硅酸盐水泥熟料和适量的石膏及规定的混合材料制成的水硬性胶凝材料。

　　通用硅酸盐水泥按混合材料的品种和掺量分为硅酸盐水泥、普通硅酸盐水泥、矿渣硅酸盐水泥、火山灰质硅酸盐水泥、粉煤灰硅酸盐水泥和复合硅酸盐水泥。

2. 组分与材料

（1）组分。通用硅酸盐水泥的组分应符合表 4-24 的规定。

表 4-24　　　　　　　　　通用硅酸盐水泥的组分　　　　　　　　　　　%

品　种	代号	组　分				
		熟料＋石膏	粒化高炉矿渣	火山灰质混合材料	粉煤灰	石灰石
硅酸盐水泥	P·Ⅰ	100	—	—	—	—
	P·Ⅱ	≥95	≤5			
		≥95				≤5
普通硅酸盐水泥	P·O	≥80 且<95	>5 且≤20			
矿渣硅酸盐水泥	P·S·A	≥50 且<80	>20 且≤50	—	—	—
	P·S·B	≥30 且<50	>50 且≤70	—	—	—
火山灰质硅酸盐水泥	P·P	≥60 且<80	—	>20 且≤40		—
粉煤灰硅酸盐水泥	P·F	≥60 且<80	—	—	>20 且≤40	
复合硅酸盐水泥	P·C	≥50 且<80	>20 且≤50			

（2）材料

1）硅酸盐水泥熟料。由主要含 CaO、SiO_2、Al_2O_3、Fe_2O_3 的原料，按适当比例磨成细粉烧至部分熔融所得以硅酸钙为主要矿物成分的水硬性胶凝物质。其中硅酸钙矿物不小于 66%，氧化钙和氧化硅质量比不小于 2.0。

2）石膏

①天然石膏。

②工业副产石膏。以硫酸钙为主要成分的工业副产物。采用前

应经过试验证明对水泥性能无害。

3)活性混合材料。应符合《用于水泥中的粒化高炉矿渣》(GB/T 203—2008)、《用于水泥和混凝土中的粒化高炉矿渣粉》(GB/T 18046—2008)、《用于水泥和混凝土中的粉煤灰》(GB/T 1596—2005)、《用于水泥中的火山灰质混合材料》(GB/T 2847—2005)标准要求的粒化高炉矿渣、粒化高炉矿渣粉、粉煤灰、火山灰质混合材料。

4)非活性混合材料。活性指标分别低于《用于水泥中的粒化高炉矿渣》(GB/T 203—2008)、《用于水泥和混凝土中的粒化高炉矿渣粉》(GB/T 18046—2008)、《用于水泥和混凝土中的粉煤灰》(GB/T 1596—2005)、《用于水泥中的火山灰质混合材料》(GB/T 2847—2005)标准要求的粒化高炉矿渣、粒化高炉矿渣粉、粉煤灰、火山灰质混合材料;石灰石和砂岩,其中石灰石中的三氧化二铝含量应不大于2.5%。

5)窑灰。应符合《掺入水泥中的回转窑窑灰》(JC/T 742—2009)的规定。

6)助磨剂。水泥粉磨时允许加入助磨剂,其加入量应不大于水泥质量的0.5%,助磨剂应符合《水泥助磨剂》(JC/T 667—2004)的规定。

3. 强度等级

(1)硅酸盐水泥的强度分为42.5、42.5R、52.5、52.5R、62.5、62.5R六个等级。

(2)普通硅酸盐水泥的强度分为42.5、42.5R、52.5、52.5R四个等级。

(3)矿渣硅酸盐水泥、火山灰质硅酸盐水泥、粉煤灰硅酸盐水泥、复合硅酸盐水泥的强度分为32.5、32.5R、42.5、42.5R、52.5、52.5R六个等级。

4. 技术要求

(1)化学指标。通用硅酸盐水泥的化学指标应符合表4-25的规定。

表 4-25　　　　　通用硅酸盐水泥的化学指标　　　　　%

品　种	代　号	不溶物 （质量分数）	烧失量 （质量分数）	三氧化硫 （质量分数）	氧化镁 （质量分数）	氯离子 （质量分数）
硅酸盐水泥	P·I	≤0.75	≤3.0	≤3.5	≤5.0	≤0.06
普通硅酸盐水泥	P·II	≤1.50	≤3.5			
矿渣硅酸盐水泥	P·O	—	≤5.0	≤4.0	≤6.0	
	P·S·A	—	—			
火山灰质硅酸盐水泥	P·S·B	—	—			
粉煤灰硅酸盐水泥	P·P	—	—	≤3.5	≤6.0	
复合硅酸盐水泥	P·F	—	—			
	P·C	—	—			

（2）碱含量（选择性指标）。水泥中碱含量按 $Na_2O+0.658K_2O$ 计算值表示。若使用活性集料，用户要求提供低碱水泥时，水泥中的碱含量应不大于 0.60% 或由买卖双方协商确定。

（3）物理指标。

1）凝结时间。硅酸盐水泥初凝时间不小于 45min，终凝不大于390min；普通硅酸盐水泥、矿渣硅酸盐水泥、火山灰质硅酸盐水泥、粉煤灰硅酸盐水泥和复合硅酸水泥初凝时间不小于 45min，终凝时间不大于 600min。

2）安定性。用沸煮法检验，必须合格。

3）强度。不同品种不同强度等级的通用硅酸盐水泥，其不同龄期的强度应符合表 4-26 的规定。

表 4-26　　　通用硅酸盐水泥不同龄期的强度等级　　　MPa

品　种	强度等级	抗压强度		抗折强度	
		3d	28d	3d	28d
硅酸盐水泥	42.5	≥17.0	≥42.5	≥3.5	≥6.5
	42.5R	≥22.0		≥4.0	
	52.5	≥23.0	≥52.5	≥4.0	≥7.0
	52.5R	≥27.0		≥5.0	
	62.5	≥28.0	≥62.5	≥5.0	≥8.0
	62.5R	≥32.0		≥5.5	

品　种	强度等级	抗压强度		抗折强度	
		3d	28d	3d	28d
普通硅酸盐水泥	42.5	≥17.0	≥42.5	≥3.5	≥6.5
	42.5R	≥22.0		≥4.0	
	52.5	≥23.0	≥52.5	≥4.0	≥7.0
	52.5R	≥27.0		≥5.0	
矿渣硅酸盐水泥 火山灰质硅酸盐水 泥粉煤灰硅酸盐水 泥复合硅酸盐水泥	32.5	≥10.0	≥32.5	≥2.5	≥5.5
	32.5R	≥15.0		≥3.5	
	42.5	≥15.0	≥42.5	≥3.5	≥6.5
	42.5R	≥19.0		≥4.0	
	52.5	≥21.0	≥52.5	≥4.0	≥7.0
	52.5R	≥23.0		≥4.5	

4)细度(选择性指标)。硅酸盐水泥和普通硅酸盐水泥以比表面积表示,不小于 $300m^2/kg$;矿渣硅酸盐水泥、火山灰质硅酸盐水泥、粉煤灰硅酸盐水泥和复合硅酸盐水泥以筛余表示,$80\mu m$ 方孔筛筛余不大于 10%或 $45\mu m$ 方孔筛筛余不大于 30%。

(四)特种水泥

特种水泥是指具有某些特殊性能的水泥品种。在市政工程中,常常需要特种水泥来满足工程技术要求。常用特种水泥有砌筑水泥、白色硅酸盐水泥、道路硅酸盐水泥、快凝快硬硅酸盐水泥等。

1. 砌筑水泥

(1)定义。凡由一种或一种以上的水泥混合材料,加入适量硅酸盐水泥熟料和石膏,经磨细制成的和易性较好的水硬性胶凝材料,称为砌筑水泥,代号为 M。

水泥中混合材料掺加量按质量分数计应大于 50%,允许掺入适量的石灰石或窑灰。

(2)技术要求。

1)三氧化硫(SO_3)。水泥中三氧化硫(SO_3)含量不得超过 4.0%。

2）细度。80μm方孔筛筛余不得超过10％。

3）凝结时间。初凝时间不得早于60min,终凝时间不得迟于12h。

4）安定性。用沸煮法检验,必须合格。

5）强度。各龄期强度不得低于表4-27中的数值。

表4-27　　　　　　　　　　　　　砌筑水泥强度要求

水泥等级	抗压强度（MPa）		抗折强度（MPa）	
	7d	28d	7d	28d
12.5	7.0	12.5	1.5	3.0
22.5	10.0	22.5	2.0	4.0

2. 白色硅酸盐水泥

（1）定义。由氧化铁含量少的硅酸盐水泥熟料、适量石膏及GB/T 2015—2005规定的混合材料,磨细制成的水硬性胶凝材料称为白色硅酸盐水泥（简称白水泥）,代号为P·W。

水泥粉磨时允许加入不损害水泥性能的助磨剂,加入量不得超过水泥质量的1％。适用于配制白色或彩色砂浆、混凝土。

（2）技术要求。

1）三氧化硫（SO_3）。水泥中三氧化硫（SO_3）的含量应不超过3.5％。

2）细度。80μm方孔筛筛余应不超过10％。

3）凝结时间。初凝时间应不早于45min,终凝时间应不迟于10h。

4）安定性。用沸煮法检验,必须合格。

5）水泥白度。水泥白度值应不低于87。

6）强度。各龄期强度应不低于表4-28中的数值。

表4-28　　　　　　　　　　　　白色硅酸盐水泥强度要求

强度等级	抗压强度（MPa）		抗折强度（MPa）	
	3d	28d	3d	28d
32.5	12.0	32.5	3.0	6.0
42.5	17.0	42.5	3.5	6.5
52.5	22.0	52.5	4.0	7.0

3. 道路硅酸盐水泥

(1)定义。由道路硅酸盐水泥熟料,0～10%活性混合材料和适量磨细制成的水硬性胶材料称为道路硅酸盐水泥,代号为 P·R。

(2)技术要求。道路硅酸盐水泥技术要求见表 4-29。

表 4-29　　　　　　　　　　道路硅酸盐水泥技术要求

项　　目	技　术　要　求
比表面积	$300\sim450m^2/kg$
凝结时间	初凝不小于 1.5h,终凝不大于 10h
安定性	用沸煮法检验必须合格
干缩性	28d 干缩率不大于 0.10%
耐磨性	28d 磨损量不大于 3.00kg/m^2
烧失量	不大于 3.0%

强度 (MPa)	强度及龄期 强度等级	抗压强度		抗折强度	
		3d	28d	3d	28d
	32.5	16.0	32.0	3.5	6.5
	42.5	21.0	42.5	4.0	7.0
	52.5	26.0	52.5	5.0	7.5

氧化镁(MgO)	不大于 5.0%
三氧化硫(SO_3)	不大于 3.5%
碱含量	由供需双方确定;若使用活性集料,用户要求提供低碱水泥时,水泥中碱含量应不大于 0.60%,按 $w(Na_2O)$ $+0.658w(K_2O)$ 计算值来表示

4. 快凝快硬硅酸盐水泥

快凝快硬硅酸盐水泥适用于机场道面、桥梁、隧道和涵洞等紧急抢修工程,以及冬期施工、堵漏等工程。

(1)定义。凡以适当成分的生料烧至部分熔融,所得以硅酸三钙、氟铝酸钙为主的熟料,加入适量的硬石膏、粒化高炉矿渣、无水硫酸钠,经过磨细制成的一种凝结快、小时强度增长快的水硬性胶凝材料,称为快凝快硬硅酸盐水泥。

粒化高炉矿渣必须符合《用于水泥中的粒化高炉矿渣》(GB/T 203—2008)的规定,其掺加量按水泥质量分数计为 10%～15%。

(2)技术要求。

1)氧化镁(MgO)。熟料中氧化镁(MgO)的含量不得超过 5.0%。

2)三氧化硫(SO₃)。水泥中三氧化硫(SO₃)的含量不得超过 9.5%。

3)细度。水泥比表面积不得低于 $4500cm^2/g$。

4)凝结时间。初凝时间不得早于 10min,终凝时间不得迟于 60min。

5)安定性。用沸煮法检验,必须合格。

6)各龄期强度均不得低于表 4-30 中的数值。

表 4-30 快凝快硬硅酸盐水泥各龄期强度要求

水泥标号	抗压强度(MPa)			抗折强度(MPa)		
	4h	1d	28d	4h	1d	28d
双快—150	15.0	19.0	32.5	2.8	3.5	5.5
双快—200	20.0	25.0	42.5	3.4	4.6	6.4

(3)使用时注意的问题。使用快凝快硬硅酸盐水泥时,必须根据气温高低掺加缓凝剂。常用的缓凝剂有酒石酸和柠檬酸。其掺量范围见表 4-31。

表 4-31　　　　　　　　　快凝快硬硅酸盐水泥的掺量要求

气温（℃）	＜5	5～15	15～25	＞25
掺量（水泥质量分数）（%）	0	0～0.15	0.15～0.25	0.25～0.30

必须注意，缓凝剂掺量过高，将显著降低混凝土的早期强度。

缓凝剂必须预先溶于拌和水中，待其完全溶解后才能进行拌和。

知识链接

水泥

水泥是市政工程建设中最重要的材料之一，是决定混凝土性能和价格的重要原料，在工程中，合理选用、使用、储运和妥善保管以及严格地验收，是保证工程质量、杜绝质量事故的重要措施。

1. 水泥的选用原则

不同的水泥品种，有各自突出的特性。深入了解其特性，是正确选择水泥品种的基础。

（1）按环境条件选择水泥品种。环境条件包括温度、湿度、周围介质、压力等工程外部条件，如在寒冷地区水位升降的环境应选用抗冻性好的硅酸盐水泥和普通硅酸盐水泥；有水压作用和流动水及有腐蚀作用的介质中应选矿渣硅酸盐水泥、火山灰质硅酸盐水泥、粉煤灰硅酸盐水泥和复合硅酸盐水泥；腐蚀介质强烈时，应选用专门抗侵蚀的特种水泥。

（2）按工程特点选择水泥品种。选用水泥品种时应考虑工程项目的特点，大体积工程应选用放热量低的水泥，如矿渣硅酸盐水泥、火山灰质硅酸盐水泥、粉煤灰硅酸盐水泥和复合硅酸盐水泥；高温窑炉工程应选用耐热性好的水泥，如矿渣硅酸盐水泥、铝酸盐水泥等；抢修工程应选用凝结硬化快的水泥，如快硬型水泥；路面工程应选用耐磨性好、强度高的水泥，如道路硅酸盐水泥。在混凝土结构工程中，常用水泥的使用可参照表4-32选择。

表 4-32　　　　　　　　　常用水泥品种选择参考表

混凝土工程特点及所处环境条件			优先使用	可以使用	不宜使用
普通混凝土	1	在一般环境中的混凝土	普通硅酸盐水泥	矿渣硅酸盐水泥、火山灰质碳酸盐水泥、粉煤灰硅酸盐水泥、复合硅酸盐水泥	—
	2	在干燥环境中的混凝土	普通酸盐水泥	矿渣硅酸盐水泥	火山灰质硅酸盐水泥、粉煤灰硅酸盐水泥
	3	在高温环境中或长期处于水中的混凝土	矿渣硅酸盐水泥、火山灰质硅酸水泥、粉煤灰硅酸盐水泥、复合硅酸盐水泥	普通硅酸盐水泥	—
	4	厚大体积的混凝土	矿渣硅酸盐水泥、火山灰质硅酸盐水泥、粉煤灰硅酸盐水泥、复合硅酸水泥	—	硅酸盐水泥
有特殊要求的混凝土	1	要求快硬、高强（＞C40）的混凝土	硅酸盐水泥	普通硅酸盐水泥	矿渣硅酸盐水泥、火山灰质硅酸盐水泥、粉煤灰硅酸盐水泥、复合硅酸盐水泥
	2	严寒地区的露天混凝土，寒冷地区处于水位升降范围内的混凝土	普通硅酸盐水泥	矿渣硅酸盐水泥（强度等级＞32.5）	火山灰质碳酸盐水泥、粉煤灰硅酸盐水泥

	混凝土工程特点及所处环境条件	优先使用	可以使用	不宜使用
有特殊要求的混凝土	3 严寒地区处于水位升降范围内的混凝土	普通硅酸盐水泥（强度等级＞42.5）	—	矿渣硅酸盐水泥、火山灰质硅酸盐水泥、粉煤灰硅酸盐水泥、复合硅酸盐水泥
	4 有抗渗要求的混凝土	普通硅酸盐水泥，火山灰质硅酸盐水泥	—	矿渣硅酸盐水泥
	5 有耐磨性要求的混凝土	硅酸盐水泥、普通硅酸盐水泥	矿渣硅酸盐水泥（强度等级＞32.5）	火山灰质硅酸盐水泥、粉煤灰硅酸盐水泥
	6 受侵蚀介质作用的混凝土	矿渣硅酸盐水泥、火山灰质硅酸盐水泥、粉煤灰硅酸盐水泥、复合硅酸盐水泥	—	硅酸盐水泥

2. 水泥的运输和储存

水泥在运输和储存过程中不得混入杂物,应按不同品种、强度等级或标号和出厂日期分别加以标明,水泥储存时应先存先用,对散装水泥分库存放,而袋装水泥一般堆放高度不超过10袋。水泥存放不可受潮,受潮的水泥表现为结块,凝结速度减慢,烧失量增加,强度降低。对于结块水泥的处理方法为:有结块但无硬块时,可压碎粉块后按实测强度等级使用;对部分结成硬块的,可筛除或压碎硬块后,按实测强度等级用于非重要的部位,对于大部分结块的,不能作水泥用,可作混合材料掺入到水泥中,掺量不超过25%。水泥的储存期不宜太久,常用水泥一般不超过3个月,因为3个月后水泥强度将降低10%～20%,6个月后降低15%～30%,1年后降低25%～40%;铝酸盐水泥一般不超过2个月。过期水泥应重新检测,按实测强度使用。

二、石灰

(一)石灰的组成

石灰是一种古老的建筑材料,由于其原料来源广泛,生产工艺简单,成本低廉,所以至今仍被广泛用于建筑工程中。石灰是将含碳酸钙($CaCO_3$)为主要成分的石灰岩、白云石等天然材料经过适当温度(800～1000℃)煅烧,尽可能分解和排放二氧化碳(CO_2)而得到的主要含氧化钙(CaO)的胶凝材料。

(二)石灰的特点

(1)保水性与可塑性好。熟化生成的氢氧化钙颗粒极其细小,比表面积(材料的总表面积与其质量的比值)很大,使得氢氧化钙颗粒表面吸附有一层较厚水膜,即石灰的保水性好。由于颗粒间的水膜较厚,颗粒间的滑移较宜进行,即可塑性好。这一性质常被用来改善砂浆的保水性,以克服水泥砂浆保水性差的缺点。

(2)凝结硬化慢、强度低。石灰的凝结硬化很慢,且硬化后的强度很低。

(3)耐水性差。潮湿环境中石灰浆体不会产生凝结硬化。硬化后的石灰浆体的主要成分为氢氧化钙,仅有少量的碳酸钙。由于氢氧化钙可微溶于水,所以石灰的耐水性很差,软化系数接近于零。

(4)干燥收缩大。氢氧化钙颗粒吸附大量的水分,在凝结硬化过程中不断蒸发,并产生很大的毛细管压力,使石灰浆体产生很大的收缩而开裂,因此石灰除粉刷外不宜单独使用。

(三)石灰的分类

1. 建筑生石灰

(1)按生石灰的加工情况可分为建筑生石灰和建筑生石灰粉。

(2)按生石灰的化学成分可分为钙质石灰和镁质石灰两类。根据化学成分的含量每类分成各个等级,见表 4-33。

表 4-33 建筑生石灰的分类

类　别	名　　称	代　号
钙质石灰	钙质石灰 90	CL90
	钙质石灰 85	CL85
	钙质石灰 75	CL75
镁质石灰	镁质石灰 85	ML85
	镁质石灰 80	ML80

（3）生石灰的识别标志由产品名称、加工情况和产品依据标准编号组成。生石灰块在代号后加 Q。

2. 建筑消石灰

（1）分类。建筑消石灰按扣除游离水和结合水后（CaO＋MgO）的百分含量加以分类，见表 4-34。

表 4-34 建筑消石灰的分类

类　别	名　　称	代　号
钙质消石灰	钙质消石灰 90	HCL90
	钙质消石灰 85	HCL85
	钙质消石灰 75	HCL75
镁质消石灰	镁质消石灰 85	HML85
	镁质消石灰 80	HML80

（2）标记。消石灰的识别标志由产品名称和产品依据标准编号组成。

（三）石灰的主要技术指标

1. 建筑生石灰

（1）建筑生石灰的化学成分应符合表 4-35 的要求。

表 4-35　　　　　　　　建筑生石灰的化学成分

名　称	（氧化钙＋氧化镁） （CaO＋MgO）	氧化镁（MgO）	二氧化碳（CO_2）	三氧化硫（SO_3）
CL 90—Q CL 90—QP	≥90	≤5	≤4	≤2
CL 85—Q CL 85—QP	≥85	≤3	≤7	≤2
CL 75—Q CL 75—QP	≥75	≤5	≤12	≤2
ML 85—Q ML 85—QP	≥85	＞5	≤7	≤2
ML 80—Q ML 80—QP	≥80	＞5	≤7	≤2

（2）建筑生石灰的物理性质应符合表 4-36 的要求。

表 4-36　　　　　　　　建筑生石灰的物理性质

名　　称	产浆量 $cm^3/10kg$	细　度	
		0.2mm 筛余量 ％	90um 筛余量 ％
CL 90—Q	≥26	—	—
CL 90—QP	—	≤2	≤7
CL 85—Q	≥26	—	—
CL 85—QP	—	≤2	≤7
CL 75—Q	≥26	—	—
CL 75—QP	—	≤2	≤7
ML 85—Q	—	—	—
ML 85—QP		≤2	≤7
ML 80—Q	—	—	—
ML 80—QP		≤7	≤2

注：其他物理性，根据用户要求，可按照 JG/T 478.1 进行测试。

2. 建筑消石灰

（1）建筑消石灰的化学成分应符合表 4-37 的要求。

表 4-37　　　　　　　　　建筑消石灰的化学成分　　　　　　　　　%

名　称	（氧化钙＋氧化镁） （CaO＋MgO）	氧化镁（MgO）	三氧化硫（SO₃）
HCL 90	≥90		
HCL 85	≥85	≤5	≤2
HCL 75	≥75		
HCL 85	≥85	>5	≤2
HCL 80	≥80		

注：表中数值以试样扣除游离水和化学结合水后的干基为基准。

（2）建筑消石灰的物理性质应符合表 4-38 的要求。

表 4-38　　　　　　　　　建筑消石灰的物理性质

名　称	产浆量 cm³/10kg	细　度		安定性
		0.2mm 筛余量 %	90um 筛余量 %	
HCL 90				
HCL 85				
HCL 75	≤2	≤2	≤7	合格
HCL 85				
HCL 80				

在道路工程中，石灰常用于稳定和处治土类工程材料，用于路基活底基层，根据《公路路面基层施工技术规范》（JTJ 034—2000）路用石灰分为Ⅰ、Ⅱ、Ⅲ级，道路生石灰具体要求见表 4-39。

表 4-39　　　　道路生石灰各等级的技术指标（JTJ 034—2000）

项　目	钙质生石灰			镁质生石灰		
	Ⅰ	Ⅱ	Ⅲ	Ⅰ	Ⅱ	Ⅲ
（CaO＋MgO）含量（%）≮	85	80	70	80	75	65
未消化残渣含量 5mm 圆孔筛余（%）≯	7	11	17	10	14	20
MgO 含量（%）	≤5			>5		

道路熟石灰的具体要求见表 4-40。

表 4-40　　　　　道路熟石灰各等级的技术指标(JTJ 034—2000)

项　目		钙质熟石灰			镁质熟石灰		
		I	II	III	I	II	III
含量(%)≯		4	4	4	4	4	4
细度	0.71mm 筛筛余(%)≯	0	1	1	0	1	1
	0.125mm 筛筛余(%)≯	13	20	—	13	20	—
MgO 含量(%)		≤4			>4		

1. 石灰乳涂料和砂浆

石灰膏加入大量的水可稀释成石灰乳,用石灰乳作粉刷涂料,其价格低廉、颜色洁白、施工方便,调入耐碱颜料还可使色彩丰富;调入聚乙烯醇、干酪素、氧化钙或明矾可减少涂层粉化现象。

用石灰膏或熟石灰配制的石灰砂浆或水泥石灰砂浆是建筑工程中用量最大的材料之一。

2. 灰土和三合土

将消石灰粉与黏土拌和,称为石灰土(灰土),若再加入砂石或炉渣、碎砖等即为三合土。石灰常占灰土总重的 $10\%\sim30\%$,即一九、二八及三七灰土。石灰量过高,往往导致强度和耐水性降低。施工时,将灰土或三合土混合均匀并夯实,可使彼此粘接为一体,同时黏土等成分中含有的少量活性 SiO_2 和活性 Al_2O_3 等酸性氧化物,在石灰长期作用下反应,生成不溶性的水化硅酸钙和水化铝酸钙,使颗粒间的粘结力不断增强,灰土或三合土的强度及耐水性能也不断提高。因此,灰土和三合土在一些建筑物的基础和地面垫层及公路路面的基层被广泛应用。

3. 无熟料水泥和硅酸盐制品

石灰与活性混合材料(如粉煤灰、煤矸石、高炉矿渣等)混合,并掺入适量石膏等,磨细后可制成无熟料水泥。石灰与硅质材料(含 SiO_2 的材料,如粉煤灰、煤矸石、浮石等)必要时加入少量石膏,经高压或常压蒸汽养护,生成以硅酸钙为主要产物的混凝土。

硅酸盐混凝土按密实程度可分为密实和多孔两类。前者可生产墙板、砌块及砌墙砖(如灰砂砖);后者用于生产加气混凝土制品,如轻质墙板、砌块、各种隔热保温制品等。

4. 碳化石灰板

碳化石灰板是将磨细石灰、纤维状填料(如玻璃纤维)或轻质集料搅拌成型,然后用二氧化碳进行人工碳化(12～24h)而制成的一种轻质板材。为了减轻堆积密度和提高碳化效果,多制成空心板。人工碳化的简易方法是用塑料布将坯体盖严,通以石灰窑的废气。

碳化石灰空心板密度为 $700～800kg/m^3$(当孔洞率为 30%～39% 时),抗弯强度为 3～5MPa,抗压强度为 5～15MPa,导热系数小于 $0.2W/(m·K)$,能锯、钉,适宜用作非承重内隔墙板、无芯板、天花板等。

(五)石灰的运输与贮存

(1)包装、标志。生石灰粉、消石灰粉用牛皮纸、复合纸、编织袋包装。袋上应标明:厂名、产品名称、商标、净重、等级和批量编号。

(2)包装重量及偏差。生石灰粉:每袋净重分 $(40±1)kg$ 和 $(50±1)kg$ 两种。消石灰粉:每袋净重分 $(20±0.5)kg$ 和 $(40±1)kg$ 两种。

(3)贮存及运输贮存。应分类、分等级贮存在干燥的仓库内,不宜长期存放。生石灰应与可燃物及有机物隔离保管,以免腐蚀,或引起火灾。

在运输中不准与易燃、易爆及液态物品同时装运,运输时要采取防水措施。

(4)质量证明书。每批产品出厂时应向用户提供质量证明书,注明:厂名、商标、产品名称、等级、试验结果、批量编号、出厂日期、标准编号及使用说明。

(5)保管

1)磨细生石灰及质量要求严格的块灰,最好存放在地基干燥的仓库内。仓库门窗应密闭,屋面不得漏水,灰堆必须与墙壁距离70mm。

2)生石灰露天存放时,存放期不宜过长,地基必须干燥、不积水,石灰应尽量堆高。为防止水分及空气渗入灰堆内部,可于灰堆表面洒水拍实,使表面结成硬壳,以防损失。

3)直接运到现场使用的生石灰,最好立即进行熟化,过淋处理后,存放在淋灰池内,并用草席等遮盖,冬天应注意防冻。

4)生石灰应与可燃物及有机物隔离保管,以免腐蚀或引起火灾。

▶**复习思考题**◀

1. 水泥按用途和性能可分为哪几类? 其中通用硅酸盐水泥包括哪些品种?

2. 简述水泥强度的测定方法。

3. 简述水泥的体积不安定性的定义及产生的原因。

4. 什么是胶凝材料? 气硬性胶凝材料和水硬性胶凝材料有何区别?

5. 制造硅酸盐水泥时,为什么必须掺入适量石膏? 石膏掺量太少或太多时,将产生什么情况?

6. 石灰的主要技术性能有哪些? 其主要用途有哪些? 在储存和保管时需要注意哪些方面?

7. 硅酸盐水泥熟料的主要矿物组成有哪些? 它们加水后各表现出什么性质?

8. 为什么要规定水泥的凝结时间? 什么是初凝时间和终凝时间?

9. 在下列混凝土构件和工程中,试分别选用合适的水泥品种,并说明选用的理由:

(1)采用蒸汽养护的混凝土预制构件;

(2)紧急抢修的工程或紧急军事工程;

(3)大体积混凝土坝和大型设备基础;

(4)有硫酸盐腐蚀的地下工程;

(5)高炉基础;

(6)海港码头工程;

(7)道路工程。

第四节 骨 料

一、细集料(砂)

(一)砂的分类

1. 按产地不同分类

砂按产地不同可分为河砂、海砂和山砂。

(1)河砂因长期受流水冲洗,颗粒成圆形,一般工程大都采用河砂。

(2)海砂因长期受海水冲刷,颗粒圆滑,较洁净,但常混有贝壳及其碎片,且氯盐含量较高。

(3)山砂存在于山谷或旧河床中,颗粒多带棱角,表面粗糙,石粉含量较多。

2. 按细度模数不同分类

砂的粗细程度按细度模数 μ_f 可分为粗、中、细三级。

(1)粗砂:$\mu_f = 3.7 \sim 3.1$。

(2)中砂:$\mu_f = 3.0 \sim 2.3$。

(3)细砂:$\mu_f = 2.2 \sim 1.6$。

3. 按加工方法不同分类

砂按加工方法不同可分为天然砂和人工砂两大类。

(1)不需加工而直接使用的为天然砂,包括河砂、海砂和山砂。

(2)人工砂则是将天然石材破碎而成的或加工粗集料过程中的碎屑。

(二)砂的技术要求

1. 颗粒级配

砂的颗粒级配应符合表 4-41 的规定;砂的级配类型应符合表

4-42的规定。对于砂浆用砂,4.75mm 筛孔的累计筛余量应为 0。砂的实际颗粒级配除 4.75mm 和 $600\mu m$ 筛档外,可以略有超出,但各级累计筛余超出值总和应不大于 5%。

表 4-41　　　　　　　　　　　　　　　颗粒级配

砂的分类	天然砂			机制砂		
级配区	1 区	2 区	3 区	1 区	2 区	3 区
方筛孔	累计筛余(%)					
4.75mm	10~0	10~0	10~0	10~0	10~0	10~0
2.36mm	35~5	25~0	15~0	35~5	25~0	15~0
1.18mm	65~35	50~10	25~0	65~35	50~10	25~0
$60\mu m$	85~71	70~41	40~16	85~71	70~41	40~16
$300\mu m$	95~80	92~70	85~55	95~80	92~70	85~55
$150\mu m$	100~90	100~90	100~90	97~85	94~80	94~75

表 4-42　　　　　　　　　　　　　　　级配类型

类别	I	II	III
级配区	2 区	1、2、3 区	

配制混凝土宜优先选用 II 区砂。当采用 I 区砂时,应提高砂率,并保持足够的水泥用量,以保证混凝土的和易性;当采用 III 区砂时,宜适当降低砂率;当采用特细砂时,应符合相应的规定。配制泵送混凝土,宜选用中砂。

当天然砂的实际颗粒级配不符合要求时,宜采取相应措施并经试验证明能确保工程质量,方允许使用。

2. 砂的含泥量、石粉含量和泥块含量

(1)砂的泥含量。天然砂的泥含量和泥块含量应符合表 4-43 的规定。

表 4-43　　　　　　　　　天然砂的含泥量和泥块含量

类别	Ⅰ	Ⅱ	Ⅲ
含泥量(按质量计)(%)	≤1.0	≤3.0	≤5.0
泥块含量(按质量计)(%)	0	≤1.0	≤2.0

(2)砂的石粉含量。机制砂 MB 值≤1.4 或快速法试验合格时，石粉含量和泥块含量应符合表 4-44 的规定；机制砂 MB 值>1.4 或快速法试验不合格时，石粉含量和泥块含量应符合表 4-45 的规定。

表 4-44　　　石粉含量和泥块含量(MB 值≤1.4 或快速法试验合格)

类别	Ⅰ	Ⅱ	Ⅲ
MB 值	≤0.5	≤1.0	≤1.4 或合格
石粉含量(按质量计)(%)ᵃ	≤10.0		
泥块含量(按质量计)(%)	0	≤1.0	≤2.0

a 该指标根据使用地区和用途，经试验验证，可由供需双方协商确定。

表 4-45　　　石粉含量和泥块含量(MB 值>1.4 或快速法试验不合格)

类别	Ⅰ	Ⅱ	Ⅲ
石粉含量(按质量计)(%)	≤1.0	≤3.0	≤5.0
泥块含量(按质量计)(%)	0	≤1.0	≤2.0

(3)有害物质。砂中如含有云母、轻物质、有机物、硫化物及硫酸盐、氯化物、贝壳，其限量应符合表 4-46 的规定。

表 4-46　　　　　　　　　有害物质限量

类别	Ⅰ	Ⅱ	Ⅲ
云母(按质量计)(%)	≤1.0		
轻物质(按质量计)(%)	≤1.0		
有机物	合格		
硫化物及硫酸盐(按 SO_3 质量计)	≤0.5		
氯化物(以氯离子质量计)(%)	≤0.01	≤0.02	≤0.06
贝壳(按质量计)(%)ᵃ	≤3.0	≤5.0	≤8.0

a 该指标仅适用于海砂，其他砂种不做要求。

(4)坚固性。采用硫酸钠溶液法进行试验,砂的质量损失应符合表 4-47 的规定。

表 4-47　　　　　　　　　　坚固性指标

类别	I	II	III
质量损失(%)	≤8		≤10

机制砂的压碎指标应满足表 4-48 的规定。

表 4-48　　　　　　　　　　压碎指标

类别	I	II	III
单级最大压碎指标(%)	≤20	≤25	≤30

(5)表观密度、松散堆积密度和空隙率。

1)表观密度不小于 2500kg/m³。

2)松散堆积密度不小于 1400 kg/m³。

3)空隙率不大于 44%。

(6)碱—集料反应。经碱—集料反应试验后,试件应无裂缝、酥裂、胶体外溢等现象,在规定的试验龄期膨胀率应小于 0.10%。

二、粗集料(石)

(一)石的分类

1. 分类

建设用石分为卵石和碎石。

2. 类别

卵石和碎石按技术要求分为 I 类、II 类和 III 类。

(二)石的技术要求

1. 颗粒级配

卵石、碎石的颗粒级配应符合表 4-49 的规定。

表 4-49 卵石、碎石的颗粒级配

公称粒级(mm)		累计筛余(%)											
		方孔筛(mm)											
		2.36	4.75	9.50	16.0	19.0	26.5	31.5	37.5	53.0	63.0	75.0	90
连续粒级	5~16	95~100	85~100	30~60	0~10	0							
	5~20	95~100	90~100	40~80	—	0~10	0						
	5~25	95~100	90~100	—	30~70	—	0~5	0					
	5~31.5	95~100	90~100	70~90	—	15~45	—	—	0~5	0			
	5~40	—	95~100	70~90	—	30~65	—	—	0~5	0			
单粒粒级	5~10	95~100	80~100	0~15	0								
	10~16		95~100	80~100	0~15								
	10~20		95~100	85~100		0~15	0						
	6~25			95~100	55~70	25~40	0~10						
	16~31.5		95~100		85~100			0~10	0				
	20~40			95~100	80~100			0~10	0				
	40~80					95~100			70~100		30~60	0~10	0

2. 含泥量和泥块含量

卵石、碎石的含泥量和泥块含量应符合表 4-50 的规定。

表 4-50 卵石、碎石的含泥量和泥块含量

类别	Ⅰ	Ⅱ	Ⅲ
含泥量(按质量计)(%)	≤0.5	≤1.0	≤1.5
泥块含量(按质量计)(%)	0	≤0.2	≤0.5

3. 针、片状颗粒含量

卵石、碎石的针、片状颗粒含量应符合表 4-51 的规定。

表 4-51 卵石、碎石的针、片状颗粒含量

类别	Ⅰ	Ⅱ	Ⅲ
针、片状颗粒总含量 (按质量计)(%)	≤5	≤10	≤15

4. 有害物质

卵石、碎石的有害物质限量应符合表 4-52 的规定。

表 4-52 卵石、碎石的有害物质限量

类别	I	II	III
有机物	合格	合格	合格
硫化物及硫酸盐（按 SO_3 （按质量计）（%）	≤0.5	≤1.0	≤1.0

5. 坚固性

采用硫酸钠溶液法进行试验，卵石、碎石的质量损失应符合表 4-53 的规定。

表 4-53 坚固性指标

类别	I	II	III
质量损失（%）	≤5	≤8	≤12

6. 强度

（1）岩石抗压强度。在水饱和状态下，其抗压强度火成岩应不小于 80MPa，变质岩应不小于 60MPa，水成岩应不小于 30MPa。

（2）压碎指标。压碎指标应符合表 4-54 的规定。

表 4-54 压碎指标

类别	I	II	III
碎石压碎指标（%）	≤10	≤20	≤30
卵石压碎指标（%）	≤12	≤14	≤16

7. 表观密度、连续级配松散堆积空隙率

卵石、碎石的表观密度、连续级配松散堆积空隙率应符合以下规定：

（1）表观密度不小于 2600kg/m³。

（2）连续级配松散堆积空隙率应符合表 4-55 的规定。

表 4-55　　　　　　　　连续级配松散堆积空隙率

类别	I	II	III
空隙率（%）	≤43	≤45	≤47

8. 吸水率

吸水率应符合表 4-56 的规定。

表 4-56　　　　　　　　吸水率

类别	I	II	III
吸水率（%）	≤1.0	≤2.0	≤2.0

9. 碱—集料反应

经碱—集料反应试验后，试件应无裂缝、酥裂、胶体外溢等现象，在规定的试验龄期膨胀率应小于 0.10%。

三、轻集料

堆积密度不大于 1100kg/m³ 的轻粗集料和堆积密度不大于 1200kg/m³ 的轻细集料统称为轻集料。

（一）轻集料的分类

1. 按材料的属性分

（1）无机轻集料。由天然的或人造的无机硅酸盐材料加工而成的轻集料称为无机轻集料，如浮石、陶粒等。

（2）有机轻集料。由天然的或人造的有机高分子材料加工而成的轻集料称为有机轻集料，如木屑、聚苯乙烯轻集料等。

2. 按原材料来源分

（1）工业废料轻集料。以工业废料为原料，经加工而成的轻集料称为工业废料轻集料，如粉煤灰陶粒、自燃煤矸石、膨胀矿渣珠、煤渣及其轻砂。

（2）天然轻集料。天然形成的多孔岩石，经加工而成的轻集料称为天然轻集料，如浮石、火山渣及其轻砂。

（3）人造轻集料。以地方材料为原料，经加工而成的轻集料称为人造轻集料，如页岩陶粒、黏土陶粒、膨胀珍珠岩及其轻砂。

3. 按其粒型分

（1）圆球型轻集料。指原材料经造粒工艺加工而成的，呈圆球状的轻集料，如粉煤灰陶粒、磨细成球的页岩陶粒等。

（2）普通型轻集料。指原材料经破碎加工而成的，呈非圆球状的轻集料，如页岩陶粒、黏土陶粒、膨胀珍珠岩等。

（3）碎石型轻集料。指由天然轻集料或多孔烧结块，经破碎加工而成的，呈碎石型的轻集料，如浮石、自燃煤矸石和煤渣等。

4. 按其性能分

（1）超轻集料。指堆积密度不大于 $500kg/m^3$ 的保温用或结构保温用的轻粗集料。

（2）普通轻集料。指堆积密度大于 $510kg/m^3$ 的轻粗集料。

（3）高强轻集料。指强度等级不小于 25MPa 的结构用轻粗集料。

（二）轻集料技术要求

轻集料的技术要求有：颗粒级配、堆积密度、筒压强度、强度等级、吸水率、软化系数、粒型系数、煮沸质量损失、硫化物和硫酸盐含量、含泥量、烧失量、有机物含量、放射性比活度等。

四、砂石验收与运输

（一）资料验收

生产单位应保证出厂产品符合质量要求，产品应有质量保证书，其内容包括生产厂名称及产地、质量保证书的编号、签发日期、签发人员、技术指标和检验结果，如为海砂应注明氯盐含量。

（二）砂、石验收

（1）供货单位应提供砂或石的产品合格证及质量检验报告。

（2）使用单位应按砂或石的同产地同规格分批验收。采用大型工具（如火车、货船或汽车）运输的，应以 400m³ 或 600t 为一验收批；采用小型工具（如拖拉机等）运输的，应以 200m³ 或 300t 为一验收批。不足上述量者，应按一验收批进行验收。

（3）每检验批砂石至少应进行颗粒级配、含泥量、泥块含量检验。对于碎石或卵石，还应检验针片状颗粒含量；对于海砂或有氯离子污染的砂，还应检验其氯离子含量；对于海砂，还应检验贝壳含量；对于人工砂及混合砂，还应检验石粉含量。对于重要工程或特殊工程，应根据工程要求增加检测项目。对其他指标的合格性有怀疑时，应予以检验。

（4）每检验批取样方法应按下列规定执行：

1）从料堆上取样时，取样部位应均匀分布。取样前应先将取样部位表层铲除，然后由各部位抽取大致相等的砂 8 份（石子为 16 份），组成一组样品。

2）从皮带运输机上取样时，应在皮带运输机机尾的出料处用接料器定时抽取砂 4 份（石 8 份），组成一组样品。

3）从火车、汽车、货船上取样时，应从不同部位和深度抽取大致相等的砂 8 份（石 16 份），组成一组样品。

（5）砂或石的数量验收，可按质量计算，也可按体积计算。测定质量，可用汽车的量衡或船舶吃水线为依据；测定体积，可按车皮或船舶的容积为依据。采用其他小型运输工具时，可按量方确定。

（三）砂、石运输、堆放

（1）砂或石在运输、装卸和堆放过程中，应防止颗粒离析、混入杂质，并应按产地、种类和规格分别堆放。

（2）碎石或卵石的堆料高度不宜超过 5m，对于单粒级或最大粒径不超过 20mm 的连续粒级，其堆料高度可增加到 10m。

（四）不合格品处理

碎（卵）石的检验结果可根据混凝土工程的质量要求，结合具体情况，提出相应的措施，经过试验证明能确保工程质量，方可允许用该碎石或砂拌制混凝土。

▶复习思考题◀

1. 砂的粗细程度按细度模数不同可分为哪几类？

2. 对混凝土用砂为何要提出级配要求？两种细砂的细度模数相同，级配是否相同？

3. 何谓集料的级配？集料级配良好的标准是什么？混凝土的集料为什么要有级配？

4. 配制混凝土选择石子最大粒径应从哪些方面考虑？

5. 为什么要限制砂中有机质的含量？

6. 为什么在配制混凝土时一般不采用细砂或特细砂？

第五节 混凝土

混凝土是市政工程建设的主要材料之一。广义的混凝土是指由胶凝材料、细集料(砂)、粗集料(石)和水按适当比例配制的混合物，经硬化而成的人造石材。但目前市政工程中使用最为广泛的还是普通混凝土。普通混凝土是由水泥、水、砂、石以及根据需要掺入各类外加剂与矿物混合材料组成的。

在普通混凝土中，砂、石起骨架作用，称为集料，它们在混凝土中起填充作用和抵抗混凝土在凝结硬化过程中的收缩作用。水泥与水形成水泥浆，包裹在集料表面并填充集料间的空隙。在硬化前，水泥浆起润滑作用，赋予拌合物一定的和易性，便于施工；水泥浆硬化后，则将集料胶结成一个坚实的整体，并具有一定的强度。

一、混凝土概述

(一)混凝土的分类

混凝土的种类很多，从不同的角度考虑，有以下几种分类方法：

1. 按表观密度或体积密度分类

(1)重混凝土。其体积密度大于 2600kg/m³，表观密度大于 2800kg/m³，常用重混凝土的体积密度大于 3200kg/m³，是用特别密实和特别重的集料制成的，常采用重晶石、铁矿石、钢屑等作集料和锶水泥、钡水泥共同配制防辐射混凝土，它们具有不透 X 射线和 γ 射线的性能，可作为核工程的屏蔽结构材料。

(2)普通混凝土。其体积密度为 1950～2500kg/m³，表观密度为 2300～2800kg/m³，常用普通混凝土的体积密度为 2300～2500kg/m³，是市政工程中最常用的混凝土，主要用作各种市政工程的承重结构材料。

(3)轻混凝土。其体积密度小于 1950kg/m³，表观密度小于 2300kg/m³。它又分为三类：

1)轻集料混凝土。其体积密度为 800～1950kg/m³。它是采用陶粒、页岩等轻质多孔集料配制而成的。

2)多孔混凝土(加气混凝土、泡沫混凝土)。其体积密度为 300～1000kg/m³。加气混凝土是由水泥、水与发气剂配制而成的。泡沫混凝土是由水泥浆或水泥砂浆与稳定的泡沫配制而成的。

3)大孔混凝土(轻集料大孔混凝土、普通大孔混凝土)。其组成中无细集料。轻集料大孔混凝土的体积密度为 500～1500kg/m³，是用碎砖、陶粒或煤渣作集料配制成的。普通大孔混凝土的体积密度为 1500～1900kg/m³，是用碎石、卵石或重矿渣作集料配制成的。轻混凝土具有保温隔热性能好、质量轻等优点，多用于保温材料或高层、大跨度建筑的结构材料。

2. 按所用胶凝材料分类

按所用胶凝材料的种类，混凝土可分为水泥混凝土、石膏混凝土、水玻璃混凝土、沥青混凝土、聚合物水泥混凝土、树脂混凝土等。

3. 按流动性分类

按新拌混凝土流动性大小，可分为干硬性混凝土(坍落度小于 10mm 且需用维勃稠度表示)、塑性混凝土(坍落度为 10～90mm)、流动性混凝土(坍落度为 100～150mm)及大流动性混凝土(坍落度≥160mm)。

4. 按用途分类

按用途可分为结构混凝土、大体积混凝土、防水混凝土、耐热混凝土、膨胀混凝土、防辐射混凝土、道路混凝土等。

5. 按生产和施工方法分类

按生产方式,混凝土可分为预拌混凝土和现场搅拌混凝土;按施工方法可分为泵送混凝土、喷射混凝土、碾压混凝土、挤压混凝土、离心混凝土、压力灌浆混凝土等。

6. 按强度等级分类

(1)低强度混凝土。抗压强度小于 20MPa,主要用于一些承受荷载较小的场合,如地面。

(2)中强度混凝土。抗压强度为 20~60MPa,是目前市政工程中的主要混凝土类型,应用于各种工程中,如桥梁、路面等。

(3)高强度混凝土。抗压强度大于 60MPa,主要用于大荷载、抗震及对混凝土性能要求较高的场合,如高层建筑、大型桥梁等。

(4)超高强混凝土。抗压强度在 100MPa 以上,主要用于各种重要的大型工程,如高层建筑的桩基、军事防爆工程、大型桥梁等。

混凝土的品种虽然繁多,但在实践工程中还是以普通的水泥混凝土应用最为广泛,如果没有特殊说明,狭义上通常称其为混凝土。

(二)混凝土结构的特点

混凝土作为工程中使用最为广泛的一种工程材料,必然有其独特之处。它的优点主要体现在以下几个方面:

(1)易塑性。现代混凝土具备很好的和易性,几乎可以随心所欲地通过设计和模板形成形态各异的建筑物及构件,可塑性强。

(2)经济性。同其他材料相比,混凝土价格较低,容易就地取材,结构建成后的维护费用也较低。

(3)安全性。硬化混凝土具有较高的力学强度,目前工程构件最高抗压强度可达 135MPa,与钢筋有牢固的粘结力,使结构安全性得到充分保证。

(4)耐火性。混凝土一般而言可有 1~2h 的防火时效,比起钢铁来说,安全许多,不会像钢结构建筑物那样在高温下很快软化而造成坍塌。

(5)多用性。混凝土在市政工程中适用于多种结构形式,满足多种施工要求。可以根据不同要求配制不同的混凝土,所以称之为"万用之石"。

(6)耐久性。混凝土是一种耐久性很好的材料,古罗马建筑经过几千年的风雨仍然屹立不倒,这本身就昭示着混凝土应该"历久弥坚"。

由于混凝土具有以上许多优点,因此它是一种主要的土木工程材料,广泛应用于工业与民用建筑、给水与排水工程、水利工程及地下工程、国防建设等,它在国家基本建设中占有重要地位。

但是它也有相应不容忽视的缺点,主要表现如下:

(1)抗拉强度低。它是混凝土抗压强度的 $1/15\sim1/10$,是钢筋抗拉强度的 $1/100$ 左右。

(2)延展性不高。它是一种脆性材料,变形能力差,只能承受少量的张力变形(约 0.003),否则就会因无法承受而开裂;抗冲击能力差,在冲击荷载作用下容易产生脆断。在很多情况下,必须配制钢筋才能使用。

(3)自重大,比强度低。高层、大跨度建筑物要求材料在保证力学性质的前提下,以轻为宜。

(4)体积不稳定性。尤其是当水泥浆量过大时,这一缺陷表现得更加突出,随着温度、湿度、环境介质的变化,容易引发体积变化,产生裂纹等内部缺陷,直接影响建筑物的使用寿命。

(5)需要较长时间的养护,从而延长了施工进度。

(三)混凝土拌合物的主要性能

混凝土的各组成材料按一定比例搅拌而制得的未凝固的混合材料称为混凝土拌合物。对混凝土拌合物的要求,主要是使运输、浇筑、捣实和表面处理等施工过程易于进行,减少离析,从而保证良好的浇筑质量,进而为保证混凝土的强度和耐久性创造必要的条件。

1. 和易性

混凝土拌合物的和易性是指混凝土在施工中是否易于操作,是否具有能使所浇筑的构件质量均匀、成型易于密实的性能。和易性好，是指混凝土拌合物容易拌和，不易发生砂、石或水离析现象，浇模时填满模板的各个角落，易于捣实，分布均匀，与钢筋粘结牢固，不易产生蜂窝、麻面等不良现象。和易性是一项综合的技术性质，包括流动性、黏聚性和保水性等含义。

（1）流动性。混凝土拌合物在自重或施工机械振捣的作用下，能产生流动，并均匀密实地填满模板的性能。流动性的大小主要取决于单位用水量或水泥浆量的多少。单位用水量或水泥浆量多，混凝土拌合物的流动性大（反之则小），浇筑时易于填满模型。

（2）黏聚性。混凝土拌合物在施工过程中其组成材料之间的黏聚力。在运输、浇筑、捣实过程中不致产生分层、离析、泌水，而保持整体均匀的性质。混凝土拌合物是由密度不同，颗粒大小不一的固体材料和水组成的混合物，在外力作用下，各组成材料移动的倾向性不同，一旦配合比例不当，就会出现分层和离析现象，使硬化后的混凝土成分不均匀，甚至产生蜂窝、狗洞等工程质量事故。

（3）保水性。混凝土拌合物保持水分，不易产生泌水的性能。保水性差的拌合物在浇筑过程中，由于部分水分从混凝土内析出，形成渗水通道；浮在表面的水分，使上、下两混凝土浇筑层之间形成薄弱的夹层；还有一部分水分还会停留在石子及钢筋的下面形成水囊或水膜，降低水泥浆与石子及钢筋的胶结力。这些都将影响混凝土的密实性，从而降低混凝土的强度和耐久性。

影响混凝土拌合物和易性的因素很多，其中主要有水泥浆用量、水灰比、砂率、水泥品种与性质、集料的种类与特征、外加剂、施工时的温度和时间等。

2. 和易性的测定方法

和易性的含义比较复杂，难以用一种简单的测定方法来全面地表达，我国标准用坍落度和维勃稠度来测定混凝土拌合物的流动性，并辅以直观经验来评定黏聚性和保水性。

（1）坍落度法。混凝土拌合物坍落度用坍落度筒来测定，将混凝土拌合料分为 3 次装入坍落度筒中，每次装料约 1/3 筒高，用捣棒捣插 25 下,刮平后,将筒垂直提起,测定拌合物由于自重产生坍落的毫米数,称为坍落度,如图 4-16 所示。坍落度越大,表示混凝土拌合物的流动性越大。

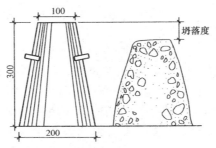

图 4-16　混凝土拌合物坍落度的测定

知识链接

混凝土按坍落度的分级

坍落度筒测定流动性的方法,只适用于粗集料粒径小于 40mm,坍落度值不小于 10mm 的混凝土拌合物。

根据坍落度的不同,可将混凝土拌合物分为 4 级,见表 4-57。

表 4-57　　　　　　　混凝土按坍落度的分级

级　别	名　称	坍落度(mm)	级　别	名　称	坍落度(mm)
T_1	干硬性混凝土	<10	T_3	流动性混凝土	100～150
T_2	塑性混凝土	10～90	T_4	大流动性混凝土	≥160

　　(2)维勃稠度法。干硬性混凝土的和易性用维勃稠度法评定。测定时,在坍落度筒中按规定方法装满混凝土拌合物,提起坍落度筒,在混凝土拌合物试体顶面放一透明圆盘,开启振动台,同时用秒表计时,到透明圆盘的底面完全为水泥浆所布满时,停止秒表,关闭振动台。此时可认为混凝土拌合物已密实,所读秒数称为维勃稠度。维勃稠度仪如图 4-17 所示。

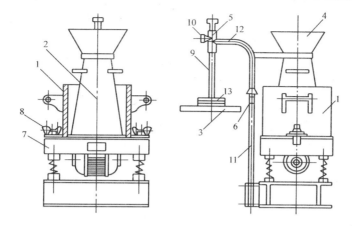

图 4-17　维勃稠度仪

1—容器；2—坍落度筒；3—透明圆盘；4—喂料斗；5—套管；6—定位螺栓；
7—振动台；8—固定螺钉；9—测杆；10—测杆螺钉；
11—旋转架支柱；12—旋转架；13—荷重

知识链接

混凝土按维勃稠度的分级

维勃稠度法适用于集料最大粒径不超过 40mm，维勃稠度在 5～30s 之间的混凝土拌合物的稠度测定。

根据维勃稠度的不同，混凝土拌合物分为 4 级，见表 4-58。

表 4-58　　　　　　　　混凝土按维勃稠度的分级

级别	名称	维勃稠度(s)	级别	名称	维勃稠度(s)
V_0	超干硬性混凝土	≥31	V_2	干硬性混凝土	11～20
V_1	特干硬性混凝土	21～30	V_3	半干硬性混凝土	5～10

3. 坍落度的选择

选择混凝土拌合物的坍落度，关系到混凝土的施工质量和水泥用量。坍落度大的混凝土，施工比较容易，但水泥用量较多；坍落度小的混凝土,能节约水泥,但施工较为困难。选择的原则应是在保证施工质量的前提下,尽可能选用较小的坍落度。

选择混凝土拌合物的坍落度,要根据构件截面大小、运输距离、钢筋的疏密程度、浇筑和捣实方法以及气候因素决定。

当构件截面尺寸较小,或钢筋较密,或采用人工插捣时,坍落度可选大些;反之,如构件截面尺寸较大,或钢筋较疏,或采用振动器振捣时,坍落度可选择小些。混凝土拌合物浇筑时的坍落度宜按表 4-59 选用。

表 4-59　　　　　　　　混凝土拌合物浇筑时的坍落度

结构种类	坍落度(mm)
基础或地面等的垫层、无配筋的大体积结构(挡土墙、基础等)或配筋稀疏的结构	10～30
板、梁和大型及中型截面的柱子等	30～50
配筋密列的结构(薄壁、斗仓、筒仓、细柱等)	50～70
配筋特密的结构	70～90

采用泵送工艺的泵送混凝土拌合物的坍落度,应根据混凝土泵送高度,按表 4-60 选用,同时,应考虑在预计时间(运输、输送到浇筑现场所需要消耗的时间)内的坍落度损失。

表 4-60　　　　　　　　混凝土入泵坍落度选用表

泵送高度(m)	<30	30～60	60～100	>100
坍落度(mm)	100～140	140～160	160～180	180～200

4. 和易性的调整与改善

针对影响混凝土和易性的因素,在实际施工中,可以采取以下措施来改善混凝土的和易性:

(1)当混凝土拌合物流动性小于设计要求时,为了保证混凝土的强度和耐久性,不能单独加水,必须保持水胶比不变,增加胶凝材料用量。

(2)当混凝土拌合物流动性大于设计要求时,可在保持砂率不变的前提下,增加砂石用量。实际上是减少胶凝材料数量,选择合理的浆骨比。

（3）改善集料级配，既可增加混凝土拌合物流动性，也能改善拌合物黏聚性和保水性。

（4）掺加化学外加剂与活性矿物掺合料，改善、调整拌合物的工作性，以满足施工要求。

（5）尽可能选用最优砂率，当黏聚性不足时可适当增大砂率。

（四）混凝土的强度

混凝土强度包括抗压强度、抗拉强度、抗弯强度、抗剪强度和与钢筋的粘结强度等。其中抗压强度最大，为抗拉强度的 $10 \sim 20$ 倍，工程上大部分都采用混凝土的立方体抗压强度作为设计依据，也是施工中控制评定混凝土质量的主要指标。

1. 混凝土立方体抗压强度

根据国家标准《混凝土结构设计规范》（GB 50010—2010）规定，制作边长为 150mm 的立方体试件为标准试件，按标准的方法成型，在标准条件下 $[(20\pm3)℃$ ，相对湿度$>90\%]$养护到 28d 龄期，用标准的试验方法测得的极限抗压强度，称为混凝土标准立方体抗压强度。在立方体极限抗压强度总体分布中，具有 95% 保证率的抗压强度，称为立方体抗压强度标准值，用 $f_{cu,k}$ 表示。

为了能测定混凝土实际达到的强度，常将混凝土试件放在与工程使用相同的条件下进行养护，然后按所需要的龄期进行试验，测得立方体试件抗压强度值，作为工程混凝土质量控制和质量评定的主要依据。

混凝土的强度等级按立方体抗压强度标准值确定，采用 C 与立方体抗压强度标准值（单位为 MPa）表示，共分为 14 个强度等级，它们是 C15、C20、C25、C30、C35、C40、C45、C50、C55、C60、C65、C70、C75 和 C80。例如，C40 表示混凝土立方体抗压强度标准值为 40MPa，说明混凝土立方体抗压强度大于 40MPa 的概率为 95% 以上。

测定混凝土立方体抗压强度时，可以根据混凝土中粗集料最大粒径按表 4-61 的规定选用不同尺寸的试块。

表 4-61 中边长为 150mm 的试块为标准试块，其余两种规格的试块为非标准试块。当采用非标准尺寸的试块测定强度时，必须向标准

试块折算,折算成标准试块强度值,应乘的折算系数见表 4-62。

表 4-61 混凝土试块尺寸的选择

粗集料最大粒径(mm)	试块尺寸(mm)
≤31.5	100×100×100
40	150×150×150
60	200×200×200

表 4-62 试块尺寸的折算系数

试块尺寸(mm)	折算系数
100×100×100	0.95
150×150×150	1.00
200×200×200	1.05

不同工程或用于不同部位的混凝土,其强度等级要求也不相同,一般要求如下:

(1)素混凝土结构的混凝土强度等级不应低于 C15;钢筋混凝土结构的混凝土强度等级不应低于 C20;采用强度级别 400MPa 及以上的钢筋时,混凝土强度等级不应低于 C25;承受重复荷载的钢筋混凝土构件,混凝土强度等级不应低于 C30。

(2)预应力混凝土结构的混凝土强度等级不宜低于 C40,且不应低于 C30;当采用钢绞线、钢丝、热处理钢筋作预应力钢筋时,混凝土强度等级不应低于 C40。

混凝土强度等级是混凝土结构设计时强度计算取值的依据,同时又是混凝土施工中控制工程质量和工程验收时的重要根据。

2. 混凝土轴心抗压强度

混凝土强度等级是根据立方体试件确定的,但在钢筋混凝土结构设计计算中,考虑到混凝土构件的实际受力状态,计算轴心受压构件时,常以轴心抗压强度作为依据。将混凝土制成 150mm×150mm×300mm 的标准试件,在标准条件下养护 28d,测试件的抗压强度值,即为混凝土的轴心抗压强度。混凝土轴心抗压强度与立方体抗压强度之比为 0.7～0.8。

3. 混凝土抗拉强度

混凝土抗拉强度对混凝土的开裂控制起着重要作用,在结构设计中,抗拉强度是确定混凝土抗裂度的重要指标。抗拉强度一般以劈裂抗拉试验法间接取得。试验采用标准试件边长为 150mm 的立方体,按规定的劈裂抗拉装置检测劈拉强度。其计算公式为:

$$f_{ts} = \frac{2P}{(\pi A)} \qquad (4\text{-}14)$$

式中　f_{ts}——混凝土劈裂抗拉强度(MPa);

　　　P——破坏荷载(N);

　　　A——试件劈裂面积(mm^2)。

知识链接

混凝土强度标准值的采用

各强度等级的混凝土轴心抗压强度标准值 f_{ck}、轴心抗拉强度标准值 f_{tk} 必须按表 4-63 采用。

表 4-63　　　　　混凝土强度标准值

强度	混凝土强度等级													
(MPa)	C15	C20	C25	C30	C35	C40	C45	C50	C55	C60	C65	C70	C75	C80
f_{ck}	10.0	13.4	16.7	20.1	23.4	26.8	29.6	32.4	35.5	38.5	41.5	44.5	47.5	50.2
f_{tk}	1.27	1.54	1.78	2.01	2.20	2.39	2.51	2.64	2.74	2.85	2.93	2.99	3.05	3.11

4. 混凝土抗折强度

实际工程中常会出现混凝土的断裂破坏现象,如水泥混凝土路面和桥面主要破坏形态就是断裂。因此,在进行路面结构设计以及混凝土配合比设计时,是以抗折强度作为主要强度指标。

混凝土的抗弯强度试验是以标准方法制备成 150mm×150mm×550mm 的梁形试件,在标准条件下养护 28d 后,按三分点加荷测定其抗弯强度 f_{cf}。其计算公式为:

$$f_{cf} = \frac{PL}{bh^2}$$

(4-15)

式中　　f_{cf}——混凝土抗弯强度（MPa）；

　　　　P——破坏荷载（N）；

　　　　L——支座间距（mm）；

　　　　b——试件截面宽度（mm）；

　　　　h——试件截面高度（mm）。

5. 影响混凝土强度的因素

（1）水泥强度和水灰比。混凝土的强度主要取决于水泥石的强度及其与集料间的黏结力，两者都随水泥强度和水胶比而变。水灰比是混凝土中用水量与用灰（水泥）量的质量比，其倒数称为灰水比，是配制混凝土的重要参数。水胶比较小时，混凝土中所加水分除去与水泥化合之后剩余的游离水较少，组成的水泥石中水泡及气泡较少，混凝土内部结构密实，孔隙率小，强度较高；反之，水胶比较大时，在水泥石中存在较多较大的水孔或气孔，在集料表面（特别是底面）常有水囊或水槽孔道，不仅减小受力截面，而且在孔的附近以及集料与水泥石的界面上产生应力集中或局部减弱，使混凝土的强度明显下降。

大量试验证明，在材料条件相同的情况下，混凝土强度随水胶比的增大而呈有规律下降的曲线关系[图 4-18（a）]。在常用的水胶比范围内（0.30～0.80），混凝土的强度与水泥强度和水胶比呈直线关系[图 4-18（b）]，可用直线型经验公式表示：

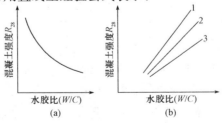

图 4-18　混凝土强度曲线图

1—高强度等级水泥；2—中强度等级水泥；

3—低强度等级水泥

$$R_{28} = AR_C\left(\frac{C}{W} - B\right) \tag{4-16}$$

式中　R_{28}——混凝土 28d 龄期的抗压强度（MPa）；

R_C——水泥的实际强度；

$\dfrac{C}{W}$——胶水比；

> 式(4-16)一般适用于塑性及低流动性混凝土，各地区原材料或工艺制度不同时，A、B 值常有变化。

A、B——经验系数，与集料品种、水泥品种及质量等因素有关。通常，卵石混凝土，$A=0.48$，$B=0.61$；碎石混凝土，$A=0.46$，$B=0.52$。

（2）集料质量的影响。集料本身强度一般都比水泥石的强度高（轻集料除外），所以不直接影响混凝土的强度；但若使用低强度或风化岩石、含薄片石较多的劣质集料时，会使混凝土的强度降低。表面粗糙并富有棱角的碎石，因与水泥的粘结力较强，所配制的混凝土强度较高。

（3）养护条件（温度和湿度）的影响。当周围环境的温度较高时，新拌或早期混凝土中的水泥水化作用加速，混凝土强度发展较快，反之温度较低，强度发展就慢。当温度降至零摄氏度以下，混凝土强度中止发展，甚至因受冻而破坏。周围环境干燥或者有风，则混凝土失水干燥，强度停止发展，而且因水化作用未能充分完成，造成混凝土内部结构疏松，甚至在表面出现干缩裂缝，对耐久性和强度发展均不利。为保证混凝土在浇筑成型后正常硬化，应按有关规定及要求，对混凝土表面进行覆盖，及时浇水养护，在一定的时间内保持足够的湿润状态。混凝土强度与保持潮湿时间的关系如图 4-19 所示。

（4）强度与养护龄期的关系。混凝土在正常养护条件下，强度在最初几天内发展较快，以后逐渐变慢，增长过程可延续数十年之久。混凝土强度随龄期而增长的曲线如图 4-20 所示。

实践证明，混凝土龄期为 3～6 个月时，其强度可较 28d 时高出 25%～50%。若建筑物的某个部位在 6 个月以后才能满载使用，则该部位混凝土的设计强度可适当调整。水工混凝土由于施工期长，设计

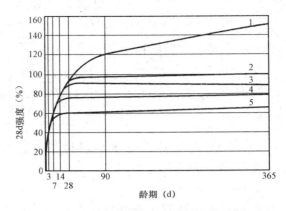

图 4-19 混凝土强度与保持潮湿时间的关系
1—长期保持潮湿;2—保持潮湿 14d;3—保持潮湿 7d;
4—保持潮湿 3d;5—保持潮湿 1d

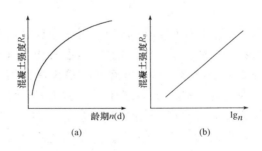

图 4-20 混凝土强度增长曲线

强度以 90d 强度确定,与一般建筑用混凝土(以 28d 强度确定)相比,可节约水泥。

在实际工作中常需要根据混凝土早期强度推算后期强度,常用的计算式为:

$$R_n = R_a \frac{\lg_n}{\lg_a} \tag{4-17}$$

式中 R_n——n 天龄期时的混凝土强度,$n \geqslant 3$;

R_a——a 天龄期时的混凝土强度。

采用高强度水泥、低水胶比、强制搅拌、加压振捣或其他综合措施，可提高混凝土的密实度和强度。采用蒸汽养护，可以加速混凝土的强度发展，但需消耗较多热能和劳力，且影响后期强度发展。

> 式（4-17）仅适用于中等强度等级，在正常条件硬化的普通水泥混凝土。与实际情况相比，公式推算所得结果，早期偏低，后期偏高，所以仅能供一般参考。

（五）混凝土的耐久性

混凝土的耐久性包括混凝土在使用条件下经久耐用的性能，如抗渗性、抗冻性、抗侵蚀性及抗碳化性等，通称为混凝土的耐久性。

1. 混凝土的抗渗性

抗渗性是指混凝土抵抗液体在压力作用下渗透的性能。抗渗性是混凝土的一项重要性质，它除关系到混凝土的挡水作用外，还直接影响抗冻性和抗侵蚀性的

> 抗渗等级等于或大于P6级的混凝土称为抗渗混凝土。

强弱。当混凝土的抗渗性较差时，由于水分容易渗入内部，易于受到冰冻或侵蚀作用而破坏。抗渗性用抗渗等级（符号"P"）表示，抗渗等级是以 28d 龄期的抗渗标准试件，在标准试验方法下所能承受最大的水压力来确定的。抗渗等级分为 P2、P6、P8、P10、P12 等。相应表示混凝土能抵抗 0.2、0.6、0.8、1.0 及 1.2(MPa)的水压力，并且不渗漏。

2. 混凝土的抗冻性

抗冻性是指混凝土在饱和水状态下，能经受多次冻融循环而不破坏，同时也不严重降低强度的性能。抗冻性用抗冻等级（符号"F"）表示。抗冻等级是以龄期

> 抗冻等级等于或大于F50级的混凝土称为抗冻混凝土。

28d 的混凝土试件在吸水饱和后，承受反复冻融循环，以抗压强度下降不超过 25％，而且质量损失不超过 5％时所能承受的最大冻融循环次数来确定，混凝土的抗冻等级分为 F25、F50、F100、F150、F200、

F250、F300 等。

3. 混凝土的抗侵蚀性

当工程所处的环境有侵蚀介质时,对混凝土必须提出抗侵蚀性的要求。混凝土的抗侵蚀性取决于水泥品种、混凝土的密实度以及孔隙特征。密实性好的,具有封闭孔隙的混凝土,侵蚀介质不易侵入,故抗侵蚀性能好。

4. 混凝土的碳化

混凝土的碳化作用是指空气中的二氧化碳与水泥石中的氢氧化钙作用,生成碳酸钙和水。碳化作用对混凝土有不利的影响,首先是减弱对钢筋的保护作用,使钢筋表面的氧化膜被破坏而开始生锈;其次,碳化作用还会引起混凝土的收缩,使混凝土表面碳化层产生拉应力,可能产生微细裂缝,从而降低混凝土的抗折强度。

混凝土所处的环境和使用条件不同,对其耐久性的要求也不相同,提高混凝土耐久性的措施有以下几个方面:

(1)根据工程情况,合理选择水泥品种。

(2)适当控制水灰比及水泥用量。水灰比大小是决定混凝土密实度的主要因素,它不但影响混凝土的强度,而且也严重影响其耐久性,所以必须严格控制。保证足够的水泥用量,同样可以起到提高混凝土密实度和耐久性的作用。

(3)选用质量良好、技术条件合格的砂、石集料,是保证混凝土耐久性的重要条件。

(4)掺用引气减水剂,对提高混凝土的抗渗性和抗冻性有良好的作用。

(5)改善施工操作,保证施工质量。

5. 提高耐久性的措施

混凝土遭受各种侵蚀作用的破坏虽各不相同,但提高混凝土的耐久性措施有很多共同之处,即选择适当的原料;提高混凝土的密实度;改善混凝土内部的孔结构。一般提高混凝土耐久性的具体措施有:

(1)合理选择胶凝材料品种,使其与工程环境相适应。

（2）采用较小水胶比和保证胶凝材料用量，见表 4-64。

（3）选择质量良好、级配合理的集料和合理砂率。

（4）掺用适量的引气剂或减水剂。

（5）加强混凝土质量的生产控制。

表 4-64　　混凝土最大水胶比和最小胶凝材料用量（JGJ 55—2011）

环境类别	环境条件	最大水胶比	最小胶凝材料用量（kg/m³）		
			素混凝土	钢筋混凝土	预应力混凝土
一	1. 室内干燥环境 2. 无侵蚀性静水浸没环境	0.60	250	280	300
二 a	1. 室内潮湿环境 2. 非严寒和寒冷地区的露天环境 3. 非严寒和非寒冷地区与无侵蚀性的水或土壤直接接触的环境 4. 严寒和寒冷地区的冰冻线以下与无侵蚀性的水或土壤直接接触的环境	0.55	280	300	300
二 b	1. 干湿交替环境 2. 水位频繁变动环境 3. 严寒和寒冷地区的露天环境 4. 严寒和寒冷地区冰冻线以上与无侵蚀性的水或土壤直接接触的环境	0.50	320		
三 a	1. 严寒和寒冷地区冬季水位变动区环境 2. 受除冰盐影响环境 3. 海风环境	≤0.45	330		

（六）混凝土的变形性能

普通混凝土在凝结硬化过程中以及硬化后，受到外力及环境因素的作用，会发生相应整体的或局部的体积变化，产生变形。实际使用中的混凝土结构一般会受到基础、钢筋或相邻部件的牵制而处于不同程度的约束，即使单一的混凝土试块没有受到外部的约束，其内部各组成之间也还是互相制约的。混凝土的体积变化则会由于约束作用在混凝土内部产生拉应力,当此拉应力超过混凝土的抗拉强度,就会引起混凝土开裂,产生裂缝。裂缝不仅影响混凝土承受设计荷载的能力,而且还会严重损害混凝土的外观和耐久性。

1. 化学收缩

由于胶凝材料水化产物的总体积小于水化前反应物的总体积而产生的混凝土收缩称为化学收缩。化学收缩是不可恢复的,其收缩量随混凝土龄期的延长而增加,大致与时间的对数成正比。一般在混凝土成型后 40d 内收缩量增加较快,以后逐渐趋向稳定。收缩值为 $(4\sim100)\times10^{-6}$ mm/m 时,可使混凝土内部产生细微裂缝。这些细微裂缝可能会影响混凝土的承载性能和耐久性能。

2. 温度变形

混凝土与其他材料一样,也会随着温度的变化产生热胀冷缩的变形。混凝土的温度线膨胀系数为 $(1\sim1.5)\times10^{-5}$ mm/(mm·℃),即温度每升降 1℃,每米胀缩 0.01~0.015mm。

混凝土温度变形,除由于降温或升温影响外,还有混凝土内部与外部的温差影响。在混凝土硬化初期,胶凝材料水化放出较多的热量,混凝土又是热的不良导体,散热较慢,因此,在大体积混凝土内部的温度比外部高,有时可达 50~70℃。这将使内部混凝土的体积产生较大的膨胀,而外部混凝土却随气温降低而收缩。内部膨胀和外部收缩互相制约,在外层混凝土中将产生很大拉应力,严重时使混凝土产生裂缝。

为防止温度变形带来的危害,一般纵长的钢筋混凝土结构物,应采取每隔一段长度设置伸缩缝以及在结构物中设置温度钢筋等措施。而对于大体积混凝土工程,必须尽量减少混凝土发热量。目前常用的方法如下:

(1)最大限度地减少用水量和胶凝材料用量。

(2)采用低热胶凝材料。

(3)选用热膨胀系数低的集料,减小热变形。

(4)预冷原材料,在混凝土中埋冷却水管,表面绝热,减小内外温差。

(5)对混凝土合理分缝、分块、减轻约束等。

3. 干湿变形

混凝土在干燥过程中,发生气孔水和毛细孔水的蒸发。气孔水的蒸发并不引起混凝土的收缩。毛细孔水的蒸发,使毛细孔中形成负压,随着空气湿度的降低,负压逐渐增大,产生收缩力,导致混凝土收缩。同时,胶凝材料凝胶体颗粒的吸附水也发生部分蒸发,由于分子引力的作用,粒子间距离变小,使凝胶体产生紧缩。混凝土这种体积收缩,在重新吸水后大部分可以恢复,但仍有残余变形不能完全恢复。通常,残余收缩为收缩量的 30% ~ 60%。当混凝土在水中硬化时,体积不变,甚至轻微膨胀。这是由于胶凝体中胶体粒子间的距离增大所致。

混凝土的湿胀变形量很小,一般无损坏作用。但干缩变形对混凝土危害较大,在一般条件下,混凝土的极限收缩值达 $(50 \sim 90) \times 10^{-5} \text{mm/m}$,会使混凝土表面出现拉应力而导致开裂,严重影响混凝土耐久性。工程设计中混凝土的线收缩取 $(15 \sim 20) \times 10^{-5} \text{mm/m}$。干缩主要是硬化后的胶凝材料产生的,故降低胶凝材料用量、减小水胶比是减小干缩的关键。

4. 在荷载作用下的变形

(1)在短期荷载作用下的变形。

1)混凝土的弹塑性变形。混凝土内部结构中含有砂石集料、硬化后的胶凝材料、游离水分和气泡,说明混凝土本身的不均质性。它是一种弹塑性体。受力时,混凝土既产生可以恢复的弹性变形,又会产生不可恢复的塑性变形,其应力与应变关系不是直线而是曲线,如图4-21 所示。

在静力试验的加荷过程中,若加荷至应力为 σ、应变 ε 的 A 点,然后将荷载逐渐卸去,则卸载时的应力—应变曲线如 AC 所示。卸载后能恢复的应变是由混凝土的弹性作用引起的,称为弹性应变 $\varepsilon_{弹}$;剩余不能恢复的应变,则是由于混凝土的塑性性质引起的,称为塑性应变 $\varepsilon_{塑}$。

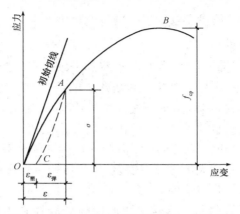

图 4-21　混凝土在压力作用下的应力—应变曲线

在工程应用中,采用反复加荷、卸荷的方法使塑性变形减小,从而测得弹性变形。在重复荷载作用下的应力—应变曲线形式因作用力的大小而不同。当应力小于$(0.3\sim0.5)f_{cp}$时,每次卸载都残留一部分塑性变形$\varepsilon_{塑}$,但随着重复次数的增加,$\varepsilon_{塑}$的增量逐渐减小,最后曲线稳定于$A'C'$线,它与初始切线大致平行,如图 4-22 所示。若所加应力σ在$(0.5\sim0.7)f_{cp}$以上重复时,随着重复次数的增加,塑性应变逐渐增加,导致混凝土疲劳破坏。

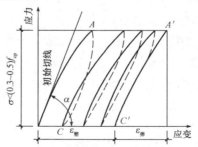

图 4-22　低应力重复荷载的应力—应变曲线

2)混凝土的变形模量。在应力—应变曲线上任一点的应力σ与应变ε的比值,叫作混凝土在该应力下的变形模量。它反映混凝土所受应力与所产生应变之间的关系。在计算钢筋混凝土变形、裂缝开展及大体积混凝土的温度应力时,均需要知道该时混凝土的变形模量。在混凝土结构或钢筋混凝土结构设计中,常采用一种按标准方法测得的静力受压弹性模量 E_c。

在静力受压弹性模量试验中,使混凝土的应力在 $0.4f_{cp}$ 水平下经过多次反复加荷和卸荷,最后所得应力—应变曲线与初始切线大致平行,这样测出的变形模量称为弹性模量 E_c,故 E_c 在数值上与 $\tan\alpha$ 相近,如图 4-22 所示。

混凝土弹性模量受其组成相及孔隙率影响,并与混凝土的强度有一定的相关性。混凝土的强度越高,弹性模量也越高,当混凝土的强度等级由 C15 增加到 C60 时,其弹性模量大致由 2.20×10^4 MPa 增到 3.60×10^4 MPa。

混凝土的弹性模量随其集料与硬化后的胶凝材料的弹性模量而异。由于硬化后的胶凝材料的弹性模量一般低于集料的弹性模量,所以混凝土的弹性模量一般略低于其集料的弹性模量。在材料质量不变的条件下,混凝土的集料含量较多、水胶比较小、养护较好及龄期较长时,混凝土的弹性模量较大。蒸汽养护的弹性模量比标准养护的低。

(2)在长期荷载作用下的变形——徐变。混凝土在恒定荷载的长期作用下,沿着作用力方向的变形随时间的增加而产生的变形称为徐变。徐变一般要延续 2～3 年才逐渐趋于稳定。这种在长期荷载作用下产生的变形,称为徐变(图 4-23)。

当混凝土受荷载作用后,即时产生瞬时变形,瞬时变形以弹性变形为主。随着荷载持续时间的增长,徐变逐渐增长,且在荷载作用初期增长较快,以后逐渐减慢并稳定,一般可达 $(3\sim15)\times10^{-4}$ mm/m,即 $0.3\sim1.5$ mm/m,为瞬时变形的 2～4 倍。混凝土在变形稳定后,如卸去荷载,则部分变形可以产生瞬时恢复,部分变形在一段时间内逐渐恢复,称为徐变恢复(图 4-23),但仍会残余大部分不可恢复的永久变形,称为残余变形。

一般认为,混凝土的徐变是由于硬化后的胶凝材料中凝胶体在长期荷载作用下的黏性流动,是凝胶孔水向毛细孔内迁移的结果。在混凝土较早龄期时,水泥尚未充分水化,水泥石中毛细孔较多,凝胶体易蠕动,所以徐变发展较快,在晚龄期时,由于水泥继续硬化,毛细孔逐渐减小,徐变发展渐慢。

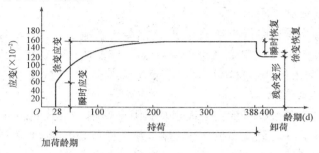

图4-23 混凝土的徐变与恢复

混凝土徐变对结构物的作用:对普通钢筋混凝土构件,能消除钢筋混凝土内部的温度应力和收缩应力,减弱混凝土的开裂现象;对预应力构件,混凝土的徐变使预应力增加。

知识链接

影响混凝土徐变的因素

(1)水胶比一定时,胶凝材料用量越大,徐变越大。

(2)水胶比越小,徐变越小。

(3)龄期长、结构致密、强度高则徐变小。

(4)集料用量多,徐变小。

(5)应力水平越高,徐变越大。

二、混凝土用水与外加剂

(一)混凝土用水

饮用水、地下水、地表水、海水及经过处理达到要求的工业废水均可以用作混凝土拌和用水。混凝土拌和及养护用水的质量要求具体有:不得影响混凝土的和易性及凝结;不得有损于混凝土强度发展;不得降低混凝土的耐久性；不得加快钢筋腐蚀及导致预应力钢筋脆断；不得污染混凝土表面。各物质含量限量值应符合表4-65的要求。

表4-65 水中物质含量限量值(JGJ 63－2006)

项　目	预应力混凝土	钢筋混凝土	素混凝土
pH 值	≥5	≥4.5	≥4.5
不溶物(mg/L)	≤2000	≤2000	≤5000
可溶物(mg/L)	≤2000	≤5000	≤10000
氯化物(以 Cl⁻ 计),(mg/L)	≤500	≤1000	≤3500
硫酸盐(以 SO₄²⁻ 计),(mg/L)	≤600	≤2000	≤2700
碱含量(mg/L)	≤1500	≤1500	≤1500

注：使用钢丝或经热处理钢筋的预应力混凝土氯化物含量不得超过350mg/L；对于使用年限为100年的结构混凝土,氯化含量不得超过500mg/L。

当对水质有质疑时,应将该水与蒸馏水或饮用水进行水泥凝结时间、砂浆或混凝土强度对比试验。测得的初凝时间差及终凝时间差均不得大于30min,其初凝和终凝时间还应符合国家标准《通用硅酸盐水泥》(GB 175—2007)的规定。用该水制成的砂浆或混凝土28d抗压强度应不低于蒸馏水或饮用水制成的砂浆或混凝土抗压强度的90％。另外,海水中含有硫酸盐、镁盐和氯化物,对水泥石有侵蚀作用,也会造成钢筋锈蚀,因此,不得用于拌制钢筋混凝土和预应力混凝土。

(二)混凝土外加剂

混凝土外加剂是在拌制混凝土过程中掺入,用以改善混凝土性能的物质,掺量不大于水泥质量的5％(特殊情况除外)。它赋予新拌混凝土和硬化混凝土以优良的性能,如提高抗冻性、调节凝结时间和硬化时间、改善工作性、提高强度等,是生产各种高性能混凝土和特种混凝土必不可少的组成材料。

1. 外加剂的分类

根据《混凝土外加剂定义、分类、命名与术语》(GB/T 8075—2005)的规定,混凝土外加剂按其主要功能可分为以下四类：

(1)改善混凝土拌合物流变性能的外加剂。包括减水剂、引气剂和泵送剂等。

（2）调节混凝土凝结时间、硬化性能的外加剂。包括缓凝剂、促凝剂和速凝剂等。

（3）改善混凝土耐久性的外加剂。包括引气剂、防水剂和阻锈剂等。

（4）改善混凝土其他性能的外加剂。包括加气剂、膨胀剂、防冻剂、着色剂、防水剂等。

2. 常用的混凝土外加剂

（1）减水剂。减水剂是一种在混凝土拌合料坍落度相同条件下能减少拌合水量的外加剂。

1）减水剂的分类。减水剂按其减水的程度可分为普通减水剂和高效减水剂。减水率在 5％～10％的减水剂为普通减水剂；减水率大于 12％的减水剂为高效减水剂。

①普通减水剂。普通减水剂是一种在混凝土拌合料坍落度相同的条件下能减少拌和用水量的外加剂。普通减水剂分为早强型、标准型、缓凝型。在不复合其他外加剂时，减水剂本身有一定的缓凝作用。

②高效减水剂。在混凝土坍落度基本相同的条件下，能大幅度减少拌和用水量的外加剂称为高效减水剂。高效减水剂是在 20 世纪60 年代初开发出来的，由于性能较普通减水剂有明显的提高，因而又称高效塑化剂或超塑化剂。

高效减水剂的掺量比普通减水剂大得多，大致为普通减水剂的3 倍以上。理论上，如果把普通减水剂的掺量提高到高效减水剂同样的水平，减水率也能达到 10％～15％，高效减水剂没有明显的缓凝和引气作用。但普通减水剂都有缓凝作用，木钙还能引入大量的气泡，因此，限制了普通减水剂的掺量，除非采取特殊措施，如木钙的脱糖和消泡。

③高性能减水剂。高性能减水剂是国内外近年来开发的新型外加剂品种，目前主要为聚羧酸盐类产品。它具有"梳状"的结构特点，由带有游离的羧酸阴离子团的主链和聚氧乙烯基侧链组成，用改变单体的种类、比例和反应条件可生产具有各种不同性能和特性的高性能减水剂。早强型、标准型和缓凝型高性能减水剂可由分子设计引入不同功能团而生产，也可掺入不同组分复配而成。其主要特点为：

a. 掺量低(按照固体含量计算,一般为胶凝材料质量的 0.15%～0.25%),减水率高。

b. 混凝土拌合物工作性及保持性较好。

c. 外加剂中氯离子和碱含量较低。

d. 用其配制的混凝土收缩率较小,可改善混凝土的体积稳定性和耐久性。

e. 对水泥的适应性较好。

f. 生产和使用过程中不污染环境,是环保型的外加剂。

高性能减水剂具有一定的引气性,较高的减水率和良好的坍落度保持性能。与其他减水剂相比,高性能减水剂在配制高强度混凝土和高耐久性混凝土时,具有明显的技术优势和较高的性价比。

2)减水剂的原理。当水泥加水拌和后,由于水泥颗粒的相互吸引形成若干凝聚体,在这些凝聚体中包围着许多拌和水,不能参与拌和。减水剂多为表面活性物质,加入水泥浆中后定向地吸附在水泥颗粒表面,加大了水泥颗粒间的静电斥力,使水泥颗粒分散而破坏了其凝聚力和结构,将原来凝聚体中包围的凝聚水释放出来,有效地增加了拌合水,提高了拌合物的流动性。

知识链接

混凝土中掺入减水剂获得的效果

根据不同使用条件,混凝土中掺入减水剂后,可获得以下效果:

(1)在不增加单位用水量的情况下,改善新拌混凝土的和易性,提高流动性,如坍落度可增加 50～150mm。

(2)在保持一定和易性时,减少用水量 8%～30%,提高混凝土强度的 10%～40%。

(3)在保持一定强度情况下,减少单位水泥用量 8%～30%,节约水泥 10%～20%。

(4)减少混凝土拌合物的分层、离析和泌水。

(5)减缓水泥水化放热速度和减小混凝土的温升。

(6)改善混凝土的耐久性。

(7)可配制特殊混凝土或高强混凝土。

（2）早强剂。能促进凝结,加速混凝土早期强度并对后期强度无明显影响的外加剂,称为早强剂。早强剂的种类主要有无机物类（氯盐类、硫酸盐类、碳酸盐类等）、有机物类（有机胺类、羧酸盐类等）、矿物类（明矾石、氟铝酸钙、无水硫铝酸钙等）。

常用的早强剂有以下类型：

1）氯盐类早强剂。主要有氯化钙、氯化钠、氯化钾、氯化铵、氯化铁、氯化铝等,其中氯化钙早强效果好而成本低,应用最广。

2）硫酸盐类早强剂。主要有硫酸钠、硫代硫酸钠、硫酸钙、硫酸铝、硫酸铝钾等。其中硫酸钠应用较多。

3）其他早强剂。甲酸钙已被公认是较好的 $CaCl_2$ 替代物,但由于其价格较高,其用量还很少。

（3）缓凝剂。缓凝剂是一种能延缓水泥水化反应,从而延长混凝土的凝结时间,使新拌混凝土较长时间保持塑性,方便浇筑,提高施工效率,同时,对混凝土后期各项性能不会造成不良影响的外加剂。缓凝剂按其缓凝时间可分为普通缓凝剂和超缓凝剂；按化学成分可分为无机缓凝剂和有机缓凝剂。无机缓凝剂包括磷酸盐、锌盐、硫酸铁、硫酸铜、氟硅酸盐等；有机缓凝剂包括羟基羧酸及其盐、多元醇及其衍生物、糖类等。常用的缓凝剂有无机缓凝剂和有机缓凝剂两种类型。

（4）速凝剂。速凝剂是能使混凝土迅速硬化的外加剂。速凝剂的主要种类有无机盐类和有机盐类。我国常用的速凝剂是无机盐类,其掺量为 $2.5\% \sim 4.0\%$。

（5）膨胀剂。膨胀剂是能使混凝土产生一定体积膨胀的外加剂。按化学成分可分为硫铝酸盐系膨胀剂、石灰系膨胀剂、铁粉系膨胀剂、复合型膨胀剂。其掺量为 $10\% \sim 14\%$。

（6）引气剂。在混凝土搅拌过程中引入大量均匀分布、稳定而封闭的微小气泡,起到改善混凝土和易性,提高混凝土抗冻性和耐久性的外加剂,称为引气剂。引气剂按化学成分可分为松香类引气剂、合成阴离子表面活性类引气剂、木质素磺酸盐类引气剂、石油磺酸盐类引气剂、蛋白质盐类引气剂、脂肪酸和树脂及其盐类引气剂、合成非离子表面活性引气剂。它属于憎水性表面活性剂。

知识链接

引气剂对混凝土质量的影响

(1)混凝土中掺入引气剂可改善混凝土拌合物的和易性,可以显著降低混凝土黏性,使它们的可塑性增强,减少单位用水量。通常每提高含气量1%,能减少单位用水量3%。

(2)减少集料离析和泌水量,提高抗渗性。

(3)提高抗腐蚀性和耐久性。

(4)含气量每提高1%,抗压强度下降3%～5%,抗折强度下降2%～3%。

(5)引入空气会使干缩增大,但若同时减少用水量,对干缩的影响不会太大。

(6)使混凝土对钢筋的粘结强度有所降低,一般含气量为4%时,对垂直方向的钢筋粘结强度降低10%～15%,对水平方向的钢筋粘结强度稍有下降。

(7)防水剂。防水剂是一种能降低砂浆、混凝土在静水压力下透水性的外加剂。防水剂按化学成分可分为无机质防水剂(氯化钙、水玻璃系、氯化铁、锆化合物、硅质粉末系等)和有机质防水剂(反应型高分子物质、憎水性的表面活性剂、天然或合成的聚合物乳液以及水溶性树脂等)。

3. 混凝土外加剂的选择

(1)外加剂的品种应根据工程设计和施工要求选择,通过试验及技术经济比较确定。

(2)严禁使用对人体产生危害、对环境产生污染的外加剂。

(3)掺外加剂混凝土所用水泥,宜采用硅酸盐水泥、普通硅酸盐水泥、矿渣硅酸盐水泥、火山灰质硅酸盐水泥、粉煤灰硅酸盐水泥和复合硅酸盐水泥,并应检验外加剂与水泥的适应性,符合要求方可使用。

（4）掺外加剂混凝土所用材料如水泥、砂、石、掺合料、外加剂均应符合现行国家的有关标准的规定。试配掺外加剂的混凝土时，应采用工程使用的原材料，检测项目应根据设计及施工要求确定，检测条件应与施工条件相同，当工程所用原材料或混凝土性能要求发生变化时，应再进行试配试验。

（5）不同品种外加剂复合使用时，应注意其相容性及对混凝土性能的影响，使用前应进行试验，满足要求方可使用。

（6）外加剂的掺量应符合下列要求：

1）外加剂掺量应以胶凝材料总量的百分比表示，或以 mL/kg 胶凝材料表示。

2）外加剂的掺量应按供货单位推荐掺量、使用要求、施工条件、混凝土原材料等因素通过试验确定。

3）对含有氯离子、硫酸根等离子的外加剂应符合《混凝土外加剂应用技术规范》（GB 50119—2013）及有关标准的规定。

4）处于水相接触或潮湿环境中的混凝土，当使用碱活性集料时，由外加剂带入的碱含量（以当量氧化钠计）不宜超过 $1kg/m^3$ 混凝土，混凝土总碱含量尚应符合有关标准的规定。

三、混凝土矿物掺合料

（一）混凝土掺合料的概念与分类

在混凝土拌合物制备时，为了节约水泥、改善混凝土性能、调节混凝土强度等级，而加入天然的或者人造的矿物材料，统称为混凝土掺合料。用于混凝土中的掺合料可分为活性矿物掺合料和非活性矿物掺合料两大类。非活性矿物掺合料一般与水泥组分不起化学作用，或化学作用很小，如磨细石英砂、石灰石、硬矿渣等材料。活性矿物掺合料虽然本身不硬化或硬化速度很慢，但能与水泥水化生成的 $Ca(OH)_2$ 生成具有水硬性的胶凝材料，如粒化高炉矿渣、火山灰质材料、粉煤灰、硅灰等。活性矿物掺合料依其来源可分为天然类、人工类和工业废料类，见表 4-66。

表 4-66 活性矿物掺合料的分类

类 别	主 要 品 种
天然类	火山灰、凝灰岩、硅藻土、蛋白石质黏土、钙性黏土、黏土页岩
人工类	煅烧页岩或黏土
工业废料	粉煤灰、硅灰、沸石粉、水淬高炉矿渣粉、煅烧煤矸石

(二)混凝土矿物掺合料

矿物掺合料是指在混凝土拌合物中,为了节约水泥,改善混凝土性能加入的具有一定细度的天然或人造的矿物粉体材料,也称为矿物外加剂,是混凝土的基本组成材料之一。常用的矿物掺合料有粉煤灰、硅灰、粒化高炉矿渣粉、沸石粉、燃烧煤矸石等。矿物掺合料的比表面积一般应大于 $350m^2/kg$,比表面积大于 $500m^2/kg$ 的一般称为超细矿物掺合料。

1. 掺合料在混凝土中的作用

(1)改善新拌混凝土的和易性。混凝土提高流动性后,很容易使混凝土产生离析和泌水,掺入矿物细掺料后,混凝土具有很好的黏聚性。像粉煤灰等需水量小的掺合料还可以降低混凝土的水胶比,提高混凝土的耐久性。

(2)增大混凝土的后期强度。矿物细掺料中含有活性的 SiO_2 和 Al_2O_3,与水泥中的石膏及水泥水化生成的 $Ca(OH)_2$ 反应,生成 C—S—H 和 C—A—H、水化硫铝酸钙,提高了混凝土的后期强度。但是值得注意的是,除硅灰外的矿物细掺料,混凝土的早期强度随掺量的增加而降低。

(3)降低混凝土温升。水泥水化产生热量,而混凝土又是热的不良导体,在大体积混凝土施工中,混凝土内部温度可达到 $50\% \sim 70\%$,比外部温度高,产生温度应力,混凝土内部体积膨胀,而外部混凝土随着气温降低而收缩。内部膨胀和外部收缩使得混凝土中产生很大的拉应力，导致混凝土产生裂缝。掺合料的加入，减少了水泥的用量，就进一步降低了水泥的水化热，降低混凝土温升。

(4)提高混凝土的耐久性。混凝土的耐久性与水泥水化产生的 $Ca(OH)_2$ 密切相关，矿物细掺料和 $Ca(OH)_2$ 发生化学反应，降低了混凝土中的 $Ca(OH)_2$ 含量；同时减少混凝土中大的毛细孔，优化混凝土孔结构，降低混凝土气孔孔径，使混凝土结构更加致密，提高了混凝土的抗冻性、抗渗性、抗硫酸盐侵蚀等耐久性能。

(5)抑制碱—集料反应。试验证明，矿物掺合料掺量较大时，可以有效地抑制碱—集料反应。内掺 30% 的低钙粉煤灰能有效地抑制碱硅反应的有害膨胀，利用矿渣抑制碱—集料反应，其掺量宜超过 40%。

(6)不同矿物细掺料复合使用的"超叠效应"。不同矿物细掺料在混凝土中的作用有各自的特点。例如矿渣火山灰活性较高，有利于提高混凝土强度，但自干燥收缩大；掺优质粉煤灰的混凝土需水量小，且自干燥收缩和干燥收缩都很小，在低水胶比下可以保证较好的抗碳化性能。硅灰可以提高混凝土的早期和后期强度，但自干燥收缩大，且不利于降低混凝土温升。因此在复掺时，可充分发挥它们的各自优点，取长补短。例如可复掺粉煤灰和硅灰，用硅灰提高混凝土的早期强度，用优质粉煤灰降低混凝土需水量和自干燥收缩。

(7)掺合料可以代替部分水泥，成本低廉，经济效益显著。

2. 常用的矿物掺合料

(1)粉煤灰。从煤粉炉烟道气体中收集到的细颗粒粉末称为粉煤灰。粉煤灰按煤种可分为 F 类和 C 类，F 类是由无烟煤或烟煤煅烧收集的粉煤灰；C 类是由褐煤或次烟煤煅烧收集的粉煤灰，其氧化钙含量一般大于 10%。粉煤灰按其品质分为Ⅰ、Ⅱ和Ⅲ三个等级。

1)粉煤灰的技术要求。粉煤灰的技术要求应符合表 4-67 的规定。

表 4-67　　　　　　　　　拌制混凝土和砂浆用粉煤灰技术要求

项　　目		技术要求		
		Ⅰ级	Ⅱ级	Ⅲ级
细度 45μm 方孔筛筛余(%) ≤	F 类粉煤灰	12.0	25.0	45.0
	C 类粉煤灰			
需水量比(%) ≤	F 类粉煤灰	95	105	115
	C 类粉煤灰			
烧失量(%) ≤	F 类粉煤灰	5.0	8.0	15.0
	C 类粉煤灰			
三氧化硫含量(%) ≤	F 类粉煤灰	3.0		
	C 类粉煤灰			
游离氧化钙(%) ≤	F 类粉煤灰	1.0		
	C 类粉煤灰	4.0		
含水量(%) ≤	F 类粉煤灰	1.0		
	C 类粉煤灰			
安定性,雷氏夹沸煮后增加距离(mm) ≤	C 类粉煤灰	5.0		

2)粉煤灰掺合料在工程中的应用。各等级粉煤灰的适用范围如下:

①Ⅰ级粉煤灰适用于钢筋混凝土和跨度小于 6m 的预应力混凝土。

②Ⅱ级粉煤灰适用于钢筋混凝土和无筋混凝土。

③Ⅲ级粉煤灰主要用于无筋混凝土。

对设计强度等级 C30 及以上的无筋粉煤灰混凝土,宜采用Ⅰ、Ⅱ级粉煤灰。用于预应力混凝土、钢筋混凝土及设计强度等级 C30 及以上的无筋混凝土的粉煤灰等级,经试验采用比上述规定低一级的粉煤灰。

特别提示

粉煤灰的特点及应用

粉煤灰能够改善混凝土拌合物的和易性,降低混凝土水化热,提高混凝土的抗渗性和抗硫酸盐性能,早期强度较低。因而主要用于大体积混凝土、泵送混凝土、预拌(商品)混凝土中。

(2)粒化高炉矿渣粉。以粒化高炉矿渣为主要原料,可掺加少量石膏磨制成一定细度的粉体,称作粒化高炉矿渣粉,简称矿渣粉。

1)组分与材料。

①矿渣。符合《用于水泥中的粒化高炉矿渣》(GB/T 203—2008)规定的粒化高炉矿渣。

②石膏。符合《天然石膏》(GB/T 5483—2008)中规定的 G 类或 M 类二级(含)以上的石膏或混合石膏。

③助磨剂。符合《水泥助磨剂》(JC/T 667—2004)的规定,其加入量不应超过矿渣粉质量的 0.5%。

2)技术要求。矿渣粉应符合表 4-68 的技术指标。

表 4-68 　　　　　　　　　　　　矿渣粉技术指标

项　　目		级　　别		
		S105	S95	S75
密度(g/cm³)	≥	2.8		
比表面积(m²/kg)	≥	500	400	300
活性指数(%)　　　　≥	7d	95	75	55
	28d	105	95	75
流动度比(%)	≥	95		
含水量(质量分数)(%)	≤	1.0		
三氧化硫(质量分数)(%)	≤	4.0		
氯离子(质量分数)(%)	≤	0.06		
烧失量(质量分数)(%)	≤	3.0		
玻璃体含量(质量分数)(%)	≥	85		
放射性		合格		

> **特别提示**
>
> ### 矿渣粉的应用
>
> 　　矿渣粉掺入混凝土，混凝土后期强度增长率较高，收缩率较小。大掺量矿渣粉混凝土可降低水化热峰值，早期强度有所下降。矿渣粉对混凝土有一定的缓凝作用，低温时影响更为明显，因而主要用于大体积混凝土、泵送混凝土、商品混凝土。

四、公路水泥混凝土

(一)原材料技术要求

1. 水泥

（1）极重、特重、重交通荷载等级公路面层水泥混凝土应采用旋窑生产的道路硅酸盐水泥、硅酸盐水泥、普通硅酸盐水泥，中、轻交通荷载等级公路面层水泥混凝土可采用矿渣硅酸盐水泥。高温期施工宜采用普通型水泥，低温期施工宜采用早强型水泥。

（2）面层水泥混凝土所用水泥的技术要求除应满足现行标准《道路硅酸盐水泥》（GB 13693—2005）或《通用硅酸盐水泥》（GB 175—2007）的规定外，各龄期的实测抗折强度、抗压强度尚应符合表 4-69 的规定。

表 4-69　　　　　面层水泥混凝土用水泥各龄期的实测强度值

混凝土设计弯拉强度标准值(MPa)	5.5a		5.0		4.5		4.0		试验方法
龄期(d)	3	28	3	28	3	28	3	28	—
水泥实测抗折强度(MPa)≥	5.0	8.0	4.5	7.5	4.0	7.0	3.0	6.5	GB/T 17671
水泥实测抗压强度(MPa)≥	23.0	52.5	17.0	42.5	17.0	42.5	10.0	32.5	GB/T 17671

a 本栏也适用于设计弯拉强度为 6.0MPa 的纤维混凝土。

（3）各交通荷载等级公路面层水泥混凝土用水泥的成分应符合表 4-70 的规定。

表 4-70　各交通荷载等级公路面层水泥混凝土用水泥的成分要求

序　号	水泥成分	极重、特重、重交通荷载等级	中、轻交通荷载等级	试验方法
1	熟料游离氧化钙含量（%）≤	1.0	1.8	CB/T 176
2	氧化镁含量（%）≤	5.0	6.0	
3	铁铝酸四钙含量（%）	15.0～20.0	12.0～20.0	
4	铝酸三钙含量（%）≤	7.0	9.0	
5	三氧化硫含量[a]（%）≤	3.5	4.0	
6	碱含量 Na_2O $0.653K_2O$（%）≤	0.6	怀疑集料有碱活性时，0.6；无碱活性集料时，1.0	CB/T 176
7	氯离子含量[b]（%）≤	0.06	0.06	
8	混合材种类	不得掺窑灰、煤矸石、火山灰、烧黏土、煤渣、有抗盐冻要求时不得掺石灰岩粉	不得掺窑灰、煤矸石、火山灰、烧黏土、煤渣、有抗盐冻要求时不得掺石灰岩粉	水泥厂提供

a 三氧化硫含量在硫酸盐腐蚀场合为必测项目，无腐蚀场合为选测项目。

b 氯离子含量在配筋混凝土与铝纤维混凝土面层中为必测项目，水泥混凝土固层为选测项目。

（4）各交通荷载等级公路面层水泥混凝土用水泥的物理指标应符合表 4-71 的规定。

表 4-71　各交通荷载等级公路面层水泥混凝土用水泥的物理指标要求

序　号	水泥物理性能		极重、特重、重交通荷载等级	中、轻交通荷载等级	试验方法
1	出磨时安定性		雷氏夹和蒸煮法检验均必须合格	蒸煮法检验必须合格	JIG E30 T0505
2	凝结时间（h）	初凝时间≥	1.5	0.75	
		终凝时间≤	10	10	
3	标准稠度需水量（%）≤		28.0	30.0	
4	比表面积（m³/kg）		300～450	300～450	JIG E30 T0504
5	细度（80μm 筛选）（%）≤		10.0	10.0	JIG E30 T0502

续表

序 号	水泥物理性能		极重、特重、重交通荷载等级	中、轻交通荷载等级	试验方法
6	28d 干缩率(%)	≤	0.09	0.10	JTG E30 T0511
7	耐磨性(kg/m²)	≤	2.5	3.0	JTG E30 T0510

(5)面层水泥混凝土选用水泥时,除应满足表4-70～表4-72的各项要求外,还应对拟采用厂家水泥进行混凝土配合比对比试验,根据所配制的混凝土弯拉强度、耐久性和工作性,选择适宜的水泥品种和强度等级。

(6)采用滑模摊铺机铺筑时,宜选用散装水泥。高温期施工时,散装水泥的入罐最高温度不宜高于60℃;低温期施工时,水泥进入搅拌缸前的温度不宜低于10℃。

2. 掺合料

(1)使用道路硅酸盐水泥或硅酸盐水泥时,可在混凝土中掺入适量粉煤灰;使用其他水泥时,不应掺入粉煤灰。

(2)面层水泥混凝土可单独或复配掺用符合规定的粉状低钙粉煤灰、矿渣粉或硅灰等掺合料,不得掺用结块或潮湿的粉煤灰、矿渣粉和硅灰。粉煤灰质量不应低于表4-72中的Ⅱ级粉煤灰的要求。不得掺用高钙粉煤灰或Ⅲ级及Ⅲ级以下低钙粉煤灰。粉煤灰进货应有等级检验报告。

表 4-72　　　　　　　　低钙粉煤灰分级和质量标准

粉煤灰等级	细度(45μm 气流筛、筛余量)(%)	烧失量(%)	需水量(%)	含水率(%)	游离氧化钙含量(%)	SO₃(%)	混合砂浆强度活性指数[a]	
							7d	28d
Ⅰ	≤12.0	≤5.0	≤95.0	≤1.0	<1.0	≤3.0	≥75	≥85(75)
Ⅱ	≤25.0	≤8.0	≤105.0	≤1.0	<1.0	≤3.0	≥70	≥80(62)
Ⅲ	≤45.0	≤15.0	≤115.0	≤1.0	<1.0	≤3.0	—	—
试验方法	GB/T 1596	GB/T 176	GB/T 1596	GB/T 1596	GB/T 176	GB/T 176	GB/T 1596	

a 混合砂浆强度活性指数为掺粉煤灰的砂浆与水泥砂浆的抗压强度比的百分数,不带括号的数值适用于所配混凝土强度等级不小于C40时;当配制的混凝土强度等级小于C40时,混合砂浆强度活性指数应满足28d括号中数值的要求。

（3）掺加于面层水泥混凝土中的矿渣粉、硅灰，其质量应符合表4-73的规定。使用矿渣硅酸盐水泥事先不得再掺加矿渣粉。高温期施工时，不宜掺用硅灰。

表 4-73　　　　　　　　　矿渣粉、硅灰的质量标准

质量标准 种类	等级	比表面积（m²/kg）	密度（g/cm³）	烧失量（%）	流动度比（%）	含水率（%）	氯离子含量（%）	玻璃体含量（%）	游离氯化钙含量（%）	SO₃（%）	混合砂浆强度活性指数（%） 7d	28d
磨细矿渣粉ª	S105	≥500	≥2.08	≤3.0	≥95.0	≤1.0	<0.06	≥85.0	<1.0%	≤4.0	≥95	≥105
	S95	≥400									≥75	≥95
硅灰		≥15000	≥2.10	≤6.0	—	≤3.0	<0.06	≥90.0	<1.0%	—		≥105
试验方法		GB/T 8074	GB/T 308	GD/T 18046	GB/T 18046	GB/T 176	GB/T 176	GB/T 18046	GB/T 176	GB/T 176	GB/T 18046	

a 矿渣粉匀质性以表面积为考核依据，单一样品的比表面积不应超过前10个样品比表面积平均的10.0%。

b 氯离子含量在配筋混凝土与钢纤维混凝土面层中为必测项目，水泥混凝土面层为选测项11。

（4）各种掺合料在使用前，应进行混凝土配合比试配检验与掺量优化试验，确认面层水泥混凝土弯拉强度、工作性、抗磨性、抗冰冻性、抗盐冻性等指标满足设计要求。

3. 粗集料与再生粗集料

（1）粗集料应使用质地坚硬、耐久、干净的碎石、破碎卵石或卵石。极重、特重、重交通荷载等级公路面层混凝土用粗集料质量不应低于表4-74中Ⅱ级的要求；中、轻交通荷载等级公路面层混凝土可使用Ⅲ级粗集料。

表 4-74　　　　　　　碎石、破碎卵石和卵石质量标准

序　号	项　目		技术要求			试验方法
			Ⅰ级	Ⅱ级	Ⅲ级	
1	碎石压碎值(%)	≤	18.0	25.0	30.0	JTG E42 T0316
2	卵石压碎值(%)	≤	21.0	23.0	26.0	JTG E42 T0316
3	坚固性(按质量损失计)(%)	≤	5.0	8.0	12.0	JTG E42 T0314
4	针片状颗粒含量(按质量计)(%)	≤	8.0	15.0	20.0	JTG E42 T0311
5	含泥量(按质量计)(%)	≤	0.5	1.0	2.0	JTG E42 T0310
6	泥块含量(按质量计)(%)	≤	0.2	0.5	0.7	JTG E42 T0310
7	吸水率[a](按质量计)(%)	≤	1.0	2.0	3.0	JTG E42 T0307
8	硫化物及硫酸盐含量[b] (按 SO_3 质量计)(%)	≤	0.5	1.0	1.0	GB/T 14685
9	洛杉矶磨耗损失[c](%)	≤	28.0	32.0	35.0	JTG E42 T0317
10	有机物含量(比色法)		合格	合格	合格	JTG E42 T0313
11	岩石抗压强度[b] (MPa)	岩浆岩 ≥	100			JTG E41 T0221
		变质岩	80			
		沉积岩	60			
12	表观密度(kg/m^2)	≥	2500			JTG E42 T0308
13	松散堆积密度(kg/m^2)	≥	1350			JTG E42 T0309
14	空隙率(%)	≤	47			JTG E42 T0309
15	磨光值[c](%)	≥	35.0			JTG E42 T0321
16	碱活性反应[b]		不得有碱活性反应 或疑似碱活性反应			JTG E42 T0325

a 有抗冰冻、抗盐冻要求时,反检验粗集料吸水率。

b 硫化物及硫酸盐含量、碱活性反应、岩石抗压强度在粗集料使用前应至少检验一次。

c 洛杉矶磨耗损失、磨光值仅在要求制作露石水泥混凝土面层时检测。

(2)中、轻交通荷载等级公路面层水泥混凝土可使用再生粗集料,其质量应符合表 4-75 的规定。再生粗集料可单独或掺配新集料后使用,但应通过配合比试验验证,确定混凝土性能满足设计要求,并符合下列规定:

1）有抗冰冻、抗盐冻要求时，再生粗集料不应低于Ⅱ级；无抗冰冻、抗盐冻要求时，可使用Ⅲ级再生粗集料。

2）再生粗集料不得用于裸露粗集料的水泥混凝土抗滑表层。

3）不得使用出现碱活性反应的混凝土为原料破碎生产的再生粗集料。

表 4-75　　　　　　　　再生粗集料的质量标准

序　号	项　　目		技术要求			试验方法
			Ⅰ级	Ⅱ级	Ⅲ级	
1	压碎值（%）	≤	21.0	30.0	43.0	JTG E42 T0316
2	坚固性（按质量损失计）（%）	≤	5.0	10.0	15.0	JTG E42 T0314
3	针片状颗粒含量（按质量计）（%）	≤	10.0	10.0	10.0	JTG E42 T0311
4	微粉含量（按质量计）（%）	≤	1.0	2.0	3.0	JTG E42 T0310
5	泥块含量（按质量计）（%）	≤	0.5	0.7	1.0	JTG E42 T0310
6	吸水率（按质量计）（%）	≤	3.0	5.0	8.0	JTG E42 T0307
7	硫化物及硫酸盐含量（按SO_3质量计）（%）	≤	2.0	2.0	2.0	GB/T 14685
8	氯化物含量（以氯离子质量计）（%）	≤	0.06	0.06	0.06	GB/T 14685
9	洛杉矶磨耗损失（%）	≤	35	40	45	JTG E42 T0317
10	杂物含量（按质量计）（%）	≤	1.0	1.0	1.0	JTG E42 T0313
11	表观密度（kg/m³）	≥	2450	2350	2250	JTG E42 T0308
12	空隙率（%）	≤	47	50	53	JTG E42 T0309

注：1. 当再生粗集料中碎石的岩石品种变化时，应重新检测上述指标。

　　2. 硫化物及硫酸盐含量、氯化物含量、洛杉矶磨耗损失在再生粗集料使用前应至少检验一次。

（3）粗集料与再生粗集料应根据混凝土配合比的公称最大粒径分为2～4个单位级的集料，并掺配使用。粗集料与再生粗集料的合成级配及单粒级级配范围宜符合表4-76的要求。不得使用不分级的统料。

表 4-76　　　　　　　粗集料与再生粗集料的级配范围

方孔筛尺寸(mm)		2.36	4.75	9.50	16.0	19.0	26.5	31.5	37.5	试验方法
级配类型		累计筛余(以质量计)(%)								
合成级配	4.75～16.0	95～100	85～100	40～60	0～10	—	—	—	—	
	4.75～19.0	95～100	85～95	60～75	30～45	0～5	—	—	—	
	4.75～26.5	95～100	95～100	70～90	50～20	25～40	0～5	0		
	4.75～31.5	95～100	90～100	75～90	60～75	40～60	20～35	0～5	0	JTG E42 T0302
单粒级级配	4.75～9.5	95～100	80～100	0～15	0	—	—	—	—	
	9.5～16.0	—	95～100	80～100	0～15	0	—	—	—	
	9.5～19.0	—	95～100	88～70	25～40	0～10	0	—	—	
	16.0～26.5	—	—	95～100	55～70	25～40	0～10	0	—	
	16.0～31.5	—	—	95～100	85～100	55～70	25～40	0～10	0	

（4）各种面层水泥混凝土配合比的不同种类粗集料与再生粗集料公称最大粒径宜符合表 4-77 的规定。

表 4-77　　　　各种面层水泥混凝土配合比的不同种类粗集料

　　　　　　　与再生粗集料公称最大粒径　　　　　　　　　　　mm

交通荷载等级		极重、特重、重		中、轻		试验方法
面层类型		水泥混凝土	纤维混凝土 配筋混凝土	水泥混凝土	碾压混凝土 砌块混凝土	
最大公称粒径	碎石	26.5	16.0	31.5	19.0	JTG E42 T0302
	破碎卵石	19.0	16.0	26.5	19.0	
	卵石	16.0	9.5	19.0	16.0	
	再生粗集料	—	—	26.5	19.0	

4. 细集料

（1）细集料应使用质地坚硬、耐久、洁净的天然砂或机制砂,不宜使用再生细集料。

（2）极重、特重、重交通荷载等级公路面层水泥混凝土用天然砂的质量标准不应低于表 4-78 规定的 Ⅱ 级要求,中、轻交通荷载等级公路面层水泥混凝土可使用Ⅲ级天然砂。

表 4-78　　　　　　　　　　　　　天然砂的质量标准

序号	项目		技术要求			试验方法
			Ⅰ 级	Ⅱ 级	Ⅲ 级	
1	坚固性(按质量损失计)(%)	≤	6.0	8.0	10.0	JTG E42 T0340
2	含泥量(按质量损失计)(%)	≤	1.0	2.0	3.0	JTG E42 T0333
3	泥块含量(按质量计)(%)	≤	0	0.5	1.0	JTG E42 T0335
4	氯离子含量(按质量计)(%)	≤	0.02	0.03	0.06	GB/T 14684
5	云母含量(按质量计)(%)	≤	1.0	1.0	2.0	JTG E42 T0337
6	硫化物及硫酸盐(按 SO_3 质量计)(%)	≤	0.5	0.5	0.5	JTG E42 T0341
7	海砂中的贝壳类物质含量(按质量计)(%)	≤	3.0	5.0	8.0	JGJ 206
8	轻物质含量(按质量计)(%)	≤	1.0			JTG E42 T0338
9	吸水率(%)	≤	2.0			JTG E42 T0330
10	表观密度(kg/m²)	≥	2500.0			JTG E42 T0328
11	松散堆积密度(kg/m²)	≥	1400.0			JTG E42 T0331
12	空隙率(%)	≤	45.0			JTG E42 T0331
13	有机物含量(比色法)		合格			JTG E42 T0336
14	碱活性反应		不得有碱活性反应或疑似碱活性反应			JTG E42 T0325
15	结晶态二氧化硅含量(%)	≥	25.0			JTG E42 T0324

注:1. 碱活性反应、氯离子含量、硫化物及硫酸盐含量在天然砂使用前应至少考验一次。

　　2. 按现行《公路工程集料试验规程》(JTG E42 T0324)岩相法。测定除隐晶质、玻璃质二氧化硅以外的结晶态二氧化硅的含量。

(3)天然砂的级配范围宜符合表 4-79 的规定。面层水泥混凝土使用的天然砂细度模数宜为 2.0~3.7。

表 4-79　　　　　　　　　　　天然砂的级配范围

砂分级	细度模数	方孔筛尺寸(mm)(试验方法 JTG E42 T0327)							
		9.5	4.75	2.36	1.18	0.60	0.30	0.15	0.075
		通过各筛孔的质碱百分率(%)							
粗砂	3.1～3.7	100	90～100	65～95	35～65	15～30	5～20	0～10	0～5
中砂	2.3～3.0	100	90～100	75～100	50～90	30～60	8～30	0～10	0～5
细砂	1.6～2.2	100	90～100	85～100	75～100	60～84	15～45	0～10	0～5

（4）机制砂宜采用碎石作为原料，并用专用设备生产。极重、特重、重交通荷载等级公路面层水泥混凝土采用机制砂的质量标准不应低于表 4-80 规定的 Ⅱ 级要求，中、轻交通荷载等级公路面层水泥混凝土可使用Ⅲ级机制砂。

表 4-80　　　　　　　　　　　机制砂的质量标准

序　号	项　目		技术要求			试验方法
			Ⅰ级	Ⅱ级	Ⅲ级	
1	机制砂母岩的抗压强度(MPa)	≥	80.0	60.0	30.0	JTG E41 T0221
2	机制砂母岩的磨光值	≥	38.0	35.0	30.0	JTG E42 T0321
3	机制砂单粒级最大压碎指标(%)	≤	20.0	25.0	30.0	JIG E42 T0350
4	坚固性(按质量计)(%)	≤	6.0	8.0	10.0	JTG E42 T0340
5	氯离子含量(按质量计)(%)	≤	0.01	0.02	0.06	GB/T 14684
6	云母含量(按质量计)(%)	≤	1.0	2.0	2.0	JTG E42 T0337
7	硫化物及硫酸盐含量 (按 SO_3 质量计)(%)	≤	0.5	0.5	0.5	JTG E42 T0341
8	泥块含量(按质量计)(%)	≤	0	0.5	1.0	JTG E42 T0335

序 号	项 目		技术要求			试验方法
			Ⅰ级	Ⅱ级	Ⅲ级	
9	石粉含量 （%） ＜	MB值＜1.40 或合格	3.0	5.0	7.0	JTG E42 T0349
		MB值≥1.40 或不合格	1.0	3.0	5.0	
10	轻物质含量（按质量计）（%）≤		1.0			JTG E42 T0338
11	吸水率（%）≤		2.0			JTG E42 T0330
12	表观密度（kg/m³）≥		2500.0			JTG E42 T0328
13	松散堆积密度（kg/m³）≥		1400.0			JTG E42 T0331
14	空隙率（%）≤		45.0			JTG E42 T0331
15	有机物含量（比色法）		合格			JTG E42 T0336
16	碱活性反应		不得有碱活性反应 或疑似碱活性反应			JTG E42 T0325

（5）机制砂的级配范围宜符合表 4-81 的规定。面层水泥混凝土使用的机制砂细度模数宜为 2.3～3.1。

表 4-81　　　　　　　　机制砂的级配范围

机制砂分级	细度模数	方孔筛尺寸(mm)(试验方法 JTG E42 T0327)						
		9.5	4.75	2.36	1.18	0.60	0.30	0.15
		水洗法通过各筛孔的质量百分率(%)						
Ⅰ级砂	2.3～3.1	100	90～100	80～95	50～85	30～60	10～20	0～10
Ⅱ、Ⅲ级砂	2.8～3.9	100	90～100	80～95	30～65	15～29	5～20	0～10

特别提示

细集料使用应符合的规定

（1）配筋混凝土路面及钢纤维混凝土路面中不得使用海砂。

（2）细度模数差值超过 0.3 的砂应分别堆放，分别进行配合比设计。

（3）采用机制砂时，外加剂宜采用引气高效减水剂或聚羧酸高性能减水剂。

5. 水

(1)符合现行标准《生活饮用水卫生标准》(GB 5749—2006)的饮用水可直接作为混凝土搅拌与养护用水。

(2)非饮用水应进行水质检验,并应符合表 4-82 的规定,还应与蒸馏水进行水泥凝结时间与水泥胶砂强度的对比试验;对比试验的水泥初凝与终凝时间差均不应大于 30min,水泥胶砂 3d 和 28d 强度不应低于蒸馏水配制的水泥胶砂 3d 和 28d 强度的 90%。

表 4-82　　　　　　　　　　　　非饮用水质量标准

序　号	项　　目		钢筋混凝土及钢纤维混凝土	素混凝土	试验方法
1	pH 值	$\geqslant$	5.0	4.5	JGJ 63
2	Cl^- 含量(mg/L)	$\leqslant$	1000	3500	
3	SO_4^{2-} 含量(mg/L)	$\leqslant$	2000	2700	
4	碱含量(mg/L)	$\leqslant$	1500	1500	
5	可溶物含量(mg/L)	$\leqslant$	5000	10000	
6	不溶物含量(mg/L)	$\leqslant$	2000	5000	
7	其他杂质		不应有漂浮的油脂和泡沫;不应有明显的颜色和异味		

(3)养护用水可不检验不溶物含量和其他杂质,其他指标应符合表 4-82 的规定。

6. 外加剂

(1)面层水泥混凝土外加剂质量除应符合现行国家和行业相关标准外,还应符合表 4-83 的要求。各项性能的检验方法应符合现行国家标准《混凝土外加剂》(GB 8076—2008)的相关规定。

表 4-83　面层水泥混凝土外加剂产品的质量标准

项目	普通减水剂	高效减水剂	引气剂	引气减水剂	引气高效减水剂	缓凝剂	缓凝减水剂	缓凝高效减水剂	引气缓凝高效减水剂	早强剂	早强减水剂	早强高效减水剂	引气早强高效减水剂
减水率(%)≥	8	15	8	12	18	—	8	15	18	—	8	15	15
泌水率比(%)≤	100	90	80	80	50	100	100	100	80	100	95	90	95
含气量(%)	—	≤4.0	≤3.0	≥3.0	≥3.0	—	≤5.5	≤4.5	≥3.0	—	≤4.0	≤3.0	≥3.0
凝结时间差(min) 初凝～终凝	-50~+120	-90~+120	-90~+120	-90~+120	-60~+90	>+90	>+90	>+90	>+90	-90~+90	-90~+90	-90~+90	-90~+90
抗压强度比(%)≥ 1d	—	140	—	—	—	—	—	—	—	135	135	140	135
抗压强度比(%)≥ 3d	115	130	95	115	120	100	—	—	—	130	130	130	130
抗压强度比(%)≥ 7d	115	125	95	110	115	110	115	125	120	110	110	125	110
抗压强度比(%)≥ 28d	110	120	90	100	105	110	110	130	115	100	100	130	110
弯拉强度比(%)≥ 1d	—	125	—	—	120	—	—	—	—	120	120	135	130
弯拉强度比(%)≥ 3d	105	115	105	110	115	105	105	115	110	100	105	125	120
弯拉强度比(%)≥ 28d	125	125	120	120	120	125	125	125	120	130	130	130	120
收缩率比(%)≤ 28d	125	125	120	120	120	125	125	125	120	130	130	130	120
磨耗量(kg/m²)≤ 28d	2.5	2.0	2.5	2.5	2.0	2.5	2.5	2.5	2.5	2.5	2.5	2.0	2.0

注：1. 除含气量外，表中所列数据均为掺外加剂混凝土与基准混凝土的差值或比值。

2. 引气剂与各种引气型减水剂含气量 1h 最大时损失应小于 1.5%。

3. 凝结时间之差质量标准中的"—"号表示提前中，"+"号表示延缓。

4. 弯拉强度比仅用于路面面层混凝土时检验。

5. 磨耗量仅用于路面面层与桥面混凝土时检验。

（2）外加剂产品出厂报告中应标明其主要化学成分和使用注意事项。面层水泥混凝土的各种外加剂应经有相应资质的检测机构检验合格，并提供检验报告后方可使用。

（3）外加剂产品应使用工程实际采用的水泥、集料和拌和用水进行试配，检验其性能，确定合理掺量。

（4）外加剂复配使用时，不得有絮凝现象，应使用工程实际采用的水泥、集料和拌和用水进行试配，确定其性能满足要求后方可使用。

（5）各种可溶外加剂均应充分溶解为均匀水溶液，按配合比计算的剂量加入。

（6）采用非水溶的粉状外加剂时，应保证其分散均匀、搅拌充分、不得结块。

（7）滑模摊铺施工的水泥混凝土面层宜采用引气高效减水剂；高温施工混凝土拌合物的初凝时间短于 3h 时，宜采用缓凝引气高效减水剂；低温施工混凝土拌合物终凝时间长于 10h 时，宜采用早强引气高效减水剂。

（8）有抗冰冻、抗盐冻要求时，各级公路水泥混凝土面层及暴露结构混凝土应掺入引气剂；无抗冻要求地区的二级及二级以上公路水泥混凝土面层宜掺入引气剂。

（9）处在海水、海风、氯离子环境或冬季撒除冰盐的路面或桥面**钢筋混凝土、钢纤维混凝土中可掺用或复配阻锈剂。阻锈剂产品的质量标准、检验方法及应用技术应符合现行行业标准《钢筋阻锈剂应用技术规程》(JGJ/T 192—2009)**的相关规定。

7. 钢筋

（1）水泥混凝土、钢筋混凝土及连续配筋混凝土面层所用**钢筋、钢筋网、传力杆、拉杆**等应符合现行国家和行业相关标准的规定。

（2）钢筋不得有裂纹、断伤、刻痕、表面油污和锈蚀，配筋混凝土路面与桥面用钢筋宜采用环氧树脂涂层或防锈漆涂层等保护措施。

（3）传力杆应无毛刺，两端应加工成圆锥形或半径为 $2\sim3mm$ 的圆倒角。

（4）胀缝传力杆应在一端设置镀锌钢管帽或塑料套帽，套帽厚度不应小于 2.0mm，并应密封不透水，套帽长度宜为 100mm，套帽内活动空隙长度宜为 30mm。

（5）传力杆钢筋应采取喷塑、镀锌、电镀或涂防锈漆等防锈措施，防锈层不得局部缺失。拉杆钢筋应在中部不小于 100mm 范围内采取涂防锈漆等防锈措施。

8. 纤维

（1）用于路面和桥面水泥混凝土的钢纤维质量除应满足现行行业标准《纤维混凝土应用技术规程》（JGJ/T 221—2010）等标准的要求外，还应符合下列规定：

1）钢纤维抗拉强度等级不应低于 600 级。

2）钢纤维应进行有效的防锈蚀处理。

3）钢纤维的几何参数及形状精度应满足表 4-84 的要求。钢丝切断型钢纤维或波形、带倒钩的钢纤维不应使用。

表 4-84　　　　　　　　　钢纤维几何参数及形状精度要求

钢纤维几何参数及形状精度	长度 (mm)	长度 合格率 (%)	直径(等 效直径) (mm)	形状 合格率 (%)	弯折合 格率(%)	平均根数与标称 根数偏差(%)	杂质 含量 (%)	试验 方法
技术要求	25～50	＞90	0.3～0.9	＞90	＞90	±10	＜1.0	JGI/T 221

4）钢纤维表面不应沾染油污及妨碍水泥粘结及凝结硬化的物质，结团、粘结连片的钢纤维不得使用。

（2）用于面层水泥混凝土的玄武岩短切纤维的外观应为金褐色、匀质、表面无污染，二氧化硅含量应为 48%～60%。其表面浸润剂应为亲水型。玄武岩纤维质量应满足表 4-85-1 的要求；玄武岩短切纤维的规格、尺寸及其精度应符合表 4-85-2 的规定。

表 4-85-1　　　　　　　　　玄武岩纤维质量标准

项　次	项　目		技术要求	试验方法
1	抗拉强度（MPa）	≥	1500	
2	弹性模量（MPa）	≥	8.0×10^3	
3	密度（g/cm³）		2.60～2.80	JT/T 776.1
4	含水率（%）	≤	0.2	
5	耐碱性（断裂强度保留率）（%）	≥	75	

注：1. 耐碱性的测试是在饱和 Ca(OH)₂ 溶液中煮沸 4h 的强度保留率。

2. 除密度与含水率外，其他每项实测值的变异系数不应大于 10%。

表 4-85-2　　　　　　玄武岩短切纤维的规格、尺寸及其精度

纤维类型	公称长度（mm）	长度合格率（%）	单丝公称直径（μm）	线密度（tex）	线密度合格率（%）	外观合格率（%）	试验方法
合股丝（S）	20～25	＞90	9～25	50～900	＞90	≥95	JT/T 776.1
加捻合股纱（T）	20～35	＞90	7～13	30～800	＞90	≥95	

注：1. 合股丝适用于有抗裂性要求的玄武岩纤维混凝土。

2. 加捻合股丝适用于提高弯拉强度要求的玄武岩纤维混凝土。

（3）用于面层水泥混凝土的合成纤维可采用聚丙烯腈（PANF）、聚丙烯（PPF）、聚酰胺（PAF）和聚乙烯醇（PVAF）等材料制成的单丝纤维或粗纤维，其质量应符合现行标准《水泥混凝土和砂浆用合成纤维》（GB/T 21120—2007）的相关规定，且实测单丝抗拉强度最小值不得小于 450MPa。

（4）合成纤维的规格、加工精度及分散性应满足表 4-86 的要求。

表 4-86　　　　　　合成纤维的规格、加工精度及分散性要求

外形分类	长度（mm）	当量直径（μm）	长度合格率（%）	形状合格率（%）	混凝土中分散性（%）	试验方法
单丝纤维	20～40	4～65	＞90	＞90	±10	GB/T 21120
粗纤维	20～80	100～500				

9. 接缝材料

(1)用于水泥混凝土面层的胀缝板的高度、长度和厚度应符合设计要求,并应按设计间距预留传力杆孔。孔径宜大于传力杆直径2mm,高度和厚度尺寸偏差均应小于1.5mm。

(2)胀缝板质量应符合表 4-87 的规定。

表 4-87 胀缝板的质量标准

项 目	胀缝板的种类			试验方法
	塑胶板、橡胶(泡沫)板	沥青纤维板	浸油木板	
压缩应力(MPa)	0.2~0.6	2.0~10.0	5.0~20.0	JT/T 203
弹性复原率(%)	90	65	55	
挤出量(mm)<	5.0	3.0	5.5	
弯曲荷载(N)	0~50	5~40	100~400	

注:1. 浸油木板在加工时应风干,去除结疤并用木材填实,浸油时间不应小于 4h。

2. 各种接缝板的湿度应为(20~25)mm±2mm。

(3)高速公路、一级公路胀缝板宜采用塑胶板、橡胶(泡沫)板或沥青纤维板;其他等级公路也可采用浸油木板。

(4)聚氨酯类常温施工式填缝料质量应符合表 4-88 的规定。聚氨酯类填缝料中不得掺入碳黑等无机充填料。

表 4-88 聚氨酯类常温施工式填缝料的质量标准

序 号	项 目		低模量型	高模量型	试验方法
1	表干时间(h)≤		4	4	GB/T 13477.5
2	失黏、固化时间(h)≤		12	10	JT/T 303
3	拉伸模量(MPa)	23℃	0.20~0.40	>0.40	GB/T 13477.8
		-20℃	0.30~0.60	>0.60	
4	弹性恢复率(%)≥		75	90	JT/T 203
5	定伸粘结性(23℃干态)		定伸 100%无破坏	定伸 60%无破坏	GB/T 13477.10

续表

序　号	项　目	低模量型	高模量型	试验方法
6	(－10℃)拉伸 (mm)≥	25	15	JT/T 203
7	固化后针入度(0.1mm)	40～60	20～40	JTG E20 T0604
8	耐水性、水泡 4d 粘结性	定伸 100％无破坏	定伸 60％无破坏	GB/T 134707.10
9	耐高温性	(60℃±2℃)×168h 倾斜 45°表面不流淌、开裂、发黏	(80℃±2℃)×168h 倾斜 45°表面不流淌、开裂、发黏	JTG E20 T0508
10	负温抗裂性	(－40℃±2℃)×168h 弯曲 90°不开裂	(－20℃±2℃)×168h 弯曲 90°不开裂	JTG E20 T0613
11	耐油性	93 号汽油浸泡 48h 后，在温度 23℃±3℃，湿度 50％±5％下静置 72h，延伸率下降≤20％		GB/T 528
12	抗光、氧、热加速老化（采用氙弧光灯照射法）	180h 照射后，外观无流淌、变色、脱落、开裂，－10℃拉伸量不小于未老化前的 80％，与混凝土的定伸粘结试验无裂缝		JT/T 203 GB/T 13477.10

（5）硅酮类常温施工式填缝料质量应符合表 4-89 的规定。

表 4-89　　　　硅酮类常温施工式填缝料的质量标准

序　号	项　目		低模量型	高模量型	试验方法
1	表干时间(h)≤		3		GB 13477.5
2	针入度(0.1mm)≤		80	50	JTG E20 T0604
3	伸长 100％拉伸模量(MPa)	23℃	≤0.4	＞0.4	GB 13477.8
		－20℃	≤0.6	＞0.6	
4	定伸粘结性	定伸 60％	无破坏	无破坏	GB 13477.10

序 号	项 目		低模量型	高模量型	试验方法
5	弹性恢复率(%)≥		75	90	GB 13477. 17
6	抗拉强度 (MPa)≥	无处理	0.20	0.40	GB/T 528
		热老化(80℃,168h)	0.15	0.30	
		紫外线(300W,168h)	0.15	0.30	
		浸水(4d)	0.15	0.30	
7	延伸率 (%)≥	无处理	600	500	JT/T 203
		热老化(80℃,168h)	500	400	
		紫外线(300W,168h)	500	400	
		浸水(4d)	600	500	
8	耐高温性		(90℃±2℃)×168h 倾斜45°表面不流淌、干裂、发黏		JTG E20 T0608
9	负温抗裂性		(−40℃±2℃)×168h 弯曲90°不开裂		JTG E20 T0613
10	耐油性		93 号汽油浸泡池 48h 前后质量损失率≤5%,且浸泡 48h 后试件表面不发黏		GB/T 528

(6)加热施工式橡胶沥青填缝料质量应符合表 4-90 的规定。

表 4-90　　　　加热施工式橡胶沥青填缝料质量标准

项 目	高温型	普通型	低温型	严寒型	试验方法
低温拉伸	0℃/RH25%/3 循环,15mm,一组 3 个试件全部通过	−10℃/RH50%/3 循环,15mm,一组 3 个试件全部通过	−20℃/RH75%/3 循环,15mm,一组 3 个试件全部通过	−30℃/RH100%/3 循环,15mm,一组 3 个试件全部通过	JT/T 740
针入度(0.1mm)	≤70	50~90	70~110	90~150	
软化点(℃)≥	80	80	80	80	
流动值(mm)≤	3	5	5	5	
弹性恢复率(%)	30~70	30~70	30~70	30~70	

（7）加热施工式道路石油沥青与改性沥青类填缝料质量应符合表4-91的规定。

表 4-91　加热施工式道路石油沥青与改性沥青类填缝料质量标准

项　目	70号石油沥青	50号石油沥青	SBS类 Ⅰ－C	SBS类 Ⅰ－D	试验方法
针入度(25℃,5s,100g)(0.1mm)	60～80	40～60	60～80	40～60	JTG E20 T0604
软化点(R&B)(℃)≥	45	49	55	60	JTG E20 T0606
10℃延度(cm)≥	15		—	—	JTG E20 T0605
5℃延度(5cm/min)(cm)≥	—		30	20	JTG E20 T0605
闪点(℃)≥	260		230		JTG E20 T0611
25℃弹性恢复率(%)≥	40	60	65	75	JTG E20 T0602
老化试验 TFOT 后					
质量变化(%)≤	±0.8		±1.0		JTG E20 T0603
残留针入度比(25℃)(%)≥	61	63	60	65	JTG E20 T0604
残留延度(25℃)(cm)≥	6	4	—	—	JTG E20 T0605
残留延度(5℃)(cm)≥	—		20	15	JTG E20 T0605

（8）硅酮类、聚氨酯类常温施工式填缝料可用于各等级公路水泥混凝土面层；橡胶沥青、改性沥青类填缝料可用于二级及二级以下公路，不宜用于高速公路和一级公路；道路石油沥青类填缝料可用于三、四级公路，不宜用于二级公路，不得用于高速公路和一级公路。

（9）严寒及寒冷地区宜采用低模量型填缝料，其他地区宜采用高模量型填缝料。橡胶沥青应根据当地所处的气候区划选用四类中适宜的一类。严寒、寒冷地区宜使用70号石油沥青和/或SBS类Ⅰ－C；炎热、温暖地区宜使用50号石油沥青和/(或)SBS类Ⅰ－D。

（10）填缝背衬垫条应具有弹性良好、柔韧性好、不吸水、耐酸碱腐蚀及高温不软化等性能。背衬垫条可采用橡胶条、发泡聚氨酯、微孔泡沫塑料等制成，其形状宜为可压缩圆柱形，直径宜比接缝宽度大2～5mm。

10. 夹层与封层材料

(1)沥青混凝土夹层用材料应符合现行《公路沥青路面施工技术规范》(JTG F40—2004)的规定。

(2)热沥青表处与改性乳化沥青稀浆封层用材料应符合现行《公路沥青路面施工技术规范》(JTG F40—2004)的规定。

(3)封层用薄膜材料的质量、规格与外观标准应符合表 4-92 的规定。

表 4-92　　　　　封层用薄膜材料的质量、规格与外观标准

类　别	项　目		技术要求 ≥	试验方法
复合土工膜 (一布一膜、 两布一膜)	厚度(mm)	成品 ≥	0.30	GB/T 13761
		膜材 ≥	0.06	GB/T 17598
	纵、横向标称断裂强度(kN/m) ≥		10	GB/T 15788
	纵、横向断裂伸长率(%) ≥		30	
	GBR 顶破强力(kN) ≥		1.9	GB/T 14800
	剥离强度(N/cm) ≥		6	FZ/T 01010
复合塑料 编织布	单位面积质量(g/m³) ≥		125	QB/T 3808
	经、纬向拉断力(N) ≥		570	GB/T 1040.1~1040.5
	剥离力(N) ≥		2.5	GB 8808
薄膜规 格、外观	公称宽度(mm) ≥		4000	GB/T 6673、 GB/T 4666、 QB/T 3808
	宽度允许偏差(%) ≥		+2.5、-1.0	
	外观质量		合格	薄膜各自的外观 检测规定方法

11. 养护材料

(1)水泥混凝土面层用养护剂应采用由石蜡、适宜高分子聚合物与适量稳定剂、增白剂经胶体磨制成水乳液,不得采用以水玻璃为主要成分的养护剂。养护剂宜为白色胶体乳液,不宜为无色透明的乳液。养护剂的质量应符合表 4-93 的规定。

表 4-93 养护剂的质量标准

项 目		一级品	合格品	试验方法
有效保水率(%) ≥		90	75	JT/T 522
抗压强度比或弯拉强度比(%) ≤	7d	95	90	
	28d	95	90	
磨损量(kg/m²) ≤		3.0	3.5	
含固量(%) ≥		20.4		
干燥时间(h) ≥		4		
成膜后浸水溶解性		养护期内不应溶		
成膜耐热性		合格		

注:1. 路面应检测抗拉强度比,其他结构应检测抗压强度比。

2. 磨损量对有耐磨性要求的面层为必检项目。

3. 当所使用的高分子养护剂的有效保水率大于90%时,该值可为15.0。

(2)使用养护剂时,高速公路、一级公路水泥混凝土面层应使用满足一级品要求的养护剂,其他等级公路可使用满足合格品要求的养护剂。

(3)水泥混凝土面层采用的节水保湿养护膜应由高分子吸水保水树脂和不透水塑料面膜制成,其质量应符合表 4-94 的规定。

表 4-94 节水保湿养护膜的质量标准

节水保湿养护膜的性能			节水保湿养护膜养护水泥混凝土面层的性能			试验方法
软化强度(℃) ≥		70	3d 有效保水率(%) ≥		95	JG/T 188
0.006~0.02mm 厚面膜的水蒸气透过量[g/(m²·d)] ≤		47	一次性保水时间(d) ≥		7	
拉伸强度(MPa)≥	双层膜	14	用养护膜养护混凝土抗压强度比(%)(与标养比) ≥	3d	95	
	单层膜	12		7d	95	
纵、横向直角撕裂强度(kN/m) ≥		55	用养护膜养护混凝土弯拉强度比(%)(与标养比) ≥	3d		
芯膜厚度(mm)		0.08~0.10		7d	95	
面膜厚度(mm)		0.12~0.15				

节水保湿养护膜的性能		节水保湿养护膜养护水泥混凝土面层的性能		试验方法
长度允许偏差（%）	±1.5	保温性（膜内温度与外界环境温度之差）（℃）	≥ 4	JG/T 188
芯膜宽度	不允许负偏差	单位面积吸蒸馏水量（kg/m²）	≥ 0.5	
面膜、芯膜外观	干净整齐无破损	养护膜养护混凝土磨耗量（kg/m²）	≤ 20	

注：当节水保湿养护膜用于水泥混凝土路面时，应检测磨耗损和弯拉强度比。

（4）高温期施工时，宜选用白色反光面膜的节水保湿养护膜；低温期施工时，宜选用黑色或蓝色吸热面膜的节水保湿养护膜。

五、其他功能混凝土

(一)泵送混凝土

1. 泵送混凝土定义及特点

（1）定义。搅拌好的混凝土，其坍落度不低于 100mm，采用混凝土输送泵沿管道输送和浇筑，称为泵送混凝土。由于施工工艺上的要求，所采用的施工设备和混凝土配合比都与普通施工方法不同。

（2）特点。采用混凝土泵输送混凝土拌合物，可一次连续完成垂直和水平输送，而且可以进行浇筑，因而生产率高，节约劳动力，特别适用于工地狭窄和有障碍的施工现场，以及大体积混凝土结构物和高层建筑。

2. 泵送混凝土的可泵性

（1）可泵性。泵送混凝土是拌合料在压力下沿管道内进行垂直和水平的输送，它的输送条件与传统的输送有很大的不同。因此，对拌合料性能的要求与传统的要求相比，既有相同点也有不同。按传统方法设计的有良好工作性（流动性和黏聚性）的新拌混凝土，在泵送时却不一定有良好的可泵性，有时发生泵压陡升和阻泵现象。阻泵和堵泵会造成施工困难。这就要求混凝土学者对新拌混凝土的可泵性做出较科学实用的阐述，如什么叫可泵性、如何评价可泵性、泵送拌合料应具有什么样的性能、如何设计等，并找出影响可泵性的主要因素和提高可泵性的材料设计措施，从而提高配制泵送混凝土的技术水平。在泵送过程中，拌合料与管壁产生摩擦，在拌合料经过管道弯头处遇到阻力时，拌合料必须克服摩擦阻力和弯头阻力方能顺利地流动。简而言之，可泵性就是拌合料在泵压下在管道中移动摩擦阻力和弯头阻力之和的倒数。阻力越小，则可泵性越好。

（2）评价方法。基于目前的研究水平，新拌混凝土的可泵性可用坍落度和压力泌水值双指标来评价。压力泌水值是在一定的压力下，一定量的拌合料在一定的时间内泌出水的总量，以总泌水量（M_1）或单位混凝土泌水量（kg/m^3）表示。压力泌水值太大，泌水较多，阻力大，泵压不稳定，可能堵泵；但是如果压力泌水值太小，拌合物黏稠，结构黏度过大，阻力大，也不易泵送。因此，可以得出结论，压力泌水值有一个合适的范围。对于坍落度 100～160mm 的拌合料，合适的泌水量范围相应小一些。

3. 坍落度损失

混凝土拌合料从加水搅拌到浇筑要经历一段时间，在这段时间内拌合料逐渐变稠，流动性（坍落度）逐渐降低，这就是"坍落度损失"。如果这段时间过长，环境气温又过高，坍落度损失可能很大，则将会给泵送、振捣等施工过程带来很大困难，或者造成振捣不密实，甚至出现蜂窝状缺陷。坍落度损失的原因是：①水分蒸发；②水泥在形成混凝土的最早期开始水化，特别是 C_3A 水化形成水化硫铝酸钙需要消耗一部分水；③新形成的少量水化生成物表面吸附一些水。这几个原因都使混凝土中游离水逐渐减少，致使混凝土流动性降低。

在正常情况下，从加水搅拌开始最初 0.5h 内水化物很少，坍落度降低也只有 2～3cm，随后坍落度以一定速率降低。如果从搅拌到浇筑或泵送时间间隔不长，环境气温不高（低于 30℃），坍落度的正常损失问题还不大，只需略提高预拌混凝土的初始坍落度以补偿运输过程中的坍落度损失。如果从搅拌到浇筑的时间间隔过长,气温又过高,或者出现混凝土早期不正常的稠化凝结,则必须采取措施解决过快的坍落度损失问题。

当坍落度损失成为施工中的问题时,可采取下列措施以减缓坍落度损失:

(1)在炎热季节采取措施降低集料温度和拌合水温;在干燥条件下,采取措施防止水分过快蒸发。

(2)在混凝土设计时,考虑掺加粉煤灰等矿物掺合料。

(3)在采用高效减水剂的同时,掺加缓凝剂或引气剂或两者都掺。两者都有延缓坍落度损失的作用,缓凝剂作用比引气剂更显著。

4. 泵送混凝土对原材料的要求

泵送混凝土对原材料的要求较严格,对混凝土配合比要求较高,要求施工组织严密,以保证连续进行输送,避免有较长时间的间歇而造成堵塞。泵送混凝土除根据工程设计所需的强度外,还需要根据泵送工艺所需的流动性、不离析、少泌水的要求配制可泵的混凝土混合料。其可泵性取决于混凝土拌合物的和易性。在实际应用中,混凝土的和易性通常根据混凝土的坍落度来判断。许多国家都对泵送混凝土的坍落度做了规定,一般认为 8～20cm 较合适,具体的坍落度值要根据泵送距离和气温对混凝土的要求而定。

(1)胶凝材料。

1)最小胶凝材料用量。在泵送混凝土中,胶凝材料起到润滑输送管道和传递压力的作用。用量过少,混凝土和易性差,泵送压力大,容易产生堵塞;用量过多,胶凝材料水化热高,大体积混凝土由于温度应力作用容易产生温度裂缝,而且混凝土拌合物的黏性增加,也会增大泵送阻力,不利于混凝土结构物的耐久性。

为保证混凝土的可泵性,有一最少胶凝材料用量的限制。国外对此一般规定 $250～300kg/m^3$,《普通混凝土配合比设计规程》(JGJ 55—2011)规定泵送混凝土的最少胶凝材料用量为 $300kg/m^3$。实际工程中,许多泵送混凝土中胶凝材料用量远低于此值,且耐久性良好。但是最佳胶凝材料用量应根据混凝土的设计强度等级、泵压、输送距离等通过试配、调整确定。

2)胶凝材料中的水泥品种。《普通混凝土配合比设计规程》(JGJ 55—2011)规定,泵送混凝土要求混凝土具有一定的保水性,不同的水泥品种对混凝土的保水性有影响。一般情况下,矿渣硅酸盐水泥由于保水性差、泌水大,不宜配制泵送混凝土,但其可以通过降低坍落度、适当提高砂率,以及掺加优质粉煤灰等措施而被使用。普通硅酸盐水泥和硅酸盐水泥通常优先被选用配制泵送混凝土,但其水化热大,不宜用于大体积混凝土工程。可以通过加入缓凝型引气剂和矿物细掺料来减少水泥用量,进一步降低水泥水化热而用于大体积混凝土工程。

(2)集料。集料的形状、种类、粒径和级配对泵送混凝土的性能有较大的影响。

1)粗集料。

①最大粒径。由于三个石子在同一断面处相遇最容易引起管道阻塞,故碎石的最大粒径与输送管内径之比宜小于或等于1∶3,卵石则宜小于1∶2.5。

②颗粒级配。对于泵送混凝土,其对颗粒级配尤其是粗集料的颗粒级配要求较高,以满足混凝土和易性的要求。

2)细集料。实践证明,在集料级配中,细度模数为2.3~3.2,粒径在0.30mm以下的细集料所占比例非常重要,其比例不应小于15%,最好能达到20%,这对改善混凝土的泵送性非常重要。

(3)矿物细掺料——粉煤灰。在混凝土中掺加粉煤灰是提高可泵性的一个重要措施,因为粉煤灰的多孔表面可吸附较多的水,因此,可减少混凝土的压力泌水。高质量的Ⅰ级粉煤灰的加入会显著降低混凝土拌合料的屈服剪切应力从而提高混凝土的流动性,改善混凝土的可泵性,提高施工速度;但是低质量粉煤灰对流动性和黏聚性都不利,在泵送混凝土中掺加的粉煤灰必须满足Ⅱ级以上的质量标准。另外,加入粉煤灰还有一定的缓凝作用,降低混凝土的水化热,提高混凝土的抗裂性,有利于大体积混凝土的施工。

5. 泵送混凝土配合比设计基本原则

除按水泥混凝土配合比设计的计算与试配规定外,还应符合以下规定:

(1)混凝土的可泵性,10s 时的相对压力泌水率不宜超过 40%。

(2)泵送混凝土的水胶比宜为 0.4~0.6。

(3)泵送混凝土的砂率宜为 35%~45%。

(4)泵送混凝土的最小水泥用量宜为 300kg/m³。

(5)泵送混凝土,应掺加泵送剂或减水剂,掺引气型外加剂时,混凝土含气量不宜超过 4%。

(6)泵送混凝土的试配,根据所用材料的质量、泵的种类、输送管的直径、压送距离、气候条件、浇筑部位及浇筑方法等具体进行试配,试配时要求的坍落度值应按下式计算:

$$T_t = T_p + \Delta T \tag{4-18}$$

式中　T_t——试配时要求的坍落度值;

　　　T_p——入泵时要求的坍落度值,可按表 4-95 选用。

表 4-95　　　　　　　不同泵送高度入泵时坍落度选用值

泵送高度	30 以下	30~60	60~100	100 以上
坍落度(mm)	100~140	140~160	160~180	180~200

(二)商品混凝土

1. 商品混凝土的特点及分类

商品混凝土是由水泥、集料、水以及根据需要掺入的外加剂和掺合料等组分按一定比例,在集中搅拌站(厂)经计量、拌制后出售的,并采用运输车,在规定时间内运至使用地点的混凝土拌合物,也叫预拌混凝土。采用商品混凝土,有利于实现建筑工业化,对提高混凝土质量、节约材料、改善施工环境有显著的作用。商品混凝土按使用要求分为通用品和特制品两类。

(1)通用品。通用品是指强度等级不超过 C40、坍落度不大于 150mm、粗集料最大粒径不大于 40mm,并无特殊要求的预拌混凝土。

通用品应按需要指明混凝土的强度等级、坍落度及粗集料最大粒径,在以下范围选取:

1)混凝土强度等级:C7.5、C10、C15、C20、C25、C30、C35、C40。

2)坍落度(mm):25、50、80、100、120、150。

3)粗集料最大粒径(mm):不大于40mm的连续粒级或单粒级。

通用品根据需要应明确水泥的品种、强度等级,外加剂品种,混凝土拌合物的密度以及到货时的最高或最低温度。

(2)特制品。特制品是指超出通用品规定范围或有特殊要求的预拌混凝土。

特制品应按需要指明混凝土的强度等级、坍落度及粗集料的最大粒径,强度等级和坍落度除按通用品规定的范围外,还可按以下范围选取:

1)强度等级:C45、C50、C55、C60。

2)坍落度(mm):180、200。

特制品根据需要应明确水泥的品种、强度等级,外加剂品种,掺合料品种、规格,混凝土拌合物的密度,到货时的最高或最低温度,氯化物总含量限值、含气量及对混凝土的耐久性、长期性或其他物理力学性能等的特殊要求。

商品混凝土根据分类及材料不同其标记符号如下:

通用品用 A 表示、特制品用 B 表示;粗集料最大粒径,在所选定的粗集料最大粒径值之前加大写字母 GD;具体标记用其类别、强度等级、坍落度、粗集料最大粒径和水泥品种等符号的组合表示,如 BC30－180－GD10－P·Ⅰ。

2. 商品混凝土的配合比、性能及质量要求

商品混凝土的生产必须根据施工方提出的要求,设计出既先进合理又切实可行的混凝土拌合物配合比设计方案,对坍落度的确定应考虑混凝土在运输过程中的损失值。在生产过程中严把质量关,严格进行原材料的抽样及复查检测工作,严格按照配合比进行生产,使各种原材料计量指标达到标准允许的偏差范围,如果发现混凝土的坍落度、砂率等技术指标有偏差时应及时采取补救措施。混凝土原材料计量允许偏差不应超过表4-96的规定。

表 4-96　　　　　　　　　　混凝土原材料计量允许偏差

原材料品种	水泥	集料	水	外加剂	掺合料
每盘计量允许偏差(%)	±2	±3	±2	±2	±2
累计计量允许偏差*(%)	±1	±2	±1	±1	±1

　* 累计计量允许偏差,是指每一运输车中各盘混凝土的每种材料计量和的偏差。该项
　　指标仅适用于采用微机控制计量的搅拌站。

　　商品混凝土所用水泥应符合相应标准的规定,按品种和强度等级
分别贮存,且应防止水泥结块和污染。商品混凝土的集料、拌和用水
和外加剂除应符合相关规定外,还应按品种、规格分别存放和放置,不
得混杂以免污染,影响质量。

　　商品混凝土的强度应符合商品混凝土强度检验标准的规定,坍落
度一般为 80～180mm。送至现场的坍落度与规定坍落度之差不应超
过表 4-97 的允许偏差。含气量与商品混凝土所要求的规定值之差不
得超过 1.5%。氯化物含量不超过规定值或不超过表 4-98 的规定。

表 4-97　　　　　　　　　　坍落度允许偏差　　　　　　　　　　　%

规定的坍落度(mm)	≤40	50～90	≥100
允许偏差(%)	±10	±20	±30

表 4-98　　混凝土拌合物中氯化物(以 Cl^- 计)总含量的最高限值

结构种类	预应力混凝土及处于腐蚀环境中钢筋混凝土结构或构件中的混凝土	处于潮湿而不含有氯离子环境中的钢筋混凝土结构或构件中的混凝土	处于干燥环境或有防潮措施的钢筋混凝土结构或构件中的混凝土	素混凝土
混凝土拌合物中氯化物总含量最高限值(按水泥用量的百分比计)(%)	0.06	0.30	1.00	2.00

3. 商品混凝土的搅拌、运输及检验

商品混凝土应采用固定式搅拌机,当采用搅拌运输车运送混凝土时,搅拌的最短时间应符合设备说明书的规定;采用翻斗车运送混凝土时,搅拌的最短时间也应符合有关规定。

商品混凝土在运输时,应保持混凝土拌合物的均匀性,不产生分层和离析现象。卸料时,运输车应能顺利地把混凝土拌合物全部排出。

翻斗车仅适用于运送坍落度小于 80mm 的混凝土拌合物,并应保证运送容器不漏浆,内壁光滑平整,具有覆盖设施。

当需要在卸料前掺入外加剂时,外加剂掺入后搅拌运输车快速搅拌的时间应由试验确定。

混凝土运送时,严禁在运输车筒内任意加水。通常情况下,普通商品混凝土的坍落度为 $80\sim180$mm。为保证混凝土的和易性,要考虑温度的影响,尤其是夏季施工应采取相应的措施,运至工地的商品混凝土应在规定时间内浇筑完毕。在浇筑现场不得擅自加水或改变混凝土的坍落度(即水灰比值),如工地确有需要要求改变混凝土的坍落度时,则必须经施工方质量负责人签字方可。

混凝土的运送时间应满足工程的需要,采用搅拌运输车运送的混凝土,宜在 1.5h 内卸料;采用翻斗车运送的混凝土,宜在 1.0h 内卸料;当最高气温低于 25℃时运送时间可延长 0.5h。

商品混凝土送到施工现场时,应在现场取样,并有专人进行监督、签字。

商品混凝土检验的内容包括混凝土的强度、坍落度、含气量、氯化物总含量等质量指标,以判定混凝土质量是否合格。商品混凝土的质量检验包括出厂检验和交货检验。当判断混凝土质量是否符合要求时,强度、坍落度应以交货检验结果为依据;氯化物总含量可以以出厂检验结果为依据;其他检验项目应按有关规定进行。

运至工地的商品混凝土拌合物只是形成混凝土结构工程的半成品,其他的如施工时的振捣工艺,及时抹压和养护技术必须到位,从而使混凝土工程的质量得到充分的保证。

(三)轻混凝土

1. 轻集料混凝土

凡用轻粗集料、轻细集料(或普通砂子)和水泥配制成的,其干表观密度不大于 1950kg/m³ 的混凝土称为轻集料混凝土。

(1)轻集料混凝土分类。

1)按细集料品种分类。轻集料混凝土按细集料品种分为全轻混凝土和砂轻混凝土。前者粗、细集料均为轻集料,而后者粗集料为轻集料,细集料全部或部分为普通砂。工程中以砂轻混凝土应用最多。

2)按粗集料品种分类。轻集料混凝土按粗集料品种可分为工业废渣轻集料混凝土、天然轻集料混凝土和人造轻集料混凝土三类。

3)按用途分类。轻集料混凝土按用途分类,见表 4-99。

表 4-99 轻集料混凝土按用途分类

类别名称	混凝土强度等级的合理范围	混凝土密度等级的合理范围(kg/m³)	用途
保温轻集料混凝土	LC5.0	≤800	主要用于保温的围护结构或热工构筑物
结构保温轻集料混凝土	LC5.0、LC7.5、LC10、LC15	800～1400	主要用于既承重又保温的围护结构
结构轻集料混凝土	LC15、LC20、LC25、LC30、LC35、LC40、LC45、LC50、LC55、LC60	1400～1900	主要用于承重构件或构筑物

4)按轻集料品种分类。轻集料混凝土按轻集料品种分类,见表 4-100。

表 4-100　　　　　　轻集料混凝土按轻集料品种分类

类　别	轻集料品种	轻集料混凝土		
		名称	密度（kg/m³）	强度等级
天然轻集料混凝土	浮　石火山渣	浮石混凝土火山渣混凝土	1200～1800	LC15～LC20
工业废料轻集料混凝土	炉　渣碎　砖自燃煤矸石膨胀矿渣珠	炉渣混凝土碎砖混凝土自燃煤矸石混凝土膨珠混凝土	1600～1950	LC20～LC30
	粉煤灰陶粒	粉煤灰陶粒混凝土	1600～1800	LC30～LC40
人造轻集料混凝土	膨胀珍珠岩	膨胀珍珠岩混凝土	800～1400	LC10～LC20
	页岩陶粒黏土陶粒	页岩陶粒混凝土黏土陶粒混凝土	800～1800	LC30～LC50
	有机轻集料	有机轻集料混凝土	400～800	LC5.0～LC7.5

　　（2）轻集料混凝土的技术性能。轻集料混凝土拌合物的和易性及其试验方法基本上与普通混凝土相同。轻集料混凝土的强度变化范围很大，影响强度的因素也较为复杂，除了与普通混凝土相同的以外，与轻集料的本身强度高低、表观密度大小及其用量多少，都有很大的关系。

　　轻集料混凝土的强度等级也是根据 28d 龄期、边长为 150mm 的立方体试块抗压强度划分的，共划分出 LC5.0、LC7.5、LC10、LC15、LC20、LC25、LC30、LC35、LC40、LC45、LC50、LC55、LC60 十三个强度等级（符号"LC"表示轻集料混凝土）。

　　轻集料混凝土在荷载作用下的变形比普通混凝土大，弹性模量较小,为同强度等级普通混凝土的 50%～70%。收缩率比普通混凝土大 20%～50%。

2. 多孔混凝土

多孔混凝土具有孔隙率大、体积密度小、热导率小等特点,可制成墙板、砌块和绝热制品,有承重和保温功能。根据气孔产生的方法不同,有加气混凝土和泡沫混凝土之分。

(1)加气混凝土。加气混凝土是由水泥、石灰、含硅的材料(砂子、粉煤灰、高炉水淬矿渣、页岩等)按要求的比例经磨细并与加气剂(如铝粉)配合,经搅拌、浇筑、发气成型、静停硬化、切割、蒸压养护等工序所制成的一种轻质多孔的建筑材料。

1)加气混凝土的品种。加气混凝土的品种是根据其组成的原材料不同来划分的。目前,我国生产的加气混凝土主要有以下三种:

①水泥-矿渣-砂加气混凝土。将矿渣和砂子混合磨成浆状物,再加入水泥、发气剂、气泡稳定剂等配制而成。

②水泥-石灰-砂加气混凝土。将砂子加水湿润并磨细,生石灰干磨,再加入水泥、水及发泡剂配制而成。

③水泥-石灰粉煤灰加气混凝土。将粉煤灰、石灰和适量的石膏混合磨浆,再加入水泥、发泡剂配制而成。

2)加气混凝土性能及应用。我国生产的加气混凝土表观密度范围在 500～700kg/m³,抗压强度为 3.0～6.0MPa,导热系数因其内部含水率不同而异,一般含水率为 0～30% 时,导热系数为 0.126～0.267W/(m·K)。

加气混凝土产品吸水性强,随着含水率的增加,强度会下降,保温、隔热的性能变差。从耐久性方面考虑,所用的制品表面不宜外露,一般都用抹灰层或其他装饰层加以保护。

(2)泡沫混凝土。泡沫混凝土是由普通硅酸盐水泥、砂、发泡剂和水拌和,经机械搅拌,注模成型、养护制成的一种轻混凝土制品。发泡剂主要是各种表面活性剂,如松香树脂、烷基磺酸盐饱和或不饱和脂肪酸钠、木质素磺酸盐等。发泡剂一般与稳定剂同时使用。常用的泡沫稳定剂为高分子物质。

泡沫混凝土多采用蒸汽养护和蒸压养护以缩短养护时间并提高强度。

(四)聚合物混凝土

聚合物混凝土是一种混凝土中部分或全部水泥被聚合物代替的新型建筑材料。对提高混凝土的密实度、抗拉强度、抗压强度有显著作用,并且能增强混凝土的粘结力及耐磨和耐腐蚀能力。按组成及生产工艺,聚合物混凝土可分为聚合物水泥混凝土、聚合物浸渍混凝土、聚合物胶结混凝土。

1. 聚合物水泥混凝土(PCC)

聚合物水泥混凝土是在普通混凝土拌合物搅拌时掺入一定量的有机聚合物配制而成。聚合物一般多采用环氧树脂、聚醋酸乙烯酯、天然或合成橡胶乳液等,以乳液状或悬浮液状掺入混凝土拌合物中,掺量占水泥质量的 $5\%\sim20\%$。它是以聚合物和水泥共同作胶结材料粘结集料集料配制而成,对混凝土的抗弯强度、抗渗性、粘结力、耐磨性、耐蚀性和抗冲击韧性均有明显改善。

2. 聚合物浸渍混凝土(PIC)

聚合物浸渍混凝土是将已硬化的混凝土,经真空处理并干燥后浸入以树脂为原料的液态有机单体中,然后用加热或辐射的方法使混凝土中单体聚合,使混凝土和聚合物形成一个整体。聚合物浸渍混凝土的抗渗性、抗冻性、耐磨性、耐蚀性、抗冲击性及强度有明显提高,其抗压强度比普通混凝土提高 $2\sim4$ 倍。掺在混凝土中的有机单体有苯乙烯、甲基丙烯酸甲酯等。

3. 聚合物胶结混凝土(PC)

聚合物胶结混凝土又称树脂混凝土,是用合成树脂或单体作为胶结材料代替水泥石的混凝土。由于这种混凝土中完全不使用水泥,也称为塑料混凝土。胶结材料由液态低聚物、固化剂和粉砂填料组成。具有较高的强度、密度、粘结力、耐磨性和化学稳定性,变形较大、耐热性差。

特别提示

聚合物胶结混凝土、聚合物浸渍混凝土、聚合物水泥混凝土的用途

(1)聚合物胶结混凝土主要用于制造需抵抗有害介质的构件,在装配式建筑的板材、桩等预制构件中也得到广泛的应用。

(2)聚合物浸渍混凝土主要用于要求高强度、高耐久性的特殊工程结构中,如耐高压的输液、输气管道及液化气储罐等。

(3)聚合物水泥混凝土主要用于铺设无缝地面、机场跑道面层以及水或石油的贮池等。

(五)防水混凝土

根据提高抗渗性的方法不同,防水混凝土有以下几种类型:

1. 普通防水混凝土

通过调整混凝土的配合比,来提高密实度和抗渗性的混凝土。一般情况下,其水灰比控制在 0.6 以内;水泥优先采用普通硅酸盐水泥,用量不小于 $300kg/m^3$,砂率不小于 35%,灰砂比不小于 1:2.5。

普通防水混凝土的抗渗等级可达到 P8~P25,抗渗性能良好。

2. 掺外加剂的防水混凝土

在混凝土拌合物中加入一定量的外加剂用以提高抗渗性的混凝土。根据外加剂的品种不同,分为引气剂防水混凝土、减水剂防水混凝土、三乙醇胺防水混凝土、氯化铁防水混凝土、膨胀水泥防水混凝土及膨胀剂防水混凝土。

(六)耐热混凝土

耐热混凝土是通过提高混凝土的耐热性,使长期在高温作用下的混凝土能保持其使用性能的混凝土。胶凝材料可采用硅酸盐水泥、铝酸盐水泥等;集料可采用矿渣、耐火黏土砖或普通烧结黏土砖碎块、玄武岩、烧结镁砂等。耐热混凝土适用于有耐热要求的工程,如高炉、热工设备基础等。

(七)耐酸混凝土

采用耐酸的胶凝材料及集料制成的用以抵抗酸的渗入和侵蚀的混凝土称为耐酸混凝土。目前，常用的是水玻璃混凝土，它是由水玻璃、氟硅酸钠、耐酸粉料(石英粉或铸石粉)、耐酸集料(石英砂或花岗石碎石等)按一定比例配制而成。可抵抗一般有机酸、无机酸的侵蚀。

(八)纤维混凝土

在混凝土中掺入短纤维以提高混凝土的抗冲击性能的混凝土称为纤维混凝土。纤维按变形性能分为高弹性模量纤维和低弹性模量纤维。纤维的长径比通常为 $70\sim120$，掺入的体积率为 $0.3\%\sim8\%$。纤维混凝土主要用于有抗冲击要求的工程。

(九)新型混凝土

1. 高强混凝土

凡强度等级为 C60 及其以上的混凝土为高强混凝土。获得方法应采取以下技术措施：

(1)合理选择原材料，并严格控制质量。水泥应符合现行国家标准的规定，采用硅酸盐水泥或普通硅酸盐水泥，强度等级不低于 42.5MPa。水泥使用前必须抽样重测标准稠度加水量、凝结时间、体积安定性和强度四项技术指标，并确保合格。

砂子应选用细度模数大于 2.6 的中砂、河砂，其含泥量应不大于 2%，泥块含量应不大于 0.5%。砂子使用前要重测洁净度和级配状况，并确保合格。

石子应根据混凝土强度等级确定最大粒径，当混凝土强度等级为 C60 时，石子最大粒径应不大于 31.5mm；当混凝土强度等级高于 C60 时，石子最大粒径应不大于 25mm。另外，石子的几何形状属于针片状的颗粒含量应不大于 5.0%。含泥量应不大于 0.5%，泥块含量应不大于 0.2%。石子使用前同样要抽样送验，重测洁净度、级配和压碎指标，并确保三项指标合格。

外加剂应掺入高效减水剂，并要按规定的掺量由专人负责进行。

（2）严格进行配合比的设计与调试。按普通混凝土配合比设计规程进行设计和调试，要保证水泥用量不大于 $550kg/m^3$，外掺矿物料不超过 $50kg/m^3$。试配调整使用的配合比一个应为基准配合比，另两个配合比中的水灰比，应较基准配合比分别增加和减少 0.02～0.03。设计配合比确定后，应重复 6 次试验，验证其强度平均值应不低于配制强度。

（3）其他技术环节。混凝土搅拌时间应不低于 60s，确保混凝土达到匀质状态的质量。应根据检测的坍落度结果，按砂、石含水率的变化随时调整混凝土拌合水。混凝土浇筑后要加强养护，冬期施工要注意严格保温，夏期施工混凝土构件表面要及时覆盖塑料薄膜或在构件表面喷涂养护液。

2. 高性能混凝土（HPC）

高性能混凝土有高工作性、高强度、体积稳定性和高耐久性等性质。

（1）高工作性能是指混凝土在搅拌、运输和浇筑时具有良好流变特性和大的流动性（坍落度在 200mm 以上），但不离析、不泌水，施工时能达到自流平，坍落度损失小，可泵性好。

（2）高强度是高性能混凝土的主要特点，但同时应该指出强度较低的高性能混凝土不等于不具有高性能。高性能混凝土应达到多高的强度，国际标准无统一规定，我国认定应在 C50 级以上。

（3）体积稳定性是指高性能混凝土在硬化过程中体积稳定、水化过程放热低、混凝土产生的温差应力小、不开裂和干燥收缩小，硬化后具有致密的结构，在荷载作用下不易产生裂缝。

（4）高耐久性是指高性能混凝土具备高的抗渗性、抗冻性、抗蚀性和抗碳化性。由于高性能混凝土结构致密，所以抗渗性能好；并能有效地抵抗硫酸盐等有害介质的侵蚀；对碱—集料反应有抑制作用，使混凝土即使在较恶劣的环境中使用也具有较长的寿命。

我国对混凝土的使用寿命要求应在 50 年以上，发达国家设计混凝土使用寿命要求在 100 年甚至 200 年以上。

3. 绿色高性能混凝土(GHPC)

(1)最大限度地发挥高性能混凝土的优势,减少构筑物的水泥与混凝土的用量,减小结构截面尺寸,减轻建筑物自重,提高耐久性,延长建筑物的安全使用期,让材料和工程的功能得以充分发挥。

(2)少用水泥熟料,多用工业废渣作为外掺料,以减少温室二氧化碳气体对大气的污染,降低资源和能源的消耗。科学实验证明,超细活性矿物掺合料可以替代 $60\%\sim80\%$ 的水泥熟料,逐渐地让水泥熟料变成胶凝材料中的"外掺料"。

(3)为保持混凝土工业的可持续发展,加工混凝土除使用粉煤灰、矿渣外,还要尽可能多地使用工业废料,以减少污染。城市拆迁中出现的混凝土碎渣、砖、瓦等,都是经过煅烧的黏土渣,以粉状形式掺入混凝土中,都具有较好的化学活性。

六、混凝土配合比设计

(一)基本规定

(1)混凝土配合比设计应满足混凝土配制强度及其他力学性能、拌合物性能、长期性能和耐久性能的设计要求。混凝土拌合物性能、力学性能、长期性能和耐久性能的试验方法应分别符合现行国家标准《普通混凝土拌合物性能试验方法标准》(GB/T 50080—2002)、《普通混凝土力学性能试验方法标准》(GB/T 50081—2002)和《普通混凝土长期性能和耐久性能试验方法标准》(GB/T 50082—2009)的相关规定。

(2)混凝土配合比设计应采用工程实际使用的原材料;配合比设计所采用的细集料含水率应小于 0.5%,粗集料含水率应小于 0.2%。

(3)混凝土的最大水胶比应符合现行国家标准《混凝土结构设计规范》(GB 50010—2010)的相关规定。

(4)除配制 C15 及其以下强度等级的混凝土外,混凝土的最小胶凝材料用量应符合表 4-101 的规定。

表 4-101   混凝土的最小胶凝材料用量

最大水胶比	最小胶凝材料用量（kg/m³）		
	素混凝土	钢筋混凝土	预应力混凝土
0.60	250	280	300
0.55	280	300	300
0.50	320		
≤0.45	330		

（5）矿物掺合料在混凝土中的掺量应通过试验确定。采用硅酸盐水泥或普通硅酸盐水泥时，钢筋混凝土中矿物掺合料最大掺量宜符合表4-102-1的规定，预应力混凝土中矿物掺合料最大掺量宜符合表4-102-2的规定。对基础大体积混凝土，粉煤灰、粒化高炉矿渣粉和复合掺合料的最大掺量可增加5%。采用掺量大于30%的C类粉煤灰的混凝土应以实际使用的水泥和粉煤灰掺量进行安定性检验。

表 4-102-1   钢筋混凝土中矿物掺合料最大掺量

矿物掺和料种类	水胶比	最大掺量（%）	
		采用硅酸盐水泥时	采用普通硅酸盐水泥时
粉煤灰	≤0.40	45	35
	>0.40	40	30
粒化高炉矿渣粉	≤0.40	65	55
	>0.40	55	45
钢渣粉	—	30	20
磷渣粉	—	30	20
硅灰	—	10	10
复合掺合料	≤0.40	65	55
	>0.40	55	45

注：1. 采用其他通用硅酸盐水泥时，宜将水泥混合材掺量20%以上的混合材量计入矿物掺合料。

2. 复合掺合料各组分的掺量不宜超过单掺时的最大掺量。

3. 在混合使用两种或两种以上矿物掺合料时，矿物掺合料总掺量应符合表中复合掺合料的规定。

表 4-102-2　　　　　　预应力混凝土中矿物掺合料最大掺量

矿物掺和料种类	水胶比	最大掺量(%)	
		采用硅酸盐水泥时	采用普通硅酸盐水泥时
粉煤灰	≤0.40	35	30
	>0.40	25	20
粒化高炉矿渣粉	≤0.40	55	45
	>0.40	45	35
钢渣粉	—	20	10
磷渣粉	—	20	10
硅灰	—	10	10
复合掺合料	≤0.40	55	45
	>0.40	45	35

注:1. 采用其他通用硅酸盐水泥时,宜将水泥混合材掺量 20% 以上的混合材量计入矿物掺合料。

2. 复合掺合料各组分的掺量不宜超过单掺时的最大掺量。

3. 在混合使用两种或两种以上矿物掺合料时,矿物掺合料总掺量应符合表中复合掺合料的规定。

　　(6)混凝土拌合物中水溶性氯离子最大含量应符合表 4-103 的规定,其测试方法应符合现行行业标准《水运工程混凝土试验规程》(JTJ 270—1998)中混凝土拌合物中氯离子含量的快速测定方法的规定。

表 4-103　　　　　混凝土拌合物中水溶性氯离子最大含量

环境条件	水溶性氯离子最大含量 (%,水泥用量的质量百分比)		
	钢筋混凝土	预应力混凝土	素混凝土
干燥环境	0.30	0.06	1.00
潮湿但不含氯离子的环境	0.20		
潮湿且含有氯离子的环境、盐渍土环境	0.10		
除冰盐等侵蚀性物质的腐蚀环境	0.06		

（7）长期处于潮湿或水位变动的寒冷和严寒环境以及盐冻环境的混凝土应掺用引气剂。引气剂掺量应根据混凝土含气量要求经试验确定，混凝土最小含气量应符合表 4-104 的规定，最大不宜超过 7.0%。

表 4-104　　　　　　　　　　混凝土最小含气量

粗集料最大公称粒径(mm)	混凝土最小含气量(%)	
	潮湿或水位变动的寒冷和严寒环境	盐冻环境
40.0	4.5	5.0
25.0	5.0	5.5
20.0	5.5	6.0

注：含气量为气体占混凝土体积的百分比。

（8）对于有预防混凝土碱—集料反应设计要求的工程，宜掺用适量粉煤灰或其他矿物掺合料，混凝土中最大碱含量不应大于 $3.0 kg/m^3$；对于矿物掺合料碱含量，粉煤灰碱含量可取实测值的 $1/6$，粒化高炉矿渣粉碱含量可取实测值的 $1/2$。

(二)混凝土配置强度的确定

1. 混凝土配制强度的确定

（1）当混凝土的设计强度等级小于 C60 时，配制强度应按下式确定：

$$f_{cu,0} \geqslant f_{cu,k} + 1.645\sigma \qquad (4\text{-}19\text{-}1)$$

式中　$f_{cu,0}$——混凝土配制强度（MPa）；

　　　$f_{cu,k}$——混凝土立方体抗压强度标准值，这里取混凝土的设计强度等级值（MPa）；

　　　σ——混凝土强度标准差（MPa）。

（2）当设计强度等级不小于 C60 时，配制强度应按下式确定：

$$f_{cu,0} \geqslant 1.15 f_{cu,k} \qquad (4\text{-}19\text{-}2)$$

2. 混凝土强度标准差的确定

（1）当具有近 1～3 个月的同一品种、同一强度等级混凝土的强度资料，且试件组数不小于 30 时，其混凝土强度标准差 σ 应按下式计算：

$$\sigma=\sqrt{\dfrac{\sum\limits_{i=1}^{n}f_{\mathrm{cu},i}^{2}-nm_{\mathrm{f,cu}}^{2}}{n-1}}$$ (4-20)

式中　σ——混凝土强度标准差；

$f_{\mathrm{cu},i}$——第 i 组的试件强度(MPa)；

$m_{\mathrm{f,cu}}$——n 组试件的强度平均值(MPa)；

n——试件组数。

对于强度等级不大于 C30 的混凝土，当混凝土强度标准差计算值不小于 3.0MPa 时，应按式(4-20)计算结果取值；当混凝土强度标准差计算值小于 3.0MPa 时，应取 3.0MPa。

对于强度等级大于 C30 且小于 C60 的混凝土，当混凝土强度标准差计算值不小于 4.0MPa 时，应按式(4-20)计算结果取值；当混凝土强度标准差计算值小于 4.0MPa 时，应取 4.0MPa。

(2)当没有近期的同一品种、同一强度等级混凝土强度资料时，其强度标准差 σ 可按表 4-105 取值。

表 4-105　　　　　　　标准差 σ 值(MPa)

混凝土强度标准值	≤C20	C25～C45	C50～C55
σ	4.0	5.0	6.0

(三)混凝土配合比计算

1. 水胶比

(1)当混凝土强度等级小于 C60 时，混凝土水胶比宜按下式计算：

$$W/B=\dfrac{\alpha_{\mathrm{a}}f_{\mathrm{b}}}{f_{\mathrm{cu,0}}+\alpha_{\mathrm{a}}\alpha_{\mathrm{b}}f_{\mathrm{b}}}$$ (4-21)

式中　W/B——混凝土水胶比；

α_{a}、α_{b}——回归系数；

f_{b}——胶凝材料 28d 胶砂抗压强度(MPa)，可实测，且试验方法应按现行国家标准《水泥胶砂强度检验方法(ISO 法)》(GB/T 17671—1999)执行。

(2)回归系数(α_a、α_b)宜按下列规定确定:

1)根据工程所使用的原材料,通过试验建立的水胶比与混凝土强度关系式来确定。

2)当不具备上述试验统计资料时,可按表 4-106 选用。

表 4-106 回归系数(α_a、α_b)取值表

粗集料品种系数	碎石	卵石
α_a	0.53	0.49
α_b	0.20	0.13

(3)当胶凝材料 28d 胶砂抗压强度值(f_b)无实测值时,可按下式计算:

$$f_b = \gamma_f \gamma_s f_{ce} \tag{4-22}$$

式中 γ_f、γ_s——粉煤灰影响系数和粒化高炉矿渣粉影响系数,可按表 4-107 选用;

f_{ce}——水泥 28d 胶砂抗压强度(MPa),可实测。

表 4-107 粉煤灰影响系数(γ_f)和粒化高炉矿渣粉影响系数(γ_s)

种类掺量(%)	粉煤灰影响系数 γ_f	粒化高炉矿渣粉影响系数 γ_s
0	1.00	1.00
10	0.85~0.95	1.00
20	0.75~0.85	0.95~1.00
30	0.65~0.75	0.90~1.00
40	0.55~0.65	0.80~0.90
50	—	0.75~0.85

注:1. 采用Ⅰ级、Ⅱ级粉煤灰宜取上限值。

2. 采用 S75 级粒化高炉矿渣粉宜取下限值,采用 S95 级粒化高炉矿渣粉宜取上限值,采用 S105 级粒化高炉矿渣粉可取上限值加 0.05。

3. 当超出表中的掺量时,粉煤灰和粒化高炉矿渣粉影响系数应经试验确定。

(4)当水泥 28d 胶砂抗压强度(f_{ce})无实测值时,可按下式计算:

$$f_{ce} = \gamma_c f_{ce,g} \tag{4-23}$$

式中　γ_c——水泥强度等级值的富余系数,可按实际统计资料确定;

当缺乏实际统计资料时,也可按表 4-108 选用;

$f_{ce,g}$——水泥强度等级值(MPa)。

表 4-108　　　　　水泥强度等级值的富余系数(γ_c)

水泥强度等级值	32.5	42.5	52.5
富余系数	1.12	1.16	1.10

2. 用水量和外加剂用量

(1)每立方米干硬性或塑性混凝土的用水量(m_{w0})应符合下列规定:

1)混凝土水胶比在 0.40～0.80 范围时,可按表 4-109-1 和表 4-109-2选取。

2)混凝土水胶比小于 0.40 时,可通过试验确定。

表 4-109-1　　　　　干硬性混凝土的用水量　　　　　(kg/m³)

拌合物稠度		卵石最大公称粒径(mm)			碎石最大公称粒径(mm)		
项目	指标	10.0	20.0	40.0	16.0	20.0	40.0
维勃稠度(s)	16～20	175	160	145	180	170	155
	11～15	180	165	150	185	175	160
	5～10	185	170	155	190	180	165

表 4-109-2　　　　　塑性混凝土的用水量　　　　　(kg/m³)

拌合物稠度		卵石最大公称粒径(mm)				碎石最大公称粒径(mm)			
项目	指标	10.0	20.0	31.5	40.0	16.0	20.0	31.5	40.0
坍落度 (mm)	10～30	190	170	160	150	200	185	175	165
	35～50	200	180	170	160	210	195	185	175
	55～70	210	190	180	170	220	205	195	185
	75～90	215	195	185	175	230	215	205	195

注:1. 本表用水量是采用中砂时的取值。采用细砂时,每立方米混凝土用水量可增加 5～10kg;采用粗砂时,可减少 5～10kg。

2. 掺用矿物掺合料和外加剂时,用水量应相应调整。

(2)掺外加剂时,每立方米流动性或大流动性混凝土的用水量(m_{w0})可按下式计算:

$$m_{w0} = m_{w0}'(1-\beta) \qquad (4\text{-}24)$$

式中　m_{w0}——计算配合比每立方米混凝土的用水量(kg/m^3);

m_{w0}'——未掺外加剂时推定的满足实际坍落度要求的每立方米混凝土用水量(kg/m^3),以表 4-109-2 中 90mm 坍落度的用水量为基础,按每增大 20mm 坍落度相应增加 $5kg/m^3$ 用水量来计算,当坍落度增大到 180mm 以上时,随坍落度相应增加的用水量可减少;

β——外加剂的减水率(%),应经混凝土试验确定。

(3)每立方米混凝土中外加剂用量(m_{a0})应按下式计算:

$$m_{a0} = m_{b0}\beta_a \qquad (4\text{-}25)$$

式中　m_{a0}——计算配合比每立方米混凝土中外加剂用量(kg/m^3);

m_{b0}——计算配合比每立方米混凝土中胶凝材料用量(kg/m^3);

β_a——外加剂掺量(%),应经混凝土试验确定。

3. 胶凝材料、矿物掺合料和水泥用量

(1)每立方米混凝土的胶凝材料用量(m_{b0})应按式(4-26)计算,并应进行试拌调整,在拌合物性能满足的情况下,取经济合理的胶凝材料用量。

$$m_{b0} = \frac{m_{w0}}{W/C} \qquad (4\text{-}26)$$

式中　m_{b0}——计算配合比每立方米混凝土中胶凝材料用量(kg/m^3);

m_{w0}——计算配合比每立方米混凝土的用水量(kg/m^3);

W/C——混凝土水胶比。

(2)每立方米混凝土的矿物掺合料用量(m_{f0})应按下式计算:

$$m_{f0} = m_{b0}\beta_f \qquad (4\text{-}27)$$

式中　m_{f0}——计算配合比每立方米混凝土中矿物掺合料用量(kg/m^3);

β_f——矿物掺合料掺量(%),可结合相关规定确定。

(3)每立方米混凝土的水泥用量(m_{c0})应按下式计算:

$$m_{c0} = m_{b0} - m_{f0} \qquad (4\text{-}28)$$

式中　m_{c0}——计算配合比每立方米混凝土中水泥用量(kg/m^3)。

4. 砂率

(1)砂率(β_s)应根据集料的技术指标、混凝土拌合物性能和施工要求,参考既有历史资料确定。

(2)当缺乏砂率的历史资料时,混凝土砂率的确定应符合下列规定:

1)坍落度小于 10mm 的混凝土,其砂率应经试验确定。

2)坍落度为 10～60mm 的混凝土,其砂率可根据粗集料品种、最大公称粒径及水胶比按表 4-111 选取。

3)坍落度大于 60mm 的混凝土,其砂率可经试验确定,也可在表 4-110 的基础上,按坍落度每增大 20mm、砂率增大 1% 的幅度予以调整。

表 4-110　　　　　　混凝土的砂率　　　　　　(%)

水胶比	卵石最大公称粒径(mm)			碎石最大公称粒径(mm)		
	10.0	20.0	40.0	16.0	20.0	40.0
0.40	26～32	25～31	24～30	30～35	29～34	27～32
0.50	30～35	29～34	28～33	33～38	32～37	30～35
0.60	33～38	32～37	31～36	31～41	35～40	33～38
0.70	36～41	35～40	34～39	39～44	38～43	36～41

注:1. 本表数值是中砂的选用砂率,对细砂或粗砂,可相应地减少或增大砂率。

2. 采用人工砂配制混凝土时,砂率可适当增大。

3. 只用一个单粒级粗集料配制混凝土时,砂率应适当增大。

5. 粗、细集料用量

(1)当采用质量法计算混凝土配合比时,粗、细集料用量应按式(4-29-1)计算;砂率应按式(4-29-2)计算。

$$m_{f0} + m_{c0} + m_{g0} + m_{s0} + m_{w0} = m_{cp} \qquad (4\text{-}29\text{-}1)$$

$$\beta_s = \frac{m_{s0}}{m_{g0} + m_{s0}} \times 100\% \qquad (4\text{-}29\text{-}2)$$

式中　m_{g0}——计算配合比每立方米混凝土的粗集料用量（kg/m³）；

　　　　m_{s0}——计算配合比每立方米混凝土的细集料用量（kg/m³）；

　　　　β_s——砂率（%）；

　　　　m_{cp}——每立方米混凝土拌合物的假定质量（kg），可取 2350～2450kg/m³。

（2）当采用体积法计算混凝土配合比时，砂率应按公式（4-29-2）计算，粗、细集料用量应按公式（4-30）计算。

$$\frac{m_{c0}}{\rho_c}+\frac{m_{f0}}{\rho_f}+\frac{m_{g0}}{\rho_g}+\frac{m_{s0}}{\rho_s}+\frac{m_{w0}}{\rho_w}+0.01\alpha=1 \qquad (4\text{-}30)$$

式中　ρ_c——水泥密度（kg/m³），可按现行国家标准《水泥密度测定方法》（GB/T 208）测定，也可取 2900～3100kg/m³；

　　　　ρ_f——矿物掺合料密度（kg/m³），可按现行国家标准《水泥密度测定方法》（GB/T 208）测定；

　　　　ρ_g——粗集料的表观密度（kg/m³），应按现行行业标准《普通混凝土用砂、石质量及检验方法标准》（JGJ 52）测定；

　　　　ρ_s——细集料的表观密度（kg/m³），应按现行行业标准《普通混凝土用砂、石质量及检验方法标准》（JGJ 52）测定；

　　　　ρ_w——水的密度（kg/m³），可取 1000kg/m³；

　　　　α——混凝土的含气量百分数，在不使用引气剂或引气型外加剂时，α 可取 1。

（四）混凝土配合比的试配、调整与确定

1. 试 配

（1）混凝土试配应采用强制式搅拌机进行搅拌，并应符合现行行业标准《混凝土试验用搅拌机》（JG 244—2009）的规定，搅拌方法宜与施工采用的方法相同。

（2）试验室成型条件应符合现行国家标准《普通混凝土拌合物性能试验方法标准》（GB/T 50080）的规定。

（3）每盘混凝土试配的最小搅拌量应符合表 4-111 的规定，并不应小于搅拌机公称容量的 1/4 且不应大于搅拌机公称容量。

表 4-111   混凝土试配的最小搅拌量

粗集料最大公称粒径(mm)	拌合物容量(L)
≤31.5	20
40.0	25

(4)在计算配合比的基础上应进行试拌。计算水胶比宜保持不变,并应通过调整配合比其他参数使混凝土拌合物性能符合设计和施工要求,然后修正计算配合比,提出试拌配合比。

(5)在试拌配合比的基础上应进行混凝土强度试验,并应符合下列规定:

1)应采用三个不同的配合比,其中一个应为(4)确定的试拌配合比,另外两个配合比的水胶比宜较试拌配合比分别增加和减少 0.05,用水量应与试拌配合比相同,砂率可分别增加和减少 1%。

2)进行混凝土强度试验时,拌合物性能应符合设计和施工要求;

3)进行混凝土强度试验时,每个配合比应至少制作一组试件,并应标准养护到 28d 或设计规定龄期时试压。

2. 配合比的调整与确定

(1)配合比调整应符合下列规定:

1)根据混凝土强度试验结果,宜绘制强度和胶水比的线性关系图或插值法确定略大于配制强度对应的胶水比。

2)在试拌配合比的基础上,用水量(m_w)和外加剂用量(m_a)应根据确定的水胶比做调整。

3)胶凝材料用量(m_b)应以用水量乘以确定的胶水比计算得出。

4)粗集料和细集料用量(m_g 和 m_s)应根据用水量和胶凝材料用量进行调整。

(2)混凝土拌合物表观密度和配合比校正系数的计算应符合下列规定:

1)配合比调整后的混凝土拌合物的表观密度应按下式计算:

$$\rho_{c,c} = m_c + m_f + m_g + m_s + m_w \tag{4-31-1}$$

式中　$\rho_{c,c}$——混凝土拌合物的表观密度计算值(kg/m^3)；

m_c——每立方米混凝土的水泥用量(kg/m^3)；

m_f——每立方米混凝土的矿物掺合料用量(kg/m^3)；

m_g——每立方米混凝土的粗集料用量(kg/m^3)；

m_s——每立方米混凝土的细集料用量(kg/m^3)；

m_w——每立方米混凝土的用水量(kg/m^3)。

2)混凝土配合比校正系数应按下式计算：

$$\delta=\frac{\rho_{c,t}}{\rho_{c,c}} \tag{4-31-2}$$

式中　δ——混凝土配合比校正系数；

$\rho_{c,t}$——混凝土拌合物的表观密度实测值(kg/m^3)。

（3）当混凝土拌合物表观密度实测值与计算值之差的绝对值不超过计算值的2%时，按上述（1）调整的配合比可维持不变；当二者之差超过2%时，应将配合比中每项材料用量均乘以校正系数(δ)。

（4）配合比调整后，应测定拌合物水溶性氯离子含量，试验结果应符合表4-112的规定。

表4-112　　　混凝土拌合物中水溶性氯离子最大含量

环境条件	水溶性氯离子最大含量 (%,水泥用量的质量百分比)		
	钢筋混凝土	预应力混凝土	素混凝土
干燥环境	0.30	0.06	1.00
潮湿但不含氯离子的环境	0.20		
潮湿且含有氯离子的环境、盐渍土环境	0.10		
除冰盐等侵蚀性物质的腐蚀环境	0.06		

（5）对耐久性有设计要求的混凝土应进行相关耐久性试验验证。

（6）生产单位可根据常用材料设计出常用的混凝土配合比备用，并应在启用过程中予以验证或调整。遇有下列情况之一时，应重新进行配合比设计：

1)对混凝土性能有特殊要求时。

2)水泥、外加剂或矿物掺合料等原材料品种、质量有显著变化时。

(五)有特殊要求的混凝土

1. 抗渗混凝土

(1)抗渗混凝土的原材料应符合下列规定：

1)水泥宜采用普通硅酸盐水泥。

2)粗集料宜采用连续级配,其最大公称粒径不宜大于 40.0mm,含泥量不得大于 1.0%,泥块含量不得大于 0.5%。

3)细集料宜采用中砂,含泥量不得大于 3.0%,泥块含量不得大于 1.0%。

4)抗渗混凝土宜掺用外加剂和矿物掺合料,粉煤灰等级应为Ⅰ级或Ⅱ级。

(2)抗渗混凝土配合比应符合下列规定：

1)最大水胶比应符合表 4-113 的规定。

2)每立方米混凝土中的胶凝材料用量不宜小于 320kg。

3)砂率宜为 35%～45%。

表 4-113　　　　　　抗渗混凝土最大水胶比

设计抗渗等级	最大水胶比	
	C20～C30	C30 以上
P6	0.60	0.55
P8～P12	0.55	0.50
＞P12	0.50	0.45

(3)配合比设计中混凝土抗渗技术要求应符合下列规定：

1)配制抗渗混凝土要求的抗渗水压值应比设计值提高 0.2MPa。

2)抗渗试验结果应满足下式要求：

$$P_t \geqslant \frac{P}{10} + 0.2 \qquad (4-32)$$

式中　P_t——6 个试件中不少于 4 个未出现渗水时的最大水压值（MPa）；

　　　P——设计要求的抗渗等级值。

（4）掺用引气剂或引气型外加剂的抗渗混凝土，应进行含气量试验，含气量宜控制在 3.0%～5.0%。

2. 抗冻混凝土

（1）抗冻混凝土的原材料应符合下列规定：

1）水泥应采用硅酸盐水泥或普通硅酸盐水泥。

2）粗集料宜选用连续级配，其含泥量不得大于 1.0%，泥块含量不得大于 0.5%。

3）细集料含泥量不得大于 3.0%，泥块含量不得大于 1.0%。

4）粗、细集料均应进行坚固性试验，并应符合现行行业标准《普通混凝土用砂、石质量及检验方法标准》（JGJ 52—2006）的相关规定。

5）抗冻等级不小于 F100 的抗冻混凝土宜掺用引气剂。

6）在钢筋混凝土和预应力混凝土中不得掺用含有氯盐的防冻剂；在预应力混凝土中不得掺用含有亚硝酸盐或碳酸盐的防冻剂。

（2）抗冻混凝土配合比应符合下列规定：

1）最大水胶比和最小胶凝材料用量应符合表 4-114 的规定。

2）复合矿物掺合料最大掺量宜符合表 4-115 的规定。

表 4-114　　　　　　　　　最大水胶比和最小胶凝材料用量

设计抗冻等级	最大水胶比		最小胶凝材料用量（kg/m³）
	无引气剂时	掺引气剂时	
F50	0.55	0.60	300
F100	0.50	0.55	320
不低于 F150	—	0.50	350

表 4-115　　　　　　　　　复合矿物掺合料最大掺量

水胶比	最大掺量（%）	
	采用硅酸盐水泥时	采用普通硅酸盐水泥时
≤0.40	60	50
＞0.40	50	40

注：1. 采用其他通用硅酸盐水泥时，可将水泥混合材掺量 20% 以上的混合材量计入矿物掺合料。

　　2. 复合矿物掺合料中各矿物掺合料组分的掺量不宜超过单掺时的限量。

3. 高强混凝土

(1)高强混凝土的原材料应符合下列规定：

1)水泥应选用硅酸盐水泥或普通硅酸盐水泥。

2)粗集料宜采用连续级配，其最大公称粒径不宜大于 25.0mm，针片状颗粒含量不宜大于 5.0%，含泥量不应大于 0.5%，泥块含量不应大于 0.2%。

3)细集料的细度模数宜为 2.6～3.0，含泥量不应大于 2.0%，泥块含量不应大于 0.5%。

4)宜采用减水率不小于 25% 的高性能减水剂。

5)宜复合掺用粒化高炉矿渣粉、粉煤灰和硅灰等矿物掺合料；粉煤灰等级不应低于 Ⅱ 级；对强度等级不低于 C80 的高强混凝土宜掺用硅灰。

(2)高强混凝土配合比应经试验确定，在缺乏试验依据的情况下，配合比设计宜符合下列规定：

1)水胶比、胶凝材料用量和砂率可按表 4-116 选取，并应经试配确定。

表 4-116　　　　　　　　水胶比、胶凝材料用量和砂率

强度等级	水胶比	胶凝材料用量（kg/m³）	砂率（%）
≥C60,<C80	0.28～0.34	480～560	
≥C80,<C100	0.26～0.28	520～580	35～42
C100	0.24～0.26	550～600	

2)外加剂和矿物掺合料的品种、掺量，应通过试配确定；矿物掺合料掺量宜为 25%～40%；硅灰掺量不宜大于 10%。

3)水泥用量不宜大于 500kg/m³。

(3)在试配过程中，应采用三个不同的配合比进行混凝土强度试验，其中一个可为依据表 4-117 计算后调整拌合物的试拌配合比，另外两个配合比的水胶比，宜较试拌配合比分别增加和减少 0.02。

表 4-117　　　　　　　　粗集料的最大公称粒径与输送管径之比

粗集料品种	泵送高度(m)	粗集料的最大公称粒径与输送管径之比
碎石	＜50	≤1∶3.0
	50～100	≤1∶4.0
	＞100	≤1∶5.0
卵石	＜50	≤1∶2.5
	50～100	≤1∶3.0
	＞100	≤1∶4.0

(4)高强混凝土设计配合比确定后,还应采用该配合比进行不少于三盘混凝土的重复试验,每盘混凝土应至少成型一组试件,每组混凝土的抗压强度不应低于配制强度。

(5)高强混凝土抗压强度测定宜采用标准尺寸试件,使用非标准尺寸试件时,尺寸折算系数应经试验确定。

4. 泵送混凝土

(1)泵送混凝土所采用的原材料应符合下列规定:

1)水泥宜选用硅酸盐水泥、普通硅酸盐水泥、矿渣硅酸盐水泥和粉煤灰硅酸盐水泥。

2)粗集料宜采用连续级配,其针片状颗粒含量不宜大于10%;粗集料的最大公称粒径与输送管径之比宜符合表 4-117 的规定。

3)细集料宜采用中砂,其通过公称直径为 $315\mu m$ 筛孔的颗粒含量不宜少于 15%。

4)泵送混凝土应掺用泵送剂或减水剂,并宜掺用矿物掺合料。

(2)泵送混凝土配合比应符合下列规定:

1)胶凝材料用量不宜小于 $300kg/m^3$。

2)砂率宜为 35%～45%。

（3）泵送混凝土试配时应考虑坍落度经时损失。

5. 大体积混凝土

（1）大体积混凝土所用的原材料应符合下列规定：

1）水泥宜采用中、低热硅酸盐水泥或低热矿渣硅酸盐水泥，水泥的 3d 和 7d 水化热应符合现行国家标准《中热硅酸盐水泥 低热硅酸盐水泥 低热矿渣硅酸盐水泥》（GB 200—2003）规定。当采用硅酸盐水泥或普通硅酸盐水泥时，应掺加矿物掺合料，胶凝材料的 3d 和 7d 水化热分别不宜大于 240kJ/kg 和 270kJ/kg。水化热试验方法应按现行国家标准《水泥水化热测定方法》（GB/T 12959—2008）执行。

2）粗集料宜为连续级配，最大公称粒径不宜小于 31.5mm，含泥量不应大于 1.0％。

3）细集料宜采用中砂，含泥量不应大于 3.0％。

4）宜掺用矿物掺合料和缓凝型减水剂。

（2）当采用混凝土 60d 或 90d 龄期的设计强度时，宜采用标准尺寸试件进行抗压强度试验。

（3）大体积混凝土配合比应符合下列规定：

1）水胶比不宜大于 0.55，用水量不宜大于 175kg/m³。

2）在保证混凝土性能要求的前提下，宜提高每立方米混凝土中的粗集料用量；砂率宜为 38％～42％。

3）在保证混凝土性能要求的前提下，应减少胶凝材料中的水泥用量，提高矿物掺合料掺量，矿物掺合料掺量应符合"（一）基本规定中第（5）条"的规定。

（4）在配合比试配和调整时，控制混凝土绝热温升不宜大于 50℃。

（5）大体积混凝土配合比应满足施工对混凝土凝结时间的要求。

▶◀ 复习思考题 ▶◀

1. 普通混凝土是由哪些材料组成的？它们在混凝土凝结硬化前后各起什么作用？

2. 混凝土和易性包括哪些内容？如何判断混凝土的和易性？

3. 影响混凝土强度的主要因素有哪些？提高混凝土强度的主要措施有哪些？

4. 何谓混凝土的干缩变形、徐变？它们可能受哪些因素的影响？

5. 简述混凝土耐久性的概念。它通常包括哪些性质？影响混凝土耐久性的关键是什么？怎样提高混凝土的耐久性？

6. 提高混凝土抗渗性的措施有哪些？

7. 什么是混凝土的碳化？碳化对钢筋混凝土性能有何影响？

8. 何谓碱—集料反应？防止措施是什么？

9. 何谓混凝土早强剂？常用早强剂有哪几种？

10. 简述混凝土配合比设计的五项基本要求及配合比常用的表示方法。

第六节 砂 浆

砂浆是由胶凝材料、细集料、水，有时也加入适量掺合料和外加剂混合而成，在工程中起粘结、铺垫、传递应力作用的市政工程材料，又称为无集料的混凝土。砂浆在土木结构工程中不直接承受荷载，而是传递荷载，它可以将块状、粒状的材料砌筑粘接为整体，修建各种建筑物，如桥涵、堤坝和房屋的墙体等；或者薄层涂抹在表面上，在装饰工程中，梁、柱、地面、墙面等在进行表面装饰之前要用砂浆找平抹面，来满足功能的需要，并保护结构的内部。在采用各种石材、面砖等贴面时，一般也用砂浆作粘接和镶缝。

砂浆按所用的胶凝材料可分为水泥砂浆、水泥混合砂浆、石灰砂浆、石膏砂浆和聚合物砂浆等。砂浆按用途又可分为砌筑砂浆、抹面砂浆和特种砂浆。

一、砌筑砂浆

能够将砖、石块、砌块粘结成砌体的砂浆称为砌筑砂浆。在土木工程中用量很大,起粘结、垫层及传递应力的作用。

1. 砌筑砂浆的材料组成

(1)胶凝材料。砂浆中使用的胶凝材料有各种水泥、石灰、石膏和有机胶凝材料等,常用的是水泥和石灰。

1)水泥。砂浆可采用普通硅酸盐水泥、矿渣硅酸盐水泥、复合硅酸盐水泥、火山灰质硅酸盐水泥等常用品种的水泥或砌筑水泥。水泥的强度等级一般选择强度等级为 32.5 的水泥,但对于高强砂浆也可以选择强度等级为 42.5 的水泥。水泥的品种应根据砂浆的使用环境和用途选择;在配制某些专门用途的砂浆时,还可以采用某些专用水泥和特种水泥,如用于装饰砂浆的白水泥,用于粘贴砂浆的粘贴水泥等。

2)石灰。为节约水泥、改善砂浆的和易性,砂浆中常掺入石灰膏配制成混合砂浆,当对砂浆的要求不高时,有时也单独用石灰配制成石灰砂浆。砂浆中使用的石灰应符合技术要求。为保证砂浆的质量,应将石灰预先消化,并经"陈伏",消除过火石灰的膨胀破坏作用后在砂浆中使用。在满足工程要求的前提下,也可以使用工业废料,如电石灰膏等。

(2)细集料。细集料在砂浆中起骨架和填充作用,对砂浆的流动性、黏聚性和强度等技术性能影响较大。性能良好的细集料可以提高砂浆的工作性和强度,尤其对砂浆的收缩开裂有较好的抑制作用。

砂浆中使用的细集料,原则上应采用符合混凝土用砂技术要求的优质河砂。由于砂浆层一般较薄,因此,对砂子的最大粒径有所限制。用于砌筑毛石砌体的砂浆,砂子的最大粒径应小于砂浆层厚度的 1/5～1/4;用于砖砌体的砂浆,砂子的最大粒径应不大于 2.5mm;用于光滑的抹面及勾缝的砂浆,应采用细砂,且最大粒径小于 1.2mm。用于装饰的砂浆,还可采用彩砂、石渣等。砂子中的含泥量对砂浆的和易性、强度、变形性和耐久性均有影响。由于砂子中含有少量泥,可改善砂浆的黏聚性和保水性,故砂浆用砂的含泥量可比混凝土略高。对强度等级为 M2.5 以上的砌筑砂浆,含泥量应小于 5%;对强度等级为 M2.5 的砂浆,含泥量应小于 10%。

砂浆用砂还可根据原材料情况,采用机制砂、山砂、特细砂等,但应根据经验并经试验后,确定其技术要求,在保温砂浆、吸声砂浆和装饰砂浆中,还采用轻砂(如膨胀珍珠岩)、白色或彩色砂等。

(3)掺合料和外加剂。在砂浆中,掺合料是为改善砂浆和易性而加入的无机材料,如石灰膏、粉煤灰、沸石粉等,砂浆中使用的掺合料必须符合国家相关规定,砂浆中使用的粉煤灰应符合现行国家标准《用于水泥和混凝土中的粉煤灰》(GB/T 1956—2005)的要求。为改善砂浆的和易性及其他性能,还可以在砂浆中掺入外加剂,如增塑剂、早强剂、防水剂等。砂浆中掺用外加剂时,不但要考虑外加剂对砂浆本身性能的影响,还要根据砂浆的用途,考虑外加剂对砂浆的使用功能有哪些影响,并通过试验确定外加剂的品种和掺量。为了提高砂浆的和易性,改善硬化后砂浆的性质,节约水泥,可在水泥砂浆或混合砂浆中掺入外加剂,最常用的是微沫剂,它是一种松香热聚物,掺量一般为水泥质量的 0.005%~0.010%,以通过试验的调配掺量为准。

(4)拌合水。砂浆拌和用水的技术要求与混凝土拌和用水相同,应采用洁净、无油污和硫酸盐等杂质的可饮用水,为节约用水,经化验分析或试拌验证合格的工业废水也可以用于拌制砂浆。

2. 砌筑砂浆的技术性质

砌筑砂浆的技术性质,主要包括新拌砂浆的和易性、硬化后砂浆的强度和粘结强度,以及抗冻性、收缩值等指标。

(1)新拌砂浆的和易性。和易性是指新拌制的砂浆拌合物的工作性,砂浆在硬化前应具有良好的和易性,即砂浆在搅拌、运输、摊铺时易于流动并不易失水的性质,和易性包括流动性和保水性两个方面。

1)流动性。砂浆的流动性是指砂浆在重力或外力的作用下流动的性能。砂浆的流动性用"稠度"来表示。砂浆稠度的大小用沉入度表示,沉入度是指标准试锥在砂浆内自由沉入 10s 时沉入的深度,单位用 mm 表示,沉入量大的砂浆流动性好。

砂浆稠度的选择:沉入量的大小与砌体基材、施工气候有关。可根据施工经验来拌制,并应符合现行标准《砌筑砂浆配合比设计规程》(JGJ/T 98—2010)的规定,具体见表4-118。

表 4-118　　　　　　　砌筑砂浆的施工稠度

砌 体 种 类	砂浆稠度(mm)
烧结普通砖砌体、粉煤灰砌体	70~90
普通混凝土小型空心砌体、混凝土砖砌体、灰砂砖砌体	50~70
烧结多孔砖砌体、烧结空心砖砌体、轻集料混凝土小型空心砌块砌体、蒸压加气混凝土砌块砌体	60~80
石砌体	30~50

2)保水性。保水性是指新拌砂浆保持内部水分不流出的能力。它反映了砂浆中各组分材料不易分离的性质,保水性好的砂浆在运输、存放和施工过程中,水分不易从砂浆中离析,砂浆能保持一定的稠度,使砂浆在施工中能均匀地摊铺在砌体中间,形成均匀密实的连接层。保水性不好的砂浆在砌筑时,水分容易被吸收,从而影响砂浆的正常硬化,最终降低砌体的质量。砌筑砂浆中,水泥砂浆、水泥混合砂浆和预拌砌筑砂浆保水率分别不小于80%、84%和88%。

影响砂浆保水性的主要因素有:胶凝材料的种类及用量、掺合料的种类及用量、砂的质量及外加剂的品种和掺量等。

在拌制砂浆时,有时为了提高砂浆的流动性、保水性,常加入一定的掺合料(石灰膏、粉煤灰、石膏等)和外加剂。加入的外加剂,不仅可以改善砂浆的流动性、保水性,而且有些外加剂能提高硬化后砂浆的粘结力和强度,改善砂浆的抗渗性和干缩等。

砂浆的保水性是用分层度来表示,单位为 mm。保水性好的砂浆,分层度不应大于 30mm;否则,砂浆易产生离析、分层,不便于施工;但分层度过小,接近于零时,水泥浆量多,砂浆易产生干缩裂缝,因此,砂浆的分层度一般控制在 10~30mm。

(2)硬化后砂浆的强度及强度等级。砂浆抗压强度是以标准立方体试件(70.7mm×70.7mm×70.7mm),一组 3 块,在标准养护条件下,测定其 28d 的抗压强度值而定的。根据砂浆的平均抗压强度,将水泥砂浆及预拌砌筑砂浆的强度等级分为 M5、M7.5、M10、M15、M20、M25 和 M30 七个等级;将水泥混合砂浆的强度等级分为 M5、M7.5、M10 和 M15 四个等级。

影响砂浆抗压强度的因素很多,很难用简单的公式表达砂浆的抗压强度与其组成材料之间的关系。因此,在实际工程中,对于具体的组成材料,大多根据经验和通过试配,经试验确定砂浆的配合比。

知识拓展

用于不吸水底面砂浆的抗压强度

用于不吸水底面(如密实的石材)砂浆的抗压强度,与混凝土相似,主要取决于水泥强度和胶水比。其关系式如下:

$$f_{m,o}=A \times f_{ce} \times \left(\frac{C}{W}-B\right) \tag{4-33}$$

式中　$f_{m,o}$——砂浆 28d 抗压强度(MPa);

　　　f_{ce}——水泥 28d 实测抗压强度(MPa);

　　　A、B——与集料种类有关的系数(可根据试验资料统计确定);

　　　C/W——胶水比。

用于吸水底面(如砖或其他多孔材料)的砂浆,即使用水量不同,但因底面吸水且砂浆具有一定的保水性,经底面吸水后,所保留在砂浆中的水分几乎是相同的,因此砂浆的抗压强度主要取决于水泥强度及水泥用量,而与砌筑前砂浆中的水胶比基本无关。其关系式如下:

$$f_{m,o}=A \cdot f_{ce} \cdot \frac{Q_c}{1000}+B \tag{4-34}$$

式中　Q_c——水泥用量(kg)。

砌筑砂浆的配合比可以根据上述两式并结合经验估算,经试拌后检测各项性能后确定。

3. 砌筑砂浆的其他性能

(1)粘结力。砂浆的粘结力是影响砌体结构抗剪强度、抗震性、抗裂性等的重要因素。为了提高砌体的整体性,保证砌体的强度,要求砂浆要和基体材料有足够的粘结力,随着砂浆抗压强度的提高,砂浆与基层的粘结力也提高。在充分润湿、干净、粗糙的基面砂浆的粘结力较好。

(2)砂浆的变形性能。砂浆在硬化过程中、承受荷载或在温度条件变化时均容易变形,变形过大会降低砌体的整体性,引起沉降和裂缝。在拌制砂浆时,如果砂过细、胶凝材料过多及用轻集料拌制砂浆,会引起砂浆的较大收缩变形而开裂。有时,为了减少收缩,可以在砂浆中加入适量的膨胀剂。

(3)凝结时间。砂浆凝结时间,以贯入阻力达到 0.5MPa 为评定的依据。水泥砂浆不宜超过 8h,水泥混合砂浆不宜超过 10h,掺入外加剂应满足工程设计和施工的要求。

(4)砂浆的耐久性。砂浆应具有良好的耐久性,为此,砂浆应与基底材料有良好的粘结力、较小的收缩变形。受冻融影响的砌体结构,对砂浆还有抗冻性的要求。对冻融循环次数有要求的砂浆,经冻融试验后,质量损失率不得大于 5%,抗压强度损失率不得大于 25%。

4. 砌筑砂浆的配合比设计

(1)现场配置水泥砂浆的试配应符合下列规定:

1)1m³ 水泥砂浆的材料用量可按表 4-119 选用。

表 4-119　　　　　　　　　　1m³ 水泥砂浆材料用量

强度等级	水泥(kg)	砂(kg)	用水量(kg)
M5	200～230		
M7.5	230～260		
M10	260～290	砂的堆积密度值	270～330
M15	290～330		
M20	340～400		

续表

强度等级	水泥(kg)	砂(kg)	用水量(kg)
M25	360～410	砂的堆积密度值	270～330
M30	430～480		

注:1. M5 及 M15 以下强度等级水泥砂浆,水泥强度等级为 32.5 级;M15 以上强度等级水泥砂浆,水泥强度等级为 42.5 级。

2. 当采用细砂或粗砂时,用水量分别取上限或下限。

3. 稠度小于 70mm 时,用水量可小于下限。

4. 施工现场气候炎热或干燥季节,可酌量增加用水量。

2)1m³ 水泥粉煤灰砂浆材料用量可按表 4-120 选用。

表 4-120　　　　　　　1m³ 水泥粉煤灰砂浆材料用量

强度等级	水泥和粉煤灰总量(kg)	粉煤灰(kg)	砂(kg)	用水量(kg)
M5	210～240	粉煤灰掺量可占胶凝材料总量的 15%～25%	砂的堆积密度值	270～330
M7.5	240～270			
M10	270～300			
M15	300～330			

(2)砌筑砂浆配合比试配、调整与确定。

1)砌筑砂浆试配时应考虑工程实际要求,搅拌应符合下列规定:

①对水泥砂浆和水泥混合砂浆,搅拌时间不得少于 120s。

②对预拌砌筑砂浆和掺有粉煤灰、添加剂、保水增稠材料等的砂浆,搅拌时间不得少于 180s。

2)按计算或查表所得配合比进行试拌时,应按现行行业标准《建筑砂浆基本性能试验方法标准》(JGJ/T 70—2009)测定砌筑砂浆拌合物的稠度和保水率。当稠度和保水率不能满足要求时,应调整材料用量,直到符合要求为止,然后确定为试配时的砂浆标准配合比。

3)试配时至少应采用三个不同的配合比,其中一个配合比应为按以上方法计算得出的基准配合比,其余两个配合比的水泥用量应按基准配合比分别增加及减少 10%。在保证稠度、保水率合格的条件下,可将用水量、石灰膏、保水增稠材料或粉煤灰等活性掺合料用量做相应调整。

4)砌筑砂浆试配时稠度应满足施工要求,按现行行业标准《建筑砂浆基本性能试验方法标准》(JGJ/T 70—2009)分别测定不同配合比砂浆的表观稠度和强度;并应选用符合试配强度及和易性要求、水泥用量最低的配合比作为砂浆的试配配合比。

5)砌筑砂浆试配配合比还应按下列步骤进行校正:

①根据砂浆试配配合比确定的材料用量,按下列计算砂浆的理论表观密度:

$$\rho_t = Q_C + Q_D + Q_S + Q_W$$

式中　ρ_t——砂浆的理论表观密度值(kg/m^3)。

②按下式计算砂浆配合比校正系数 δ:

$$\delta = \rho_c / \rho_t$$

式中　ρ_c——砂浆的实测表观密度值(kg/m^3)。

③当砂浆的实测表观密度值与理论表观密度值之差的绝对值不超过理论值的 2% 时,则可将试配配合比确定为砂浆设计配合比;当超过 2% 时,应将试配配合比中每项材料用量均乘以校正系数(δ)后,确定为砂浆设计配合比。

二、抹面砂浆

凡粉刷于市政工程的建筑物或构建表面的砂浆,统称为抹面砂浆。抹面砂浆有保护基层、增加美观的功能。抹面砂浆的强度要求不高,但要求保水性好,与基底的粘结力好,容易磨成均匀平整的薄层,长期使用不会开裂或脱落。

抹面砂浆按其功能不同可分为普通抹面砂浆、防水砂浆和装饰砂浆等。

1. 普通抹面砂浆

普通抹面砂浆用于室外、易撞击或潮湿的环境中,如外墙、水池、墙裙等,一般应采用水泥砂浆。普通抹面砂浆的功能是保护结构主体,提高耐久性,改善外观。常用抹面砂浆的配合比和应用范围可参考表 4-121。普通抹面砂浆的流动性和砂子的最大粒径可以参考表 4-121。

表 4-121　　　　　常用抹面砂浆的配合比和应用范围

材　料	体积配合比	应用范围
石灰：砂	1：3	用于干燥环境中的砖石墙面打底或找平
石灰：黏土：砂	1：1：6	干燥环境墙面
石灰：石膏：砂	1：0.6：3	不潮湿的墙及天花板
石灰：石膏：砂	1：2：3	不潮湿的线脚及装饰
石灰：水泥：砂	1：0.5：4.5	勒脚、女儿墙及较潮湿的部位
水泥：砂	1：2.5	用于潮湿的房间墙裙、地面基层
水泥：砂	1：1.5	地面、墙面、天棚
水泥：砂	1：1	混凝土地面压光
水泥：石膏：砂：锯末	1：1：3.5	吸声粉刷
水泥：白石子	1：1.5	水磨石
石灰膏：麻刀	1：2.5	木板条顶棚底层
石灰膏：纸筋	1m³ 石灰膏掺 3.6kg 纸筋	较高级的墙面及顶棚
石灰膏：纸筋	100：3.8（质量比）	木板条顶棚面层
石灰膏：麻刀	1：1.4（质量比）	木板条顶棚面层

表 4-122　　　　　普通抹面砂浆的流动性及砂子的最大粒径

抹面层	沉入度（人工抹面）(mm)	砂的最大粒径(mm)
底层	100～120	2.5
中层	70～90	2.5
面层	70～80	1.2

2. 防水砂浆

用作防水层的砂浆称为防水砂浆。砂浆防水层又称刚性防水层，适用于不受振动和具有一定刚度的混凝土和砖石砌体工程。

防水砂浆主要有普通水泥防水砂浆、掺加防水剂的防水砂浆、膨胀水泥和无收缩水泥防水砂浆三种。普通水泥防水砂浆是由水泥、细集料、掺合料和水拌制成的砂浆。掺加防水剂的水泥砂浆是在普通水泥中掺入一定量的防水剂而制得的防水砂浆，是目前应用广泛的一种防水砂浆。常用的防水剂有硅酸钠类、金属皂类、氯化物金属盐及有机硅类等。膨胀水泥和无收缩水泥防水砂浆是采用膨胀水泥和无收缩水泥制作的砂浆,利用这两种水泥制作的砂浆有微膨胀或补偿收缩性能,从而提高砂浆的密实性和抗渗性。

防水砂浆的配合比一般采用水泥:砂=1:(2.5~3),水灰比为0.5~0.55。水泥应采用42.5强度等级的普通硅酸盐水泥,砂子应采用级配良好的中砂。

防水砂浆对施工操作技术要求很高。制备防水砂浆应先将水泥和砂干拌均匀,再加入水和防水剂溶液搅拌均匀。粉刷前,先在润湿清

> 防水砂浆适用于埋置深度不大、不受振动和具有一定刚度的地上及地下防水工程。

洁的底面上抹一层低水灰比的纯水泥浆(有时也用聚合物水泥浆),然后抹一层防水砂浆,在初凝前,用木抹子压实一遍,第二、三、四层都是以同样的方法进行操作,最后一层要压光。粉刷时,每层厚度约为5mm,共粉刷4~5层,20~30mm厚。粉刷完后,必须加强养护。

3. 装饰砂浆

装饰砂浆是指粉刷在建筑物内外墙表面,具有美化装饰、改善功能、保护建筑物的抹面砂浆。装饰砂浆所采用的胶凝材料除普通水泥、矿渣水泥等外,还可以应用白水泥、彩色水泥,或在常用水泥中掺加耐碱矿物颜料,配制成彩色水泥砂浆;装饰砂浆采用的集料除普通河砂外,还可以使用色彩鲜艳的花岗石、大理石等色石及细石渣,有时采用玻璃或陶瓷碎粒,有时也可以加入少量云母碎片、玻璃碎料、长石、贝壳等使表面获得发光效果。掺颜料的砂浆在室外抹灰工程中使用,总会受到风吹、日晒、雨淋及大气中有害气体的腐蚀。因此,装饰砂浆中的颜料,应采用耐碱和耐光晒的矿物颜料。

外墙面的装饰砂浆有如下工艺做法:

(1)拉毛。先用水泥砂浆做底层,再用水泥石灰砂浆做面层。在砂浆尚未凝结之前,用抹刀将表面拍拉成凹凸不平的形状。

(2)水刷石。用颗粒细小(约5mm)的石渣拌成的砂浆做面层,在水泥终凝前,喷水冲刷表面,冲洗掉石渣表面的水泥浆,使石渣表面外露。水刷石用于建筑物的外墙面,具有一定的质感,且经久耐用,不需

要维护。

（3）干黏石。在水泥砂浆面层的表面,粘结粒径 5mm 以下的白色或彩色石渣、小石子、彩色玻璃、陶瓷碎粒等。要求石渣粘结均匀、牢固。干黏石的装饰效果与水刷石相近,且石子表面更洁净、艳丽;避免了喷水冲洗的湿作业,施工效率高,而且节约材料和水。干黏石在预制外墙板的生产中应用较多。

（4）斩假石。又称为剁假石、斧剁石。砂浆的配制与水刷石基本一致。砂浆抹面硬化后,用斧刃将表面剁毛并露出石渣。斩假石的装饰效果与粗面花岗石相似。

（5）假面砖。将硬化的普通砂浆表面用刀斧锤凿刻划出线条;或者在初凝后的普通砂浆表面用木条、钢片压划出线条;也可用涂料画出线条,将墙面装饰成仿砖砌体、仿瓷砖贴面、仿石材贴面等艺术效果。

（6）水磨石。用普通水泥、白水泥、彩色水泥或普通水泥加耐碱颜料拌和各种色彩的大理石石渣做面层,硬化后用机械反复磨平抛光表面而成。水磨石多用于地面、水池等工程部位。可事先设计图案色彩,磨平抛光后更具艺术效果。水磨石还可以制成预制件或预制块,做楼梯踏步、窗台板、柱面、台面、踢脚板、地面板等构件。

室内外的地面、墙面、台面、柱面等,也可以用水磨石进行装饰。

装饰砂浆还可以采用喷涂、弹涂、辊压等工艺方法,做成丰富多彩、形式多样的装饰面层。装饰砂浆操作方便,施工效率高,与其他墙面、地面装饰相比,成本低,耐久性好。

▶复习思考题◀

1. 影响砌筑砂浆强度的因素有哪些?

2. 新拌砂浆和易性的含义是什么? 新拌砂浆的和易性如何测定? 怎样才能提高砂浆的和易性? 和易性不良的砂浆对工程质量会有哪些影响?

3. 何谓混合砂浆? 工程中常采用水泥砂浆混合砂浆有何好处? 为什么要在抹面砂浆中掺入纤维材料?

第七节　沥青及沥青混合料

一、沥青材料

(一)概述

沥青是一种由许多高分子碳氢化合物及其非金属(氧、硫、氮等)衍生物所组成的在常温下呈褐色或黑褐色固体、半固体及液体状态的复杂的混合物。它能溶于二硫化碳等有机溶剂中。

沥青是一种憎水性的有机胶凝材料,它具有与矿质混合料良好的粘结力;同时结构致密,几乎完全不溶于水和不吸水;而且还具有较好的抗腐蚀能力,能抵抗一般的酸性、碱性及盐类等具有腐蚀性的液体或气体的腐蚀等特点。故沥青是市政工程中不可缺少的材料之一,广泛用于道路桥梁、水利工程以及其他防水防潮工程中。

沥青按产源不同分为地沥青与焦油沥青两大类。地沥青中有石油沥青与天然沥青;焦油沥青则有煤沥青、木沥青、页岩沥青及泥炭沥青等几种。市政工程中主要使用石油沥青和煤沥青,以及以沥青为原料通过加入表面活性物质而得到的乳化沥青和改性沥青等。

1. 常用沥青材料的符号及代号

常用沥青材料的符号及代号见表 4-123。

表 4-123　　　　　　常见沥青材料符号及代号

编　号	符号或代号	意　义
1	HMA	热拌沥青混合料
2	A	道路石油沥青
3	T	道路煤沥青
4	PC	喷洒型阳离子乳化沥青
5	BC	拌合型阳离子乳化沥青
6	PA	喷洒型阴离子乳化沥青

编 号	符号或代号	意 义
7	BA	拌合型阴离子乳化沥青
8	AL(R)	快凝液体石油沥青
9	AL(M)	中凝液体石油沥青
10	AL(S)	慢凝液体石油沥青
11	AC	密级配沥青混凝土混合料
12	AM	半开级配沥青碎石混合料
13	ES	乳化沥青稀浆封层沥青混合料

2. 技术要求

(1)沥青材料应附有炼油厂的沥青质量检验单。运至现场的各种材料必须按要求进行试验,经评定合格方可使用。

道路石油沥青仍然是我国沥青路面建设最主要的材料,目前沥青供应的数量和质量与需求相比仍有较大差距,在选购沥青时应查明其原油种类及炼油工艺,并征得主管部门的同意,这是因为沥青质量基本上受制于原油品种,且与炼油工艺关系很大。为防止因沥青质量发生纠纷,参照国外各炼油厂的做法,沥青出厂均应附有质量检验单,使用单位在购货后进行试验确认。如有疑问或达不到检验单的数据,可请有关质检部门或质量监督部门仲裁,以明确责任。

(2)沥青路面的沥青材料可采用道路石油沥青、煤沥青、乳化石油沥青、液体石油沥青等。沥青材料的选择应根据交通量、气候条件、施工方法、沥青面层类型、材料来源等情况确定。当采用改性沥青时应进行试验并应进行技术论证。

(3)路面材料进入施工场地时,应登记,并签发材料验收单。验收单应包括材料来源、品种、规格、数量、使用目的、购置日期、存放地点及其他应予注明的事项。

(二)道路石油沥青

1. 石油沥青与道路石油沥青

由石油经蒸馏、吹氧、调和等工艺加工得到的,只要为可溶于二硫化碳的碳氢化合物的半固体黏稠状物质即为石油沥青；符合沥青路面使用技术标准的沥青结合料为道路石油沥青。

2. 道路沥青的适用范围

道路石油沥青各个等级的适用范围应符合表 4-124 的规定。

表 4-124　　　　　　　　道路石油沥青的适用范围

沥青等级	适用范围
A 级沥青	各个等级的公路，适用于任何场合和层次
B 级沥青	(1)高速公路、一级公路沥青下面层及以下的层次，二级及二级以下公路的各个层次。
	(2)用作改性沥青、乳化沥青、改性乳化沥青、稀释沥青的基质沥青
C 级沥青	三级及三级以下公路的各个层次

在道路工程中选用沥青材料时，应根据工程的性质、当地的气候条件以及工作环境来选用沥青。道路石油沥青主要用于道路路面等工程，一般拌制成沥青混合料或沥青砂浆使用。在应用过程中需控制好加热温度和加热时间。沥青在使用过程中若加热温度过高或加热时间过长，都将使石油沥青的技术性能发生变化；若加热温度过低，则沥青的黏滞度就不会满足施工要求。沥青合适的加热温度和加热时间，应根据达到施工最小黏滞度的要求并保证沥青最低程度地改变原来性能的原则，根据当地实际情况来加以确定。同时，在应用过程中还应进行严格的质量控制。其主要内容应包括：在施工现场随机抽取试样，按沥青材料的标准试验方法进行检验，并判断沥青的质量状况；若沥青中含有水分，则应在使用前脱水，脱水时应将含有水分的沥青徐徐倒入锅中，其数量以不超过油锅容积的一半为度，并保持沥青温度为 80～90℃。在脱水过程中应经常搅动，以加速脱水速度，并防止溢锅，待水分脱净后，方可继续加入含水沥青，沥青脱水后方可抽取试样进行试验。

3. 道路石油沥青的技术标准

道路石油沥青的技术标准除针入度外，对不同标号各等级沥青的针入度指数、软化点、延度、闪点、密度等指标提出了相应的要求，道路石油沥青的技术要求见表 4-123。

表4-125

道路石油沥青技术要求

指标	等级	160号④	130号④	110号	90号	70号②	50号②	30号③
针入度(25℃,5s,100g)(0.1mm)		140~200	120~140	100~120	80~100	60~80	40~60	20~40
适用的气候分区		注④	注④	2-1 2-2 3-2	1-1 1-2 1-3 1-4 2-2 2-3 2-4	1-3 1-4 2-2 2-3 2-4	1-4	注③
针入度指数 PI①	A				$-1.5\sim+1.0$			
	B				$-1.8\sim+1.0$			
软化点(R&B)(℃),不小于	A	38	40	43	45	46	49	55
	B	36	39	42	43	44	46	53
	C	35	37	41	42	43	45	50
60℃动力黏度①(Pa·s),不小于	A	—	60	120	140 160 180	160 180	200	260
10℃延度①(cm),不小于	A	50	50	40	45 30 20	25 20 15	15	10
	B	30	30	30	30 20 15	20 15 10	10	8
15℃延度(cm),不小于	A,B	100	100	100	100	100	80	50
	C	80	80	60	50	40	30	20
蜡含量(蒸馏法)(%),不大于	A				2.2			
	B				3.0			
	C				4.5			

续表

指　标	等级	沥青标号						
		160号③	130号③	110号	90号	70号②	50号②	30号③
闪点(℃),不小于		230		245		260		
溶解度(%),不小于		99.5						
密度(15℃)(g/cm³)		实测记录						
TFOT(或RTFOT)后④								
质量变化(%),不大于		±0.8						
残留针入度比(25℃)(%),不小于	A	48	54	55	57	61	63	65
	B	45	50	52	54	58	60	62
	C	40	45	48	50	54	58	60
残留延度(10℃)(cm),不小于	A	12	12	10	8	6	4	—
	B	10	10	8	6	4	2	—
残留延度(15℃)(cm),不小于	C	40	35	30	20	15	10	—

①经建设单位同意,表中 PI 值、60℃动力黏度、10℃延度可作为选择性指标,也可不作为施工质量检验指标。

②70号沥青可根据需要供应商要求提供针入度范围为 60~70 或 70~80 的沥青,50 号沥青可要求提供针入度范围为 40~50 或 50~60 的沥青。

③30 号沥青仅适用于沥青稳定基层。130 号和 160 号沥青除严寒冷地区可直接应用外,通常用作乳化沥青、稀释沥青、改性沥青的基质沥青。

④老化试验以 TFOT 为准,也可以 RTFOT 代替。

(1)对高速公路、一级公路,夏季温度高、高温持续时间长、重载交通、山区及丘陵区上坡路段、服务区、停车场等行车速度慢的路段,尤其是汽车荷载剪应力大的层次,宜采用稠度大、黏度大的沥青,也可提高高温气候分区的温度水平选用沥青等级;对冬季寒冷的地区或交通量小的公路、旅游公路宜选用稠度小、低温延度大的沥青;对日温差、年温差大的地区宜注意选用针入度指数大的沥青。当高温要求与低温要求发生矛盾时应优先考虑满足高温性能的要求。

(2)当缺乏所需标号的沥青时,可采用不同标号掺配的调和沥青,其掺配比例由试验决定。掺配后的沥青质量应符合表 4-126 的要求。

> 沥青的牌号越大,沥青的黏滞性越小(针入度越大),塑性越好(延度越大),温度稳定性越差(软化点越低),使用寿命越长。

(3)道路石油沥青分为中、轻交通石油沥青和重交通石油沥青。其中,中、轻交通量道路石油沥青的技术要求见表 4-126。

表 4-126　　　　　　中、轻交通量道路石油沥青的技术要求

质　量　指　标		A～200	A～180	A～140	A～100		A～60	
					甲	乙	丙	丁
针入度(25℃,100g,5s),(1/10mm)		200～300	160～200	120～160	90～120	80～120	50～80	40～80
延度(15℃)(cm)	≥	20	100	100	90	60	70	40
软化点(环球法)(℃)		30～45	35～45	38～48	42～52	42～52	45～55	45～55
溶解度(三氯乙烯)(%)	≥	99.0						
薄膜烘箱加热试验(160℃,5h)	质量损失(%)≤	1.0	1.0	1.0	1.0	1.0	1.0	1.0
	针入度比(%)≥	50	60	60	65	65	70	70
闪点(开口)(℃)	≥	180	200	230	230	230	230	230

重交通量道路石油沥青的技术要求见表 4-127。

表 4-127 重交通量道路石油沥青的技术要求

质量指标		重交通量道路石油沥青					
		AH—130	AH—110	AH—90	AH—70	AH—50	AH—30
针入度(25℃,100g,5s)(1/10mm)		120～140	100～120	80～100	60～80	40～60	20～40
延度(15℃)(cm) ≥		100	100	100	100	100	实测记录
软化点(环球法)(℃)		38～51	40～53	42～55	44～57	45～58	50～65
溶解度(三氯乙烯)(%) ≥		99.0					
含蜡量(蒸馏法)(%) ≤		3.0					
薄膜烘箱加热试验(160℃,5h)	质量损失(%) ≤	1.3	1.2	1.0	0.8	0.6	0.5
	针入度比(%) ≥	45	48	50	55	58	60
	延度(15℃)(%) ≥	100	50	40	30	实测记录	
闪点(开口)(℃) ≥		230					260

施工提示

中、轻、重交通道路石油沥青的用途

中、轻交通道路石油沥青主要用作一般道路路面、车间地面等工程，常配制沥青混凝土、沥青混合料和沥青砂浆使用。选用道路石油沥青时，要按照工程要求、施工方法以及气候条件等选用不同牌号的沥青。另外，还可用作密封材料、胶粘剂和沥青涂料等。重交通道路石油沥青主要用于高速公路、一级公路路面、机场道面以及重要的城市道路路面等工程。

（4）道路用液体石油沥青按照液体沥青的凝固速度分为快凝、中凝和慢凝三个等级，除黏度外，对蒸馏的馏分及残留物性质、闪点和含水量也提出相应的要求。道路用液体石油沥青的技术要求见表4-126。

表4-128 道路用液体石油沥青的技术要求

试验项目	快凝 AL(R)-1	快凝 AL(R)-2	中凝 AL(M)-1	中凝 AL(M)-2	中凝 AL(M)-3	中凝 AL(M)-4	中凝 AL(M)-5	中凝 AL(M)-6	慢凝 AL(S)-1	慢凝 AL(S)-2	慢凝 AL(S)-3	慢凝 AL(S)-4	慢凝 AL(S)-5	慢凝 AL(S)-6
黏度(s) $C_{25,5}$	<20	—	—	—	—	—	—	—	—	—	—	—	—	—
黏度(s) $C_{60,5}$	—	5~15	—	5~15	16~25	26~40	41~100	101~200	—	5~15	16~25	26~40	41~100	101~180
蒸馏体积(%) 225℃前	>20	>15	<10	<7	<3	<2	0	0	—	—	—	—	—	—
蒸馏体积(%) 315℃前	>35	>30	<25	<17	<14	<8	<5	<5	—	—	—	—	—	—
蒸馏体积(%),≤ 360℃前	>45	>34	<50	<35	<30	<25	<20	<15	<40	<35	<25	<20	<15	<5
蒸馏后残留物 针入度 P(25℃,100g,5s)(1/10mm)	60~200	60~200	100~300	100~300	100~300	100~300	100~300	100~300	—	—	—	—	—	—
蒸馏后残留物 延度(25℃,5cm/min)	60	60	60	60	60	60	60	—	—	—	—	—	—	—
蒸馏后残留物 浮漂度(50℃)(s)	—	—	—	—	—	—	—	60	—	>20	>30	>40	>45	>45
闪点(TOC法),℃,≥	30	30	65	65	65	65	65	65	70	70	100	100	120	120
含水量(%),≤	0.2	0.2	0.2	0.2	0.2	0.2	0.2	0.2	0.2	0.2	0.2	0.2	0.2	0.2

1)液体石油沥青宜采用针入度较大的石油沥青,使用前按先加热沥青后加稀释剂的顺序,掺配煤油或轻柴油,经适当的搅拌、稀释制成。掺配比例根据使用要求由试验确定。

2)液体石油沥青在制作、贮存、使用的全过程中必须通风良好,并有专人负责,确保安全。基质沥青的加热温度严禁超过140℃,液体沥青的贮存温度不得高于50℃。

4. 道路石油沥青的标号及贮运

(1)沥青路面采用的沥青标号,宜按照公路等级、气候条件、交通条件、路面类型及在结构层中的层位及受力特点、施工方法等,结合当地的使用经验,经技术论证后确定。

(2)沥青必须按品种、标号分开存放。除长期不使用的沥青可放在自然温度下存储外,沥青在储罐中的贮存温度不宜低于130℃,并不得高于170℃。桶装沥青应直立堆放,加盖苫布。

(3)道路石油沥青在贮运、使用及存放过程中应有良好的防水措施,避免雨水或加热管道蒸汽进入沥青中。

(三)乳化沥青

1. 乳化沥青的概念

乳化沥青是将沥青热融,经过机械的作用,使其以细小的微滴状态分散于含有乳化剂的水溶液之中,形成水包油状的沥青乳液。水和沥青是互不相溶的,但由于乳化剂吸附在沥青微滴上的定向排列作用,降低了水与沥青界面间的界面张力,使沥青微滴能均匀地分散在水中而不致沉析;同时,由于稳定剂的稳定作用,使沥青微滴能在水中形成均匀稳定的分散系。乳化沥青呈茶褐色,具有高流动度,可以冷态使用,在与基底材料和矿质材料结合时有良好的黏附性。

2. 乳化沥青的适用范围

乳化沥青适用于沥青表面处治路面、沥青贯入式路面、冷拌沥青混合料路面,修补裂缝,喷洒透层、粘层与封层等。乳化沥青的品种和适用范围宜符合表4-127的规定。

表 4-129　　　　　　　　　　乳化沥青品种及适用范围

分　类	品种及代号	适用范围
阳离子乳化沥青	PC-1	表处、贯入式路面及下封层用
	PC-2	透层油及基层养护用
	PC-3	粘层油用
	BC-1	稀浆封层或冷拌沥青混合料用
阴离子乳化沥青	PA-1	表处、贯入式路面及下封层用
	PA-2	透层油及基层养护用
	PA-3	粘层油用
	BA-1	稀浆封层或冷拌沥青混合料用
非离子乳化沥青	PN-2	透层油用
	BN-1	与水泥稳定集料同时使用(基层路拌或再生)

3. 乳化沥青的技术要求

(1)乳化沥青的质量应符合表 4-130 的规定。在高温条件下宜采用黏度较大的乳化沥青,寒冷条件下宜使用黏度较小的乳化沥青。

表 4-130　　　　　　　　　　道路用乳化沥青技术要求

试验项目		品种及代号									
		阳离子				阴离子				非离子	
		喷洒用		拌和用		喷洒用			拌和用	喷洒用	拌和用
		PC-1	PC-2	PC-3	BC-1	PA-1	PA-2	PA-3	BA-1	PN-2	BN-1
破乳速度		快裂	慢裂	快裂或中裂	慢裂或中裂	快裂	慢裂	快裂或中裂	慢裂或中裂	慢裂	慢裂
粒子电荷		阳离子(+)				阴离子(一)				非离子	
筛上残留物 (1.18mm 筛) (%),不大于		0.1				0.1				0.1	
黏度	因格拉黏度计 E_{25}	2~10	1~6	1~6	2~30	2~10	1~6	1~6	2~30	1~6	2~30
	道路标准黏度计 $C_{25.3}$(s)	10~25	8~20	8~20	10~60	10~25	8~20	8~20	10~60	8~20	10~60

续表

试验项目		品种及代号									
		阳离子				阴离子				非离子	
		喷洒用			拌合用	喷洒用			拌合用	喷洒用	拌合用
		PC-1	PC-2	PC-3	BC-1	PA-1	PA-2	PA-3	BA-1	PN-2	BN-1
蒸发残留物	残留分含量(%),不小于	50	50	50	55	50	50	50	55	50	55
	溶解度(%),不小于	97.5				97.5				97.5	
	针入度(25℃)(0.1mm)	50～200	50～300	45～150		50～200	50～300	45～150		50～300	60～300
	延度(15℃),不小于(cm)	40				40				40	
与粗集料的黏附性,裹覆面积,不小于		2/3			—	2/3			—	2/3	—
与粗、细粒式集料拌合试验		—			均匀	—			均匀	—	
水泥拌合试验的筛上剩余(%),不大于		—			—	—			—	—	3
常温贮存稳定性(%) 1d,不大于 5d,不大于		1 5				1 5				1 5	

注:1. P 为喷洒型,B 为拌合型,C、A、N 分别表示阳离子、阴离子、非离子乳化沥青。

2. 黏度可选用恩格拉黏度计或沥青标准黏度计之一测定。

3. 表中的破乳速度与集料的黏附性、拌合试验的要求、所使用的石料品种有关,质量检验时应采用工程上实际的石料进行试验,仅进行乳化沥青产品质量评定时可不要求此三项指标。

4. 贮存稳定性根据施工实际情况选用试验时间,通常采用 5d,乳液生产后能在当天使用时也可用 1d 的稳定性。

5. 当乳化沥青需要在低温冰冻条件下贮存或使用时,尚需进行−5℃低温贮存稳定性试验,要求没有粗颗粒、不结块。

6. 如果乳化沥青是将高浓度产品运到现场经稀释后使用,表中的蒸发残留物等各项指标指稀释前乳化沥青的要求。

（2）乳化沥青类型根据集料品种及使用条件选择。阳离子乳化沥青可适用于各种集料品种，阴离子乳化沥青适用于碱性石料。乳化沥青的破乳速度、黏度宜根据用途与施工方法选择。

（3）制备乳化沥青用的基质沥青，对高速公路和一级公路，宜符合表4-122道路石油沥青 A、B 级沥青的要求，其他情况可采用 C 级沥青。

4. 乳化沥青的优缺点

乳化沥青的优点如下：

（1）节约能源。采用乳化沥青筑路时，只需要在沥青乳化时一次加热，且加热温度较低（一般为 120～140℃）。使用阳离子乳化沥青时，砂石料也不需要烘干和加热，甚至可以在湿润状态下使用，所以大大节约了能源。

（2）节省资源。乳化沥青有良好的黏附性，可以在集料表面形成均匀的沥青膜，易于准确控制沥青用量，因而可以节约沥青。由于沥青也是一种能源，所以节省沥青既可以节省资源，又可以节省能源。

（3）提高工程质量。由于乳化沥青与集料有良好的黏附性，而且沥青用量又少，施工中沥青的加热温度低，加热次数少，热老化损失小，因而增强了路面的稳定性、耐磨性与耐久性，提高了工程质量。

（4）延长施工时间。阴雨与低温季节，正是沥青路发生病害较多的季节。采用阳离子乳化沥青筑路或修补，几乎不受阴湿或低温季节的影响，发现病害及时修补，能及时改善路况，提高好路率和运输效率。一年中延长施工的时间，随各地气候条件而不同，平均 60d 左右。

（5）改善施工条件，减少环境污染。采用乳化沥青可以在常温下施工，现场不需要支锅熬油，施工人员不受烟熏火烤，减少了环境污染，改善了施工条件。

（6）提高工作效率。沥青乳液的黏度低、喷洒与拌和容易，操作简便、省力、安全，故可以提高工效 30%，深受交通部门和施工人员的欢迎。

乳化沥青的缺点如下：

（1）储存期较短。乳化沥青由于稳定性较差，故其储存期较短，一般不宜超过 0.5 年，而且储存温度也不宜太低，一般保持在 0℃以上。

（2）乳化沥青修筑道路的成型期较长，最初要控制车辆的行驶速度。

5. 沥青贮存

乳化沥青宜存放在立式罐中，并保持适当搅拌。贮存期以不离析、不冻结、不破乳为度。

（四）煤沥青

1. 煤沥青的概念

将高温煤焦油进行再蒸馏，蒸去水分和全部轻油及部分中油、重油和蒽油、萘油后，所得的残渣即为煤沥青。

煤沥青根据蒸馏程度不同分为低温煤沥青（软化点 30～75℃）、中温煤沥青（软化点 75～95℃）和高温煤沥青（软化点95～120℃）三种。建筑和道路工程中使用的煤沥青多为黏稠或半固体的低温沥青。

煤沥青按其稠度不同分为软煤沥青（液体、半固体的）和硬煤沥青（固体的）两类，道路工程中主要应用软煤沥青。软煤沥青又按其黏度和有关技术性质分为 9 个标号。

2. 煤沥青的性能特征

（1）煤沥青的温度稳定性较低。煤沥青受热易软化，因此加热温度和时间都要严格控制，更不宜反复加热，否则易引起性质急剧恶化。

（2）煤沥青与矿质集料的黏附性较好。

（3）煤沥青的气候稳定性较差。煤沥青在周围介质的作用下，老化进程（黏度增加，塑性降低）较石油沥青快。

（4）煤沥青含对人体有害的成分较多，臭味较重。

3. 煤沥青的技术要求

道路用煤沥青的标号根据气候条件、施工温度、使用目的选用的不同，其质量应符合表 4-131 的规定。

表 4-131　　　　　　　　　　道路用煤沥青技术要求

试验项目		T-1	T-2	T-3	T-4	T-5	T-6	T-7	T-8	T-9
黏度（s）	$C_{30,5}$	5～25	26～70							
	$C_{30,10}$			5～25	26～50	51～120	121～200			
	$C_{50,10}$							10～75	76～200	
	$C_{60,10}$									35～65
蒸馏试验馏出量(%)	170℃前 ≤	3	3	3	2	1.5	1.5	1.0	1.0	1.0
	270℃前 ≤	20	20	20	15	15	15	10	10	10
	300℃前 ≤	15～35	15～35	30	30	25	25	20	20	15
300℃蒸馏残留物软化点（环球法）(℃)		30～45	30～45	35～65	35～65	35～65	35～65	40～70	40～70	40～70
水分(%) ≤		1.0	1.0	1.0	1.0	1.0	0.5	0.5	0.5	0.5
甲苯不溶物(%) ≤		20	20	20	20	20	20	20	20	20
萘含量(%) ≤		5	5	5	4	4	3.5	3	2	2
焦油酸含量(%) ≤		4	4	3	3	2.5	2.5	1.5	1.5	1.5

4. 煤沥青技术性质的特点

煤沥青与石油沥青相比，由于产源、组分和结构的不同，所以煤沥青技术性质有如下特点：

（1）温度稳定性差。煤沥青是较粗的分散系（自由碳颗粒比沥青质粗），且树脂的可溶性较高，受热时由固态或半固态转变为黏流态（或液态）的温度间隔较窄，故夏天易软化流淌而冬天易脆裂。

（2）塑性较差。煤沥青中含有较多的游离碳，故煤沥青的塑性较差，使用中易因变形而开裂。

（3）大气稳定性较差。煤沥青中含挥发性成分和化学稳定性差的成分（如未饱和的芳香烃化合物）较多，它们在热、阳光、氧气等因素的长期综合作用下,将发生聚合、氧化等反应,使煤沥青的组分发生变化,从而使黏度增加、塑性降低、加速老化。

(4)与矿质材料的黏附性好。煤沥青中含有较多的酸、碱性物质,这些物质均属于表面活性物质,所以煤沥青的表面活性比石油沥青的高,故与酸、碱性石料的黏附性较好。

(5)防腐力较强。煤沥青中含有蒽、萘、酚等有毒成分,并有一定臭味,故防腐能力较好,多用作木材的防腐处理。但蒽油的蒸汽和微粒可引起各种器官的炎症,在阳光作用下危害更大,因此施工时应特别注意防护。

5. 石油沥青和煤沥青的比较

煤沥青和石油沥青相比较,在技术性质上和外观上以及气味都存在着较大差异。其主要差异见表 4-132。

表 4-132　　　　　　　石油沥青和煤沥青的主要差异

	项　目	石油沥青	煤沥青
技术性质	密度(g/cm³)	近于 1.0	1.25～1.28
	塑性	较好	低温脆性较大
	温度稳定性	较好	较差
	大气稳定性	较好	较差
	抗腐蚀性	差	强
	与矿颗粒表面的黏附性能	一般	较好
外观及气味	气味	加热后有松香味	加热后有臭味
	颜色	接近白色	呈黄色
	溶解	能全部溶解于汽油或煤油,溶液呈黑褐色	不能全部溶解,且溶液呈黄绿色
	外观	呈黑褐色	呈灰黑色,剖面看似有一层灰
	毒性	无毒	有刺激性的毒性

知识链接

煤沥青与石油沥青的用途比较

由于煤沥青的主要性质比石油沥青差,因此在道路工程中使用较少,一般根据等级不同,石油沥青可适用于不同公路等级沥青路面;煤沥青则用于各级公路各种基层上的透层或三级及三级以下公路铺筑表面处治或贯入式沥青路面或与道路石油沥青、乳化沥青混合使用,以改善渗透性。

6. 煤沥青的适用情况及贮存

(1)各种等级公路的各种基层上的透层,宜采用 T-1 或 T-2 级,其他等级不合喷洒要求时可适当稀释使用。

(2)三级及三级以下的公路铺筑表面处治或贯入式沥青路面,宜采用 T-5、T-6 或 T-7 级。

(3)与道路石油沥青、乳化沥青混合使用,以改善渗透性。

(4)道路用煤沥青严禁用于热拌热铺的沥青混合料,作其他用途时的贮存温度宜为 70～90℃,且不得长时间贮存。

(五)改性沥青

1. 改性沥青的概念

改性沥青是指掺加橡胶、树脂、高分子聚合物、磨细的橡胶粉或其他填料等外掺剂,或采用对沥青轻度氧化等措施,使性能得到改善后的沥青。

改性沥青的改性剂种类繁多,主要有高聚物类改性剂、微填料类改性剂、纤维类改性剂、硫磷类改性剂等。

2. 改性沥青的技术要求

改性沥青可单独或复合采用高分子聚合物、天然沥青及其他改性材料制作,各类聚合物改性沥青的质量应符合表 4-133 的要求,其中用针入度指数 PI 值作为选择性指标,当使用表列以外的聚合物及复合改性沥青时,可通过试验研究确定相应的技术标准。

目前道路改性沥青一般是指聚合物改性沥青,聚合物改性沥青的评价指标,除常规指标外,针对其不同特点,各自有几种重点评价指标。SBS改性沥青的高温和低温性能都好,且具有良好的弹性恢复性能,因此,采用软化点、5℃低温延度、回弹率作为主要指标。SBR改性沥青的低温性能较好,所以以5℃低温延度及黏韧性作为主要评价指标。EVA及PE改性沥青高温性能改善明显,以软化点作为评价指标。

表 4-133 聚合物改性沥青技术要求

指　标	SBS类（Ⅰ类）				SBR类（Ⅱ类）			EVA、PE类（Ⅲ类）			
	Ⅰ-A	Ⅰ-B	Ⅰ-C	Ⅰ-D	Ⅱ-A	Ⅱ-B	Ⅱ-C	Ⅲ-A	Ⅲ-B	Ⅲ-C	Ⅲ-D
针入度(25℃,100g,5s)(0.1mm)	>100	80~100	60~80	40~60	>100	80~100	60~80	>80	60~80	40~60	30~40
针入度指数 PI ≥	−1.2	−0.8	−0.4	0	−1.0	−0.8	−0.6	−1.0	−0.8	−0.6	−0.4
延度 5℃,5cm/min(cm) ≥	50	40	30	20	60	50	40	—	—	—	—
软化点 $T_{R\&B}$ (℃) ≥	45	50	55	60	45	48	50	48	52	56	60
运动黏度① 135℃(Pa·s) ≤	3										
闪点(℃) ≥	230				230			230			
溶解度(%) ≤	99				99			—			
弹性恢复 25℃ (%) ≥	55	60	65	75	—			—			
粘韧性(N·m) ≥	—				5			—			
韧性(N·m) ≥	—				2.5			—			
贮存稳定性② 离析,48h软化点差(℃) ≤	2.5				—			无改性剂明显析出、凝聚			

续表

指　标	SBS类（Ⅰ类）				SBR类（Ⅱ类）			EVA、PE类（Ⅲ类）			
	Ⅰ-A	Ⅰ-B	Ⅰ-C	Ⅰ-D	Ⅱ-A	Ⅱ-B	Ⅱ-C	Ⅲ-A	Ⅲ-B	Ⅲ-C	Ⅲ-D
TFOT（或 RTFOT）后残留物											
质量变化（%）　≤	±1.0										
针入度比 25℃（%）　≥	50	55	60	65	50	55	60	50	55	58	60
延度 5℃（cm）　≥	30	25	20	15	30	20	10	—			

①表中 135℃运动黏度可采用《公路工程沥青及沥青混合料试验规程》(JTJ 052—2000)中的"沥青布氏旋转黏度试验方法（布洛克菲尔德黏度计法）"进行测定。若在不改变改性沥青物理力学性质并符合安全条件的温度下易于泵送和拌和，或经证明适当提高泵送和拌和温度时能保证改性沥青的质量，容易施工，可不要求测定。

②贮存稳定性指标适用于工厂生产的成品改性沥青。现场制作的改性沥青对贮存稳定性指标可不作要求，但必须在制作后，保持不间断的搅拌或泵送循环，保证使用前没有明显的离析。

3. 制作与贮存

（1）改性沥青可单独或复合采用高分子聚合物、天然沥青及其他改性材料制作。

（2）用作改性剂的 SBR 胶乳中的固体物含量不宜少于 45%，使用中严禁长时间暴晒或遭冰冻。

（3）改性沥青的剂量以改性剂占改性沥青总量的百分数计算，胶乳改性沥青的剂量应以扣除水以后的固体物含量计算。

（4）改性沥青宜在固定式工厂或在现场设厂集中制作，也可在拌和现场边制造边使用，改性沥青的加工温度不宜超过 180℃。胶乳类改性剂和制成颗粒的改性剂可直接投入拌合缸中生产改性沥青混合料。

（5）用溶剂法生产改性沥青母体时，挥发性溶剂回收后的残留量不得超过 5%。

（6）现场制造的改性沥青宜随配随用，需作短时间保存，运送到附近的工地时，使用前必须搅拌均匀，在不发生离析的状态下使用。改性沥青制作设备必须设有随机采集样品的取样口，采集的试样宜立即在现场灌模。

　　(7)工厂制作的成品改性沥青到达施工现场后存贮在改性沥青罐中,改性沥青罐中必须加设搅拌设备并进行搅拌,使用前改性沥青必须搅拌均匀。在施工过程中应定期取样检验产品质量,发现离析等质量不符要求的改性沥青不得使用。

改性沥青的用途

　　目前,改性沥青常用于排水及防水层;为防止反射裂缝,在老路面上做应力吸收膜中间层,用于加铺沥青面层以提高路面的耐久性;或在老路面上或新建一般公路上做表面处治等。

(六)改性乳化沥青

1. 改性乳化沥青的品种和适用范围

改性乳化沥青的品种和适用范围一般应符合表 4-134 的规定。

表 4-134　　　　　　改性乳化沥青的品种和适用范围

品　　种		代　　号	适用范围
改性乳化沥青	喷洒型改性乳化沥青	PCR	粘层、封层、桥面防水粘结层用
	拌和用乳化沥青	BCR	改性稀浆封层和微表处用

2. 改性乳化沥青的技术要求

改性乳化沥青的技术要求应符合表 4-135 的规定。

表 4-135　　　　　　改性乳化沥青的技术要求

试　验　项　目	品种及代号	
	PCR	BCR
破乳速度	快裂或中裂	慢裂
粒子电荷	阳离子(＋)	阳离子(＋)

试 验 项 目			品种及代号	
			PCR	BCR
筛上剩余量(1.18mm)(%)		≤	0.1	0.1
黏　度	恩格拉黏度 E_{25}		1～10	3～30
	沥青标准黏度 $C_{25,3}$(s)		8～25	12～60
蒸发残留物	含量(%)	≥	50	60
	针入度(100g,25℃,5s)(0.1mm)		40～120	40～100
	软化点(℃)	≥	50	53
	延度(5℃)(cm)	≥	20	20
	溶解度(三氯乙烯)(%)	≥	97.5	97.5
与矿料的黏附性,裹覆面积		≥	2/3	—
贮存稳定性	1d(%)	≤	1	1
	5d(%)	≤	5	5

注:1. 破乳速度与集料黏附性、拌合试验、所使用的石料品种有关。工程上施工质量检验时应采用实际的石料试验,仅进行产品质量评定时可不对这些指标提出要求。

2. 当用于填补车辙时,BCR 蒸发残留物的软化点宜提高至不低于 55℃。

3. 贮存稳定性根据施工实际情况选择试验天数,通常采用 5d,乳液生产后能在第二天使用完时也可选用 1d。个别情况下改性乳化沥青 5d 的贮存稳定性难以满足要求,如果经搅拌后能够达到均匀一致并不影响正常使用,此时要求改性乳化沥青至工地后存放在附有搅拌装置的贮存罐内,并不断地进行搅拌,否则不准使用。

4. 当改性乳化沥青或特种改性乳化沥青需要在低温冰冻条件下贮存或使用时,尚需进行 -5℃ 低温贮存稳定性试验,要求没有粗颗粒、不结块。

(七)沥青表面处治与封层材料

1. 层铺法沥青表面处治材料

沥青表面处治是用沥青和集料按层铺法或拌合方法裹覆矿料,铺筑成厚度不大于 3cm 的一种薄层路面面层。其主要作用是保护下层路面结构层,使它不直接遭受行车和自然因素的破坏作用,延长路面使用寿命并改善行车条件。计算路面厚度时,不作为单独受力结构层。适用于城市道路支路施工便道以及在旧沥青面层上加铺罩面层或磨耗层。

沥青表面处治路面按嵌挤原则修筑而成,采用层铺法施工,即将沥青材料与矿质材料分层洒布与铺撒,分层碾压成型。

层铺法施工沥青表面处治路面,按浇洒沥青及撒铺矿料的层次多少,可分为单层式、双层式和三层式。单层式厚度为 1~1.5cm,双层式为 1.5~2.5cm,三层式为 2.5~3.0cm。当采用乳化沥青时,单层、双层与三层式的厚度分别为 0.5cm、1.0cm 与 3.0cm。一般依下列原则进行选择:

(1)高级路面老化不严重的,选用单层式或双层式;沥青路面老化较严重,连续有 1~2cm 的坑坎,或低级路面,选用三层式。

(2)路面磨损与损坏较轻者,选用双层式;磨损严重或有 1cm 以上连续坑坎者选用三层式。

(3)在新做的底层上,昼夜交通量大于 300 辆采用三层式;昼夜交通量小于 300 辆采用双层式。

(4)底层坚实且昼夜交通量小于 500 辆的土路可采用三层式做防尘处理。

沥青表面处治采用的集料最大粒径应与处治层的厚度相等,其规格和用量应按表 4-136 选用;当采用乳化沥青时,应减少乳液流失,可在主层集料中掺加 20% 以上较小粒径的集料。沥青表面处治施工后,应在路侧另备碎石或石屑、粗砂或小砾石作为初期养护用料,其中,碎石的规格为 S12(5~10mm),粗砂或小砾石的规格为 S14(3~5mm),其用量为每 1000m² 准备 2~3m³。城市道路的初期养护料,在施工时应与最后一遍料一起撒布。

表4-136 沥青表面处治材料规格和用量

沥青种类	类型	厚度(cm)	集料(m³/1000m²)						沥青或乳液用量(kg/m²)			
			第一层		第二层		第三层		第一次	第二次	第三次	合计用量
			规格	用量	规格	用量	规格	用量				
石油沥青	单层	1.0	S12	7~9		—		—	1.0~1.2			1.0~1.2
		1.5	S10	12~14					1.4~1.6			1.4~1.6
	双层	1.5	S10	12~14	S12	7~8		—	1.4~1.6	1.0~1.2		2.4~2.8
		2.0	S9	16~18	S12	7~8			1.6~1.8	1.0~1.2		2.6~3.0
		2.5	S8	18~20	S12	7~8			1.8~2.0	1.0~1.2		2.8~3.2
	三层	2.5	S8	18~20	S10	12~14	S12	7~8	1.6~1.8	1.2~1.4	1.0~1.2	3.8~4.4
		3.0	S6	20~22	S10	12~14	S12	7~8	1.8~2.0	1.2~1.4	1.0~1.2	4.0~4.6
乳化沥青	单层	0.5	S14	7~9		—		—	0.9~1.0			0.9~1.0
	双层	1.0	S12	9~11	S14	4~6			1.8~2.0	1.0~1.2		2.8~3.2
	三层	3.0	S6	20~22	S10	9~11	S12	4~6	2.0~2.2	1.8~2.0	1.0~1.2	4.8~5.4
							S14	3.5~4.5				

注：1. 煤沥青表面处治的沥青用量可比石油沥青用量增加15%~20%。

2. 表中的乳液用量按乳化沥青的蒸发残留物含量60%计算,如沥青含量不同应予折算。

3. 在高寒地区及干旱风沙大的地区,可超出高限5%~10%。

2. 封层材料

(1)上封层根据情况可选择乳化沥青稀浆封层、微表处、改性沥青集料封层、薄层磨耗层或其他适宜的材料。

(2)下封层宜采用层铺法表面处治或稀浆层法施工。稀浆封层可采用乳化沥青或改性乳化沥青作结合料。

(3)微表处必须采用改性乳化沥青,稀浆封层可采用普通乳化沥青或改性乳化沥青。

(4)稀浆封层和微表处应选择坚硬、粗糙、耐磨、洁净的集料。其中微表处用通过 4.75mm 筛的合成矿料的砂当量不得低于 65%;稀浆封层用通过 4.75mm 筛的合成矿料的砂当量不得低于 50%。细集料宜采用碱性石料生产的机制砂或洁净的石屑。

(5)根据铺筑厚度、处治目的、公路等级条件,稀浆封层和微表处按照表 4-137 选用合适的矿料级配。

表 4-137　　　　　　　　稀浆封层和微表处的矿料级配

筛孔尺寸 (mm)	不同类型通过各筛孔的百分率(%)				
	微表处		稀浆封层		
	MS-2 型	MS-3 型	ES-1 型	ES-2 型	ES-3 型
9.5	100	100	—	100	100
4.75	95~100	70~90	100	95~100	70~90
2.36	65~90	45~70	90~100	65~90	45~70
1.18	45~70	28~50	60~90	45~70	28~50
0.6	30~50	19~34	40~65	30~50	19~34
0.3	18~30	12~25	25~42	18~30	12~25
0.15	10~21	7~18	15~30	10~21	17~18
0.075	5~15	5~15	10~20	5~15	5~15
一层的适宜厚度(mm)	4~7	8~10	2.5~3	4~7	8~10

(6)稀浆封层和微表处的混合料中乳化沥青及改性乳化沥青的用量应通过配合比设计确定。混合料的质量应符合表 4-138 的技术要求。

表 4-138 稀浆封层和微表处混合料技术要求

项　　目	微表处	稀浆封层
可拌合时间(s)	>120	
稠度(cm)	—	2~3
黏聚力试验		仅适用于快开放交通的稀浆封层
30min(初凝时间)(N·m)	≥1.2	≥1.2
60min(开放交通时间)(N·m)	≥2.0	≥2.0
负荷轮碾压试验(LWT)		(仅适用于重交通道路表层时)
黏附砂量(g/m²)	<450	<450
轮迹宽度变化率(%)	<5	—
湿轮磨耗试验的磨耗值(WTAT)		
浸水 1h(g/m²)	<540	<800
浸水 6d(g/m²)	<800	—

注:负荷轮碾压试验(LWT)的宽度变化率适用于需要修补车辙的情况。

(八)沥青贯入式面层材料

沥青贯入式路面是在初步压实的碎石层上浇灌沥青,再分层撒铺嵌缝料和浇洒沥青,并通过分层压实而形成的一种较厚路面面层,其厚度通常为 4~8cm,但乳化沥青贯入式路面的厚度不宜超过 5cm。沥青贯入式路面适用于二级及二级以下的公路、城市道路的次干路及支路。沥青贯入层也可作为沥青混凝土路面的连接层。

(1)沥青贯入式路面的集料应选择有棱角、嵌挤性好的坚硬石料,其规格和用量应根据贯入层厚度按表 4-139 和表 4-140 选用。沥青贯入层主层集料中大于粒径范围中值的数量不得少于 50%。细粒料含量偏多时,嵌缝料用量宜采用低限。表面不加铺拌合层的贯入式路面,在施工结束后每 1000m² 应另备 2~3m³ 石屑或粗砂等,供初期养护使用,石屑或粗砂的规格应与最后一层嵌缝料规格相同。

(2)沥青贯入层的主层集料最大粒径宜与贯入层厚度相同。当采用乳化沥青时,主层集料最大粒径可采用厚度的 0.8~0.85 倍,数量宜按压实系数的 1.25~1.30 计算。

（3）沥青贯入式路面的结合料可采用道路石油沥青、煤沥青或乳化沥青，其沥青用量应按表 4-139 和表 4-140 选定。

表 4-139　　　　　沥青贯入式面层材料规格和用量

（用量单位：集料为 $m^3/1000m^2$，沥青及沥青乳液为 kg/m^2）

沥青品种	石 油 沥 青					
厚度(cm)	4		5		6	
规格和用量	规格	用量	规格	用量	规格	用量
封层料	S14	3~5	S14	3~5	S13(S14)	4~6
第三遍沥青		1.0~1.2		1.0~1.2		1.0~1.2
第二遍嵌缝料	S12	6~7	S11(S10)	10~12	S11(S10)	10~12
第二遍沥青		1.6~1.8		1.8~2.0		2.0~2.2
第一遍嵌缝料	S10(S9)	12~14	S8	16~18	S8(S6)	16~18
第一遍沥青		1.8~2.1		2.4~2.6		2.8~3.0
主层石料	S5	45~50	S4	55~60	S3(S4)	66~76
沥青总用量	4.4~5.1		5.2~5.8		5.8~6.4	

沥青品种	石油沥青				乳化沥青			
厚度(cm)	7		8		4		5	
规格和用量	规格	用量	规格	用量	规格	用量	规格	用量
封层料	S13(S14)	4~6	S13(S14)	4~6	S13(S14)	4~6	S14	4~6
第五遍沥青								0.8~1.0
第四遍嵌缝料							S14	5~6
第四遍沥青					S14	0.8~1.0		1.2~1.4
第三遍嵌缝料							S12	7~9
第三遍沥青		1.0~1.2		1.0~1.2	S12	1.4~1.6		1.5~1.7
第二遍嵌缝料	S10(S11)	11~13	S10(S11)	11~13		7~8	S10	9~11
第二遍沥青		2.4~2.6		2.6~2.8	S9	1.6~1.8		1.6~1.8
第一遍嵌缝料		18~20	S6(S8)	20~22		12~14	S8	10~12
第一遍沥青	S6(S8)	3.3~3.5		4.0~4.2	S5	2.2~2.4		2.6~2.8

（续）

沥青品种	石油沥青				乳化沥青			
厚度（cm）	7		8		4		5	
规格和用量	规格	用量	规格	用量	规格	用量	规格	用量
主层石料	S3	80～90	S1(S2)	95～100		40～45	S4	50～55
沥青总用量	6.7～7.3		7.6～8.2		6.0～6.8		7.4～8.5	

注：1. 煤沥青贯入式的沥青用量可比石油沥青用量增加 15%～20%。

2. 表中乳化沥青用量是指乳液的用量，并适用于乳液浓度约为 60% 的情况。

3. 在高寒地区及干旱风沙大的地区，可超出高限 5%～10%。

表 4-140　　　　　　上拌下贯式路面的材料规格和用量

（用量单位：集料为 m³/1000m²，沥青及沥青乳液为 kg/m²）

沥青品种	石　油　沥　青					
贯入层厚度（cm）	4		5		6	
规格和用量	规格	用量	规格	用量	规格	用量
第二遍嵌缝料	S12	5～6	S12(S11)	7～9	S12(S11)	7～9
第二遍沥青		1.4～1.6		1.6～1.8		1.6～1.8
第一遍嵌缝料	S10(S9)	12～14	S8	16～18	S8(S7)	16～18
第一遍沥青		2.0～2.3		2.6～2.8		3.2～3.4
主层石料	S5	45～50	S4	55～60	S3(S2)	66～76
总沥青用量	3.4～3.9		4.2～4.6		4.8～5.2	
沥青品种	石油沥青		乳化沥青			
贯入层厚度（cm）	7		5		6	
规格和用量	规格	用量	规格	用量	规格	用量
第四遍嵌缝料					S14	4～6
第四遍沥青						1.3～1.5
第三遍嵌缝料			S14	4～6	S12	8～10
第三遍沥青				1.4～1.6		1.4～1.6
第二遍嵌缝料	S10(S11)	8～10	S12	9～10	S9	8～12
第二遍沥青		1.7～1.9		1.8～2.0		1.5～1.7

（续）

沥青品种	石油沥青		乳化沥青			
贯入层厚度/cm	7		5		6	
规格和用量	规格	用量	规格	用量	规格	用量
第一遍嵌缝料	S6(S8)	18～20	S8	15～17	S6	24～26
第一遍沥青		4.0～4.2		2.5～2.7		2.4～2.6
主层石料	S2(S3)	80～90	S4	50～55	S3	50～55
总沥青用量		5.7～6.1		5.9～6.2		6.7～7.2

注：1. 煤沥青贯入式的沥青用量可比石油沥青用量增加15％～20％。

2. 表中乳化沥青用量是指乳液的用量，并适用于乳液浓度约为60％的情况。

3. 在高寒地区及干旱风沙大的地区，可超出高限5％～10％。

4. 表面加铺拌合层部分的材料规格及沥青（或乳化沥青）用量按热拌沥青混合料（或乳化沥青碎石混合料路面）的有关规定执行。

（九）透层和粘层材料

1. 透层

（1）根据基层类型选择渗透性好的液体沥青、乳化沥青、煤沥青作透层油，透层油的质量应符合《公路沥青路面施工技术规范》(JTG F 40—2004)的要求。

（2）透层油的用量通过试洒确定，不宜超出表4-141要求的范围。

表 4-141　　　　　沥青路面透层材料的规格和用量表

用　途	液体沥青		乳化沥青		煤沥青	
	规格	用量(L/m²)	规格	用量(L/m²)	规格	用量(L/m²)
无结合料粒料基层	AL(M)-1、2 或 3 AL(S)-1、2 或 3	1.0～2.3	PC-2 PA-2	1.0～2.0	T-1 T-2	1.0～1.5
半刚性基层	AL(M)-1 或 2 AL(S)-1 或 2	0.6～1.5	PC-2 PA-2	0.7～1.5	T-1 T-2	0.7～1.0

注：表中用量是指包括稀释剂和水分等在内的液体沥青、乳化沥青的总量。乳化沥青中的残留物含量以50％为基准。

2. 粘层

（1）粘层油宜采用快裂或中裂乳化沥青、改性乳化沥青，也可采用快、中凝液体石油沥青，其规格和质量应符合本章的相关要求，所使用的基质沥青标号宜与主层沥青混合料相同。

(2)粘层油品种和用量,应根据下卧层的类型通过试洒确定,并符合表 4-142 的要求。当粘层油上铺筑薄层大空隙排水路面时,粘层油的用量宜增加到 $0.6\sim1.0L/m^2$。在沥青层之间兼作封层而喷洒的粘层油宜采用改性沥青或改性乳化沥青,其用量宜不少于 $1.0L/m^2$。

表 4-142　　　　　　　沥青路面粘层材料的规格和用量表

下卧层类型	液体沥青		乳化沥青	
	规　　格	用量(L/m^2)	规　　格	用量(L/m^2)
新建沥青层或旧沥青路面	AL(R)-3～AL(R)-6 AL(M)-3～AL(M)-6	0.3～0.5	PC-3 PA-3	0.3～0.6
水泥混凝土	AL(M)-3～AL(M)-6 AL(S)-3～AL(S)-6	0.2～0.4	PC-3 PA-3	0.3～0.5

注:表中用量是指包括稀释剂和水分等在内的液体沥青、乳化沥青的总量。乳化沥青中的残留物含量以 50% 为基准。

二、沥青混合料

(一)概述

1. 沥青混合料的定义

沥青混合料是将粗集料、细集料和填料经人工合理选择级配组成的矿质混合料与沥青拌合而成的混合料的总称,包括沥青混凝土混合料和沥青碎石混合料。

(1)沥青混凝土混合料。沥青混凝土混合料是由适当比例的粗集料、细集料及填料与沥青在严格控制条件下拌和的沥青混合料,以 AC 表示,采用圆孔筛时用 LH 表示。其压实后的剩余空隙率小于 10%。

(2)沥青碎石混合料。沥青碎石混合料是由适当比例的粗集料、细集料及少量填料(或不加填料)与沥青拌合而成的半开式沥青混合料,以 AM 表示,采用圆孔筛时用 LS 表示。其压实后的剩余空隙率大于 10%。

2. 沥青混合料的分类

(1)沥青混合料的分类见表4-143。

表 4-143　　　　　　　　　　　沥青混合料的分类

分类方式	类　型	特　点
按沥青混合料路面成型特性分类	沥青表面处治	沥青表面处治是指沥青与细粒矿料按层铺法(分层洒布沥青和集料,然后碾压成型)或拌合法(先由机械将沥青与集料拌和,再摊铺碾压成型)铺筑成的厚度不超过 3cm 的沥青路面。沥青表面处治的厚度一般为 1.5~3.0cm,适用于三级、四级公路的面层和旧沥青面层上的罩面或表面功能恢复
	沥青贯入式碎石	沥青贯入式碎石是指在初步碾压的集料层洒布沥青,再分层洒铺嵌挤料,并借行车压实而形成的路面。沥青贯入式碎石路面依靠颗粒间的锁结作用和沥青的粘结作用获得强度,是一种多空隙的结构。其厚度一般为 4~8cm,主要适用于二级或二级以下的路面
	热拌沥青混合料	热拌沥青混合料是指把一定级配的集料烘干并加热到规定的温度,与加热到具有一定黏度的沥青按规定比例,在给定温度下拌合均匀而成的混合料。热拌沥青混合料适用于各等级路面,在道路和机场建筑中,热拌热铺的沥青混凝土应用最广
按沥青胶结料分类	石油沥青混合料	以石油沥青为结合料的沥青混合料(包括黏稠石油沥青、乳化石油沥青及液体石油沥青)
	煤沥青混合料	以煤沥青为结合料的沥青混合料
按沥青混合料施工温度分类	热拌热铺沥青混合料	热拌热铺沥青混合料(HMA),简称热拌沥青混合料。采用针入度为 40~100 的黏稠沥青与矿料在热态拌和、热态铺筑(温度约 170℃)的混合料。作面层时,混合料的摊铺温度为 120~160℃,经压实冷却后,面层就基本形成。热拌沥青混合料适用于各种等级公路的沥青路面

热拌沥青混合料种类见表 4-144。

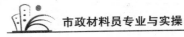

表 4-144　　　　　　　　　　热拌沥青混合料种类

分类方式	类型	特点						
按沥青混合料路面成型特性分类		混合料类别	方孔筛系列			对应的圆孔筛系列		
			沥青混凝土	沥青碎石	最大集料粒径(mm)	沥青混凝土	沥青碎石	最大集料粒径(mm)
		特粗式	—	AM—40	37.5	—	LS—50	50
		粗粒式	AC—30	AM—30	31.5	LH—40 或 LH—35	LS—40 LS—35	40 35
			AC—25	AM—30	26.5	LH—30	LS—30	30
		中粒式	AC—20	AM—20	19.0	LH—25	LS—25	25
			AC—16	AM—16	16.0	LH—20	LS—20	20
		细粒式	AC—13	AM—13	13.2	LH—15	LS—15	15
			AC—10	AM—10	9.5	LH—10	LS—10	10
		砂粒式	AC—5	AM—5	4.75	LH—5	LS—5	5
		抗滑表层	AK—13	—	13.2	LK—15	—	15
			AK—16	—	16.0	LK—20	—	20
	温拌温铺沥青混合料	以乳化沥青或稀释沥青,如针入度 130~200、200~300 或中凝液体沥青与矿料在摊铺温度为 60~100℃状态下拌制、铺筑的混合料						
	冷拌冷铺沥青混合料	用慢凝或中凝用途沥青或乳化沥青,在常温下拌和,摊铺温度与气温相同,但不低于 10℃。混合料摊铺前可储存 4~8 个月。面层形成很慢,可能要 30~90d						
按矿质集料级配类型分类	连续级配沥青混合料	沥青混合料中的矿料是按级配原则,从大到小各级粒径都有,按比例相互搭配组成的混合料						
	间断级配沥青混合料	连续级配沥青混合料矿料中缺少一个或两个档次粒径的沥青混合料称为间断级配沥青混合料						
按集料公称最大粒径分类	特粗式沥青混合料	集料最大粒径 37.5mm(圆孔筛 50mm)以上						
	粗粒式沥青混合料	集料最大粒径等于或大于 26.5mm(圆孔筛 30mm)或 31.5mm (圆孔筛 40mm 或 35mm)的沥青混合料						
	中粒式沥青混合料	集料最大粒径为 16mm 或 19mm(圆孔筛 20mm 或 26mm)的沥青混合料						

续表

分类方式	类型	特点
按集料公称最大粒径分类	细粒式沥青混合料	集料最大粒径为 9.5mm 或 13.2mm(圆孔筛 10mm 或 15mm)的沥青混合料
	砂粒式沥青混合料	集料最大粒径等于或小于 4.75mm(圆孔筛 5mm)的沥青混合料,也称为沥青石屑或沥青砂
按混合料密实度分类	密级配沥青混凝土混合料	按密实级配原则设计的连续型密级配沥青混合料,但其粒径递减系数较小,剩余空隙率小于 10% 的密实式沥青混凝土混合料(以 AC 表示)和密实式沥青稳定碎石混合料(ATB 表示)。密级配沥青混凝土混合料按其剩余空隙率又可分为:Ⅰ型沥青混凝土混合料(剩余空隙率 2%～6%)和Ⅱ型沥青混凝土混合料(剩余空隙率 4%～10%)
	开级配沥青混凝土混合料	按级配原则设计的连续型级配混合料,其粒径递减系数较大,剩余空隙率大于 18%
	半开级配沥青混合料	将剩余空隙率介于密级配和开级配之间的(即剩余空隙率 6%～12%)混合料称为半开级配沥青混合料

(2)沥青路面沥青混合料类型见表 4-145。

表 4-145　　　　沥青路面各层的沥青混合料类型

筛孔系列	结构层次	高速公路、一级公路城市快速路、主干路		其他等级公路		一般城市道路及其他道路工程	
		三层式沥青混凝土路面	两层式沥青混凝土路面	沥青混凝土路面	沥青碎石路面	沥青混凝土路面	沥青碎石路面
方孔筛系列	上面层	AC—13 AC—16 AC—20	AC—13 AC—16	AC—13 AC—16	AM—13	AC—5 AC—10 AC—13	AM—6 AM—10
	中层面	AC—20 AC—25					
	下层面	AC—25 AC—30	AC—20 AC—25 AC—30	AC—20 AC—25 AC—30 AM—25 AM—30	AM—25 AM—30	AC—20 AC—25 AM—25 AM—30	AM—25 AM—30 AM—40

筛孔系列	结构层次	高速公路、一级公路城市快速路、主干路		其他等级公路		一般城市道路及其他道路工程	
		三层式沥青混凝土路面	两层式沥青混凝土路面	沥青混凝土路面	沥青碎石路面	沥青混凝土路面	沥青碎石路面
圆孔筛系列	上面层	LH—15 LH—20 LH—25	LH—15 LH—20	LH—15 LH—20	LS—15	LH—5 LH—10 LH—15	LS—5 LS—10
	中层面	LH—25 LH—30					
	下层面	LH—30 LH—35 LH—40	LH—30 LH—35 LH—40	LH—25 LH—30 LH—35 AM—30 AM—35	LS—30 LS—35 LS—40	LH—25 LH—30 LS—30 LS—35 LS—40	LS—30 LS—35 LS—40 LS—50

注:当铺筑抗滑表层时,可采用 AK—16 型热拌沥青混合料,也可在 AC—10(LH—15)型釉粒式沥青混凝土上联压沥青预拌单粒径碎石 S—10 铺筑而成。

3. 沥青混合料的优缺点

(1)用沥青混合料修筑的沥青类路面与其他类型的路面相比,具有以下优点:

1)优良的力学性能。用沥青混合料修筑的沥青类路面,因矿料间有较强的粘结力,属于黏弹性材料,所以夏季高温时有一定的稳定性,冬季低温时有一定的柔韧性。用它修筑的路面平整无接缝,可以提高行车速度。做到客运快捷、舒适,货运损坏率低。

2)良好的抗滑性。各类沥青路面平整而粗糙,具有一定的纹理,即使在潮湿状态下仍保持有较高的抗滑性,能保证高速行车的安全。

3)噪声小。噪声对人体健康有一定的影响,是重要公害之一。沥青混合料路面具有柔韧性,能吸收部分车辆行驶时产生的噪声。

4)施工方便,断交时间短。采用沥青混合料修筑路面时,操作方便,进度快,施工完成后数小时即可开放交通,断交时间短。若采用工厂集中拌合,机械化施工,则质量更好。

5)提供良好的行车条件。沥青路面晴天无尘,雨天不泞;在夏季烈日照射下不反光耀眼,便于司机瞭望,为行车提供了良好条件。

6)经济耐久。采用现代工艺配制的沥青混合料修筑的路面,可以保证 15~20 年无大修,使用期可达 20 余年,而且比水泥混凝土路面的造价低。

7)便于分期建设。沥青混合料路面可随着交通密度的增加分期改建,可在旧路面上加厚,以充分发挥原有路面的作用。

(2)沥青混合料的缺点主要表现在以下几个方面:

1)老化现象。沥青混合料中的结合料——沥青是一种有机物,它在大气因素的影响下,其组分和结构会发生一系列变化,导致沥青的老化。沥青的老化使沥青混合料在低温时发脆,引起路面松散剥落,甚至破坏。

2)感温性大。夏季高温时易软化,使路面产生车辙、纵向波浪、横向推移等现象。冬季低温时又易于变硬发脆,在车辆冲击和重复荷载作用下,易于发生裂缝而破坏。

特别提示

沥青路面集料的粒径

沥青路面集料的粒径选择和筛分应以方孔筛为准。当受条件限制时,可按表 4-146 的规定采用与方孔筛相对应的圆孔筛。

表 4-146　　　　方孔筛与圆孔筛的对应关系

方孔筛孔径 (mm)	对应的圆孔筛孔径 (mm)	方孔筛孔径 (mm)	对应的圆孔筛孔径 (mm)
106	130	13.2	15
75	90	9.5	10
63	75	4.75	5
53	65	2.36	2.5
37.5	45	1.18	1.2
31.5	40 或 35	0.6	0.6
26.5	30	0.3	0.3
19.0	25	0.15	0.15
16.0	20	0.075	0.075

注:表中的圆孔筛系列,孔径小于 2.5mm 的筛孔为方孔。

(二)沥青混合料的材料

1. 沥青

沥青材料是沥青混合料中的结合料,其品种和标号的选择随交通性质、沥青混合料的类型、施工条件以及当地气候条件而不同。通常气温较高、交通量大时,采用细粒式或微粒式混合料;当矿粉较粗时,宜选用稠度较高的沥青。寒冷地区应选用稠度较小、延度大的沥青。在其他条件相同时,稠度较高的沥青配制的沥青混合料具有较高的力学强度和稳定性。但稠度过高,混合料的低温变形能力较差,沥青路面容易产生裂缝。使用稠度较低的沥青配制的沥青混合料,虽然有较好的低温变形能力,但在夏季高温时往往因稳定性不足而导致路面产生推挤现象。因此,在选用沥青时要考虑以上两个因素的影响,参照表 4-147 选用。

表 4-147 沥青标号的选择

气候分区	沥青种类	沥青路面类型			
		沥青表面处治	沥青贯入式	沥青碎石	沥青混凝土
寒区	石油沥青	A-140	A-140	AH-190　AH-100	AH-90　AH-110
		A-180	A-180	AH-130	AH-130
		A-200	A-200	AH-100　AH-140	AH-100　AH-140
	煤沥青	T-5　T-6	T-6　T-7	T-6　T-7	T-7　T-8
温区	石油沥青	A-100	A-100	AH-90　AH-110	AH-70　AH-90
		A-140	A-140	—	—
		A-180	A-180	A-100　A-140	A-60　A-100
	煤沥青	T-6　T-7	T-6　T-7	T-7　T-8	T-7　T-8
热区	石油沥青	A-60	A-60	AH-50　AH-70	AH-50　AH-70
		A-100	A-100	AH-90	
		A-140	A-140	A-100　A-60	A-60　A-100
	煤沥青	T-6　T-7	T-7	T-7　T-8	T-7　T-8　T-9

2. 粗集料

(1)用于沥青面层的粗集料包括碎石、破碎砾石、筛选砾石、钢渣、矿渣等,但高速公路和一级公路不得使用筛选砾石和矿渣。粗集料必须由具有生产许可证的采石场生产或施工单位自行加工。

(2)粗集料应洁净、干燥、表面粗糙,质量应符合表 4-148 的规定。当单一规格集料的质量指标达不到表 4-148 中要求,而按照集料配合比计算的质量指标符合要求时,工程上允许使用。对受热易变质的集料,宜采用经拌合机烘干后的集料进行检验。

(3)粗集料的粒径规格应按照表 4-149 的规定生产和使用。

表 4-148 　　　　　　　　沥青混合料用粗集料质量技术要求

项　　目		高速公路及一级公路		其他等级公路
		表面层	其他层次	
石料压碎值(%)	≤	26	28	30
洛杉矶磨耗损失(%)	≤	28	30	35
表观相对密度	≥	2.60	2.50	2.45
吸水率(%)	≤	2.0	3.0	3.0
坚固性(%)	≤	12	12	—
针片状颗粒含量(混合料)(%)	≤	15	18	20
其中粒径大于 9.5mm(%)	≤	12	15	—
其中粒径小于 9.5mm(%)	≤	18	20	—
水洗法 < 0.075mm 颗粒含量(%)	≤	1	1	1
软石含量(%)	≤	3	5	5

注:1. 坚固性试验可根据需要进行。

2. 用于高速公路、一级公路时,多孔玄武岩的视密度可放宽至 2.45t/m³,吸水率可放宽至 3%,但必须得到建设单位的批准,且不得用于 SMA 路面。

3. 对 S14 即 3～5 规格的粗集料,针片状颗粒含量可不予要求,小于 0.075mm 含量可放宽到 3%。

表 4-149 　　　　　　　　　　沥青面层用粗集料规格

规格	公称粒径（mm）	通过下列筛孔的质量百分率（%）												
		106	75	63	53	37.5	31.5	26.5	19.0	13.2	9.5	4.75	2.36	0.6
S1	40～75	100	90～100		—	0～15		—	0～5					
S2	40～60		100	90～100	—	0～15		—	0～5					
S3	30～60		100	90～100	—	—	0～15		0～5					
S4	25～50			100	90～100	—	—	0～15		0～5				
S5	20～40				100	90～100	—	—	0～15		0～5			
S6	15～30					100	90～100	—		0～15		0～5		
S7	10～30					100	90～100	—	—	—	0～15	0～5		
S8	15～25						100	90～100	—	0～15		0～5		
S9	10～20							100	90～100	—	0～15	0～5		
S10	10～15								100	90～100	0～15	0～5		
S11	5～15								100	90～100	40～70	0～15	0～5	
S12	5～10									100	90～100	0～15	0～5	
S13	3～10									100	90～100	40～70	0～20	0～5
S14	3～5										100	90～100	0～15	0～3

（4）采石场在生产过程中必须彻底清除覆盖层及泥土夹层。生产碎石用的原石不得含有土块、杂物，集料成品不得堆放在泥土地上。

（5）高速公路、一级公路沥青路面的表面层（或磨耗层）的粗集料的磨光值应符合表 4-150 的要求。除 SMA、OGFC 路面外，允许在硬质粗集料中掺加部分较小粒径的磨光值达不到要求的粗集料，其最大掺加比例由磨光值试验确定。

表 4-150　　　　　　　　粗集料与沥青的黏附性、磨光值的技术要求

雨量气候区	1（潮湿区）	2（湿润区）	3（半干区）	4（干旱区）
年降雨量（mm）	>1000	1000～500	500～250	<250
粗集料的磨光值 PSV，不小于 高速公路、一级公路表面层	42	40	38	36
粗集料与沥青的黏附性，不小于 高速公路、一级公路表面层	5	4	4	3
高速公路、一级公路的其他层次 及其他等级公路的各个层次	4	4	3	3

（6）粗集料与沥青的黏附性应符合表 4-150 的要求，当使用不符合要求的粗集料时，宜掺加消石灰、水泥或用饱和石灰水处理后使用，必要时可同时在沥青中掺加耐热、耐水、长期性能好的抗剥落剂，也可采用改性沥青的措施，使沥青混合料的水稳定性检验达到要求。掺加掺合料的剂量由沥青混合料的水稳定性检验确定。

（7）破碎砾石应采用粒径大于 50mm、含泥量不大于 1％的砾石轧制，破碎砾石的破碎面应符合表 4-151 的要求。

表 4-151　　　　　　　　粗集料对破碎面的要求

路面部位或混合料类型	具有一定数量破碎面颗粒的含量（％）	
	1 个破碎面	2 个或 2 个以上破碎面
沥青路面表面层 高速公路、一级公路，不小于 其他等级公路，不小于	100 80	90 60

路面部位或混合料类型	具有一定数量破碎面颗粒的含量(%)	
	1个破碎面	2个或2个以上破碎面
沥青路面中下面层、基层 高速公路、一级公路,不小于 其他等级公路,不小于	90 70	80 50
SMA混合料	100	90
贯入式路面,不小于	80	60

(8)筛选砾石仅适用于三级及三级以下公路的沥青表面处治路面。

(9)经过破碎且存放期超过6个月以上的钢渣可作为粗集料使用。除吸水率允许适当放宽外,各项质量指标应符合表4-148的要求。钢渣在使用前应进行活性检验,要求钢渣中的游离氧化钙含量不大于3%,浸水膨胀率不大于2%。

3. 细集料

(1)沥青路面的细集料包括天然砂、机制砂、石屑。细集料必须由具有生产许可证的采石场、采砂场生产。

(2)细集料应洁净、干燥、无风化、无杂质,并有适当的颗粒级配,其质量应符合表4-152的规定。细集料的洁净程度,天然砂以小于0.075mm含量的百分数表示,石屑和机制砂以砂当量(适用于0~4.75mm)或亚甲蓝值(适用于0~2.36mm或0~0.15mm)表示。

表4-152　　　　　沥青混合料用细集料质量要求

项　目		高速公路、一级公路	其他等级公路
表观相对密度	≥	2.50	2.45
坚固性(大于0.3mm部分)(%)	≥	12	—
含泥量(小于0.075mm的含量)(%)	≤	3	5
砂当量(%)	≥	60	50
亚甲蓝值(g/kg)	≤	25	—
棱角性(流动时间)(s)	≥	30	—

注:坚固性试验可根据需要进行。

（3）天然砂可采用河砂或海砂，通常宜采用粗、中砂，其规格应符合表4-153的规定。砂的含泥量超过规定时应水洗后使用，海砂中的贝壳类材料必须筛除。开采天然砂必须取得当地政府主管部门的许可，并符合水利及环境保护的要求。热拌密级配沥青混合料中天然砂的用量通常不宜超过集料总量的20%，SMA和OGFC混合料不宜使用天然砂。

表 4-153　　　　　沥青混合料用天然砂规格

筛孔尺寸	通过各孔筛的质量百分率（%）		
（mm）	粗砂	中砂	细砂
9.5	100	100	100
4.75	90～100	90～100	90～100
2.36	65～95	75～90	85～100
1.18	35～65	50～90	75～100
0.6	15～30	30～60	60～84
0.3	5～20	8～30	15～45
0.15	0～10	0～10	0～10
0.075	0～5	0～5	0～5

（4）石屑是采石场破碎石料时通过4.75mm或2.36mm的筛下部分，其规格应符合表4-154的要求。采石场在生产石屑的过程中应具备抽吸设备，高速公路和一级公路的沥青混合料，宜将S14与S16组合使用，S15可在沥青稳定碎石基层或其他等级公路中使用。

表 4-154　　　　　沥青混合料用机制砂或石屑规格

规格	公称粒径	水洗法通过各筛孔的质量百分率（%）							
	（mm）	9.5	4.75	2.36	1.18	0.6	0.3	0.15	0.075
S15	0～5	100	90～100	60～90	40～75	20～55	7～40	2～20	0～10
S16	0～3	—	100	80～100	50～80	25～60	8～45	0～25	0～15

注：当生产石屑采用喷水抑制扬尘工艺时，应特别注意含粉量不得超过表中要求。

（5）机制砂宜采用专用的制砂机制造，并选用优质石料生产，其级配应符合S16的要求。

4. 填料

（1）沥青混合料的矿粉必须采用石灰岩或岩浆岩中的强基性岩石等憎水性石料经磨细得到的矿粉，原石料中的泥土杂质应除净。矿粉应干燥、洁净，能自由地从矿粉仓流出，其质量应符合表 4-155 的要求。

表 4-155　　　　　　沥青混合料用矿粉质量要求

项　目		高速公路、一级公路	其他等级公路
表观密度（t/m³）	≥	2.50	2.45
含水量（%）	≤	1	1
粒度范围＜0.6mm（%）		100	100
＜0.15mm（%）		90～100	90～100
＜0.075mm（%）		75～100	70～100
外观		无团粒结块	—
亲水系数		＜1	T0353
塑性指数（%）		＜4	T0354
加热安定性		实测记录	T0355

（2）拌合机的粉尘可作为矿粉的一部分回收使用。但每盘用量不得超过填料总量的 25%，掺有粉尘填料的塑性指数不得大于 4%。

（3）粉煤灰作为填料使用时，不得超过填料总量的 50%，粉煤灰的烧失量应小于 12%，与矿粉混合后的塑性指数应小于 4%，其余质量要求与矿粉相同。高速公路、一级公路的沥青面层不宜采用粉煤灰做填料。

5. 纤维稳定剂

在沥青混合料中掺合纤维稳定剂时宜选用木质素纤维、矿物纤维等。木质素纤维的质量要求见表 4-156。

表 4-156　　　　　　木质素纤维质量技术要求

项　目	单位	指　标	试验方法
纤维长度，不大于	mm	6	水溶液用显微镜观测
灰分含量	%	18±5	高温 590～600℃燃烧后测定残留物

续表

项　　目	单位	指　标	试验方法
pH 值	—	7.5±1.0	水溶液用 pH 试纸或 pH 计测定
吸油率,不小于	—	纤维质量的 5 倍	用煤油浸泡后放在筛上经振敲后称量
含水率(以质量计),不大于	%	5	105℃烘箱烘 2h 后冷却称量

(三)沥青混合料的技术性质

1. 高温稳定性

沥青混合料的高温稳定性是指混合料在高温情况下,承受外力不断作用,抵抗永久变形的能力。沥青混合料路面在长期的行车荷载作用下,会出现车辙现象。车辙致使路表过量的变形,影响了路面的平整度;轮迹处沥青层厚度减薄,削弱了面层及路面结构的整体强度,从而易于诱发其他病害;雨天路表排水不畅,降低了路面的抗滑能力,甚至会由于车辙内积水而导致车辆漂滑,影响了高速行车的安全;车辆在超车或更换车道时方向失控,影响了车辆操纵的稳定性。可见由于车辙的产生,严重影响了路面的使用寿命和服务安全,在经常加速或减速的路段还会出现推移变形。因此要求沥青路面具有良好的高温稳定性。

我国在 20 世纪 70 年代的时候,就开始采用马歇尔法来评定沥青混合料的高温稳定性,用马歇尔法所测得的稳定度、流值以及马歇尔模数来反映沥青混合料的稳定性和水稳性情况。但随着近年来高等级公路的兴起,对路面稳定性提出了更高的要求,对一级公路和高速公路根据《公路沥青路面设计规范》(JTG D50—2006)规定:"对于高速公路、一级公路的表面层和中间层的沥青混凝土作配合比设计时,应进行车辙试验,以检验沥青混凝土的高温稳定性。"

根据《公路沥青路面施工技术规范》(JTG F40—2004)的规格,沥青混合料车辙试验动稳定度技术要求见表 4-157。

表 4-157　　　　　　　　沥青混合料车辙试验动稳定度技术要求

气候条件与技术指标		相应于下列气候分区所要求的动稳定度(次/mm)								
七月平均最高气温(℃)及气候分区		>30				20~30				<20
		1. 夏炎热区				2. 夏热区				3. 夏凉区
		1-1	1-2	1-3	1-4	2-1	2-2	2-3	2-4	3-2
普通沥青混合料,不小于		800		1000		600		800		600
改性沥青混合料,不小于		2400		2800		2000		2400		1800
SMA混合料	非改性,不小于	1500								
	改性,不小于	3000								
OGFC混合料		1500(一般交通路段)、3000(重交通量路段)								

注:1. 如果其他月份的平均最高气温高于七月时,可使用该月平均最高气温。

　2. 在特殊情况下,如钢桥面铺装、重载车特别多或纵坡较大的长距离上坡路段、厂矿专用道路,可酌情提高动稳定度的要求。

　3. 对因气候寒冷确需使用针入度很大的沥青(如大于100),动稳定度难以达到要求,或因采用石灰岩等不很坚硬的石料,改性沥青混合料的动稳定度难以达到要求等特殊情况,可酌情降低要求。

　4. 为满足炎热地区及重载车要求,在配合比设计时采取减少最佳沥青用量的技术措施时,可适当提高试验温度或增加试验荷载进行试验,同时增加试件的碾压成型密度和施工压实度要求。

　5. 车辙试验不得采用二次加热的混合料,试验必须检验其密度是否符合试验规程的要求。

　6. 如需要对公称最大粒径等于和大于26.5mm的混合料进行车辙试验,可适当增加试件的厚度,但不宜作为评定合格与否的依据。

　　影响沥青混合料车辙深度的主要因素有沥青的用量,沥青的黏度,矿料的级配,矿料的尺寸、形状等(表4-158)。过量沥青,不仅降低了沥青混合料的内摩阻力,而且在夏季容易产生泛油现象。因此,适当减少沥青的用量,可以使矿料颗粒更多地以结构沥青的形式相联结,增加混合料黏聚力和内摩阻力,提高沥青的黏度,增加沥青混合料抗剪变形的能力。由合理矿料级配组成的沥青混合料可以形成骨架—密实结构,这种混合料的黏聚力和内摩阻力都比较大。在矿料的选择上,应挑选粒径大的、有棱角的矿料颗粒,以提高混合料的内摩阻力。另外,还可以加入一些外加剂,来改善沥青混合料的性能。所有这些措施,都是为了提高沥青混合料的抗剪强度,减少塑性变形,从而增强沥青混合料的高温稳定性。

表 4-158　　　　　　　影响沥青混合料车辙深度的主要因素

影响车辙深度主要因素	沥青混合料	内摩擦力
		矿料的最大粒径,4.75mm 以上的碎石含量
		碎石纹理深度(表面粗糙程度)和颗粒形状
		沥青用量
		沥青混合料的级配和密实度
		粘结力
		沥青的黏度
		沥青的感温性
		沥青与矿料的粘结力
		沥青矿粉化和矿粉的种类
		沥青用量
		混合料的级配和密实度
	交通和气候条件	行车荷载(轴重、轮胎的压力)
		交通量和渠化程度
		荷载作用时间和水平力(交叉口)
		路面温度(气温、日照等)
	沥青层和结构类型(柔性路面和半刚性路面)	

针对影响车辙的主要因素,可采取下列一些措施来减轻沥青路面的车辙:

(1)选用黏度高的沥青,因为同一针入度的沥青会有不同的黏度。

(2)选用针入度较小、软化点高和含蜡量低的沥青。

(3)用外加剂改性沥青。常用合成橡胶、聚合物或树脂改性沥青,例如用 SBS 改性沥青的软化点可达 60℃以上。

(4)确定沥青混合料的最佳用量时,采用略小于马歇尔试验最佳沥青用量的值。

(5)采用粒径较大或碎石含量多的矿料,并控制碎石中的扁平、针状颗粒的含量不超过规定范围。

(6)保持沥青混合料成型后具有足够的空隙率,一般认为沥青混合料的设计空隙率在 3％～5％范围内是适宜的。

(7)采用较高的压实度

2. 沥青混合料的低温抗裂性

沥青混合料不仅应具备高温的稳定性,同时,还要具有低温的抗裂性,沥青混合料低温抗裂性就是指沥青混合料在低温下抵抗断裂破坏的能力。

在冬季,随着温度的降低,沥青材料的劲度模量变得越来越大,材料变得越来越硬,并开始收缩。由于沥青路面在面层和基层之间存在着很好的约束,因而当温度大幅度降低时,沥青面层中会产生很大的收缩拉应力或者拉应变,一旦其超过材料的极限拉应力或极限拉应变,沥青面层就会开裂。另一种是温度疲劳裂缝。故要求沥青混合料具有低温的抗裂性,在冬季以保证路面低温时不产生裂缝。

对沥青混合料低温抗裂性要求,许多研究者曾提出过不同的指标,但为多数人所采纳的方法是测定混合料在低温时的纯拉劲度模量和温度收缩系数,用上述两参数作为沥青混合料在低温时的特征参数,用收缩应力与抗拉强度对比的方法来预估沥青混合料的断裂温度。

有的研究认为,沥青路面在低温时的裂缝与沥青混合料的抗疲劳性能有关。建议采用沥青混合料在一定变形条件下,达到试件破坏时所需的荷载作用次数来表征沥青混合料的疲劳寿命。破坏时的作用次数称为柔度。根据研究认为,柔度与混合料纯拉试验时的延伸度有明显关系。

3. 沥青混合料的耐久性

沥青混合料在路面中长期受自然因素的作用,为保证路面具有较长的使用年限必须具备较好的耐久性。

影响沥青混合料耐久性的因素很多,诸如沥青的化学性质、矿料的矿物成分、混合料的组成结构(残留空隙、沥青填隙率)等。

沥青的化学性质和矿料的矿物成分,对耐久性的影响已如前所述。就沥青混合料的组成结构而言,首先是沥青混合料的空隙率。空隙率的大小与矿质集料的级配、沥青材料的用量以及压实程度等有关。从耐久性角度出发,希望沥青混合料空隙率尽量减少,以防止水的渗入和日光紫外线对沥青的老化作用等,但是一般沥青混合料中均应残留 3%～6% 空隙,以备夏季沥青材料膨胀之用。

沥青混合料空隙率与水稳定性有关。空隙率大,且沥青与矿料黏附性差的混合料,在饱水后石料与沥青黏附力降低,易发生剥落,同时,颗粒相互推移产生体积膨胀以及出现力学强度显著降低等现象,引起路面早期破坏。

另外,沥青路面的使用寿命还与混合料中的沥青含量有很大的关系。当沥青用量比正常使用的用量减少时,则沥青膜变薄,混合料的延伸能力降低,脆性增加;同时沥青用量偏少,将使混合料的空隙率增大,沥青膜暴露较多,加速了老化作用。同时增加了渗水率,加强了水对沥青的剥落作用。有研究认为,沥青用量比最佳沥青用量少 0.5% 的混合料能使路面使用寿命减少一半以上。

4. 沥青混合料的表面抗滑性

随着现代高速公路的发展,对沥青混合料路面的抗滑性提出了更高的要求。沥青混合料路面的抗滑性与矿质集料的微表面性质、混合料的级配组成以及沥青用量等因素有关。

> 危险源的辨识方法各有其特点和局限性,往往采用两种或两种以上的方法识别危险源。

为保证长期高速行车的安全,配料时要特别注意粗集料的耐磨光性,应选择硬质有棱角的集料。硬质集料往往属于酸性集料,与沥青的黏附性差,为此,在沥青混合料施工时,必须在采用当地产的软质集料中掺加外运来的硬质集料组成复合集料或掺加抗剥离剂。沥青用量对抗滑性的影响非常敏感,沥青用量超过最佳用量的 0.5% 即可使抗滑系数明显降低。其中含蜡量对沥青混合料抗滑性有明显的影响,现行国家标准《重交通道路石油沥青》(GB/T 15180—2010)提出,含蜡量应不大于3%,在沥青来源确有困难时对下层路面可放宽至4%～5%。提高沥青路面抗滑性能的主要措施如下:

(1)提高沥青混合料的抗滑性能。混合料中矿质集料的全部或一部分选用硬质粒料。若当地的天然石料达不到耐磨和抗滑要求时,可改用烧铝矾土、陶粒、矿渣等人造石料。矿料的级配组成宜采用开级配,并尽量选用对集料裹覆力较大的沥青,同时适当减少沥青用量,使集料露出路面表面。

(2)使用树脂系高分子材料对路面进行防滑处理。将粘结力强的人造树脂,如环氧树脂、聚氨基甲酸酯等,涂布在沥青路面上,然后铺撒硬质粒料,在树脂完全硬化之后,将未黏着的粒料扫掉,即可开放交通。但这种方法成本较高。

5. 沥青路面的水稳定性

沥青路面的水损害与两个过程有关,首先水能浸入沥青中使沥青黏附力减小,从而导致混合料的强度和劲度减小;其次水能进入沥青薄膜和集料之间,阻断沥青与集料表面的相互粘结,由于集料表面对水的吸附比对沥青强,从而使沥青与集料表面的接触力减小,结果导致沥青从集料表面剥落。

必须在规定的试验条件下进行马歇尔试验和冻融劈裂试验检验沥青混合料的水稳定性,并同时符合表 4-159 中的两项指标要求。达不到要求时必须采取抗剥落措施,调整最佳沥青用量后再次试验。

表 4-159　　　　沥青混合料水稳定性检验技术要求

气候条件与技术指标	相应于下列气候分区的技术要求(%)			
年降雨量(mm)及气候分区	>1000	500~1000	250~500	<250
	1. 潮湿区	2. 湿润区	3. 半干区	4. 干旱区
浸水马歇尔试验残留稳定度(%),不小于				
普通沥青混合料	80		75	
改性沥青混合料	85		80	
SMA 混合料　普通沥青	75			
SMA 混合料　改性沥青	80			
冻融劈裂试验的残留强度比(%),不小于				
普通沥青混合料	75		70	
改性沥青混合料	80		75	
SMA 混合料　普通沥青	75			
SMA 混合料　改性沥青	80			

影响沥青路面水稳定性的主要因素包括以下四个方面：①沥青混合料的性质，包括沥青性质以及混合料类型；②施工期的气候条件；③施工后的环境条件；④路面排水。

提高沥青混合料抗水剥离的性能可以从防止水对沥青混合料的侵蚀及水侵入后减少沥青膜的剥离这两个途径来寻求对策。

6. 沥青混合料的施工和易性

要保证室内配料在现场施工条件下顺利实现，沥青混合料除应具备前述的技术要求外，还应具备适宜的施工和易性。影响沥青混合料施工和易性的因素很多，诸如当地气温、施工条件及混合料性质等。

单纯从混合料材料性质而言，影响沥青混合料施工和易性的首先是混合料的级配情况，如粗细集料的颗粒大小相距过大，缺乏中间尺寸，混合料容易分层层积（粗粒集中表面，细粒骨中底部）；细集料太少，沥青层就不容易均匀地分布在粗颗粒表面；细集料过多，则使拌合困难。另外，当沥青用量过少或矿粉用量过多时，混合料容易疏松而不易压实；反之，如沥青用量过多或矿粉质量不好，则容易使混合料粘结成团块，不易摊铺。

（四）沥青混合料面层材料技术性能

1. 热拌沥青混合料

热拌沥青混合料（HMA）适用于各种等级公路的沥青面层。高速公路、一级公路和城市快速路、主干路的沥青面层的上面层、中间层及下面层应采用沥青混凝土混合料铺筑，沥青碎石混合料仅适用于过渡层及整平层。其他等级公路的沥青面层上面层宜采用沥青混凝土混合料铺筑。

（1）沥青混合料的矿料级配应符合工程设计规定的级配范围。密级配沥青混合料宜根据公路等级、气候及交通条件按表 4-160 选择采用粗型（C 型）或细型（F 型）混合料，并在表 4-161 范围内确定工程设计级配范围。其他类型的混合料宜直接以表 4-162～表 4-166 作为工程设计级配范围。

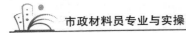

表 4-160　　粗型和细型密级配沥青混凝土的关键性筛孔通过率

混合料类型	公称最大粒径（mm）	用以分类的关键性筛孔（mm）	粗型密级配		细型密级配	
			名称	关键性筛孔通过率（%）	名称	关键性筛孔通过率（%）
AC-25	26.5	4.75	AC-25C	<40	AC-25F	>40
AC-20	19	4.75	AC-20C	<45	AC-20F	>45
AC-16	16	2.36	AC-16C	<38	AC-16F	>38
AC-13	13.2	2.36	AC-13C	<40	AC-13F	>40
AC-10	9.5	2.36	AC-10C	<45	AC-10F	>45

表 4-161　　密级配沥青混凝土混合料矿料级配范围

级配类型		通过下列筛孔（mm）的质量百分率（%）												
		31.5	26.5	19	16	13.2	9.5	4.75	2.36	1.18	0.6	0.3	0.15	0.075
粗粒式	AC-25	100	90～100	75～90	65～83	57～76	45～65	24～52	16～42	12～33	8～24	5～17	4～13	3～7
中粒式	AC-20		100	90～100	78～92	62～80	50～72	26～56	16～44	12～33	8～24	5～17	4～13	3～7
	AC-16			100	90～100	76～92	60～80	34～62	20～48	13～36	9～26	7～18	5～14	4～8
细粒式	AC-13				100	90～100	68～85	38～68	24～50	15～38	10～28	7～20	5～15	4～8
	AC-10					100	90～100	45～75	30～58	20～44	13～32	9～23	6～16	4～8
砂粒式	AC-5						100	90～100	55～75	35～55	20～40	12～28	7～18	5～10

表 4-162　　　　　密级配沥青稳定碎石混合料矿料级配范围

级配类型		通过下列筛孔(mm)的质量百分率(%)													
		53	37.5	31.5	26.5	19	16	13.2	9.5	4.75	2.36	1.18	0.6	0.3	0.15	0.075
特粗式	ATB-40	100	90~100	75~92	65~85	49~71	43~63	37~57	30~50	20~40	15~32	10~25	8~18	5~14	3~10	2~6
特粗式	ATB-30		100	90~100	70~90	53~72	44~66	39~60	31~51	20~40	15~32	10~25	8~18	5~14	3~10	2~6
粗粒式	ATB-25			100	90~100	60~80	48~68	42~62	32~52	20~40	15~32	10~25	8~18	5~14	3~10	2~6

表 4-163　　　　　半开级配沥青碎石混合料矿料级配范围

级配类型		通过下列筛孔(mm)的质量百分率(%)											
		26.5	19	16	13.2	9.5	4.75	2.36	1.18	0.6	0.3	0.15	0.075
中粒式	AM-20	100	90~100	60~85	50~75	40~65	15~40	5~22	2~16	1~12	0~10	0~8	0~5
中粒式	AM-16		100	90~100	60~85	45~68	18~40	6~25	3~18	1~14	0~10	0~8	0~5
细粒式	AM-13			100	90~100	50~80	20~45	8~28	4~20	2~16	0~10	0~8	0~6
细粒式	AM-10				100	90~100	35~65	10~35	5~22	2~16	0~12	0~9	0~6

表 4-164　　　　　开级配沥青稳定碎石混合料矿料级配范围

级配类型		通过下列筛孔(mm)的质量百分率(%)													
		53	37.5	31.5	26.5	19	16	13.2	9.5	4.75	2.36	1.18	0.6	0.3	0.15	0.075
特粗式	ATPB-40	100	70~100	65~90	55~85	43~75	32~70	20~65	12~50	0~3	0~3	0~3	0~3	0~3	0~3	0~3
特粗式	ATPB-30		100	80~100	70~95	53~85	36~80	26~75	14~60	0~3	0~3	0~3	0~3	0~3	0~3	0~3
粗粒式	ATPB-25			100	80~100	60~100	45~90	30~82	16~70	0~3	0~3	0~3	0~3	0~3	0~3	0~3

表 4-165　　　　沥青玛琋脂碎石混合料矿料级配范围

级配类型		通过下列筛孔(mm)的质量百分率(%)											
		26.5	19	16	13.2	9.5	4.75	2.36	1.18	0.6	0.3	0.15	0.075
中粒式	SMA-20	100	90~100	72~92	62~82	40~55	18~30	13~22	12~20	10~16	9~14	8~13	8~12
	SMA-16		100	90~100	65~85	45~65	20~32	15~24	14~22	12~18	10~15	9~14	8~12
细粒式	SMA-13			100	90~100	50~75	20~34	15~26	14~24	12~20	10~16	9~15	8~12
	SMA-10				100	90~100	28~60	20~32	14~26	12~22	10~18	9~16	8~13

表 4-166　　　　开级配排水式磨耗层混合料矿料级配范围

级配类型		通过下列筛孔(mm)的质量百分率(%)										
		19	16	13.2	9.5	4.75	2.36	1.18	0.6	0.3	0.15	0.075
中粒式	OGFC-16	100	90~100	70~90	45~70	12~30	10~22	6~18	4~15	3~12	3~8	2~6
	OGFC-13		100	90~100	60~80	12~30	10~22	6~18	4~15	3~12	3~8	2~6
细粒式	OGFC-10			100	90~100	50~70	10~22	6~18	4~15	3~12	3~8	2~6

(2)沥青混合料技术要求应符合表 4-167～表 4-170 的规定。

表 4-167　　密级配沥青混凝土混合料马歇尔试验技术要求

（本表适用于公称最大粒径≤26.5mm 的密级配沥青混凝土混合料）

试验指标	单位	高速公路、一级公路				其他等级公路	行人道路
		夏炎热区（1-1、1-2、1-3、1-4区）		夏热区及夏凉区（2-1、2-2、2-3、2-4、3-2区）			
		中轻交通	重载交通	中轻交通	重载交通		
击实次数（双面）	次	75				50	50
试件尺寸	mm	φ101.6mm×63.5mm					
空隙率 VV　深约90mm以内	%	3~5	4~6	2~4	3~5	3~6	2~4
空隙率 VV　深约90mm以下	%	3~6		2~4	3~6	3~6	—
稳定度 MS 不小于	kN	8				5	3
流值 FL	mm	2~4	1.5~4	2~4.5	2~4	2~4.5	2~5

矿料间隙率 VMA（%），不小于	设计空隙率（%）	相应于以下公称最大粒径（mm）的最小 VMA 及 VFA 技术要求（%）					
		26.5	19	16	13.2	9.5	4.75
	2	10	11	11.5	12	13	15
	3	11	12	12.5	13	14	16
	4	12	13	13.5	14	15	17
	5	13	14	14.5	15	16	18
	6	14	15	15.5	16	17	19
沥青饱和度 VFA（%）		55~70		65~75		70~85	

注：1. 对空隙率大于 5% 的夏炎热区重载交通路段，施工时应至少提高压实度 1 个百分点。

　　2. 当设计的空隙率不是整数时，由内插确定要求的 VMA 最小值。

　　3. 对改性沥青混合料，马歇尔试验的流值可适当放宽。

表 4-168　　沥青稳定碎石混合料马歇尔试验配合比设计技术要求

试验指标	单位	密级配基层（ATB）		半开级配面层（AM）	排水式开级配磨耗层（OGFC）	排水式开级配基层（ATPB）
公称最大粒径	mm	26.5mm	等于或大于31.5mm	等于或小于26.5mm	等于或小于26.5mm	所有尺寸
马歇尔试件尺寸	mm	φ101.6mm×63.5mm	φ152.4mm×95.3mm	φ101.6mm×63.5mm	φ101.6mm×63.5mm	φ152.4mm×95.3mm

续表

试验指标	单位	密级配基层（ATB）		半开级配面层（AM）	排水式开级配磨耗层（OGFC）	排水式开级配基层（ATPB）
击实次数（双面）	次	75	112	50	50	75
空隙率 VV	%	3～6		6～10	不小于18	不小于18
稳定度，不小于	kN	7.5	15	3.5	3.5	—
流值	mm	1.5～4	实测	—	—	—
沥青饱和度 VFA	%	55～70		40～70	—	—
密级配基层ATB的矿料间隙率VMA（%），不小于		设计空隙率（%）	ATB—40	ATB—30	ATB—25	
		4	11	11.5	12	
		5	12	12.5	13	
		6	13	13.5	14	

注：在干旱地区，可将密级配沥青稳定碎石基层的空隙率适当放宽到8%。

表 4-169　　　　　SMA混合料马歇尔试验配合比设计技术要求

试验项目	单位	技术要求	
		不使用改性沥青	使用改性沥青
马歇尔试件尺寸	mm	ϕ101.6mm×63.5mm	
马歇尔试件击实次数[1]	—	两面击实50次	
空隙率 VV[2]	%	3～4	
矿料间隙率 VMA[2]，不小于	%	17.0	
粗集料骨架间隙率 VCA_{mix}^{2}，不大于	—	VCA_{DRC}	
沥青饱和度 VFA	%	75～85	
稳定度[4]，不小于	kN	5.5	6.0
流值	mm	2～5	

续表

试验项目	单位	技术要求	
		不使用改性沥青	使用改性沥青
谢伦堡沥青析漏试验的结合料损失	%	不大于0.2	不大于0.1
肯塔堡飞散试验的混合料损失或浸水飞散试验	%	不大于20	不大于15

① 对集料坚硬不易击碎,通行重载交通的路段,也可将击实次数增加为双面75次。

② 对高温稳定性要求较高的重交通路段或炎热地区,设计空隙率允许放宽到4.5%,VMA允许放宽到16.5%(SMA-16)或16%(SMA-19),VFA允许放宽到70%。

③ 试验粗集料骨架间隙率VCA的关键性筛孔,对SMA-19、SMA-16是指4.75mm,对SMA-13、SMA-10是指2.36mm。

④ 稳定度难以达到要求时,容许放宽到5.0kN(非改性)或5.5kN(改性),但动稳定度检验必须合格。

表4-170　　　　　　　　　　OGFC混合料技术要求

试验项目	单位	技术要求
马歇尔试件尺寸	mm	ϕ101.6mm×63.5mm
马歇尔试件击实次数	—	两面击实50次
空隙率	%	18~25
马歇尔稳定度,不小于	kN	3.5
析漏损失	%	<0.3
肯特堡飞散损失	%	<20

2. 冷拌沥青混合料

(1)冷拌沥青混合料适用于三级及三级以下的公路的沥青面层、二级公路的罩面层施工,以及各级公路沥青路面的基层、联结层或整平层。冷拌改性沥青混合料可用于沥青路面的坑槽冷补。

(2)冷拌沥青混合料宜采用乳化沥青或液体沥青拌制,也可采用改性乳化沥青。

(3)冷拌沥青混合料宜采用密级配沥青混合料,铺筑上封层时可采用半开级配的冷拌沥青碎石混合料。

(4)冷拌沥青混合料可参照上述"(1)"的要求进行矿料级配。

(5)用于修补沥青路面坑槽的冷补沥青混合料宜采用适宜的改性沥青结合料制造,并具有良好的耐水性。

(6)冷补沥青混合料的矿料级配宜参照表4-171的要求执行。沥青用量通过试验并根据实际使用效果确定,通常宜为4%~6%。其级配应符合补坑的需要,粗集料级配必须具有充分的嵌挤能力,以便在未经充分碾压的条件下可开放通车碾压而不松散。

表 4-171   冷补沥青混合料的矿料级配

类型	通过下列筛孔(mm)的百分率(%)											
	26.5	19.0	16.0	13.2	9.5	4.75	2.36	1.18	0.6	0.3	0.15	0.075
细粒式 LB-10	—	—	—	100	80~ 100	30~ 60	10~ 40	5~ 20	0~ 15	0~ 12	0~ 8	0~ 5
细粒式 LB-13	—	—	100	90~ 100	60~ 95	30~ 60	10~ 40	5~ 20	0~ 15	0~ 12	0~ 8	0~ 5
中粒式 LB-16	—	100	90~ 100	50~ 90	40~ 75	30~ 60	10~ 40	5~ 20	0~ 15	0~ 12	0~ 8	0~ 5
粗粒式 LB-19	100	95~ 100	80~ 100	70~ 100	60~ 90	30~ 70	10~ 40	5~ 20	0~ 15	0~ 12	0~ 8	0~ 5

注:1. 黏聚性试验方法:将冷补材料800g装入马歇尔试模中,放入4℃恒温室中2~3h,取出后双面各击实5次,制作试件,脱模后放在标准筛上,将其直立并使试件沿筛框来回滚动20次,破损率不得大于40%。

2. 冷补沥青混合料马歇尔试验方法:称混合料1180g在常温下装入试模中,双面各击实50次,连同试模一起以侧面竖立方式置110℃烘箱中养护24h,取出后再双面各击实25次,再连同试模在室温中竖立放置24h,脱模后在60℃恒温水槽中养护30min,进行马歇尔试验。

▶复习思考题◀

1. 石油沥青的主要技术性质是什么?各用何指标表示?这些性质的影响因素有哪些?

2. 怎样划分石油沥青的牌号?牌号大小与沥青主要技术性质之

间的关系怎样？

3. 与石油沥青相比，煤沥青在外观、性质和应用方面有何不同？

4. 试述沥青混合料应具备的主要技术性能。

5. 沥青混合料的组成材料有哪些？

6. 何谓沥青混合料？它是怎样分类的？沥青混合料路面具有哪些特点？

第八节　钢　　材

一、概述

钢是含碳量小于 2.11% 的铁碳合金（含碳量大于 2% 时为生铁），市政工程中所用的钢板、钢筋、钢管、型钢、钢筋混凝土结构等通称为钢材。作为重要的工程材料，钢材在市政工程建设中有着广泛的应用。

（一）钢材的分类

钢材的分类方法很多，目前最常见和最常用的分类方法主要有以下几种。

1. 按用途分

钢材按用途分类可分为碳素结构钢、焊接结构耐候钢、高耐候性结构钢和桥梁用结构钢等专用结构钢。在市政工程中，较为常用的是碳素结构钢和桥梁用结构钢。

2. 按品质分

根据钢中所含有害杂质的多少，工业用钢通常分为普通钢、优质钢和高级优质钢三大类。

（1）普通钢。一般含硫量不超过 0.050%，但对酸性转炉钢的含硫量允许适当放宽，如普通碳素钢。普通碳素钢按技术条件又可分为以下三种：

甲类钢——只保证力学性能的钢；

乙类钢——只保证化学成分，但不必保证力学性能的钢；

特类钢——既保证化学成分，又保证力学性能的钢。

(2)优质钢。在结构钢中，含硫量不超过 0.045%，含碳量不超过 0.040%；在工具钢中，含硫量不超过 0.030%，含碳量不超过 0.035%。对于其他杂质，如铬、镍、铜等的含量都有一定的限制。

(3)高级优质钢。属于这一类的一般都是合金钢。钢中含硫量不超过 0.020%，含碳量不超过 0.030%，对其他杂质的含量要求更加严格。

除以上三种外，对于具有特殊要求的钢，还可列为特级优质钢，从而形成四大类。

3. 按化学成分分

按照化学成分的不同，还可以把钢分为碳素钢和合金钢两大类。

(1)碳素钢。碳素钢是指含碳量在 0.02%～2.11%的铁碳合金。根据钢材含碳量的不同，可把钢划分为以下三种：

低碳钢——碳的质量分数小于 0.25%的钢；

中碳钢——碳的质量分数在 0.25%～0.60%之间的钢；

高碳钢——碳的质量分数大于 0.60%的钢。

市政工程中大量应用的是碳素结构钢。

(2)合金钢。在碳素钢中加入一定量的合金元素以提高钢材性能的钢，称为合金钢。根据钢中合金元素含量的多少，可分以下三种：

低合金钢——合金元素总的质量分数小于 5%的钢；

中合金钢——合金元素总的质量分数在 5%～10%之间的钢；

高合金钢——合金元素总的质量分数大于 10%的钢。

根据钢中所含合金元素的种类的多少，又可分为二元合金钢、三元合金钢以及多元合金钢等钢种，如锰钢、铬钢、硅锰钢、铬锰钢、铬钼钢、钒钢等。

4. 按冶炼方法分

按照冶炼方法和设备的不同，工业用钢可分为平炉钢、转炉钢和电炉钢三大类，每一大类还可按其炉衬材料的不同，又可分为酸性和碱性两类。

(1)平炉钢。一般属碱性钢，只有在特殊情况下，才在酸性平炉里炼制。

(2)转炉钢。除可分为酸性和碱性转炉钢外,还可分为底吹、侧吹、顶吹转炉钢。而这两种分类方法,又经常混用。

(3)电炉钢。分为电弧炉钢、感应电炉钢、真空感应电炉钢和钢电渣电炉钢等。工业上大量生产的主要是碱性电弧炉钢。

5. 按浇筑脱氧程度分

按脱氧程度和浇筑制度的不同,还可分为沸腾钢、镇静钢、半镇静钢三类。

(1)沸腾钢。沸腾钢是在钢液中仅用锰铁弱脱氧剂进行脱氧。钢液在铸锭时有相当多的氧化铁,它与碳等化合生成一氧化碳等气体,使钢液沸腾。铸锭后冷却快,气体不能全部逸出,因而有下列缺陷:

1)钢锭内存在气泡,轧制时虽容易闭合,但晶粒粗细不匀。

2)硫磷等杂质分布不匀,局部比较集中。

3)气泡及杂质不匀,使钢材质量不匀,尤其是使轧制的钢材产生分层。当厚钢板在垂直厚度方向产生拉力时,钢板产生层状撕裂。

(2)镇静钢。镇静钢是在钢液中添加适量的硅和锰等强脱氧剂进行较彻底的脱氧而成。铸锭时不发生沸腾现象,浇筑时钢液表面平静,冷却速度很慢。

(3)半镇静钢。半镇静钢的脱氧程度介于沸腾钢和镇静钢之间,可用较少的硅脱氧,铸锭时还有一些沸腾现象。半镇静钢的性能优于沸腾钢,接近镇静钢。

上述几种分类方法是较为常用的,另外还有其他的分类方法,在有些情况下,这几种分类方法往往混合使用。

(二)钢材的牌号

钢的分类方法只是简单地把具有共同特征的钢种划分或归纳为同一类型,而不是某一钢种具体特性的反映。为了把某一钢种的特性很好地反映出来,人们便创建了一种具体反映钢材本身特性的简单易懂的符号,这就是所谓的钢的牌号。

钢有了自己的牌号,就如同贴了标签一般,人们对某一种钢的了解也就有了共同的概念,这就给生产、使用、设计、供销和科学技术交流等方面带来了极大的方便。

1. 牌号的表示方法

钢铁牌号表示方法采取汉字牌号和汉语拼音字母牌号同时并用的方法。汉字牌号易识别和记忆,汉语拼音字母牌号便于书写和标记。钢的牌号表示方法的原则是:

(1)牌号中化学元素采用汉字或国际化学符号表示。例如:"碳"或"C"、"锰"或"Mn"、"铬"或"Cr"。

(2)钢材的产品用途、冶炼方法和浇筑方法,也采用汉字或汉语拼音表示,其表示方法一般采用缩写。原则上只用一个字母,并且应尽可能地取第一个字母,一般不超过两个汉字或字母,见表 4-172。

表 4-172　　　　　　　产品名称浇筑方法缩写

名　　称	采用汉字及拼音		采用符号	字　体
	汉　字	拼　音		
甲类钢	甲	—	A	大　写
乙类钢	乙	—	B	
特类钢	特	—	C	
酸性侧吹转炉钢	酸	Suan	S	
沸腾钢	沸	Fei	F	
半镇静钢	半	Ban	b	小　写

2. 碳素结构钢的牌号

根据现行国家标准《碳素结构钢》(GB/T 700—2006)的规定,碳素结构钢牌号的表示方式是由代表屈服点的字母、屈服强度数值、质量等级符号、脱氧方法符号等四个部分按顺序组成。所采用的符号分别用下列字母表示:

Q——钢材屈服点"屈"字汉语拼音首位字母;

A、B、C、D——质量等级;

F——沸腾钢"沸"字汉语拼音首位字母;

Z——镇静钢"镇"字汉语拼音首位字母;

TZ——特殊镇静钢"特镇"两字汉语拼音首位字母。

在牌号组成表示方法中,"Z"与"TZ"符号予以省略。

《碳素结构钢》(GB/T 700—2006)对碳素结构钢的牌号共分四种,即 Q195、Q215、Q235、Q275。其中 Q215 的质量等级分为 A、B 两级,Q235(即 HPB235)钢、Q275 钢的质量等级分为 A、B、C、D 四级。

(三)钢材的化学成分

钢中除了铁和碳以外,还含有硅(Si)、锰(Mn)、硫(S)、磷(P)、氮(N)、氧(O)、氢(H)等元素,这些元素是原料或冶炼过程中带入的,叫作常存元素。为了适应某些使用要求,特意提高硅(Si)、锰(Mn)的含量或特意加进铬(Cr)、镍(Ni)、钨(W)、钼(Mo)、钒(V)等元素,这些特意加进的或提高含量的元素叫作合金元素。

钢材中各种化学成分对钢材性能的影响,见表 4-173。

表 4-173　　　　　　　　　化学成分对钢材性能的影响

名　称	在钢材中的作用	对钢材性能的影响
碳 (C)	决定强度的主要因素。碳素钢含量应在 0.04%~1.7%之间,合金钢含量大于 0.5%~0.7%	含量增高,强度和硬度增高,塑性和冲击韧性下降,脆性增大,冷弯性能、焊接性能变差
硅 (Si)	加入少量能提高钢的强度、硬度和弹性,能使钢脱氧,有较好的耐热性、耐酸性。在碳素钢中含量不超过 0.5%,超过限值则成为合金钢的合金元素	含量超过 1%时,则使钢的塑性和冲击韧性下降,冷脆性增大,可焊性、抗腐蚀性变差
锰 (Mn)	提高钢强度和硬度,可使钢脱氧去硫。含量在 1%以下;合金钢含量大于 1%时即成为合金元素	少量锰可降低脆性,改善塑性、韧性、热加工性和焊接性能,含量较高时,会使钢塑性和韧性下降,脆性增大,焊接性能变坏
磷 (P)	是有害元素,降低钢的塑性和韧性,出现冷脆性,能使钢的强度显著提高,同时提高大气腐蚀稳定性,含量应限制在 0.05%以下	含量提高,在低温下使钢变脆,在高温下使钢缺乏塑性和韧性,焊接及冷弯性能变坏,其危害与含碳量有关,在低碳钢中影响较少
硫 (S)	是有害元素,使钢热脆性大,含量限制在 0.05%以下	含量高时,焊接性能、韧性和抗蚀性将变坏;在高温热加工时,容易产生断裂,形成热脆性

续表

名　称	在钢材中的作用	对钢材性能的影响
钒、铌 （V、Nb）	使钢脱氧除气，显著提高强度。合金钢含量应小于 0.5%	少量可提高低温韧性，改善可焊性；含量多时，会降低焊接性能
（钛） （Ti）	钢的强脱氧剂和除气剂，可显著提高强度，能与碳和氮作用生成碳化钛（TiC）和氮化钛（TiN）。低合金钢含量在 0.06%～0.12%之间	少量可改善塑性、韧性和焊接性能，降低热敏感性
铜 （Cu）	含少量铜对钢不起显著变化，可提高抗大气腐蚀性	含量增到 0.25%～0.3%时，焊接性能变坏，增到 0.4%时，发生热脆现象

二、市政工程常用钢材主要技术性能

（一）钢材力学性能

1. 抗拉强度

钢材的抗拉强度表示能承受的最大拉应力值（图 4-24 中的 E 点）。在建筑钢结构中，以规定抗拉强度的上、下限作为控制钢材冶金质量的一个手段。

（1）如抗拉强度太低，意味着钢的生产工艺不正常，冶金质量不良（钢中气体、非金属夹杂物过多等）；抗拉强度过高则反映轧钢工艺不当，终轧温度太低，使钢材过分硬化，从而引起钢材塑性、韧性的下降。

（2）规定了钢材强度的上下限就可以使钢材与钢材之间，钢材与焊缝之间的强度较为接近，使结构具有等强度的要求，避免因材料强度不均而产生过度的应力集中。

（3）控制抗拉强度范围还可以避免因钢材的强度过高而给冷加工和焊接带来困难。

由于钢材应力超过屈服强度后出现较大的残余变形，结构不能正常使用，因此钢结构设计是以屈服强度作为承载力极限状态的标志值，相应地在一定程度上抗拉强度即作为强度储备。其储备率可以抗拉强度与屈服强度的比值强屈比（f_u/f_y）表示，强屈比越大则强度储备越大。

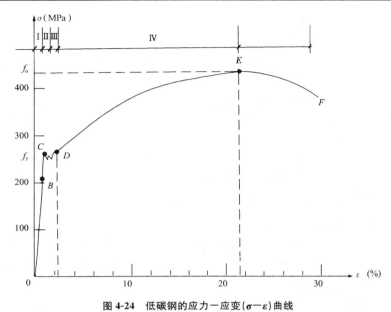

图 4-24 低碳钢的应力一应变($\sigma-\varepsilon$)曲线

所以对钢材除要求符合屈服强度外,尚应符合抗拉强度的要求。

2. 屈服强度

对于不可逆(塑性)变形开始出现时金属单位截面上的最低作用外力,定义为屈服强度或屈服点。它标志着金属对初始塑性变形的抗力。

钢材在单向均匀拉力作用下,根据应力一应变($\sigma-\varepsilon$)曲线图(图4-24),可分为弹性、弹塑性、屈服、强化四个阶段。

钢结构强度校核时根据荷载算得的应力小于材料的容许应力$[\sigma_s]$时结构是安全的。

容许应力$[\sigma_s]$可用下式计算:

$$[\sigma_s]=\frac{\sigma_s}{K} \qquad (4-35)$$

式中 σ_s——材料屈服强度;

K——安全系数。

屈服强度是作为强度计算和确定结构尺寸的最基本参数。

3. 断后伸长率

断后伸长率是钢材加工工艺性能的重要指标,并显示钢材冶金质量的好坏。

伸长率是衡量钢材塑性及延性性能的指标。断后伸长率越大,表示塑性及延性性能越好,钢材断裂前永久塑性变形和吸收能量的能力越强。对建筑结构钢的 $\delta 5$ 要求应在 $16\%\sim23\%$ 之间。钢的断后伸长率太低,可能是钢的冶金质量不好所致;伸长率太高,则可能引起钢的强度、韧性等其他性能的下降。随着钢的屈服强度等级的提高,断后伸长率的指标可以有少许降低。

4. 耐疲劳性

受交变荷载反复作用时,钢材常常在远低于其屈服点应力作用下而突然破坏,这种破坏称为疲劳破坏。试验证明,一般钢的疲劳破坏是由应力集中引起的。首先在应力集中的地方出现疲劳裂纹;然后在交变荷载的反复作用下,裂纹尖端产生应力集中而使裂纹逐渐扩大,直至突然发生瞬时疲劳断裂。疲劳破坏是在低应力状态下突然发生的,所以危害极大,往往造成灾难性的事故。

若发生破坏时的危险应力是在规定周期(交变荷载反复作用次数)内的最大应力,则称其为疲劳极限或疲劳强度。此时规定的周期 N 称为钢材的疲劳寿命。测定疲劳极限时,应根据结构的受力特点确定应力循环类型(拉—拉型、拉—压型等)、应力特征值 ρ(为最小和最大应力之比)和周期基数。例如,测定钢筋的疲劳极限时,常用改变大小的拉应力循环来确定 ρ 值,对非预应力筋 ρ 一般为 $0.1\sim0.8$;预应力筋则为 $0.7\sim0.85$;周期基数一般为 2×10^6 或 4×10^6 次以上,实际测量时常以 2×10^6 次应力循环为基准。钢材的疲劳极限不仅与其化学成分、组织结构有关,而且与其截面变化、表面质量以及内应力大小等可能造成应力集中的各种因素有关。所以,在设计承受反复荷载作用且必须进行疲劳验算的钢结构时,应当了解所用钢材的疲劳极限。

5. 冲击韧性

钢材的冲击韧性是衡量钢材断裂时所做功的指标,以及在低温、应力集中、冲击荷载等作用下，衡量抵抗脆性断裂的能力。钢材中非金属夹杂物、脱氧不良等都将影响其冲击韧性。为了保证钢结构建筑物的安全，防止低应力脆性断裂，建筑结构钢必须具有良好的韧性。目前关于钢材脆性破坏的试验方法较多，冲击试验是最简便的检验钢材缺口韧性的试验方法，也是作为建筑结构钢的验收试验项目之一。

钢材的冲击韧性

　　钢材的冲击韧性采用 V 形缺口的标准试件，如图 4-25 所示。冲击韧性指标以冲击荷载使试件断裂时所吸收的冲击功 A_{KV} 表示，单位为 J。

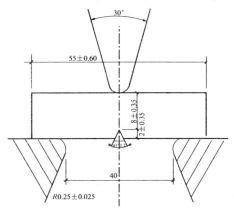

图 4-25　冲击试验示意图(cm)

(二)钢材工艺性能

　　市政工程用钢材不仅应有优良的力学性能，而且应有良好的工艺性能，以满足施工工艺的要求。其中冷弯性能和焊接性能是钢材的重要工艺性能。

1. 冷弯性能

　　钢材在常温下承受弯曲变形的能力称为冷弯性能。钢材冷弯性能指标是用试件在常温下所承受的弯曲程度表示。弯曲程度可以通过试件被弯曲的角度和弯心直径对试件厚度（或直径）的比值来表示，如图4-26所示。试验时，采用的弯曲角度越大，弯心直径对试件厚度的比值越小，表明冷弯性能越好。按规定的弯曲角度和弯心直径进行试验，试件的弯曲处不产生裂缝、起层或断裂，即为冷弯性能合格。

钢材的冷弯，是通过试件受弯处的塑性变形实现的，如图4-26所示。它和伸长率一样，都反映钢材在静载下的塑性。但冷弯是钢材局部发生的不均匀变形下的塑性，而伸长率则反映钢材在均匀变形下的塑性，故冷弯试验是一种比较严格的检验，它比伸长率更能很好地揭示钢材是否存在内部组织不均匀、内应力和夹杂物等缺陷。这些缺陷在拉伸试验中，常因塑性变形导致应力重分布而得不到反映。

冷弯试验对焊接质量也是一种严格的检验，它能揭示焊件在受弯表面存在的未熔合、微裂纹和夹杂物等缺陷。

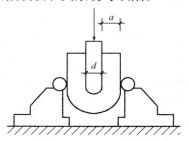

图4-26　碳素钢冷弯试验示意图

2. 焊接性能

在工业与民用建筑中焊接联结是钢结构的主要联结方式；在钢筋混凝土工程中，焊接则广泛应用于钢筋接头、钢筋网、钢筋骨架和预埋件的焊接，以及装配式构件的安装。在建筑工程的钢结构中，焊接结构占90％以上，因此，要求钢材应有良好的可焊性。

钢材的焊接方法主要有两种：钢结构焊接用的电弧焊和钢筋连接用的接触对焊。焊接过程的特点是：在很短的时间内达到很高的温度；钢件熔化的体积小；由于钢件传热快，冷却的速度也快，所以存在剧烈的膨胀和收缩。因此,在焊件中常发生复杂的、不均匀的反应和变化,使焊件易产生变形、内应力组织的变化和局部硬脆倾向等缺陷。对可焊性良好的钢材,焊接后焊缝处的性质应尽可能与母材一致,这样才能获得焊接牢固可靠、硬脆倾向小的效果。

钢的可焊性能主要受其化学成分及含量的影响。当含碳量超过0.25%后,钢的可焊性变差。锰、硅、钒等对钢的可焊性能也都有影响。其他杂质含量增多,也会使可焊性降低。特别是硫能使焊缝处产生热裂纹并硬脆,这种现象称为热脆性。

由于焊接件在使用过程中要求的主要力学性能是强度、塑性、韧性和耐疲劳性,因此,对性能影响最大的焊接缺陷是焊件中的裂纹、缺口和因硬化而引起的塑性和冲击韧性的降低。

采取焊前预热和焊后热处理的方法,可以使可焊性较差的钢材的焊接质量得以提高。另外,正确地选用焊接材料和焊接工艺,也是提高焊接质量的重要措施。

(三)碳素结构钢技术性能

1. 普通碳素钢结构

(1)碳素结构钢的化学成分。普通碳素结构钢的化学成分、力学及工艺性能见表 4-174～表 4-176。

表 4-174　　　　　　　　　碳素结构钢的化学成分

牌号	统一数字代号①	等级	厚度(或直径)(mm)	脱氧方法	化学成分(质量分数)(%),不大于				
					C	Si	Mn	P	S
Q195	U11952	—		F、Z	0.12	0.30	0.50	0.035	0.040
Q215	U12152	A	—	F、Z	0.15	0.35	1.20	0.045	0.050
	U12155	B							0.045
Q235	U12352	A		F、Z	0.22	0.35	1.40	0.045	0.050
	U12355	B			0.20②				0.045
	U12358	C		Z	0.17			0.040	0.040
	U12359	D		TZ				0.035	0.035

Q275	U12752	A	—	F、Z	0.24			0.045	0.050
	U12755	B	≤40	Z	0.21	0.35	1.50	0.045	0.045
			>40		0.22				
	U12758	C	—	Z	0.20			0.040	0.040
	U12759	D		TZ				0.035	0.035

① 表中为镇静钢、特殊镇静钢牌号的统一数字,沸腾钢牌号的统一数字代号如下:

Q195F——U11950;

Q215AF——U12150,Q215BF——U12153;

Q235AF——U12350,Q235BF——U12353;

Q275AF——U12750。

② 经需方同意,Q235B的碳含量可不大于0.22%。

表 4-175　　　　　　　　碳素结构钢的冷弯性能

牌　号	试样方向	冷弯试验180°,$B=2a$①	
		钢材厚度(直径)②(mm)	
		≤60	>60～100
		弯心直径 d	
Q195	纵	0	
	横	0.5a	
Q215	纵	0.5a	1.5a
	横	a	2a
Q235	纵	a	2a
	横	1.5a	2.5a
Q275	纵	1.5a	2.5a
	横	2a	3a

① B 为试样宽度,a 为试样厚度(或直径)。

② 钢材厚度(或直径)大于100mm时,弯曲试验由双方协商确定。

表 4-176　　　　　　　　　　　　　碳素结构钢的拉伸、冲击性能

牌号	等级	屈服强度① R_{eh}/(N/mm²)，不小于　厚度（或直径）(mm)						抗拉强度② R_m (N/mm²)	断后伸长率 A(%)，不小于　厚度（或直径）(mm)					冲击试验（V形缺口）	
		≤16	>16~40	>40~60	>60~100	>100~150	>150~200		≤40	>40~60	>60~100	>100~150	>150~200	温度(℃)	冲击吸收功（纵向）(J)不小于
Q195	—	195	185	—	—	—	—	315~430	33	—	—	—	—	—	—
Q215	A	215	205	195	185	175	165	335~450	31	30	29	27	26	—	—
	B													+20	27
Q235	A	235	225	215	215	195	185	370~500	26	25	24	22	21	—	—
	B													+20	27④
	C													0	
	D													-20	
Q275	A	275	265	255	245	225	215	410~540	22	21	20	18	17	—	—
	B													+20	27
	C													0	
	D													-20	

① Q195 的屈服强度值仅供参考，不作交货条件。
② 厚度大于 100mm 的钢材，抗拉强度下限允许降低 20N/mm²。宽带钢（包括剪切钢板）抗拉强度上限不作交货条件。
③ 厚度小于 25mm 的 Q235B 级钢材，如供方能保证冲击吸收功值合格，经需方同意，可不做检验。

（2）碳素结构钢的特性及应用。

1）Q195钢。强度不高，塑性、韧性、加工性能与焊接性能较好。主要用于轧制薄板和盘条等。

2）Q215钢。用途与Q195钢基本相同，由于其强度稍高，还大量用做管坯、螺栓等。

3）Q235钢。既有较高的强度，又有较好的塑性和韧性，可焊性也好，在建筑工程中应用最广泛，大量用于制作钢结构用钢、钢筋和钢板等。其中，Q235A级钢一般仅适用于承受静荷载作用的结构，Q235C和Q235D级钢可用于重要的焊接结构。另外，由于Q235D级钢含有足够的形成细晶粒结构的元素，同时对硫、磷有害元素控制严格，故其冲击韧性好，有较强的抵抗振动、冲击荷载能力，尤其适用于负温条件。

4）Q275钢。强度、硬度较高，耐磨性较好，但塑性、冲击韧性和可焊性差。不宜用于建筑结构，主要用于制作机械零件和工具等。

2. 优质碳素结构钢

（1）优质碳素结构钢的分类及代号。

1）钢材按冶金质量等级分为优质钢、高级优质钢（A）、特级优质钢（E）。

2）钢材按使用加工方法分为压力加工用钢（UP）和切削加工用钢（UC）两类，其中压力加工用钢又分为热压力加工用钢（UHP）、顶锻用钢（UF）和冷拔坯料用钢（UCD）。

（2）优质碳素结构钢的力学性能。用热处理（正火）毛坯制成的试样测定钢材的纵向力学性能（不包括冲击吸收功）见表4-177。

表4-177　　　　　　　　优质碳素结构钢的力学性能

牌号	试样毛坯尺寸（mm）	推荐热处理（℃）			力学性能					钢材交货状态硬度 HBS10/3000 不大于	
		正火	淬火	回火	σ_b（MPa）	σ_s（MPa）	δ_5（%）	ψ（%）	A_{KU_2}（J）	未热处理钢	退火钢
					不		小	于			
08F	25	930	—	—	295	175	35	60	—	131	—
10F	25	930	—	—	315	185	33	55	—	137	—
15F	25	920	—	—	355	205	29	55	—	143	—

续一

牌号	试样毛坯尺寸(mm)	推荐热处理(℃)			力学性能					钢材交货状态硬度 HBS 10/3000 不大于	
		正火	淬火	回火	σ_b /MPa	σ_s /MPa	δ_5 (%)	ψ (%)	A_{KU_2} (J)	未热处理钢	退火钢
					不	小	于				
08	25	930	—	—	325	195	33	60	—	131	—
10	25	930	—	—	335	205	31	55	—	137	—
15	25	920	—	—	375	225	27	55	—	143	—
20	25	910	—	—	410	245	25	55	—	156	—
25	25	900	870	600	450	275	23	50	71	170	—
30	25	880	860	600	490	295	21	50	63	179	—
35	25	870	850	600	530	315	20	45	55	197	—
40	25	860	840	600	570	335	19	45	47	217	187
45	25	850	840	600	600	355	16	40	39	229	197
50	25	830	830	600	630	375	14	40	31	241	207
55	25	820	820	600	645	380	13	35	—	255	217
60	25	810	—	—	675	400	12	35	—	255	229
65	25	810	—	—	695	410	10	30	—	255	229
70	25	790	—	—	715	420	9	30	—	269	229
75	试样	—	820	480	1080	880	7	30	—	285	241
80	试样	—	820	480	1080	930	6	30	—	285	241
85	试样	—	820	480	1130	980	6	30	—	302	255
15Mn	25	920	—	—	410	245	26	55	—	163	—
20Mn	25	910	—	—	450	275	24	50	—	197	—
25Mn	25	900	870	600	490	295	22	50	71	207	—
30Mn	25	880	860	600	540	315	20	45	63	217	187
35Mn	25	870	850	600	560	335	18	45	55	229	197
40Mn	25	860	840	600	590	355	17	45	47	229	207
45Mn	25	850	840	600	620	375	15	40	39	241	217
50Mn	25	830	830	600	645	390	13	40	31	255	217
60Mn	25	810	—	—	695	410	11	35	—	269	229
65Mn	25	830	—	—	735	430	9	30	—	285	229

续二

牌号	试样毛坯尺寸(mm)	推荐热处理(℃)			力学性能					钢材交货状态硬度 HBS 10/3000 不大于	
		正火	淬火	回火	σ_b/MPa	σ_s/MPa	δ_5(%)	ψ(%)	A_{KU_2}(J)		
					不	小	于			未热处理钢	退火钢
70Mn	25	790	—	—	785	450	8	30	—	285	229

注:1. 对于直径或厚度小于 25mm 的钢材,热处理是在与成品截面尺寸相同的试样毛坯上进行。

2. 表中所列正火推荐保温时间不少于 30min,空冷;淬火推荐保温时间不少于 30min,75、80 和 85 钢油冷,其余钢水冷;回火推荐保温时间不少于 1h。

(四)桥梁用结构钢技术性能

(1)桥梁用结构钢的牌号及化学成分应符合表 4-178 的规定。

表 4-178　　　　　桥梁用结构钢的牌号及化学成分

牌号	质量等级	化学成分(质量分数)(%)														
		C	Si	Mn	P	S	Nb	V	Ti	Cr	Ni	Cu	Mo	B	N	Als
					不大于											不小于
Q235q	C	≤0.17	≤0.35	≤1.40	0.030	0.030	—	—	—	0.30	0.30	0.30	—	—	0.012	0.015
	D				0.025	0.025										
	E				0.020	0.010										
Q345q	C	≤0.20	≤0.55	0.90~1.70	0.030	0.025	0.06	0.08	0.03	0.80	0.50	0.55	0.20	—	0.012	0.015
	D	≤0.18			0.025	0.020										
	E				0.020	0.010										
Q370q	C	≤0.18	≤0.55	1.00~1.70	0.030	0.025	0.06	0.08	0.03	0.80	0.50	0.55	0.20	0.004	0.012	0.015
	D				0.025	0.020										
	E				0.020	0.010										
Q420q	C	≤0.18	≤0.55	1.00~1.70	0.030	0.025	0.06	0.08	0.03	0.80	0.70	0.55	0.35	0.004	0.012	0.015
	D				0.025	0.020										
	E				0.020	0.010										
Q460q	C	≤0.18	≤0.55	1.00~1.80	0.030	0.025	0.06	0.08	0.03	0.80	0.70	0.55	0.35	0.004	0.012	0.015
	D				0.025	0.015										
	E				0.020	0.010										

（2）桥梁用结构钢的力学性能应符合表 4-179 的规定。

表 4-179 桥梁用结构钢力学性能

牌号	质量等级	拉伸试验[a,b]		抗拉强度 R_m（MPa）	断后伸长率 A（%）	V 型冲击试验[c]	
		不屈服强度 R_{el}（MPa）厚度（mm）				试验温度（℃）	冲击吸收能量 KV_2（J）
		≤50	>50～100				
		不小于					不小于
Q235q	C	235	225	400	26	0	34
	D					−20	
	E					−40	
Q345q[d]	C	345	335	490	20	0	47
	D					−20	
	E					−40	
Q370q[d]	C	370	360	510	20	0	47
	D					−20	
	E					−40	
Q420q[d]	C	420	410	540	19	0	47
	D					−20	
	E					−40	
Q460q	C	460	450	570	17	0	47
	D					−20	
	E					−40	

a 当屈服不明显时，可测量 $R_{p0.2}$ 代替不屈服强度。

b 钢板及钢带的拉伸试验取横向试样，型钢的拉伸试验取纵向试样。

c 冲击试验取纵向试样。

d 厚度不大于 16mm 的钢材，断后伸长率提高 1%（绝对值）。

（五）焊接结构用耐候钢技术指标

（1）焊接结构用耐候钢的化学成分见表 4-180。

表 4-180 焊接结构用耐候钢的化学成分

牌号	化学成分(质量分数)(%)								
	C	Si	Mn	P	S	Cu	Cr	Ni	其他元素
Q235NH	≤0.13^f	0.10~0.40	0.20~0.60	≤0.030	≤0.030	0.25~0.55	0.40~0.80	≤0.65	a,b
Q295NH	≤0.15	0.10~0.50	0.30~1.00	≤0.030	≤0.030	0.25~0.55	0.40~0.80	≤0.65	a,b
Q355NH	≤0.16	≤0.50	0.50~1.50	≤0.030	≤0.030	0.25~0.55	0.40~0.80	≤0.65	a,b
Q415NH	≤0.12	≤0.65	≤1.10	≤0.025	≤0.30^d	0.20~0.55	0.30~1.25	0.12~0.65^e	a,b,c
Q460NH	≤0.12	≤0.65	≤1.50	≤0.025	≤0.030^d	0.20~0.55	0.30~1.25	0.12~0.65^e	a,b,c
Q500NH	≤0.12	≤0.65	≤2.0	≤0.025	≤0.030^d	0.20~0.55	0.30~1.25	0.12~0.65^e	a,b,c
Q550NH	≤0.16	≤0.65	≤2.0	≤0.025	≤0.030^d	0.20~0.55	0.30~1.25	0.12~0.65^e	a,b,c

a 为了改善钢的性能,可以添加一种或一种以上的微量合金元素:Nb0.015%~0.060%,V0.02%~0.12%,Ti0.02%~0.10%,Al≥0.020%。若上述元素组合使用时,应至少保证其中一种元素含量达到上述化学成分的下限规定。

b 可以添加下列合金元素:Mo≤0.30%,Zr≤0.15%。

c Nb、V、Ti 等三种合金元素的添加总量不应超过 0.22%。

d 供需双方协商,S 的含量可以不大于 0.008%。

e 供需双方协商,Ni 含量的下限可不做要求。

f 供需双方协商,C 的含量可以不大于 0.15%。

(2)焊接结构用耐候钢的力学性能见表 4-181。

表 4-181 焊接结构用耐候钢的力学性能

牌号	拉伸试验①					断后伸长率 A(%)				180°弯曲试验 弯心直径		
	下屈服强度 R_{eL}(N/mm²) 不小于				抗拉强度 R_m(N/mm²)							
	≤16	>16~40	>40~60	>60		≤16	>16~40	>40~60	>60	≤6	>6~16	>16
Q235NH	235	225	215	215	350~510	25	25	24	23	a②	a	2a
Q295NH	295	285	275	255	430~560	24	24	23	22	a	2a	3a
Q355NH	355	345	335	325	490~630	22	22	21	20	a	2a	3a
Q415NH	415	405	395	—	520~680	22	22	20	—	a	2a	3a
Q460NH	460	450	440	—	570~730	20	20	19	—	a	2a	3a
Q500NH	500	490	480	—	600~760	18	16	15	—	a	2a	3a
Q550NH	550	540	530	—	620~780	16	16	15	—	a	2a	3a

① 当屈服现象不明显时,可以采用 $R_{p0.2}$。

② 为钢材厚度。

(六)低合金高强度结构钢

低合金高强度结构钢是一种在碳素钢的基础上添加总量小于 5% 的一种或多种合金元素的钢材。所加的合金元素主要有锰、硅、钡、钛、铌、铬、镍及稀土元素等。

低合金高强度结构钢的化学成分见表 4-181。

表 4-181　　　　　　　　低合金高强度结构钢的化学成分

牌号	质量等级	化学成分(质量分数)(%)													
		C	Si	Mn	P	S	Nb	V	Ti	Cr	Ni	Cu	N	Mo	B	Als
					不大于											不小于
Q345	A	≤0.20	0.50	≤1.70	0.035	0.035	0.07	0.15	0.20	0.30	0.50	0.30	0.012	0.10		—
	B				0.035	0.035										
	C				0.030	0.030										—
	D	≤0.18			0.030	0.025										0.015
	E				0.025	0.02~										
Q390	A	≤0.20	≤0.50	≤1.70	0.035	0.035	0.07	0.20	0.20	0.30	0.50	0.30	0.015	0.10		—
	B				0.035	0.035										
	C				0.030	0.030										—
	D				0.030	0.025										0.015
	E				0.025	0.02~										
Q420	A	≤0.20	≤0.50	≤1.70	0.035	0.035	0.11	0.20	0.20	0.30	0.80	0.30	0.015	0.20		—
	B				0.035	0.035										
	C				0.030	0.030										—
	D				0.030	0.025										0.015
	E				0.025	0.02~										
Q460	C	≤0.20	≤0.60	≤1.80	0.030	0.030	0.11	0.20	0.20	0.30	0.80	0.55	0.015	0.20	0.004	—
	D				0.030	0.025										0.015
	E				0.025	0.02~										
Q500	C	≤0.18	≤0.60	≤1.80	0.030	0.030	0.11	0.12	0.20	0.60	0.80	0.55	0.015	0.20	0.004	0.015
	D				0.030	0.025										
	E				0.025	0.02~										

续表

牌号	质量等级	化学成分（质量分数）（%）														
		C	Si	Mn	P	S	Nb	V	Ti	Cr	Ni	Cu	N	Mo	B	Als
					不大于											不小于
Q550	C	≤0.18	≤0.60	≤2.00	0.030	0.030	0.11	0.12	0.20	0.80	0.80	0.80	0.015	0.30	0.004	0.015
	D				0.030	0.025										
	E				0.025	0.02~										
Q620	C	≤0.18	≤0.60	≤2.00	0.030	0.030	0.11	0.12	0.20	1.00	0.80	0.80	0.015	0.30	0.004	0.015
	D				0.030	0.025										
	E				0.025	0.02~										
Q680	C	≤0.18	≤0.60	≤2.00	0.030	0.030	0.11	0.12	0.20	1.00	0.80	0.80	0.015	0.30	0.004	0.015
	D				0.030	0.025										
	E				0.025	0.02~										

特别提示

低合金高强度钢

低合金高强度钢的含碳量一般都较低，以便于钢材的加工和焊接要求。其强度的提高主要是靠加入的合金元素结晶强化和固溶强化来达到。采用低合金高强度钢的主要目的是减轻结构质量，延长使用寿命。这类钢具有较高的屈服点和抗拉强度、良好的塑性和冲击韧性，具有耐锈蚀、耐低温性能，综合性能好。

低合金高强度结构钢的拉伸性能、夏比（V形）冲击试验的试验温度和冲击吸收能量分别见表4-183和表4-184。

表 4-183　低合金高强度结构钢的拉伸性能

牌号	等级	拉伸试验																				
		屈服点 σ_1 (V/m²) 公称厚度(或直径、边长)(mm)									抗拉强度 σ_1 (N/m²) 公称厚度(或直径、边长)(mm)							伸长率 δ(%) 公称厚度(或直径、边长)(mm)				
		≤16	>16 −40	>40 −63	>63 −80	>80 −100	>100 −150	>150 −200	>200 −250	>250 −400	≤40	>40 −63	>63 −80	>80 −100	>100 −150	>150 −250	>250 −400	≤40	>40 −63	>63 −100	>100 −150	>150 −250
Q345	A	≥345	≥335	≥325	≥315	≥305	≥285	≥275	≥265	≥265	470~630	470~630	470~630	470~630	450~600	450~600	—	≥20	≥19	≥18	≥17	≥17
	B																	≥21	≥20	19	≥18	
	C																					
	D																					
	E																					
Q390	A	≥390	≥370	≥350	≥330	≥330	≥310	—			490~650	490~650	490~650	490~650	470~620	—		≥20	≥19	≥19	≥18	
	B																					
	C																					
	D																					
	E																					

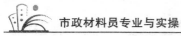

续表

牌号	等级	屈服点 σ_s(N/mm²)									抗拉强度 σ_b(N/mm²)							伸长率 δ(%)					
		公称厚度(或直径、边长)(mm)									公称厚度(或直径、边长)(mm)							公称厚度(或直径、边长)(mm)					
		≤16	>16-40	>40-63	>63-80	>80-100	>100-150	>150-200	>200-250	>250-400	≤40	>40-63	>63-80	>80-100	>100-150	>150-250	>250-400	≤40	>40-63	>63-100	>100-150	>150-250	>250-400
Q460	C	≥460	≥440	≥420	≥400	≥380	—	—	—	—	550~720	550~720	550~720	550~720	530~720	—	—	≥17	≥16	≥16	—	—	—
	D	≥460	≥440	≥420	≥400	≥380	—	—	—	—	550~720	550~720	550~720	550~720	530~720	—	—	≥17	≥16	≥16	—	—	—
	E	≥460	≥440	≥420	≥400	≥380	—	—	—	—	550~720	550~720	550~720	550~720	530~720	—	—	≥17	≥16	≥16	—	—	—
Q500	C	≥500	≥480	≥470	≥450	≥440	—	—	—	—	610~770	590~750	540~730	—	—	—	—	≥17	≥17	≥17	—	—	—
	D	≥500	≥480	≥470	≥450	≥440	—	—	—	—	610~770	590~750	540~730	—	—	—	—	≥17	≥17	≥17	—	—	—
	E	≥500	≥480	≥470	≥450	≥440	—	—	—	—	610~770	590~750	540~730	—	—	—	—	≥17	≥17	≥17	—	—	—
Q550	C	≥550	≥530	≥520	≥500	≥490	—	—	—	—	670~830	620~810	600~790	550~780	—	—	—	≥18	≥16	≥16	—	—	—
	D	≥550	≥530	≥520	≥500	≥490	—	—	—	—	670~830	620~810	600~790	550~780	—	—	—	≥18	≥16	≥16	—	—	—
	E	≥550	≥530	≥520	≥500	≥490	—	—	—	—	670~830	620~810	600~790	550~780	—	—	—	≥18	≥16	≥16	—	—	—
Q620	C	≥620	≥600	≥590	≥570	—	—	—	—	—	710~880	690~860	—	—	—	—	—	≥15	≥15	≥15	—	—	—
	D	≥620	≥600	≥590	≥570	—	—	—	—	—	710~880	690~860	—	—	—	—	—	≥15	≥15	≥15	—	—	—
	E	≥620	≥600	≥590	≥570	—	—	—	—	—	710~880	690~860	—	—	—	—	—	≥15	≥15	≥15	—	—	—
Q690	C	≥690	≥670	≥660	≥640	—	—	—	—	—	770~940	750~920	730~900	—	—	—	—	≥14	≥14	≥14	—	—	—
	D	≥690	≥670	≥660	≥640	—	—	—	—	—	770~940	750~920	730~900	—	—	—	—	≥14	≥14	≥14	—	—	—
	E	≥690	≥670	≥660	≥640	—	—	—	—	—	770~940	750~920	730~900	—	—	—	—	≥14	≥14	≥14	—	—	—

拉伸试验

表 4-184 夏比(V 形)冲击试验的试验温度和冲击吸收能量

牌　号	质量等级	试验温度(℃)	冲击吸收能量 KV_2(J)		
			公称厚度(或直径,边长)(mm)		
			12～150	>150～250	>250～400
Q345	B	20	≥34	≥27	—
	C	0			
	D	−20			27
	E	−40			
Q390	B	20	≥34	—	—
	C	0			
	D	−2			
	E	−40			
Q420	B	20	≥34	—	—
	C	0			
	D	−2			
	E	−4			
Q460	C	0	≥34	—	—
	D	−20			
	E	−40			
Q500、Q650、Q620、Q690	C	0	≥55	—	—
	D	−20	≥47	—	—
	E	−40	≥31	—	—

三、市政工程常用钢材分类

(一)钢筋

1. 钢筋的种类和牌号

(1)钢筋的种类比较多,按照不同的标准可分为不同的类型,具体见表 4-185。

表 4-185 钢筋的种类

分类方式	钢筋名称	钢筋介绍
按化学成分分类	碳素钢钢筋	低碳钢钢筋($w_c<0.25\%$)、中碳钢钢筋($w_c=0.25\%\sim0.6\%$)和高碳钢钢筋($w_c>0.60\%$)。常用的有 Q235、Q215 等品种。含碳量越高,强度及硬度也越高,但塑性、韧性、冷弯及焊接性等均降低
	普通低合金钢钢筋	在低碳钢和中碳钢的成分中加入少量元素(硅、锰、钛、稀土等)制成的钢筋。普通低合金钢筋的主要优点是强度高,综合性能好,用钢量比碳素钢少 20% 左右。常用的有 24MnSi、25MnSi、40MnSiV 等品种
按生产工艺分类	热轧钢筋	用加热钢坯轧成的条形钢筋。由轧钢厂经过热轧成材供应,钢筋直径一般为 5~50mm。分直条和盘条两种
	余热处理钢筋	又称调质钢筋,是经热轧后立即穿水,进行表面控制冷却,然后利用芯部余热自身完成回火处理所得的成品钢筋。其外形为有肋的月牙肋
	冷加工钢筋	又分为冷拉钢筋和冷拔钢丝两种。冷拉钢筋是将热轧钢筋在常温下进行强力拉伸使其强度提高的一种钢筋。钢丝有低碳钢丝和碳素钢丝两种。冷拔低碳钢丝由直径 6~8mm 的普通热轧圆盘条经多次冷拔而成,分甲、乙两个等级
	碳素钢丝	由优质高碳钢盘条经淬火、酸洗、拔制、回火等工艺而制成的。按生产工艺可分为冷拉及矫直回火两个品种
	刻痕钢丝	把热轧大直径高碳钢加热,并经铅浴淬火,然后冷拔多次,钢丝表面再经过刻痕处理而制得的钢丝
	钢绞线	把光圆碳素钢丝在绞线机上进行捻合而成的钢绞线

(2)钢筋的牌号。钢筋的牌号分为 HPB300、HRB335、HRB400、HRB500、HRBF335、HRBF400、HRBF500、HPB235、HPB300 级钢筋为光圆钢筋,HRB335、HRB400、HRB500、HRBF335、HRBF400、HRBF500 级钢筋为热轧带肋钢筋。低碳热轧圆盘条按其屈服强度代号分为 Q195、Q215、Q235、Q275,供建筑用钢筋为 Q235。其中 Q 为"屈服"的汉语拼音字头,H、R、B、F 分别为热轧(Hotrolled)、带肋(Ribbed)、钢筋(Bars)、细晶粒(Fine)四个词的英文首写字母。

2. 热轧钢筋

(1)热轧圆盘条。

1)热轧圆盘条的规格尺寸与允许偏差见表 4-186。

表 4-186　　　　　　　热轧圆盘条规格尺寸与允许偏差

公称直径 (mm)	允许偏差(mm)			不圆度(mm)			横截面面积 (mm²)	理论质量 (kg/m)
	A 级精度	B 级精度	C 级精度	A 级精度	B 级精度	C 级精度		
5							19.63	0.154
5.5							23.76	0.187
6							28.27	0.222
6.5							33.18	0.260
7							38.48	0.302
7.5	±0.30	±0.25	±0.15	≤0.48	≤0.40	≤0.24	44.18	0.347
8							50.26	0.395
8.5							56.74	0.445
9							63.62	0.499
9.5							70.88	0.556
10							78.54	0.617
10.5							86.59	0.680
11							95.03	0.746
11.5							103.9	0.816
12							113.1	0.888
12.5	±0.40	±0.30	±0.20	≤0.64	≤0.48	≤0.32	122.7	0.963
13							132.7	1.04
13.5							143.1	1.12
14							153.9	1.21
14.5							165.1	1.30
15							176.7	1.39
15.5	±0.50	±0.35	±0.25	≤0.80	≤0.56	≤0.40	188.7	1.48
16							201.1	1.58

公称直径（mm）	允许偏差（mm）			不圆度（mm）			横截面面积（mm²）	理论质量（kg/m）
	A级精度	B级精度	C级精度	A级精度	B级精度	C级精度		
17							227.0	1.78
18							254.5	2.00
19							283.5	2.23
20							314.2	2.47
21	±0.50	±0.35	±0.25	≤0.80	≤0.56	≤0.40	346.3	2.72
22							380.1	2.98
23							415.5	3.26
24							452.4	3.55
25							490.9	3.85
26							530.9	4.17
27							572.6	4.49
28							615.7	4.83
29							660.5	5.18
30							706.9	5.55
31							754.8	5.92
32							804.2	6.31
33	±0.60	±0.40	±0.30	≤0.96	≤0.64	≤0.48	855.3	6.71
34							907.9	7.13
35							962.1	7.55
36							1018	7.99
37							1075	8.44
38							1134	8.90
39							1195	9.38
40							1257	9.87

续二

公称直径	允许偏差（mm）			不圆度（mm）			横截面面积	理论质量
（mm）	A级精度	B级精度	C级精度	A级精度	B级精度	C级精度	（mm²）	（kg/m）
41							1320	10.36
42	±0.80	±0.50	—	≤1.28	≤0.80	—	1385	10.88
43							1452	11.40
44							1521	11.94
45							1590	12.48
46							1662	13.05
47	±0.80	±0.50	—	≤1.28	≤0.80	—	1735	13.62
48							1810	14.21
49							1886	14.80
50							1964	15.41
51							2042	16.03
52							2123	16.66
53							2205	17.31
54							2289	17.97
55							2375	18.64
56	±1.00	±0.60	—	≤1.60	≤0.96	—	2462	19.32
57							2550	20.02
58							2641	20.73
59							2733	21.45
60							2826	22.18

注：表中理论质量按钢的密度为 7.85g/cm³ 计算。

2)钢的牌号和化学成分(熔炼分析)应符合表 4-187 的规定。

表 4-187　　　　　　　　牌号和化学成分

牌　号	化学成分(质量分数)(%)				
	C	Mn	Si	S	P
			不大于		
Q195	≤0.12	0.25～0.50	0.30	0.040	0.035
Q215	0.09～0.15	0.25～0.60	0.30	0.045	0.045
Q235	0.12～0.20	0.30～0.70			
Q275	0.14～0.22	0.40～1.00			

3)盘条的力学性能和工艺性能应符合表 4-188 的规定。经供需双方协商并在合同中注明,可做冷弯性能试验。直径大于 12mm 的盘条,冷弯性能指标由供需双方协商确定。

表 4-188　　　　　　　盘条的力学性能和工艺性能

牌号	力　学　性　能		冷弯试验180° $d=$弯芯直径 $a=$试样直径
	抗拉强度 R_m(N/mm^2) 不大于	断后伸长率 $A_{11.3}$(%) 不小于	
Q195	410	30	$d=0$
Q215	435	28	$d=0$
Q235	500	23	$d=0.5a$
Q275	540	21	$d=1.5a$

(2)热轧光圆钢筋。

1)热轧光圆钢筋公称直径。钢筋的公称直径范围为 6～22mm,推荐的钢筋公称直径为 6、8、10、12、16、20(mm)。

2)钢筋牌号及化学成分(熔炼分析)应符合表 4-189 的规定。

表 4-189 　　　　钢筋牌号及化学成分

牌号	化学成分(质量分数)(%)　不大于				
	C	Si	Mn	P	S
HPB235	0.22	0.30	0.65	0.045	0.050
HPB300	0.25	0.55	1.50		

3)热轧光圆钢筋的公称横截面面积与理论质量应符合表 4-190 的规定。

表 4-190 　　热轧光圆钢筋公称横截面面积与理论质量

公称直径(mm)	公称横截面面积(mm^2)	理论质量(kg/m)
6(6.5)	28.27(33.18)	0.222(0.260)
8	50.27	0.395
10	78.54	0.617
12	113.1	0.888
14	153.9	1.21
16	201.1	1.58
18	254.5	2.00
20	314.2	2.47
22	380.1	2.98

注:表中理论质量按钢的密度为 7.85g/cm^3 计算。公称直径 6.5mm 的产品为过渡性产品。

4)热轧光圆钢筋力学性能应符合表 4-191 的规定。

表 4-191 　　　　　　力学性能

牌号	屈服强度 R_{el} (MPa)	抗拉强度 R_m (MPa)	断后伸长率 A (%)	最大力总伸长率 A_{gt}(%)	冷弯试验 180° d—弯芯直径 a—钢筋公称直径
	不小于				
HPB235	235	370	25.0	10.0	d=a
HPB300	300	420			

（3）热轧带肋钢筋。

1）热轧带肋钢筋的规格见表 4-192。

2）热轧带肋钢筋的技术性能要求见表 4-193。

表 4-192　　　　热轧带肋钢筋的公称横截面面积与理论质量

公称直径(mm)	公称横截面面积(mm²)	理论质量(kg/m)
6	28.27	0.222
8	50.27	0.395
10	78.54	0.617
12	113.1	0.888
14	153.9	1.21
16	201.1	1.58
18	254.5	2.00
20	314.2	2.47
22	380.1	2.98
25	490.9	3.85
28	615.8	4.83
32	804.2	6.31
36	1018	7.99
40	1257	9.87
50	1964	15.42

注：表中理论质量按钢的密度为 7.85g/cm³ 计算。

表 4-193　　　　　　　　　热轧带肋钢筋的技术性能指标

牌　号	化学成分（%）						公称直径 (mm)	屈服强度 R_{el} (MPa)	抗拉强度 R_m (MPa)	断后伸长率 A (%)	最大力伸长率 A_{gt} (%)	弯芯直径 d
	C	Si	Mn	Ceq	P	S						
	不大于							不小于				
HRB335 HRBF335	0.25	0.80	1.60	0.52	0.045	0.045	6～25	335	455	17	7.5	3d
							28～40					4d
							>40～50					5d
HRB400 HRBF400	0.25	0.80	1.60	0.54	0.045	0.045	6～25	400	540	16	7.5	4d
							28～40					5d
							>40～50					6d
HRB500 HRBF500	0.25	0.80	1.60	0.55	0.045	0.045	6～25	500	630	15	7.5	6d
							28～40					7d
							>40～50					8d

3. 余热处理钢筋

热轧后利用热处理原理进行表面控制冷却，并利用芯部余热自身完成回火处理所得的成品钢筋。其基圆上形成环状的淬火自回火组织。

（1）钢筋混凝土用余热处理钢筋按屈服强度特征值分为 400 级和 500 级，按用途分为可焊和非可焊，其中可焊指的是焊接规程中规定的闪光对焊和电弧焊等工艺。

（2）钢筋牌号的构成及其含义见表 4-194。

表 4-194　　　　　　　　　钢筋牌号的构成及其含义

类　别	牌　号	牌号构成	英文字母含义
余热处理钢筋	RRB400 RRB500	由 RRB＋规定的屈服强度特征值构成	RRB——余热处理筋的英文缩写； W——焊接的英文缩写
	RRB400W	由 RRB＋规定的屈服强度特征值构成＋可焊	

（3）余热处理钢筋的公称横截面面积与理论质量见表 4-195。

表 4-195 余热处理钢筋的公称横截面面积与理论质量

公称直径(mm)	公称横截面面积(mm²)	理论质量(kg/m)
8	50.27	0.395
10	78.54	0.617
12	113.1	0.888
14	153.9	1.21
16	201.1	1.58
18	254.5	2.00
20	314.2	2.47
22	380.1	2.98
25	490.9	3.85
28	615.8	4.83
32	804.2	6.31
36	1 018	7.99
40	1.257	9.87
50	1964	15.42

注:表中理论质量按钢的密度为 7.85g/cm³ 计算。

(4)余热处理钢筋的力学性能和弯曲性能分别应符合表 4-196 和表 4-197 的规定。按表 4-196 规定的弯芯直径弯曲 180°后,钢筋受弯曲部位表面不得产生裂纹。

表 4-196 余热处理钢筋的力学性能

牌　号	R_d(MPa)	R_m(MPa)	A(%)	A_p(%)
	不小于			
RRB400	400	540	14	5.0
RRB500	500	630	13	
RRB400W	430	570	16	7.5

注:时效后检验结果。

表 4-197	余热处理钢筋的弯曲性能		mm
牌 号	公称直径 d		弯芯直径
RRB400	8～25		4d
RRB400W	28～40		5d
RRB500	8～25		6d

4. 冷轧钢筋

(1)冷轧带肋钢筋。冷轧带肋钢筋采用普通低碳钢或低合金钢热轧圆盘条为母材,经冷轧或冷拔减径后,在其表面冷轧带有沿长度方向均匀分布的三面或二面月牙形横肋的钢筋。

冷轧带肋钢筋的牌号由 CRB 和钢筋的抗拉强度最小值构成。C、R、B 分别为冷轧(Coldrolled)、带肋(Ribbed)、钢筋(Bar)三个词的英文首位字母。冷轧带肋钢筋分为 CRB 550、CRB 650、CRB 800、CRB 970 四个牌号。CRB 550 为普通钢筋混凝土用钢筋,其他牌号为预应力混凝土用钢筋。

1)公称直径范围。CRB 550 钢筋的公称直径范围为 4～12mm,CRB 650 及以上牌号钢筋的公称直径为 4mm、5mm、6mm。

2)尺寸、质量及允许偏差。三面肋和二面肋钢筋的尺寸、重量及允许偏差应符合表 4-198 的数值。

表 4-198		三面肋和二面肋钢筋的尺寸、质量及允许偏差								
公称直径 d (mm)	公称横截面面积 (mm²)	质量		横肋中点高		横肋 1/4 处高 $h_{1/4}$ (mm)	横肋顶宽 b (mm)	横肋间隙		相对肋面积 f_r 不小于
		理论质量 (kg/m)	允许偏差 (%)	h (mm)	允许偏差 (mm)			l (mm)	允许偏差 (%)	
4	12.6	0.099		0.30		0.24		4.0		0.036
4.5	15.9	0.125		0.32		0.26		4.0		0.039
5	19.6	0.154		0.32		0.26		4.0		0.039
5.5	23.7	0.186		0.40	+0.10	0.32		5.0		0.039

公称直径 d (mm)	公称横截面面积 (mm²)	质量		横肋中点高		横肋 1/4 处高 $h_{1/4}$ (mm)	横肋顶宽 b (mm)	横肋间隙		相对肋面积 f_r 不小于
		理论质量 (kg/m)	允许偏差 (%)	h (mm)	允许偏差 (mm)			l (mm)	允许偏差 (%)	
6	28.3	0.222		0.40	−0.05	0.32		5.0		0.039
6.5	33.2	0.261		0.46		0.37		5.0		0.045
7	38.5	0.302		0.46		0.37		5.0		0.045
7.5	44.2	0.347		0.55		0.44		6.0		0.045
8	50.3	0.395	±4	0.55		0.44	~0.2d	6.0	±15	0.045
8.5	56.7	0.445		0.55		0.44		7.0		0.045
9	63.6	0.499		0.75		0.60		7.0		0.052
9.5	70.8	0.556		0.75		0.60		7.0		0.052
10	78.5	0.617		0.75	±0.10	0.60		7.0		0.052
10.5	86.5	0.679		0.75		0.60		7.4		0.052
11	95.0	0.746		0.85		0.68		7.4		0.056
11.5	103.8	0.815		0.95		0.76		8.4		0.056
12	113.1	0.888		0.95		0.76		8.4		0.056

注:1. 横肋 1/4 处高、横肋顶宽供孔型设计用。

2. 二面肋钢筋允许有高度不大于 $0.5h$ 的纵肋。

3)力学性能和工艺性能。钢筋的力学性能和工艺性能应符合表4-199 的规定。当进行弯曲试验时,受弯曲部位表面不得产生裂纹。反复弯曲试验的弯曲半径应符合表4-200 的规定。

表 4-199　　　　　　　　　钢筋的力学性能和工艺性能

牌号	$R_{p0.2}$ (MPa) 不小于	R_m (MPa) 不小于	伸长率(%) 不小于		弯曲试验 180°	反复弯曲次数	应力松弛 初始应力相当于公称抗拉强度的 70% 1000h 松弛率(%) 不大于
			$A_{11.3}$	A_{100}			
CRB550	500	550	8.0	—	$D=3d$	—	—
CRB650	585	650	—	4.0	—	3	8
CRB800	720	800	—	4.0	—	3	8
CRB970	875	970	—	4.0	—	3	8

表 4-200　　　　　　　　反复弯曲试验的弯曲半径　　　　　　　　mm

钢筋公称直径	4	5	6
弯曲半径	10	15	15

4）冷轧带肋钢筋强度标准值和强度设计值见表 4-201 和表 4-202。

表 4-201　　　　　　　　冷轧带肋钢筋强度标准值

钢筋级别	钢筋直径（mm）	f_{stk} 或 f_{ptk}
CRB550	5、6、7、8、9、10、11、12	550
CRB650	5、6	650
CRB800	5	800
CRB970	5	970

表 4-202　　　　　　　　冷轧带肋钢筋强度设计值

钢筋级别	f_y 或 f_{py}	f_y' 或 f_{py}'
CRB550	360	360
CRB650	530	380
CRB800	530	380
CRB970	650	380

(2)冷轧扭钢筋。冷轧扭钢筋是指低碳钢热轧圆盘条经专用钢筋冷轧扭机调直、冷轧并冷扭(或冷滚)一次成型具有规定截面形式和相应节距的连续螺旋状钢筋。

冷轧扭钢筋混凝土结构构件以板类及中小型梁类受弯构件为主。冷轧扭钢筋适用于一般房屋和一般构筑物的冷轧扭钢筋混凝土结构设计与施工,尤其适用于现浇楼板。

冷轧扭钢筋比采用普通热轧圆盘条钢筋节省钢材 36%～40%,节省工时 1/3,节省运费 1/3,降低施工直接费用 15%左右,经济效益明显。

1)冷轧扭钢筋外形尺寸见表 4-203。

表 4-203　　冷轧扭钢筋规格及截面参数

强度级别	型　号	标志直径 d(mm)	公称截面面积 A_s(mm²)	理论质量 G(kg/m)
CTB550	Ⅰ	6.5	29.50	0.232
		8	45.30	0.356
		10	68.30	0.536
		12	96.14	0.755
CTB550	Ⅱ	6.5	29.20	0.229
		8	42.30	0.332
		10	66.10	0.519
		12	92.74	0.728
	Ⅲ	6.5	29.86	0.234
		8	45.24	0.355
		10	70.69	0.555
CTB650	Ⅲ	6.5	28.20	0.221
		8	42.73	0.335
		10	66.76	0.524

2)冷轧扭钢筋力学性能,见表 4-204。

表 4-204　　　　　　　冷轧扭钢筋力学性能指标

级　别	型　号	抗拉强度 f_{yk}（N/mm²）	伸长率 A（%）	180°弯曲（弯芯直径＝3d）
GTB550	I	≥550	$A_{11.3}$≥4.5	受弯曲部位钢筋表面不得产生裂纹
	II	≥550	A≥10	
	III	≥550	A≥12	
CTB650	III	≥650	A_{100}≥4	

（二）钢丝

1. 冷拔低碳钢丝

冷拔低碳钢丝是用 6.5～8mm 的碳素结构钢 Q235 或 Q215 盘条,通过多次强力拔制而成的直径为 3mm、4mm、5mm 的钢丝。其屈服强度可提高 40%～60%,但失去了低碳钢的性能,变得硬脆,属硬钢类钢丝。冷拔低碳钢丝按力学强度分为两级:甲级为预应力钢丝;乙级为非预应力钢丝。混凝土工厂自行冷拔时,应对钢丝的质量严格控制,对其外观要求分批抽样,表面不准有锈蚀、油污、伤痕、皂渍、裂纹等,逐炉检查其力学、工艺性质并要符合表 4-205 的规定,凡伸长率不合格者,不准用于预应力混凝土构件中。

表 4-205　　　　　　　冷拔低碳钢丝的力学性能

级　别	公称直径 d(mm)	抗拉强度 σ_b(MPa)	伸长率 δ_{100}	反复弯曲次数(次/180°)
甲级	5.0	6.50	3.0	4
		600		
	4.0	700	2.5	
		650		
乙级	3.0、4.0、5.0、6.0	550	2.0	

注:甲级冷拔低碳钢丝作预应力筋时,如经机械调直则抗拉强度标准值应降低 50MPa。

2. 预应力混凝土用钢丝及钢绞线

钢丝按加工状态分为冷拉钢丝(代号为 WCD)和消除应力钢丝两种。消除应力钢丝按松弛性能又分为低松弛级钢丝(代号为 WLR)和普通松弛级钢丝(代号为 WNR)。若钢丝表面沿着长度方向上具有规则间隔的压痕即成刻痕钢丝。

冷拉钢丝、消除应力的光圆及螺旋肋钢丝、消除应力的刻痕钢丝的力学性能应分别符合表 4-206、表 4-207 和表 4-208 的规定。

表 4-206　　　　　冷拉钢丝的力学性能

公称直径 d(mm)	抗拉强度 σ_b(MPa) 不小于	规定非比例伸长应力 $\sigma_{P0.2}$(MPa) 不小于	最大力下总伸长率 ($l_0=20$mm) δ_{ph}(%)不小于	弯曲次数 (次/180°) 不小于	弯曲半径 R(mm)	断面收缩率 ϕ(%) 不小于	每 20mm 扭矩的扭转次数 n 不小于	初始应力应相当于公称抗拉强度的 70%，100h 后应力松弛率(%) 不大于
3.00	1470	1100		4	7.5	—	—	
4.00	1570	1180		4	10		8	
	1670	1250						
5.00	1770	1330	1.5	4	15	35		8
6.00	1470	1100		5	15		7	
7.00	1570	1180		5	20		6	
	1670	1250				30		
8.00	1770	1330		5	20		5	

表 4-207　　　　　消除应力的光圆及螺旋肋钢丝的力学性能

公称直径 d(mm)	抗拉强度 σ_b(MPa) 不小于	规定非比例伸长应力 $\sigma_{P0.2}$(MPa)不小于		最大力下总伸长率 ($l_0=20$mm) δ_{ph}(%)不小于	弯曲次数 (次/180°) 不小于	弯曲半径 R(mm)	应力松弛性能		
		WLR	WNR				初始应力应相当于公称抗拉强度的百分数(%)	100h 后应力松弛率(%)不大于	
								WLR	WNR
							对所有规格		
4.00	1470	1290	1250		3	10			
	1570	1380	1330						
4.80	1670	1470	1410		4	15	60	1.0	4.5
5.00	1770	1560	1500						
	1860	1640	1550						
6.00	1470	1290	1250		4	15·			
6.25	1570	1380	1330	3.5	4	20	70	2.5	8
	1670	1470	1410						
7.00	1770	1560	1550		4	20			
8.00	1470	1290	1250		4	20			
9.00	1570	1380	1330		4	25	80	4.5	12
10.00					4	25			
12.00	1470	1290	1250		4	30			

表4-208 消除应力的刻痕钢丝的力学性能

公称直径 d(mm)	抗拉强度 σ_b(MPa) 不小于	规定非比例伸长应力 $\sigma_{P0.2}$ (MPa)不小于		最大力下总伸长率 ($l_0=20$mm) δ_{gh}(%)不小于	弯曲次数 (次/180°) 不小于	弯曲半径 R(mm)	应力松弛性能		
		WLR	WNR				初始应力应相当于公称抗拉强度的百分数(%)	100h后应力松弛率(%)不大于	
								WLR	WNR
								对所有规格	
≤5.0	1470	1290	1250	3.5	3	15	60	1.0	4.5
	1570	1380	1330						
	1670	1470	1410						
	1770	1560	1500						
	1860	1640	1580				70	2.5	8
>5.0	1470	1290	1250			20	80	4.5	12
	1570	1380	1330						
	1670	1470	1410						
	1770	1560	1500						

特别提示

钢丝、刻痕钢丝

钢丝、刻痕钢丝均属于冷加工强化的钢材,没有明显的屈服点,但抗拉强度远远超过热轧钢筋和冷轧钢筋,并具有较好的柔韧性,应力松弛率低。预应力钢丝、刻痕钢丝适用于大荷载、大跨度及曲线配筋的预应力混凝土。

(三)型钢

市政工程中的主要承重结构,常使用各种规格的型钢来组成各种形式的钢结构。钢结构常用的型钢有圆钢、方钢、扁钢、工字钢、槽钢、角钢等。由于截面形式合理,材料在截面上的分布对受力有利,且构件间的连接方便,所以型钢是钢结构中采用的主要钢材。钢结构用钢的钢种和牌号,主要根据结构的重要性、荷载特征、结构形式、应力状态、连接方法、钢材厚度和工作环境等因素选择。对于承受动力荷载或振动荷载的结构、处于低温环境的结构,应选择韧性好、脆性临界温度低的钢材。对于焊接结构应选择焊接性能好的钢材。我国钢结构用热轧型钢主要采用的是碳素结构钢和低合金强度结构钢。

1. 热轧扁钢

(1)扁钢的截面图及标注符号如图 4-27 所示。

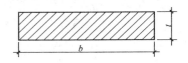

图 4-27　扁钢的截面图及标注符号

t—扁钢厚度；b—扁钢宽度

(2)热轧扁钢通常长度、短尺长度及允许偏差见表 4-209 和表 4-210。

表 4-209　　　　　　热轧扁钢通常长度、短尺长度及允许偏差

钢　　类		通常长度(m)	长度允许偏差	短尺长度
普通质量钢	1组(理论质量≤19kg/m)	3～9	钢棒长度≤4m,+30mm； 4～6m,+50mm； >6m,+70mm	≥1.5m
	2组(理论质量>19kg/m)	3～7		
优质及特殊质量钢		2～6		

表 4-210　　　　　　热轧扁钢的尺寸允许偏差　　　　　　mm

宽　　度			厚　　度		
公称尺寸	允许偏差		公称尺寸	允许偏差	
	1组	2组		1组	2组
10～50	+0.3 −0.9	+0.5 −1.0	3～16	+0.3 −0.5	+0.2 −0.4
>50～75	+0.4 −1.2	+0.6 −1.3			
>75～100	+0.7 −1.7	+0.9 −1.8	>16～60	+1.5% −3.0%	+1.0% −2.5%
>100～150	+0.8% −1.8%	+1.0% −2.0%			
>150～200	供需双方协商				

注:在同一截面任意两点测量的厚度差不得大于厚度公差的 50%。

(3)热轧扁钢的理论质量见表 4-211。

表 4-211

热轧扁钢的理论质量

厚度(mm)　理论质量(kg/m)

宽度(mm)	厚度(mm) 3	4	5	6	7	8	9	10	11	12	14	16	18	20	22	25	28	30	32	36	40	45	50	56	60
10	0.24	0.31	0.39	0.47	0.55	0.63																			
12	0.28	0.38	0.47	0.57	0.66	0.75																			
14	0.33	0.44	0.55	0.66	0.77	0.88																			
16	0.38	0.50	0.63	0.75	0.88	1.00	1.15	1.26																	
18	0.42	0.57	0.71	0.85	0.99	1.13	1.27	1.41																	
20	0.47	0.63	0.78	0.94	1.10	1.26	1.41	1.57	1.73	1.88															
22	0.52	0.69	0.86	1.04	1.21	1.38	1.55	1.73	1.90	2.07															
25	0.59	0.78	0.98	1.18	1.37	1.57	1.77	1.96	2.16	2.36	2.75	3.14													
28	0.66	0.88	1.10	1.32	1.54	1.76	1.98	2.20	2.42	2.64	3.08	3.53													
30	0.71	0.94	1.18	1.41	1.65	1.88	2.12	2.36	2.59	2.83	3.30	3.77	4.24	4.71											
32	0.75	1.00	1.26	1.51	1.76	2.01	2.26	2.55	2.76	3.01	3.52	4.02	4.52	5.02											
35	0.82	1.10	1.37	1.65	1.92	2.20	2.47	2.75	3.02	3.30	3.85	4.40	4.95	5.50	6.04	6.87	7.69								
40	0.94	1.26	1.57	1.88	2.20	2.51	2.83	3.14	3.45	3.77	4.40	5.02	5.65	6.28	6.91	7.85	8.79								
45	1.06	1.41	1.77	2.12	2.47	2.83	3.18	3.53	3.89	4.24	4.95	5.65	6.36	7.07	7.77	8.83	9.89	10.60	11.30	12.72					
50	1.18	1.57	1.96	2.36	2.75	3.14	3.53	3.93	4.32	4.71	5.50	6.28	7.06	7.85	8.64	9.81	10.99	11.78	12.56	14.13					
55		1.73	2.16	2.59	3.02	3.45	3.89	4.32	4.75	5.18	6.04	6.91	7.77	8.64	9.50	10.79	12.09	12.95	13.82	15.54					

续表

厚度 (mm) — 理论质量 (kg/m)

宽度 (mm)	3	4	5	6	7	8	9	10	11	12	14	16	18	20	22	25	28	30	32	36	40	45	50	56	60
60		1.88	2.36	2.83	3.30	3.77	4.24	4.71	5.18	5.65	6.59	7.54	8.48	9.42	10.36	11.78	13.19	14.13	15.07	16.96	18.84	21.20			
65		2.04	2.55	3.06	3.57	4.08	4.59	5.10	5.61	6.12	7.14	8.16	9.18	10.20	11.23	12.76	14.29	15.31	16.33	18.37	20.41	22.96			
70		2.20	2.75	3.30	3.85	4.40	4.95	5.50	6.04	6.59	7.69	8.79	9.89	10.99	12.09	13.74	15.39	16.49	17.58	19.78	21.98	24.73			
75		2.36	2.94	3.53	4.12	4.71	5.30	5.89	6.48	7.07	8.24	9.42	10.60	11.78	12.95	14.72	16.49	17.66	18.84	21.20	23.55	26.49			
80		2.51	3.14	3.77	4.40	5.02	5.65	6.28	6.91	7.54	8.79	10.05	11.30	12.56	13.82	15.70	17.58	18.84	20.10	22.61	25.12	28.26	31.40	35.17	
85			3.34	4.00	4.67	5.34	6.01	6.67	7.34	8.01	9.34	10.68	12.01	13.34	14.68	16.68	18.68	20.02	21.35	24.02	26.69	30.03	33.36	37.37	40.04
90			3.53	4.24	4.95	5.65	6.36	7.07	7.77	8.48	9.89	11.30	12.72	14.13	15.54	17.66	19.78	21.20	22.61	25.43	28.26	31.79	35.32	39.56	42.39
95			3.73	4.47	5.22	5.97	6.71	7.46	8.20	8.95	10.44	11.93	13.42	14.92	16.41	18.64	20.88	22.37	23.86	26.85	29.83	33.56	37.29	41.76	44.74
100			3.92	4.71	5.50	6.28	7.07	7.85	8.64	9.42	10.99	12.56	14.13	15.70	17.27	19.62	21.98	23.55	25.12	28.26	31.40	35.32	39.25	43.96	47.10
105			4.12	4.95	5.77	6.59	7.42	8.24	9.07	9.89	11.54	13.19	14.84	16.49	18.13	20.61	23.08	24.73	26.38	29.67	32.97	37.09	41.21	46.16	49.46
110			4.32	5.18	6.04	6.91	7.77	8.64	9.50	10.36	12.09	13.82	15.54	17.27	19.00	21.59	24.18	25.90	27.63	31.09	34.54	38.86	43.18	48.36	51.81
120			4.71	5.65	6.59	7.54	8.48	9.42	10.36	11.30	13.19	15.07	16.96	18.84	20.72	23.55	26.38	28.26	30.14	33.91	37.68	42.39	47.10	52.75	56.52
125				5.89	6.87	7.85	8.83	9.81	10.79	11.78	13.74	15.70	17.66	19.62	21.59	24.53	27.48	29.44	31.40	35.32	39.25	44.16	49.06	54.95	58.88
130				6.12	7.14	8.16	9.18	10.20	11.23	12.25	14.29	16.33	18.37	20.41	22.45	25.51	28.57	30.62	32.66	36.74	40.82	45.92	51.02	57.15	61.23
140					7.69	8.79	9.89	10.99	12.09	13.19	15.39	17.58	19.78	21.98	24.18	27.48	30.77	32.97	35.17	39.56	43.96	49.46	54.95	61.54	65.94
150					8.24	9.42	10.60	11.78	12.95	14.13	16.49	18.84	21.20	23.55	25.90	29.44	32.97	35.32	37.68	42.39	47.10	52.99	58.88	65.94	70.65

注：表中钢的理论质量按密度为 7.85 g/cm³ 计算。

2. 热轧圆钢和方钢

（1）热轧圆钢和方钢的尺寸允许偏差见表 4-212。

表 4-212　　　　　　　　热轧圆钢和方钢的尺寸允许偏差　　　　　　　　mm

截面公称尺寸（圆钢直径或方钢边长）	尺寸允许偏差		
	1 组	2 组	3 组
5.5～7	±0.20	±0.30	±0.40
＞7～20	±0.25	±0.35	±0.40
＞20～30	±0.30	±0.40	±0.50
＞30～50	±0.40	±0.50	±0.60
＞50～80	±0.60	±0.70	±0.80
＞80～110	±0.90	±1.00	±1.10
＞110～150	±1.20	±1.30	±1.40
＞150～200	±1.60	±1.80	±2.00
＞200～280	±2.00	±2.50	±3.00
＞280～310	—	—	±5.00

（2）热轧圆钢和方钢的尺寸规格和理论质量见表 4-213。

表 4-213　　　　　　　热轧圆钢和方钢的尺寸及理论质量

圆钢公称直径 d 方钢公称边长 a(mm)	理论质量（kg/m）	
	圆钢	方钢
5.5	0.186	0.237
6	0.222	0.283
6.5	0.260	0.332
7	0.302	0.385
8	0.395	0.502
9	0.499	0.636
10	0.617	0.785
11	0.746	0.950
12	0.888	1.13
13	1.04	1.33
14	1.21	1.54
15	1.39	1.77

圆钢公称直径 d 方钢公称边长 a(mm)	理论质量（kg/m）	
	圆钢	方钢
16	1.58	2.01
17	1.78	2.27
18	2.00	2.54
19	2.23	2.83
20	2.47	3.14
21	2.72	3.46
22	2.98	3.80
23	3.26	4.15
24	3.55	4.52
25	3.85	4.91
26	4.17	5.31
27	4.49	5.72
28	4.83	6.15
29	5.18	6.60
30	5.55	7.06
31	5.92	7.54
32	6.31	8.04
33	6.71	8.55
34	7.13	9.07
35	7.55	9.62
36	7.99	10.2
38	8.90	11.3
40	9.86	12.6
42	10.9	13.8
45	12.5	15.9
48	14.2	18.1
50	15.4	19.6
53	17.3	22.0
55	18.6	23.7
56	19.3	24.6

续二

圆钢公称直径 d 方钢公称边长 a(mm)	理论质量（kg/m）	
	圆钢	方钢
58	20.7	26.4
60	22.2	28.3
63	24.5	31.2
65	26.0	33.2
68	28.5	36.3
70	30.2	38.5
75	34.7	44.2
80	39.5	50.2
85	44.5	56.7
90	49.9	63.6
95	55.6	70.8
100	61.7	78.5
105	68.0	86.5
110	74.6	95.0
115	81.5	104
120	88.8	113
125	96.3	123
130	104	133
135	112	143
140	121	154
145	130	165
150	139	177
155	148	189
160	158	201
165	168	214
170	178	227
180	200	254
190	223	283
200	247	314

续三

圆钢公称直径 d	理论质量（kg/m）	
方钢公称边长 a（mm）	圆钢	方钢
210	272	
220	298	
230	326	
240	355	
250	385	
260	417	
270	449	
280	483	
290	518	
300	555	
310	592	

注：表中钢的理论质量是按密度为 7.85g/cm³ 计算。

3. 热轧工字钢

（1）热轧工字钢（槽钢）的截面尺寸、外形允许偏差见表 4-214。

表 4-214　　　　　热轧工字钢（槽钢）尺寸、外形允许偏差　　　　　mm

	高　　　度	允许偏差	图　　　示
高度 h	＜100	±1.5	
	100～＜200	±2.0	
	200～＜400	±3.0	
	≥400	±4.0	
腿宽度 b	＜100	±1.5	
	100～＜150	±2.0	
	150～＜200	±2.5	
	200～＜300	±3.0	
	300～＜400	±3.5	
	≥400	±4.0	
腰厚度 d	＜100	±0.4	
	100～＜200	±0.5	
	200～＜300	±0.7	
	300～＜400	±0.8	
	≥400	±0.9	

续表

	高　度	允许偏差	图　示
外缘 斜度 T	—	$T \leqslant 1.5\%b$ $2T \leqslant 2.5\%b$	
弯腰 挠度 W	—	$W \leqslant 0.15d$	
弯曲度	工字钢	每米弯曲度 ≤2mm 总弯 曲度≤总长 度的 0.20%	适用于上下、左右大弯曲
	槽钢	每米弯曲度 ≤3mm 总弯 曲度≤总长 度的 0.30%	

（2）热轧工字钢的尺寸规格见表 4-215。

4. 热轧槽钢

（1）热轧普通槽钢尺寸、外形允许偏差见表 4-214。

（2）热轧普通槽钢的尺寸、截面面积及截面特性见表 4-216。

表 4-215

热轧工字钢尺寸规格

型号	截面尺寸 (mm)						截面面积 (cm²)	理论质量 (kg/m)	惯性矩 (cm⁴)		惯性半径 (cm)		截面模数 (cm³)	
	h	b	d	t	r	r_1			I_x	I_y	i_x	i_y	W_x	W_y
10	100	68	4.5	7.6	6.5	3.3	14.345	11.261	245	33.0	4.14	1.52	49.0	9.72
12	120	74	5.0	8.4	7.0	3.5	17.818	13.987	436	46.9	4.95	1.62	72.7	12.7
12.6	126	74	5.0	8.4	7.0	3.5	18.118	14.223	488	46.9	5.20	1.61	77.5	12.7
14	140	80	5.5	9.1	7.5	3.8	21.516	16.890	712	64.4	5.76	1.73	102	16.1
16	160	88	6.0	9.9	8.0	4.0	26.131	20.513	1130	93.1	6.58	1.89	141	21.2
18	180	94	6.5	10.7	8.5	4.3	30.756	24.143	1660	122	7.36	2.00	185	26.0
20a	200	100	7.0	11.4	9.0	4.5	35.578	27.929	2370	158	8.15	2.12	237	31.5
20b	200	102	9.0	11.4	9.0	4.5	39.578	31.069	2500	169	7.96	2.06	250	33.1
22a	220	110	7.5	12.3	9.5	4.8	42.128	33.070	3400	225	8.99	2.31	309	40.9
22b	220	112	9.5	12.3	9.5	4.8	46.528	36.524	3570	239	8.78	2.27	325	42.7
24a	240	116	8.0	13.0	10.0	5.0	47.741	37.477	4570	280	9.77	2.42	381	48.4
24b	240	118	10.0	13.0	10.0	5.0	52.541	41.245	4800	297	9.57	2.38	400	50.4
25a	250	116	8.0	13.0	10.0	5.0	48.541	38.105	5020	280	10.2	2.40	402	48.3
25b	250	118	10.0	13.0	10.0	5.0	53.541	42.030	5280	309	9.94	2.40	423	52.4
27a	270	122	8.5	13.7	10.5	5.3	54.554	42.825	6550	345	10.9	2.51	485	56.6

续一

型号	截面尺寸（mm）						截面面积（cm²）	理论质量（kg/m）	惯性矩（cm⁴）		惯性半径（cm）		截面模数（cm³）	
	h	b	d	t	r	r_1			I_x	I_y	i_x	i_y	W_x	W_y
27b	270	124	10.5	13.7	10.5	5.3	59.954	47.064	6870	366	10.7	2.47	509	58.9
28a	280	122	8.5	14.4	11.0	5.5	55.404	43.492	7110	345	11.3	2.50	508	56.6
28b	280	124	10.5	14.4	11.0	5.5	61.004	47.888	7480	379	11.1	2.49	534	61.2
30a	300	126	9.0	15.0	11.5	5.8	61.254	48.084	8950	400	12.1	2.55	597	63.5
30b	300	128	11.0	15.0	11.5	5.8	67.254	52.794	9400	422	11.8	2.50	627	65.9
30c	300	130	13.0	15.0	11.5	5.8	73.254	57.504	9850	445	11.6	2.46	657	68.5
32a	320	130	9.5	15.8	12.0	6.0	67.156	52.717	11100	460	12.8	2.62	692	70.8
32b	320	132	11.5	15.8	12.0	6.0	73.556	57.741	11600	502	12.6	2.61	726	76.0
32c	320	134	13.5	15.8	12.0	6.0	79.956	62.765	12200	544	12.3	2.61	760	81.2
36a	360	136	10.0	16.5	12.5	6.3	76.480	60.037	15800	552	14.4	2.69	875	81.2
36b	360	138	12.0	16.5	12.5	6.3	83.680	65.689	16500	582	14.1	2.64	919	84.3
36c	360	140	14.0	16.5	12.5	6.3	90.880	71.341	17300	612	13.8	2.60	962	87.4
40a	400	142	10.5	16.5	12.5	6.3	86.112	67.598	21700	660	15.9	2.77	1090	93.2
40b	400	144	12.5	16.5	12.5	6.3	94.112	73.878	22800	692	15.6	2.71	1140	96.2
40c	400	146	14.5	16.5	12.5	6.3	102.112	80.158	23900	727	15.2	2.65	1190	99.6

续一

型号	截面尺寸(mm)						截面面积(cm²)	理论质量(kg/m)	惯性矩(cm⁴)		惯性半径(cm)		截面模数(cm³)	
	h	b	d	t	r	r_1			I_x	I_y	i_x	i_y	W_x	W_y
45a	450	150	11.5	18.0	13.5	6.8	102.446	80.420	32200	855	17.7	2.89	1430	114
45b		152	13.5				111.446	87.485	33800	894	17.4	2.84	1500	118
45c		154	15.5				120.446	94.550	35300	938	17.1	2.79	1570	122
50a	500	158	12.0	20.0	14.0	7.0	119.304	93.654	46500	1120	19.7	3.07	1860	142
50b		160	14.0				129.304	101.504	48600	1170	19.4	3.01	1940	146
50c		162	16.0				139.304	109.354	50600	1220	19.0	2.96	2080	151
55a	550	166	12.5	21.0	14.5	7.3	134.185	105.335	62900	1370	21.6	3.19	2290	164
55b		168	14.5				145.185	113.970	65600	1420	21.2	3.14	2390	170
55c		170	16.5				156.185	122.605	68400	1480	20.9	3.08	2490	175
56a	560	166	12.5				135.435	106.316	65600	1370	22.0	3.18	2340	165
56b		168	14.5				146.635	115.108	68500	1490	21.6	3.16	2450	174
56c		170	16.5				157.835	123.900	71400	1560	21.3	3.16	2550	183
63a	630	176	13.0	22.0	15.0	7.5	154.658	121.407	93900	1700	24.5	3.31	2980	193
63b		178	15.0				167.258	131.298	98100	1810	24.2	3.29	3160	204
63c		180	17.0				179.858	141.189	120000	1920	23.8	3.27	3300	214

注:表中 r、r_1 的数据用于孔型设计,不做交货条件。

表4-216

热轧普通槽钢尺寸、截面积及截面特征

型号	截面尺寸 (mm)						截面面积 (cm²)	理论质量 (kg/m)	惯性矩 (cm⁴)			惯性半径 (cm)		截面模数 (cm³)		重心距离 (cm)
	h	b	d	t	r	r_1			I_x	I_y	I_{y1}	i_x	i_y	W_x	W_y	Z_0
5	50	37	4.5	7.0	7.0	3.5	6.928	5.438	26.0	8.30	20.9	1.94	1.10	10.4	3.55	1.35
6.3	63	40	4.8	7.5	7.5	3.8	8.451	6.634	50.8	11.9	28.4	2.45	1.19	16.1	4.50	1.36
6.5	65	40	4.3	7.5	7.5	3.8	8.547	6.709	55.2	12.0	28.3	2.54	1.19	17.0	4.59	1.38
8	80	43	5.0	8.0	8.0	4.0	10.248	8.045	101	16.6	37.4	3.15	1.27	25.3	5.79	1.43
10	100	48	5.3	8.5	8.5	4.2	12.748	10.007	198	25.6	54.9	3.95	1.41	39.7	7.80	1.52
12	120	53	5.5	9.0	9.0	4.5	15.362	12.059	346	37.4	77.7	4.75	1.56	57.7	10.2	1.62
12.6	126	53	5.5	9.0	9.0	4.5	15.692	12.318	391	38.0	77.1	4.95	1.57	62.1	10.2	1.59
14a	140	58	6.0	9.5	9.5	4.8	18.516	14.535	564	53.2	107	5.52	1.70	80.5	13.0	1.71
14b	140	60	8.0	9.5	9.5	4.8	21.316	16.733	609	61.1	121	5.35	1.69	87.1	14.1	1.67
16a	160	63	6.5	10.0	10.0	5.0	21.962	17.24	866	73.3	144	6.28	1.83	108	16.3	1.80
16b	160	65	8.5	10.0	10.0	5.0	25.162	19.752	935	83.4	161	6.10	1.82	117	17.6	1.75
18a	180	68	7.0	10.5	10.5	5.2	25.699	20.174	1 270	98.6	190	7.04	1.96	141	20.0	1.88
18b	180	70	9.0	10.5	10.5	5.2	29.299	23.000	1 370	111	210	6.84	1.95	152	21.5	1.84
20a	200	73	7.0	11.0	11.0	5.5	28.837	22.637	1 780	128	244	7.86	2.11	178	24.2	2.01
20b	200	75	9.0	11.0	11.0	5.5	32.837	25.777	1 910	144	268	7.64	2.09	191	25.9	1.95
22a	220	77	7.0	11.5	11.5	5.8	31.846	24.999	2 390	158	298	8.67	2.23	218	28.2	2.10
22b	220	79	9.0	11.5	11.5	5.8	36.246	28.453	2 570	176	326	8.42	2.21	234	30.1	2.03
24a	240	78	7.0	12.0	12.0	6.0	34.217	26.860	3 050	174	325	9.45	2.25	254	30.5	2.10
24b	240	80	9.0	12.0	12.0	6.0	39.017	30.628	3 280	194	355	9.17	2.23	274	32.5	2.03
24c	240	82	11.0	12.0	12.0	6.0	43.817	34.396	3 510	213	388	8.96	2.21	293	34.4	2.00
25a	250	78	7.0	12.0	12.0	6.0	34.917	27.410	3 370	176	322	9.82	2.24	270	30.6	2.07

续表

型号	截面尺寸 (mm) h	b	d	t	r	r1	截面面积 (cm²)	理论质量 (kg/m)	惯性矩 /cm⁴ I_x	I_y	I_{y1}	惯性半径 (cm) i_x	i_y	截面模数 (cm³) W_x	W_y	重心距离 (cm) Z_0
25b	250	80	9.0	12.0	12.0	6.0	39.917	31.335	3 530	196	353	9.41	2.22	282	32.7	1.98
25c	250	82	11.0	12.0	12.0	6.0	44.917	35.260	3 690	218	384	9.07	2.21	295	35.9	1.92
27a	270	82	7.5	12.5	12.5	6.2	39.284	30.838	4 360	216	393	10.5	2.34	323	35.5	2.13
27b	270	84	9.5	12.5	12.5	6.2	44.684	35.077	4 690	239	428	10.3	2.31	347	37.7	2.06
27c	270	86	11.5	12.5	12.5	6.2	50.084	39.316	5 020	261	467	10.1	2.28	372	39.8	2.03
28a	280	82	7.5	12.5	12.5	6.2	40.034	31.427	4 760	218	388	10.9	2.33	340	35.7	2.10
28b	280	84	9.5	12.5	12.5	6.2	45.634	35.823	5 130	242	428	10.6	2.30	366	37.9	2.02
28c	280	86	11.5	12.5	12.5	6.2	51.234	40.219	5 500	268	463	10.4	2.29	393	40.3	1.95
30a	300	85	7.5	13.5	13.5	6.8	43.902	34.463	6 050	260	467	11.7	2.43	403	41.1	2.17
30b	300	87	9.5	13.5	13.5	6.8	49.902	39.173	6 500	289	515	11.4	2.41	433	44.0	2.13
30c	300	100	13.0	13.5	13.5	6.8	55.902	43.883	6 950	316	560	11.2	2.38	463	46.4	2.09
32a	320	88	8.0	14.0	14.0	7.0	48.513	38.083	7 600	305	552	12.5	2.50	475	46.5	2.24
32b	320	90	10.0	14.0	14.0	7.0	54.913	43.107	8 140	336	593	12.2	2.47	509	49.2	2.16
32c	320	92	12.0	14.0	14.0	7.0	61.313	48.131	8 690	374	643	11.9	2.47	543	52.6	2.09
36a	360	96	9.0	16.0	16.0	8.0	60.910	47.814	11 900	455	818	14.0	2.73	660	63.5	2.44
36b	360	98	11.0	16.0	16.0	8.0	68.110	53.466	12 700	497	880	13.6	2.70	703	66.9	2.37
36c	360	100	13.0	16.0	16.0	8.0	75.310	59.118	13 400	536	948	13.4	2.67	746	70.0	2.34
40a	400	100	10.5	18.0	18.0	9.0	75.068	58.928	17 600	592	1 070	15.3	2.81	879	78.8	2.49
40b	400	102	12.5	18.0	18.0	9.0	83.068	65.208	18 600	640	114	15.0	2.78	932	82.5	2.44
40c	400	104	14.5	18.0	18.0	9.0	91.068	71.488	19 700	688	1 220	14.7	2.75	986	86.2	2.42

注:表中 r、r_1 的数据用于孔型设计,不做交货条件。

5. 热轧角钢

（1）等边角钢的截面图及标注符号如图 4-28 所示；不等边角钢的截面图及标注符号如图 4-29 所示。

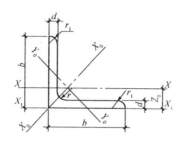

图 4-28　等边角钢截面图及标注符号

b—边宽度；d—边厚度；r—内圆弧半径；

r_1—边端内圆弧半径；Z_0—重心距离

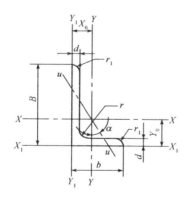

图 4-29　不等边角钢截面图及标注符号

B—长边宽度；b—短边宽度；d—边厚度；r—内圆弧半径；

r_1—边端圆弧半径；X_0、y_0—重心距离

（2）角钢的尺寸、外形允许偏差见表 4-217。

表 4-217　　　　　　　　角钢尺寸、外形允许偏差

项　目		允许偏差		图　示
		等边角钢	不等边角钢	
边宽度 (B,b)	边宽度①≤56	±0.8	±0.8	
	>56～90	±1.2	±1.5	
边宽度 (B,b)	>90～140	±1.8	±2.0	
	>140～200	±2.5	±2.5	
	>200	±3.5	±3.5	
边厚度 (d)	边宽度ª≤56	±0.4		
	>56～90	±0.6		
	>90～140	±0.7		
	>140～200	±1.0		
	>200	±1.4		
顶端直角		$\alpha \leqslant 50'$		
弯曲度		每米弯曲度≤3mm,总弯曲度≤总长度的0.30%		适用于上下、左右大弯曲

① 不等边角钢按长边宽度 B。

（3）等边角钢尺寸规格及理论质量见表 4-218；不等边角钢尺寸规格及理论质量见表 4-219。

表4-218

等边角钢尺寸规格及理论质量

型号	截面尺寸(mm)			截面面积(cm²)	理论质量(kg/m)	外表面积(m²/m)	惯性矩(cm⁴)				惯性半径(cm)			截面模数(cm³)			重心距离(cm)
	b	d	r				I_x	I_{x1}	I_{x0}	I_{y0}	i_x	i_{x0}	i_{y0}	W_x	W_{x0}	W_{y0}	Z_0
2	20	3	3.5	1.132	0.889	0.078	0.40	0.81	0.63	0.17	0.59	0.75	0.39	0.29	0.45	0.20	0.60
		4		1.459	1.145	0.077	0.50	1.09	0.78	0.22	0.58	0.73	0.38	0.36	0.55	0.24	0.64
2.5	25	3		1.432	1.124	0.098	0.82	1.57	1.29	0.34	0.76	0.95	0.49	0.46	0.73	0.33	0.73
		4		1.859	1.459	0.097	1.03	2.11	1.62	0.43	0.74	0.93	0.48	0.59	0.92	0.40	0.76
3.0	30	3	4.5	1.749	1.373	0.117	1.46	2.71	2.31	0.61	0.91	1.15	0.59	0.68	1.09	0.51	0.85
		4		2.276	1.786	0.117	1.84	3.63	2.92	0.77	0.90	1.13	0.58	0.87	1.37	0.62	0.89
3.6	36	3		2.109	1.656	0.141	2.58	4.68	4.09	1.07	1.11	1.39	0.71	0.99	1.61	0.76	1.00
		4		2.756	2.163	0.141	3.29	6.25	5.22	1.37	1.09	1.38	0.70	1.28	2.05	0.93	1.04
		5		3.382	2.654	0.141	3.95	7.84	6.24	1.65	1.08	1.36	0.70	1.56	2.45	1.00	1.07
4	40	3	5	2.359	1.852	0.157	3.59	6.41	5.69	1.49	1.23	1.55	0.79	1.23	2.01	0.96	1.09
		4		3.086	2.422	0.157	4.60	8.56	7.29	1.91	1.22	1.54	0.79	1.60	2.58	1.19	1.13
		5		3.791	2.976	0.156	5.53	10.74	8.76	2.30	1.21	1.52	0.78	1.96	3.10	1.39	1.17
4.5	45	3		2.659	2.088	0.177	5.17	9.12	8.20	2.14	1.40	1.76	0.89	1.58	2.58	1.24	1.22
		4		3.486	2.736	0.177	6.65	12.18	10.56	2.75	1.38	1.74	0.89	2.05	3.32	1.54	1.26
		5		4.292	3.369	0.176	8.04	15.2	12.74	3.33	1.37	1.72	0.88	2.51	4.00	1.81	1.30

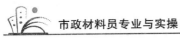

续一

型号	截面尺寸(mm)			截面面积(cm²)	理论质量(kg/m)	外表面积(m²/m)	惯性矩(cm⁴)				惯性半径(cm)			截面模数(cm³)			重心距离(cm)
	b	d	r				I_x	I_{x1}	I_{x0}	I_{y0}	i_x	i_{x0}	i_{y0}	W_x	W_{x0}	W_{y0}	Z_0
4.5	45	6	5	5.076	3.985	0.176	9.33	18.36	14.76	3.89	1.36	1.70	0.8	2.95	4.64	2.06	1.33
5	50	3	5.5	2.971	2.332	0.197	7.18	12.5	11.37	2.98	1.55	1.96	1.00	1.96	3.22	1.57	1.34
		4		3.897	3.059	0.197	9.26	16.69	14.70	3.82	1.54	1.94	0.99	2.56	4.16	1.96	1.38
		5		4.803	3.770	0.196	11.21	20.90	17.79	4.64	1.53	1.92	0.98	3.13	5.03	2.31	1.42
		6		5.688	4.465	0.196	13.05	25.14	20.68	5.42	1.52	1.91	0.98	3.68	5.85	2.63	1.46
5.6	56	3	6	3.343	2.624	0.221	10.19	17.56	16.14	4.24	1.75	2.20	1.13	2.48	4.08	2.02	1.48
		4		4.390	3.446	0.220	13.18	23.43	20.92	5.46	1.73	2.18	1.11	3.24	5.28	2.52	1.53
		5		5.415	4.251	0.220	16.02	29.33	25.42	6.61	1.72	2.17	1.10	3.97	6.42	2.98	1.57
		6		6.420	5.040	0.220	18.69	35.26	29.66	7.73	1.71	2.15	1.10	4.68	7.49	3.40	1.61
		7		7.404	5.812	0.219	21.23	41.23	33.63	8.82	1.69	2.13	1.09	5.36	8.49	3.80	1.64
		8		8.367	6.568	0.219	23.63	47.24	37.37	9.89	1.68	2.11	1.09	6.03	9.44	4.16	1.68
6	60	5	6.5	5.829	4.576	0.236	19.89	36.05	31.57	8.21	1.85	2.33	1.19	4.59	7.44	3.48	1.67
		6		6.914	5.427	0.235	23.25	43.33	36.89	9.60	1.83	2.31	1.18	5.41	8.70	3.98	1.70
		7		7.977	6.262	0.235	26.44	50.65	41.92	10.96	1.82	2.29	1.17	6.21	9.88	4.45	1.74
		8		9.020	7.081	0.235	29.47	58.02	46.66	12.28	1.81	2.27	1.17	6.98	11.00	4.88	1.78

续一

型号	截面尺寸 (mm)			截面面积 (cm²)	理论质量 (kg/m)	外表面积 (m²/m)	惯性矩 (cm⁴)				惯性半径 (cm)			截面模数 (cm³)			重心距离 (cm)
	b	d	r				I_x	I_{x1}	I_{x0}	I_{y0}	i_x	i_{x0}	i_{y0}	W_x	W_{x0}	W_{y0}	Z_0
6.3	63	4	7	4.978	3.907	0.248	19.03	33.35	30.17	7.89	1.96	2.46	1.26	4.13	6.78	3.29	1.70
		5		6.143	4.822	0.248	23.17	41.73	36.77	9.57	1.94	2.45	1.25	5.08	8.25	3.90	1.74
		6		7.288	5.721	0.247	27.12	50.14	43.03	11.20	1.93	2.43	1.24	6.00	9.66	4.46	1.78
		7		8.412	6.603	0.247	30.87	58.60	48.96	12.79	1.92	2.41	1.23	6.88	10.99	4.98	1.82
		8		9.515	7.469	0.247	34.46	67.11	54.56	14.33	1.90	2.40	1.23	7.75	12.25	5.47	1.85
		10		11.657	9.151	0.246	41.09	84.31	64.85	17.33	1.88	2.36	1.22	9.39	14.56	6.36	1.93
7	70	4	8	5.570	4.372	0.275	26.39	45.74	41.80	10.99	2.18	2.74	1.40	5.14	8.44	4.17	1.86
		5		6.875	5.397	0.275	32.21	57.21	51.08	13.31	2.16	2.73	1.39	6.32	10.32	4.95	1.91
		6		8.160	6.406	0.275	37.77	68.73	59.93	15.61	2.15	2.71	1.38	7.48	12.11	5.67	1.95
		7		9.424	7.398	0.275	43.09	80.29	68.35	17.82	2.14	2.69	1.38	8.59	13.81	6.34	1.99
		8		10.667	8.373	0.274	48.17	91.92	76.37	19.98	2.12	2.68	1.37	9.68	15.43	6.98	2.03
7.5	75	5	9	7.412	5.818	0.295	39.97	70.56	63.30	16.63	2.33	2.92	1.50	7.32	11.94	5.77	2.04
		6		8.797	6.905	0.294	46.95	84.55	74.38	19.51	2.31	2.90	1.49	8.64	14.02	6.67	2.07
		7		10.160	7.976	0.294	53.57	98.71	84.96	22.18	2.30	2.89	1.48	9.93	16.02	7.44	2.11
		8		11.503	9.030	0.294	59.96	112.97	95.07	24.86	2.28	2.88	1.47	11.20	17.93	8.19	2.15
		9		12.825	10.068	0.294	66.10	127.30	104.71	27.48	2.27	2.86	1.46	12.43	19.75	8.89	2.18

续三

型号	截面尺寸 (mm)			截面面积 (cm²)	理论质量 (kg/m)	外表面积 (m²/m)	惯性矩 (cm⁴)				惯性半径 (cm)			截面模数 (cm³)			重心距离 (cm)
	b	d	r				I_x	I_{x1}	I_{x0}	I_{y0}	i_x	i_{x0}	i_{y0}	W_x	W_{x0}	W_{y0}	Z_0
7.5	75	10	9	14.126	11.089	0.293	71.98	141.71	113.92	30.05	2.26	2.84	1.46	13.64	21.48	9.56	2.22
8	80	5	9	7.912	6.211	0.315	48.79	85.36	77.33	20.25	2.48	3.13	1.60	8.34	13.67	6.66	2.15
		6		9.397	7.376	0.314	57.35	102.50	90.98	23.72	2.47	3.11	1.59	9.87	16.08	7.65	2.19
		7		10.860	8.525	0.314	65.58	119.70	104.07	27.09	2.46	3.10	1.58	11.37	18.40	8.58	2.23
		8		12.303	9.658	0.314	73.49	136.97	116.60	30.39	2.44	3.08	1.57	12.83	20.61	9.46	2.27
		9		13.725	10.774	0.314	81.11	154.31	128.60	33.61	2.43	3.06	1.56	14.25	22.73	10.29	2.31
		10		15.126	11.874	0.313	88.43	171.74	140.09	36.77	2.42	3.04	1.56	15.64	24.76	11.08	2.35
9	90	6	10	10.637	8.350	0.354	82.77	145.87	131.26	34.28	2.79	3.51	1.80	12.61	20.63	9.95	2.44
		7		12.301	9.656	0.354	94.83	170.30	150.47	39.18	2.78	3.50	1.78	14.54	23.64	11.19	2.48
		8		13.944	10.946	0.353	106.47	194.80	168.97	43.97	2.76	3.48	1.78	16.42	26.55	12.35	2.52
		9		15.566	12.219	0.353	117.72	219.39	186.77	48.66	2.75	3.46	1.77	18.27	29.35	13.46	2.56
		10		17.167	13.476	0.353	128.58	244.07	203.90	53.26	2.74	3.45	1.76	20.07	32.04	14.52	2.59
		12		20.306	15.940	0.352	149.22	293.76	236.21	62.22	2.71	3.41	1.75	23.57	37.12	16.49	2.67
10	100	6	10	11.932	9.366	0.393	114.95	200.07	181.98	47.92	3.10	3.90	2.00	15.68	25.74	12.69	2.67
		7		13.796	10.830	0.393	131.86	233.54	208.97	54.74	3.09	3.89	1.99	18.10	29.55	14.26	2.71

续四

| 型号 | 截面尺寸(mm) | | | 截面面积 (cm²) | 理论质量 (kg/m) | 外表面积 (m²/m) | 惯性矩 (cm⁴) | | | | 惯性半径 (cm) | | | 截面模数 (cm³) | | | 重心距离 (cm) |
	b	d	r				I_x	I_{x1}	I_{x0}	I_{y0}	i_x	i_{x0}	i_{y0}	W_x	W_{x0}	W_{y0}	Z_0
10	100	8	12	15.638	12.276	0.393	148.24	267.09	235.07	61.41	3.08	3.88	1.98	20.47	33.24	15.75	2.76
		9		17.462	13.708	0.392	164.12	300.73	260.30	67.95	3.07	3.86	1.97	22.79	36.81	17.18	2.80
		10		19.261	15.120	0.392	179.51	334.48	284.68	74.35	3.05	3.84	1.96	25.06	40.26	18.54	2.84
		12		22.800	17.898	0.391	208.90	402.34	330.95	86.84	3.03	3.81	1.95	29.48	46.80	21.08	2.91
		14		26.256	20.611	0.391	236.53	470.75	374.06	99.00	3.00	3.77	1.94	33.73	52.90	23.44	2.99
		16		29.627	23.257	0.390	262.53	539.80	414.16	110.89	2.98	3.74	1.94	37.82	58.57	25.63	3.06
11	110	7	12	15.196	11.928	0.433	177.16	310.64	280.94	73.38	3.41	4.30	2.20	22.05	36.12	17.51	2.96
		8		17.238	13.532	0.433	199.46	355.20	316.49	82.42	3.40	4.28	2.19	24.95	40.69	19.39	3.01
		10		21.261	16.690	0.432	242.19	444.65	384.39	99.98	3.38	4.25	2.17	30.60	49.42	22.91	3.09
		12		25.200	19.782	0.431	282.55	534.60	448.17	116.93	3.35	4.22	2.15	36.05	57.62	26.15	3.16
		14		29.056	22.809	0.431	320.71	625.16	508.01	133.40	3.32	4.18	2.14	41.31	65.31	29.14	3.24
12.5	125	8	14	19.750	15.504	0.492	297.03	501.01	470.89	123.16	3.88	4.88	2.50	32.52	53.28	25.86	3.37
		10		24.373	19.133	0.491	361.67	651.93	573.89	149.46	3.85	4.85	2.48	39.97	64.93	30.62	3.45
		12		28.912	22.696	0.491	423.16	783.42	671.44	174.88	3.83	4.82	2.46	41.17	75.96	35.03	3.53

续五

型号	截面尺寸(mm)			截面面积(cm²)	理论质量(kg/m)	外表面积(m²/m)	惯性矩(cm⁴)				惯性半径(cm)			截面模数(cm³)			重心距离(cm)
	b	d	r				I_x	I_{x1}	I_{x0}	I_{y0}	i_x	i_{x0}	i_{y0}	W_x	W_{x0}	W_{y0}	Z_0
12.5	125	14	14	33.367	26.193	0.490	481.65	915.61	763.73	199.57	3.80	4.78	2.45	54.16	86.41	39.13	3.61
		16		37.739	29.625	0.489	537.31	1048.62	850.98	223.65	3.77	4.75	2.43	60.93	96.28	42.96	3.68
14	140	10		27.373	21.488	0.551	514.65	915.11	817.27	212.04	4.34	5.46	2.78	50.58	82.56	39.20	3.82
		12		32.512	25.522	0.551	603.68	1099.28	958.79	248.57	4.31	5.43	2.76	59.80	96.85	45.02	3.90
		14		37.567	29.490	0.550	688.81	1284.22	1093.56	284.06	4.28	5.40	2.75	68.75	110.47	50.45	3.98
		16		42.539	33.393	0.549	770.24	1470.07	1221.81	318.67	4.26	5.36	2.74	77.46	123.42	55.55	4.06
15	150	8		23.750	18.644	0.592	521.37	899.55	827.49	215.25	4.69	5.90	3.01	47.36	78.02	38.14	3.99
		10		29.373	23.058	0.591	637.50	1125.09	1012.79	262.21	4.66	5.87	2.99	58.35	95.49	45.51	4.08
		12		34.912	27.406	0.591	748.85	1351.26	1189.97	307.73	4.63	5.84	2.97	69.04	112.19	52.38	4.15
		14		40.367	31.688	0.590	855.64	1578.25	1359.30	351.98	4.60	5.80	2.95	79.45	128.16	58.83	4.23
		15		43.063	33.804	0.590	907.39	1692.10	1441.09	373.69	4.59	5.78	2.95	84.56	135.87	61.90	4.27
		16		45.739	35.905	0.589	958.08	1806.21	1521.02	395.14	4.58	5.77	2.94	89.59	143.40	64.89	4.31
16	160	10	16	31.502	24.729	0.630	779.53	1365.33	1237.30	321.76	4.98	6.27	3.20	66.70	109.36	52.76	4.31
		12		37.441	29.391	0.630	916.58	1639.57	1455.68	377.49	4.95	6.24	3.18	78.98	128.67	60.74	4.39

续六

型号	截面尺寸 (mm)			截面面积 (cm²)	理论质量 (kg/m)	外表面积 (m²/m)	惯性矩 (cm⁴)				惯性半径 (cm)			截面模数 (cm³)			重心距离 (cm)
	b	d	r				I_x	I_{x1}	I_{x0}	I_{y0}	i_x	i_{x0}	i_{y0}	W_x	W_{x0}	W_{y0}	Z_0
16	160	14	16	43.296	33.987	0.629	1048.36	1914.68	1665.02	431.70	4.92	6.20	3.16	90.95	147.17	68.24	4.47
		16		49.067	38.518	0.629	1175.08	2190.82	1865.57	484.59	4.89	6.17	3.14	102.63	164.89	75.31	4.55
18	180	12	16	42.241	33.159	0.710	1321.35	2332.80	2100.10	542.61	5.59	7.05	3.58	100.82	165.00	78.41	4.89
		14		48.896	38.388	0.709	1514.48	2723.48	2407.42	621.53	5.56	7.02	3.56	116.25	189.14	88.38	4.97
		16		55.467	43.542	0.709	1700.99	3115.29	2703.37	698.60	5.54	6.98	3.55	131.13	212.40	97.83	5.05
		18		61.955	48.634	0.708	1875.12	3502.43	2988.24	762.01	5.50	6.94	3.51	145.64	234.78	105.14	5.13
20	200	14	18	54.642	42.894	0.788	2103.55	3734.10	3343.26	863.83	6.20	7.82	3.98	144.70	236.40	111.82	5.46
		16		62.013	48.680	0.788	2366.15	4270.39	3760.89	971.41	6.18	7.79	3.96	163.65	265.93	123.96	5.54
		18		69.301	54.401	0.787	2620.64	4808.13	4164.54	1076.74	6.15	7.75	3.94	182.22	294.48	135.52	5.62
		20		76.505	60.056	0.787	2867.30	5347.51	4554.55	1180.04	6.12	7.72	3.93	200.42	322.06	146.55	5.69
		24		90.661	71.168	0.785	3338.25	6457.16	5294.97	1381.53	6.07	7.64	3.90	236.17	374.41	166.65	5.87
22	220	16	21	68.664	53.901	0.866	3187.36	5681.62	5063.73	1310.99	6.81	8.59	4.37	199.55	325.51	153.81	6.03
		18		76.752	60.250	0.866	3534.30	6395.93	5615.32	1453.27	6.79	8.55	4.35	222.37	360.97	168.29	6.11

续七

型号	截面尺寸 (mm)			截面面积 (cm²)	理论质量 (kg/m)	外表面积 (m²/m)	惯性矩 (cm⁴)				惯性半径 (cm)			截面模数 (cm³)			重心距离 (cm)
	b	d	r				I_x	I_{x1}	I_{x0}	I_{y0}	i_x	i_{x0}	i_{y0}	W_x	W_{x0}	W_{y0}	Z_0
22	220	20	21	84.756	66.533	0.865	3871.49	7112.04	6150.08	1592.90	6.76	8.52	4.34	244.77	395.34	182.16	6.18
		22		92.676	72.751	0.865	4199.23	7830.19	6668.37	1730.10	6.73	8.48	4.32	266.78	428.66	195.45	6.26
		24		100.512	78.902	0.864	4517.83	8550.57	7170.55	1865.11	6.70	8.45	4.31	288.39	460.94	208.21	6.33
		26		108.264	84.987	0.864	4827.58	9273.39	7656.98	1998.17	6.68	8.41	4.30	309.62	492.21	220.49	6.41
25	250	18	24	87.842	68.956	0.985	5268.22	9379.11	8369.04	2167.41	7.74	9.76	4.97	290.12	473.42	224.03	6.84
		20		97.045	76.180	0.984	5779.34	10426.97	9181.94	2376.74	7.72	9.73	4.95	319.66	519.41	242.85	6.92
		24		115.201	90.433	0.983	6763.93	12529.74	10742.67	2785.19	7.66	9.66	4.92	377.34	607.70	278.38	7.07
		26		124.154	97.461	0.982	7238.08	13585.18	11491.33	2984.84	7.63	9.62	4.90	405.50	650.05	295.19	7.15
		28		133.022	104.422	0.982	7700.60	14643.62	12219.39	3181.81	7.61	9.58	4.89	433.22	691.23	311.42	7.22
		30		141.807	111.318	0.981	8151.80	15705.30	12927.26	3376.34	7.58	9.55	4.88	460.51	731.28	327.12	7.30
		32		150.508	118.149	0.981	8592.01	16770.41	13615.32	3568.71	7.56	9.51	4.87	487.39	770.20	342.33	7.37
		35		163.402	128.271	0.980	9232.44	18374.95	14611.16	3853.72	7.52	9.46	4.86	526.97	826.53	364.30	7.48

注：截面图中的 $r_1 = d/3$ 及表中 r 的数据用于孔型设计，不做交货条件。

表4-219

不等边角钢尺寸规格及理论质量

型号	截面尺寸 (mm)				截面面积 (cm²)	理论质量 (kg/m)	外表面积 (m²/m)	惯性矩 (cm⁴)					惯性半径 (cm)			截面模数 (cm³)			tanα	重心距离 (cm)	
	B	b	d	r				I_x	I_{x1}	I_y	I_{y1}	I_u	i_x	i_y	i_u	W_x	W_y	W_u		X_0	Y_0
2.5/1.6	25	16	3	3.5	1.162	0.912	0.080	0.70	1.56	0.22	0.43	0.14	0.78	0.44	0.34	0.43	0.19	0.16	0.392	0.42	0.86
			4		1.499	1.176	0.079	0.88	2.09	0.27	0.59	0.17	0.77	0.43	0.34	0.55	0.24	0.20	0.381	0.46	1.86
3.2/2	32	20	3		1.492	1.171	0.102	1.53	3.27	0.46	0.82	0.28	1.01	0.55	0.43	0.72	0.30	0.25	0.382	0.49	0.90
			4		1.939	1.522	0.101	1.93	4.37	0.57	1.12	0.35	1.00	0.54	0.42	0.93	0.39	0.32	0.374	0.53	1.08
4/2.5	40	25	3	4	1.890	1.484	0.127	3.08	5.39	0.93	1.59	0.56	1.28	0.70	0.54	1.15	0.49	0.40	0.385	0.59	1.12
			4		2.467	1.936	0.127	3.93	8.53	1.18	2.14	0.71	1.36	0.69	0.54	1.49	0.63	0.52	0.381	0.63	1.32
4.5/2.8	45	28	3	5	2.149	1.687	0.143	445	9.10	1.34	2.23	0.80	1.44	0.79	0.61	1.47	0.62	0.51	0.383	0.64	1.37
			4		2.806	2.203	0.143	5.69	12.13	1.70	3.00	1.02	1.42	0.78	0.60	1.91	0.80	0.66	0.380	0.68	1.47
5/3.2	50	32	3	5.5	2.431	1.908	0.161	6.24	12.49	2.02	3.31	1.20	1.60	0.91	0.70	1.84	0.82	0.68	0.404	0.73	1.51
			4		3.177	2.494	0.160	8.02	16.65	2.58	4.45	1.53	1.59	0.90	0.69	2.39	1.06	0.87	0.402	0.77	1.60
5.6/3.6	56	36	3	6	2.743	2.153	0.181	8.88	17.54	2.92	4.70	1.73	1.80	1.03	0.79	2.32	1.05	0.87	0.408	0.80	1.65
			4		3.590	2.818	0.180	11.45	23.39	3.76	6.33	2.23	1.79	1.02	0.79	3.03	1.37	1.13	0.408	0.85	1.78
			5		4.415	3.466	0.180	13.86	29.25	4.49	7.94	2.67	1.77	1.01	0.78	3.71	1.65	1.36	0.404	0.88	1.82
6.3/4	63	40	4	7	4.058	3.185	0.202	16.49	33.50	5.23	8.63	3.12	2.02	1.14	0.88	3.87	1.70	1.40	0.398	0.92	1.87
			5		4.993	3.920	0.202	20.02	41.63	6.31	10.86	3.76	2.00	1.12	0.87	4.74	2.07	1.71	0.396	0.95	2.04
6.3/4	63	40	6	7	5.908	4.638	0.201	23.36	49.98	7.29	13.12	4.34	1.96	1.11	0.86	5.59	2.43	1.99	0.393	0.99	2.08
			7		6.802	5.339	0.201	26.53	58.07	8.24	15.47	4.97	1.98	1.10	0.86	6.40	2.78	2.29	0.389	1.03	2.12

续一

型号	截面尺寸 (mm)				截面面积 (cm²)	理论质量 (kg/m)	外表面积 (m²/m)	惯性矩 (cm⁴)					惯性半径 (cm)			截面模数 (cm³)			tanα	重心距离 (cm)	
	B	b	d	r				I_x	I_{x1}	I_y	I_{y1}	I_u	i_x	i_y	i_u	W_x	W_y	W_u		X_0	Y_0
7/4.5	70	45	4	7.5	4.547	3.570	0.226	23.17	45.92	7.55	12.26	4.40	2.26	1.29	0.98	4.86	2.17	1.77	0.410	1.20	2.15
			5		5.609	4.403	0.225	27.95	57.10	9.13	15.39	5.40	2.23	1.28	0.98	5.92	2.65	2.19	0.407	1.06	2.24
			6		6.647	5.218	0.225	32.54	68.35	10.62	18.58	6.35	2.21	1.26	0.98	6.95	3.12	2.59	0.404	1.09	2.28
			7		7.657	6.011	0.225	37.22	79.99	12.01	21.84	7.16	2.20	1.25	0.97	8.03	3.57	2.94	0.402	1.13	2.32
7.5/5	75	50	5	8	6.125	4.808	0.245	34.86	70.00	12.61	21.04	7.41	2.39	1.44	1.10	6.83	3.30	2.74	0.435	1.17	2.36
			6		7.260	5.699	0.245	41.12	84.30	14.70	25.37	8.54	2.38	1.42	1.08	8.12	3.88	3.19	0.435	1.21	2.40
			8		9.467	7.431	0.244	52.39	112.50	18.53	34.23	10.87	2.35	1.40	1.07	10.52	4.99	4.10	0.429	1.29	2.44
			10		11.590	9.098	0.244	62.71	140.80	21.96	43.43	13.10	2.33	1.38	1.06	12.79	6.04	4.99	0.423	1.36	2.52
8/5	80	50	5	8	6.375	5.005	0.255	41.96	85.21	12.82	21.06	7.66	2.56	1.42	1.10	7.78	3.32	2.74	0.388	1.14	2.60
			6		7.560	5.935	0.255	49.49	102.53	14.95	25.41	8.85	2.56	1.41	1.08	9.25	3.91	3.20	0.387	1.18	2.65
			7		8.724	6.848	0.255	56.16	119.33	16.96	29.82	10.18	2.54	1.39	1.08	10.58	4.48	3.70	0.384	1.21	2.69
			8		9.867	7.745	0.254	62.83	136.41	18.85	34.32	11.38	2.52	1.38	1.07	11.92	5.03	4.16	0.381	1.25	2.73
9/5.6	90	56	5	9	7.212	5.661	0.287	60.45	121.52	18.32	29.53	10.98	2.90	1.59	1.23	9.92	4.21	3.49	0.385	1.25	2.91
			6		8.557	6.717	0.286	71.03	145.59	21.42	35.58	12.90	2.88	1.58	1.23	11.74	4.96	4.13	0.384	1.29	2.95
			7		9.880	7.756	0.286	81.01	169.60	24.36	41.71	14.67	2.86	1.57	1.22	13.49	5.70	4.72	0.382	1.33	3.00
			8		11.183	8.779	0.286	91.03	194.17	27.15	47.93	16.34	2.85	1.56	1.21	15.27	6.41	5.29	0.380	1.36	3.04
10/6.3	100	63	6	10	9.617	7.550	0.320	99.06	199.71	30.94	50.50	18.42	3.21	1.79	1.38	14.64	6.35	5.25	0.394	1.43	3.24
			7		11.111	8.722	0.320	113.45	233.00	35.26	59.14	21.00	3.20	1.78	1.38	16.88	7.29	6.02	0.394	1.47	3.28

续二

型号	截面尺寸 (mm)				截面面积 (cm²)	理论质量 (kg/m)	外表面积 (m²/m)	惯性矩 (cm⁴)					惯性半径 (cm)			截面模数 (cm³)			tanα	重心距离 (cm)	
	B	b	d	r				I_x	I_{x1}	I_y	I_{y1}	I_u	i_x	i_y	i_u	W_x	W_y	W_u		X_0	Y_0
10/6.3	100	63	8		12.534	9.878	0.319	127.37	266.32	39.39	67.88	23.50	3.18	1.77	1.37	19.08	8.21	6.78	0.394	1.50	3.32
			10		15.467	12.142	0.319	153.81	333.06	47.12	85.73	28.33	3.15	1.74	1.35	23.32	9.98	8.24	0.387	1.58	3.40
10/8	100	80	6		10.637	8.350	0.354	107.04	199.83	61.24	102.68	31.65	3.17	2.40	1.72	15.19	10.16	8.37	0.627	1.97	2.95
			7		12.301	9.656	0.354	122.73	233.20	70.08	119.98	36.17	3.16	2.39	1.72	17.52	11.71	9.60	0.626	2.01	3.0
			8		13.944	10.946	0.353	137.92	266.61	78.58	137.37	40.58	3.14	2.37	1.71	19.81	13.21	10.80	0.625	2.05	3.04
			10	10	17.167	13.476	0.353	166.87	333.63	94.65	172.48	49.10	3.12	2.35	1.69	24.24	16.12	13.12	0.622	2.13	3.12
11/7	110	70	6		10.637	8.350	0.354	133.37	265.78	42.92	69.08	25.36	3.54	2.01	1.54	17.85	7.90	6.53	0.403	1.57	3.53
			7		12.301	9.656	0.354	153.00	310.07	49.01	80.82	28.95	3.53	2.00	1.53	20.60	9.09	7.50	0.402	1.61	3.57
			8		13.944	10.946	0.353	172.04	354.39	54.87	92.70	32.45	3.51	1.98	1.53	23.30	10.25	8.45	0.401	1.65	3.62
			10		17.167	13.476	0.353	208.39	443.13	65.88	116.83	39.20	3.48	1.96	1.51	28.54	12.48	10.29	0.397	1.72	3.70
12.5/8	125	80	7	11	14.096	11.066	0.403	227.98	454.99	74.42	120.32	43.81	4.02	2.30	1.76	26.86	12.01	9.92	0.408	1.80	4.01
			8		15.989	12.551	0.403	256.77	519.99	83.49	137.85	49.15	4.01	2.28	1.75	30.41	13.56	11.18	0.407	1.84	4.06
			10		19.712	15.474	0.402	312.04	650.09	100.67	173.40	59.45	3.98	2.26	1.74	37.33	16.56	13.64	0.404	1.92	4.14
			12		23.351	18.330	0.402	364.41	780.39	116.67	209.67	69.35	3.95	2.24	1.72	44.01	19.43	16.01	0.400	2.00	4.22
14/9	140	90	8	12	18.038	14.160	0.453	365.64	730.53	120.69	195.79	70.83	4.50	2.59	1.98	38.48	17.34	14.31	0.411	2.04	4.50
			10		22.261	17.475	0.452	445.50	913.20	140.03	245.92	85.82	4.47	2.56	1.96	47.31	21.22	17.48	0.409	2.12	4.58
			12		26.400	20.724	0.451	521.59	1096.09	169.69	296.89	100.21	4.44	2.54	1.95	55.87	24.95	20.54	0.406	2.19	4.66
			14		30.456	23.908	0.451	594.10	1279.26	192.10	348.82	114.13	4.42	2.51	1.94	64.18	28.54	23.52	0.403	2.27	4.74

续三

型号	截面尺寸 (mm)				截面面积 (cm²)	理论质量 (kg/m)	外表面积 (m²/m)	惯性矩 (cm⁴)					惯性半径 (cm)			截面模数 (cm³)			$\tan\alpha$	重心距离 (cm)	
	B	b	d	r				I_x	I_{x1}	I_y	I_{y1}	I_u	i_x	i_y	i_u	W_x	W_y	W_u		X_0	Y_0
15/9	150	90	8	12	18.839	14.788	0.473	442.05	898.35	122.80	195.96	74.14	4.84	2.55	1.98	43.86	17.47	14.48	0.364	1.97	4.92
			10		23.261	18.260	0.472	539.24	1122.85	148.62	246.26	89.86	4.81	2.53	1.97	53.97	21.38	17.69	0.362	2.05	5.01
			12		27.600	21.666	0.471	632.08	1347.50	172.85	297.46	104.95	4.79	2.50	1.95	63.79	25.14	20.80	0.359	2.12	5.09
			14		31.856	25.007	0.471	720.77	1572.38	195.62	349.74	119.53	4.76	2.48	1.94	73.33	28.77	23.84	0.356	2.20	5.17
			15		33.952	26.652	0.471	763.62	1684.93	206.50	376.33	126.67	4.74	2.47	1.93	77.99	30.53	25.33	0.354	2.24	5.21
			16		36.027	28.281	0.470	805.51	1797.55	217.07	403.24	133.72	4.73	2.45	1.93	82.60	32.27	26.82	0.352	2.27	5.25
16/10	160	100	10	13	25.315	19.872	0.512	668.69	1362.89	205.03	336.59	121.74	5.14	2.85	2.19	62.13	25.56	21.92	0.390	2.28	5.24
			12		30.054	23.592	0.511	784.91	1635.56	239.06	405.94	142.33	5.11	2.82	2.17	73.49	31.28	25.79	0.388	2.36	5.32
			14		34.709	27.247	0.510	896.30	1908.50	271.20	476.42	162.23	5.08	2.80	2.16	84.56	35.83	29.56	0.385	2.43	5.40
			16		39.281	30.835	0.510	1003.04	2181.79	301.60	548.22	182.57	5.05	2.77	2.16	95.33	40.24	33.44	0.382	2.51	5.48
18/11	180	110	10	14	28.373	22.273	0.571	956.25	1940.40	278.11	447.22	166.50	5.80	3.13	2.42	78.96	32.49	26.88	0.376	2.44	5.89
			12		33.712	26.440	0.571	1124.72	2328.38	325.03	538.94	194.87	5.78	3.10	2.40	93.53	38.32	31.66	0.384	2.52	5.98
			14		38.967	30.589	0.570	1286.91	2716.60	369.55	631.95	222.30	5.75	3.08	2.39	107.76	43.97	36.32	0.372	2.59	6.06
			16		44.139	34.649	0.569	1443.06	3105.15	411.85	726.46	248.94	5.72	3.06	2.38	121.64	49.44	40.87	0.369	2.67	6.14
20/12.5	200	125	12	14	37.912	29.761	0.641	1570.90	3193.85	483.16	787.74	285.79	6.44	3.57	2.74	116.73	49.99	41.23	0.392	2.83	6.54
			14		43.867	34.436	0.640	1800.97	3726.17	550.83	922.47	326.58	6.41	3.54	2.73	134.65	57.44	47.34	0.390	2.91	6.62
			16		49.739	39.045	0.639	2023.35	4258.86	615.44	1058.86	366.21	6.38	3.52	2.71	152.18	64.89	53.32	0.388	2.99	6.70
			18		55.526	43.588	0.639	2238.30	4792.00	677.19	1197.13	404.83	6.35	3.49	2.70	169.33	71.74	59.18	0.385	3.06	6.78

注：截面尺寸中 $r_1 = d/3$ 及表中 r 的数据用于孔型设计，不做交货条件。

四、钢材腐蚀与防护

(一)钢材腐蚀

钢材的腐蚀是指钢的表面与周围介质发生化学作用或电化学作用而遭到的破坏。腐蚀不仅使其截面减小,降低承载力,而且由于局部腐蚀造成应力集中,易导致结构破坏。若受到冲击荷载或反复荷载的作用,将产生锈蚀疲劳,使疲劳强度大大降低,甚至出现脆性断裂。

1. 化学腐蚀

化学腐蚀是钢与干燥气体及非电解质液体的反应而产生的腐蚀。这种腐蚀通常为氧化作用,使钢被氧化形成疏松的氧化物(如氧化铁等)。在干燥环境中腐蚀进行得很慢,但在温度高和湿度较大时腐蚀速度较快。

2. 电化学腐蚀

电化学腐蚀是指钢材与电解质溶液接触而产生电流,形成微电池从而引起腐蚀。钢材本身含有铁、碳等多种成分,由于它们的电极电位不同,形成许多微电池。当凝聚在钢材表面的水分中溶入 CO_2、SO_2 等气体后,就形成电解质溶液。铁比碳活泼,因而铁成为阳极,碳成为阴极,阴阳两极通过电解质溶液相连,使电子产生流动。在阳极,铁失去电子成为 Fe^{2+} 进入水膜;在阴极,溶于水的氧被还原为 OH^-。同时,Fe^{2+} 与 OH^- 结合成为 $Fe(OH)_2$,并进一步被氧化成为疏松的红色铁锈 $Fe(OH)_2$,使钢材受到腐蚀。电化学腐蚀是钢材在使用及存放过程中发生腐蚀的主要形式。

(二)钢材防护

1. 钢材的防腐

钢材的防腐措施主要有以下几项:

(1)涂敷保护层。涂刷防锈涂料(防锈漆);采用电镀或其他方式在钢材的表面镀锌、铬等;涂敷搪瓷或塑料层等。利用保护膜将钢材与周围介质隔离开,从而起到保护作用。

(2)设置阳极或阴极保护。对于不易涂敷保护层的钢结构,如地下管道、港口结构等,可采取阳极保护或阴极保护。阳极保护又称外加电流保护法,是在钢结构的附近埋设一些废钢铁,外加直流电源,将阴极接在被保护的钢结构上,阳极接在废钢上,通电后废钢铁成为阳极而被腐蚀,钢结构成为阴极而被保护。

阴极保护是在被保护的钢结构上连接一块比铁更为活泼的金属,如锌、镁,使锌、镁成为阳极而被腐蚀,钢结构成为阴极而被保护。

(3)掺入阻锈剂。在市政工程中大量应用的钢筋混凝土中的钢筋,由于水泥水化后产生大量的氢氧化钙,即混凝土的碱度较高(pH值一般为12以上)。处于这种强碱性环境的钢筋,其表面产生一层钝化膜,对钢筋具有保护作用,因而实际上是不生锈的。但随着碳化的进行混凝土的 pH 值降低或氯离子侵蚀作用下把钢筋表面的钝化膜破坏,此时与腐蚀介质接触时将会受到腐蚀。可通过提高密实度和掺入阻锈剂提高混凝土中钢筋阻锈能力。常用的阻锈剂有亚硝酸盐、磷酸盐、铬盐、氧化锌、间苯二酚等。

2. 钢材的防火

钢结构与传统的混凝土结构相比较,具有自重轻、强度高、抗震性能好、施工快等优点。特别适合于大跨度空间结构、高耸构筑物,也符合环保与资源再利用的国策。钢是不燃性材料,但这并不表明钢材能够抵抗火灾。耐火试验与火灾案例表明:以失去支持能力为标准,无保护层时钢柱和钢屋架的耐火极限只有 0.25h,而裸露钢梁的耐火极限为 0.15h。温度在 200℃以内,可以认为钢材的性能基本不变;超过 300℃以后,弹性模量、屈服点和极限强度均开始显著下降,应变急剧增大;达到 600℃时已经失去承载能力。

钢结构防火保护的基本原理是采用绝热或吸热材料,阻隔火焰和热量,推迟钢结构的升温速率。防火方法以包覆法为主,即以防火涂料、不燃性板材或混凝土和砂浆将钢构件包裹起来。防止钢结构在火灾中迅速升温发生形变坍落,其措施是多种多样的,关键是要根据不同情况采取不同方法,如采用绝热、耐火材料阻隔火焰直接灼烧钢结

构,降低热量传递的速度推迟钢结构温升、强度变弱的时间等。以下几种为较为有效的钢结构防火保护措施:

（1）外包层。就是在钢结构外表添加外包层,可以现浇成型,也可以采用喷涂法。现浇成型的实体混凝土外包层通常用钢丝网或钢筋来加强,以限制收缩裂缝,并保证外壳的强度。喷涂法可以在施工现场对钢结构表面涂抹砂浆以形成保护层,砂浆可以是石灰水泥或是石膏砂浆,也可以掺入珍珠岩或石棉。同时,外包层也可以用珍珠岩、石棉、石膏或石棉水泥、轻混凝土做成预制板,采用胶粘剂、钉子、螺栓固定在钢结构上。

（2）结构内充水。空心型钢结构内充水是抵御火灾最有效的防护措施。这种方法能使钢结构在火灾中保持较低的温度,水在钢结构内循环,吸收材料本身受热的热量。受热的水经冷却后可以进行再循环,或由管道引入凉水来取代受热的水。

（3）屏蔽。钢结构设置在耐火材料组成的墙体或顶棚内,或将构件包藏在两片墙之间的空隙里,只要增加少许耐火材料或不增加即能达到防火的目的。这是一种经济的防火方法。

（4）膨胀材料。采用钢结构防火涂料保护构件,这种方法具有防火隔热性能好、施工不受钢结构几何形体限制等优点,一般不需要添加辅助设施,且涂层质量轻,还有一定的美观装饰作用。发泡漆的对火时间一般为 0.5h。

▶▶复习思考题◀◀

1. 钢按化学成分不同可分为哪些种类? 市政工程中主要有哪些钢种?

2. 钢中含碳量对各项性能有何影响?

3. 什么是钢材的屈强比? 其大小对钢材的使用性能有何影响?

4. 试解释低碳钢受拉过程中出现屈服阶段和强化阶段的原因。

5. 何谓钢材的冷加工强化和时效处理? 钢材的冷加工及时效处理后,其机械性能有何变化? 工程中对钢材的冷拉、冷拔或时效处理的主要目的是什么?

6. 碳素结构钢有几个牌号? 建筑工程中常用的牌号是哪个? 为什么? 碳素结构钢随牌号的增大,其主要技术性能有什么变化?

7. 简述低合金高强度结构钢的优点。

8. 低合金高强结构钢与碳素结构钢有何不同?

9. 冷轧带肋钢筋的特点是什么?

第九节　墙体材料

一、烧结普通砖

烧结普通砖是指以黏土、页岩、煤矸石、粉煤灰为主要原料经焙烧而成的砖。

(一)分类

砖按主要原料可分为黏土砖(N)、页岩砖(Y)、煤矸石砖(M)和粉煤灰砖(F)。

(二)技术要求

1. 尺寸允许偏差

烧结普通砖的尺寸允许偏差应符合表 4-220 的规定。

表 4-220　　　　　烧结普通砖的尺寸允许偏差　　　　　　mm

公称尺寸	优等品		一等品		合格品	
	样本平均偏差	样本极差≤	样本平均偏差	样本极差≤	样本平均偏差	样本极差≤
240	±2.0	6	±2.5	7	±3.0	8
115	±1.5	5	±2.0	6	±2.5	7
53	±1.5	4	±1.6	5	±2.0	6

2. 外观质量

烧结普通砖的外观质量应符合表 4-221 的规定。

表 4-221　　　　　　　　　　　烧结普通砖的外观质量　　　　　　　　　　　mm

项　目	优等品	一等品	合格品
两条面高度差　　　　　　　　　　　　　　≤	2	3	4
弯曲　　　　　　　　　　　　　　　　　　≤	2	3	4
杂质凸出高度　　　　　　　　　　　　　　≤	2	3	4
缺棱掉角的三个破坏尺寸　　不得同时大于	5	20	30
裂纹长度≤ (1)大面上宽度方向及其延伸至条面的长度	30	60	80
(2)大面上长度方向及其延伸至顶面的长度或条顶面上水平裂纹的长度	50	80	100
完整面　　　　　　　　　　　　　　　　　≥	二条面和二顶面	一条面和一顶面	—
颜色	基本一致	—	—

注：1. 为装饰而施加的色差、凹凸纹、拉毛、压花等不算作缺陷。

2. 凡有下列缺陷之一者，不得称为完整面：

1)缺损在条面或顶面上造成的破坏面尺寸同时大于 10mm×10mm。

2)条面或顶面上裂纹宽度大于 1mm，其长度超过 30mm。

3)压陷、黏底、焦花在条面或顶面上的凹陷或凸出超过 2mm，区域尺寸同时大于 10mm×10mm。

3. 强度等级

烧结普通砖的强度等级应符合表 4-222 的规定。

表 4-222　　　　　　　　　　烧结普通砖的强度等级　　　　　　　　　　MPa

强度等级	抗压强度平均值 $\bar{f}$≥	变异系数 δ≤0.21	变异系数 δ>0.21
		强度标准值 f_k≥	单块最小抗压强度值 f_{min}≥
MU30	30.0	22.0	25.0
MU25	25.0	18.0	22.0
MU20	20.0	14.0	16.0
MU15	15.0	10.0	12.0
MU10	10.0	6.5	7.5

4. 抗风化性能

(1)风化区的划分见表 4-223。

表 4-223   风化区划分

类型 名称	严重风化区		非严重风化区	
省份	1. 黑龙江省	11. 河北省	1. 山东省	11. 福建省
	2. 吉林省	12. 北京市	2. 河南省	12. 台湾省
	3. 辽宁省	13. 天津市	3. 安徽省	13. 广东省
	4. 内蒙古自治区		4. 江苏省	14. 广西壮族自治区
	5. 新疆维吾尔自治区		5. 湖北省	15. 海南省
	6. 宁夏回族自治区		6. 江西省	16. 云南省
	7. 甘肃省		7. 浙江省	17. 西藏自治区
	8. 青海省		8. 四川省	18. 上海市
	9. 陕西省		9. 贵州省	19. 重庆市
	10. 山西省		10. 湖南省	

(2)严重风化区中的 1、2、3、4、5 地区的砖必须进行冻融试验,其他地区的砖的抗风化性能符合表 4-224 规定时可不做冻融试验,否则必须进行冻融试验。

(3)冻融试验后,每块砖样不允许出现裂纹、分层、掉皮、缺棱、掉角等冻坏现象;质量损失不得大于 2%。

表 4-224   抗风化性能

项目		严重风化区				非严重风化区			
抗风化性能	砖种类	5h 沸煮吸水率 (质量分数)(%)≤		饱和系数 ≤		5h 沸煮吸水率 (质量分数)(%)≤		饱和系数 ≤	
		平均值	单块最大值	平均值	单块最大值	平均值	单块最大值	平均值	单块最大值
	黏土砖	18	20	0.85	0.87	19	20	0.88	0.90
	粉煤灰砖	21	23			23	25		
	页岩砖	16	18	0.74	0.77	18	20	0.78	0.80
	煤矸石砖	16	18			18	20		

注:粉煤灰掺入量(体积比)小于 30% 时,抗风化性能指标按普通砖规定。

5. 泛霜和石灰爆裂

烧结普通砖的泛霜和石灰爆裂要求见表 4-225。

表 4-225 泛霜、爆裂要求

项　目	内　容
泛　霜	每块砖样应符合下列规定： 优等品：无泛霜。 一等品：不允许出现中等泛霜。 合格品：不允许出现严重泛霜
石灰爆裂	优等品：不允许出现最大破坏尺寸大于 2mm 的爆裂区域。 一等品： (1)最大破坏尺寸大于 2mm，且小于等于 10mm 的爆裂区域，每组砖样不得多于 15 处。 (2)不允许出现最大破坏尺寸大于 10mm 的爆裂区域。 合格品： (1)最大破坏尺寸大于 2mm 且小于等于 15mm 的爆裂区域，每组砖样不得多于 15 处。其中大于 10mm 的不得多于 7 处。 (2)不允许出现最大破坏尺寸大于 15mm 的爆裂区域

二、烧结多孔砖和多孔砌块

烧结多孔砖和多孔砌块是经焙烧而成，孔洞率大于或等于 33％，孔的尺寸小而数量多的砌块。其主要用于承重部位。

(一)分类

按主要原料分为黏土砖和土砌块(N)、页岩砖和页岩气块(Y)、煤矸石砖和煤矸石砌块(M)、粉煤灰砖和粉煤灰砌块(F)、淤泥砖和淤泥砌块(U)、固体废弃物砖和固体废弃物砌块(G)。

(二)技术要求

1. 尺寸允许偏差

烧结多孔砖和多孔砌块的尺寸允许偏差应符合表 4-226 的规定。

表 4-226　　　　　烧结多孔砖和多孔砌块的尺寸允许偏差　　　　　mm

尺寸	样本平均偏差	样本极差≤
>400	±3.0	10.0
300～400	±2.5	9.0
200～300	±2.5	8.0
100～200	±2.0	7.0
<100	±1.5	6.0

2. 外观质量

砖和砌块的外观质量应符合表 4-227 的规定。

表 4-227　　　　　　　砖和砌块的外观质量　　　　　　　mm

项　　目	指标
1. 完整面　　　　　　　　　　　　　　不得少于	一条面和一顶面
2. 缺棱掉角的三个破坏尺寸　　　　　不得同时大于	30
3. 裂纹长度	
a)大面(有孔面)上深入孔壁 15mm 以上宽度方向及其延伸到条面的长度　　　　　　　　　　　　　不大于	80
b)大面(有孔面)上深入孔壁 15mm 以上长度方向及其延伸到顶面的长度　　　　　　　　　　　　　不大于	100
c)条顶面上的水平裂纹　　　　　　　　不大于	100
4. 杂质在砖或砌块面上造成的凸出高度　　不大于	100

注:凡有下列缺陷之一者,不能称为完整面:

　　a)缺损在条面或顶面上造成的破坏面尺寸同时大于 20mm×30mm。

　　b)条面或顶面上裂纹宽度大于 1mm,其长度超过 70mm。

　　c)压陷、焦花、黏底在条面或顶面上的凹出超过 2mm,区域最大投影尺寸同时大于 20mm×30mm。

3. 密度等级

砖和砌块的密度等级应符合表 4-228 的规定。

表 4-228　　　　　　　　　砖和砌块的密度等级　　　　　　　　　mm

密度等级		3 块砖或砌块干燥
砖	砌块	表观密度平均值
—	900	≤900
1000	1000	900～1000
1100	1100	1000～1100
1200	1200	1100～1200
1300	—	1200～1300

4. 强度等级

砖和砌块的强度等级应符合表 4-229 的规定。

表 4-229　　　　　　　　　砖和砌块的强度等级　　　　　　　　　MPa

强度等级	抗压强度平均值 $f \geqslant$	强度标准值 $f_i \geqslant$
MU30	30.0	22.0
MU25	25.0	18.0
MU20	20.0	14.0
MU15	15.0	10.0
MU10	10.0	6.5

5. 孔型孔结构及孔洞率

砖和砌块的孔型孔结构及孔洞率应符合表 4-230 的规定。

表 4-230   孔型孔结构及孔洞率

孔型	孔洞尺寸(mm)		最小外壁厚(mm)	最小肋厚(mm)	孔洞率(%)		孔洞排列
	孔宽度尺寸 b	孔长度尺寸 L			砖	砌块	
矩形条孔或矩型孔	≤13	≤40	≥12	≥5	≥28	≥33	1. 所有孔宽应相等,孔采用单向或双向交错排列; 2. 孔洞排列上下、左右应对称,分布均匀,手抓孔的长度方向尺寸必须平行于砖的条面

注:1. 矩形孔的孔长 L、孔宽 b 满足式 $L \geqslant 3b$ 时,为矩形条孔。

    2. 孔四个角应做成过渡圆角,不得做成直尖角。

    3. 如设有砌筑砂浆槽,则砌筑砂浆槽不计算在孔洞率内。

    4. 规格大的砖和砌块应设置手抓孔,手抓孔尺寸为(30～40)mm×(75～85)mm。

6. 泛霜

每块砖或砌块不允许出现严重泛霜。

7. 石灰爆裂

(1)破坏尺寸大于 2mm 且小于或等于 15mm 的爆裂区域,每组砖和砌块不得多于 15 处。其中大于 10mm 的不得多于 7 处。

(2)不允许出现破坏尺寸大于 15mm 的爆裂区域。

8. 抗风化性能

(1)风化区用风化指数进行划分,见表 4-231。

表 4-231　　　　　　　　　　风化区划分

严重风化区		非严重风化区	
1. 黑龙江省	11. 河北省	1. 山东省	11. 福建省
2. 吉林省	12. 北京市	2. 河南省	12. 台湾省
3. 辽宁省	13. 天津市	3. 安徽省	13. 广东省
4. 内蒙古自治区		4. 江苏省	14. 广西壮族自治区
5. 新疆维吾尔自治区		5. 湖北省	15. 海南省
6. 宁夏回族自治区		6. 江西省	16. 云南省
7. 甘肃省		7. 浙江省	17. 西藏自治区
8. 青海省		8. 四川省	18. 上海市
9. 陕西省		9. 贵州省	19. 重庆市
10. 山西省		10. 湖南省	

(2)严重风化区中的 1、2、3、4、5 地区的砖、砌块和其他地区以淤泥、固体废弃物为主要原料生产的砖和砌块必须进行冻融试验;其他地区以黏土、粉煤灰、页岩、煤矸石为主要原料生产的砖和砌块的抗风化性能符合表 4-232 规定时可不做冻融试验,否则必须进行冻融试验。

表 4-232　　　　　　　　　　抗风化性能

种　类	项　目							
	严重风化区				非严重风化区			
	5h沸煮吸水率(%)≤		饱和系数≤		5h沸煮吸水率(%)≤		饱和系数≤	
	平均值	单块最大值	平均值	单块最大值	平均值	单块最大值	平均值	单块最大值
黏土砖和砌块	21	23	0.85	0.87	23	25	0.88	0.90
粉煤灰砖和砌块	23	25			30	32		
页岩砖和砌块	16	18	0.74	0.77	18	20	0.78	0.80
煤矸石砖和砌块	19	21			12	23		

注:粉煤灰掺入量(质量比)小于 30%时按黏土砖和砌块规定判定。

(3)15 次冻融循环试验后,每块砖和砌块不允许出现裂纹、分层、掉皮、缺棱掉角等冻坏现象。

(4)产品中不允许有欠火砖(砌块)、酥砖(砌块)。

三、烧结空心砖

烧结空心砖是以黏土、页岩、煤矸石、粉煤灰为主要原料,经焙烧而成的主要用于建筑物非承重部位的块体材料。烧结空心砖的外形为直角六面体,其长度、宽度、高度的尺寸有:390、290、240、190、180(175)、140、115、90,单位为 mm。其他规格尺寸由供需双方协商确定。

(一)分类

(1)按主要原料分为黏土砖和砌块(N)、页岩砖和砌块(Y)、煤矸石砖和砌块(M)、粉煤灰砖和砌块。

(2)抗压强度等级分为 MU10.0、MU7.5、MU5.0、MU3.5、MU2.5。

(3)体积密度分为 800 级、1000 级、1100 级。

(4)强度、密度、抗风化性能和放射性物质合格的砖和砌块,根据尺寸偏差、外观质量、孔洞排列及其结构、泛霜、石灰爆裂、吸水率分为优等品(A)、一等品(B)和合格品(C)三个质量等级。

(二)技术要求

1. 尺寸允许偏差

烧结空心砖的尺寸允许偏差应符合表 4-233 的规定。

表 4-233　　　　烧结空心砖的尺寸允许偏差　　　　mm

尺　寸	优等品		一等品		合格品	
	样本平均偏差	样本极差≤	样本平均偏差	样本极差≤	样本平均偏差	样本极差≤
>300	±2.5	6.0	±3.0	7.0	±3.5	8.0
200~300	±2.0	5.0	±2.5	6.0	±3.0	7.0
100~200	±1.5	4.0	±2.0	5.0	±2.5	6.0
<100	±1.5	3.0	±1.7	4.0	±2.0	5.0

2. 外观质量

烧结空心砖的外观质量应符合表 4-234 的规定。

表 4-234　　　　　　　　　烧结空心砖的外观质量　　　　　　　　　mm

项　目		优等品	一等品	合格品
弯曲	≤	3	4	5
缺棱掉角的三个破坏尺寸	不得同时大于	15	30	40
垂直度差	≤	3	4	5
未贯穿裂纹长度	≤			
（1）大面上宽度方向及其延伸到条面的长度		不允许	100	120
（2）大面上长度方向或条面上水平方向的长度		不允许	120	140
贯穿裂纹长度	≤			
（1）大面上宽度方向及其延伸到条面的长度		不允许	40	60
（2）壁、肋沿长度方向、宽度方向及其水平方向的长度		不允许	40	60
肋、壁内残缺长度	≤	不允许	40	60
完整面	≥	一条面和一大面	一条面或一大面	—

注：凡有下列缺陷之一者，不能称为完整面：
　　1）缺损在大面、条面上造成的破坏面尺寸同时大于 20mm×30mm。
　　2）大面、条面上裂纹宽度大于 1mm，其长度超过 70mm。
　　3）压陷、黏底、焦花在大面、条面上的凹陷或凸出超过 2mm，区域尺寸同时大于 20mm×30mm。

3. 强度等级

烧结空心砖的强度等级应符合表 4-235 的规定。

表4-235　　　　　　　　　　烧结空心砖的强度等级

强度等级	抗压强度（MPa）			密度等级范围（kg/m³）
	抗压强度平均值 $f \geqslant$	变异系数 $\delta \leqslant 0.21$ 强度标准值 $f_k \geqslant$	变异系数 $\delta \leqslant 0.21$ 单块最小抗压强度值 $f_{min} \geqslant$	
MU10.0	10.0	7.0	8.0	
MU7.5	7.5	5.0	5.8	$\leqslant 1100$
MU5.0	5.0	3.5	4.0	
MU3.5	3.5	2.5	2.8	
MU2.5	2.5	1.6	1.8	$\leqslant 800$

4. 密度等级

烧结空心砖的密度等级应符合表4-236的规定。

表4-236　　　　　　　　　烧结空心砖的密度等级　　　　　　　　kg/m³

密度等级	5块密度平均值	密度等级	5块密度平均值
800	$\leqslant 800$	1000	$901 \sim 1000$
900	$801 \sim 900$	1100	$1001 \sim 1100$

5. 孔洞率和孔洞排数

烧结空心砖的孔洞率和孔洞排数应符合表4-237的规定。

表4-237　　　　　　　　烧结空心砖的孔洞率和孔洞排数

等　级	孔洞排列	孔洞排数（排）		孔洞率（%）
		宽度方向	高度方向	
优等品	有序交错排列	$b \geqslant 200mm$ ≥7 $b < 200mm$ ≥5	≥2	
一等品	有序排列	$b \geqslant 200mm$ ≥5 $b < 200mm$ ≥4	≥2	≥40
合格品	有序排列	≥3	—	

注：b 为宽度的尺寸。

6. 泛霜

每组烧结空心砖应符合下列规定：

(1)优等品。无泛霜。

(2)一等品。不允许出现中等泛霜。

(3)合格品。不允许出现严重泛霜。

7. 石灰爆裂

每组烧结空心砖应符合下列规定：

(1)优等品。不允许出现最大破坏尺寸大于 2mm 的爆裂区域。

(2)一等品。

1)最大破坏尺寸大于 2mm 且小于等于 10mm 的爆裂区域,每组砖和砌块不得多于 15 处。

2)不允许出现最大破坏尺寸大于 10mm 的爆裂区域。

(3)合格品。

1)最大破坏尺寸大于 2mm 且小于等于 15mm 的爆裂区域,每组砖和砌块不得多于 15 处。其中大于 10mm 的不得多于 7 处。

2)不允许出现最大破坏尺寸大于 15mm 的爆裂区域。

8. 吸水率

每组烧结空心砖的吸水率平均值应符合表 4-238 的规定。

表 4-238　烧结空心砖的吸水率　　　　　　　　　　%

等　级	吸水率　≤	
	普通砖、页岩砖、煤矸石砖	粉煤灰砖
优等品	16.0	20.0
一等品	18.0	22.0
合格品	20.0	24.0

注:粉煤灰掺入量(体积比)小于 30％时,按普通砖规定判定。

四、蒸压灰砂多孔砖

蒸压灰砂多孔砖以粉煤灰、生石灰(或电石渣)为主要原料,可掺加适量石膏等外加剂和其他集料,经坯料制备、压制成型、高压蒸气养护而成的多孔砖,产品代号为 AFPB。

(一)规格与等级

1. 规格

多孔砖的外形为直角六面体,其长度、宽度、高度应符合表 4-239 的规定。

表 4-239 多孔砖的规格尺寸 mm

长度 L	宽度 b	高度 H
360、330、290、240、190、140	240、190、115、90	115、90

注:其他规格尺寸由供需双方协商确定,如施工中采用薄灰缝,相关尺寸可做相应调整。

2. 等级

按强度分为 MU15、MU20、MU25 三个等级。

(二)技术要求

1. 外观质量和尺寸偏差

多孔砖的外观质量和尺寸允许偏差应符合表 4-240 的规定。

表 4-240 多孔砖的外观质量和尺寸允许偏差 mm

项目名称			技术指标
外观质量	缺棱掉角	个数应不大于(个)	2
		三个方向投影尺寸的最大值应不大于	15
	裂纹	裂纹延伸的投影尺寸累计应不大于	20
	弯曲应不大于		1
	层裂		不允许
尺寸允许偏差	长度		+2,-1
	宽度		+2,-1
	高度		±2

2. 孔洞率

孔洞率应不小于 25%，不大于 35%。

3. 强度等级

多孔砖的强度等级应符合表 4-241 的规定。

表 4-241 多孔砖的强度等级 MPa

强度等级	抗压强度		抗折强度	
	五块平均值 ≥	单块最小值 ≥	五块平均值 ≥	单块最小值 ≥
MU15	15.0	12.0	3.8	3.0
MU20	20.0	16.0	5.0	4.0
MU25	25.0	20.0	6.3	5.0

4. 抗冻性

多孔砖的抗冻性应符合表 4-242 的规定。

表 4-242 多孔砖的抗冻性

使用地区	抗冻指标	质量损失率(%)	抗压强度损失率(%)
夏热冬暖地区	D15		
夏热冬冷地区	D25	≤5	≤25
寒冷地区	D35		
严寒地区	D50		

5. 线性干燥收缩值

多孔砖的线性干燥收缩值应不大于 0.5mm/m。

6. 碳化系数

多孔砖的碳化系数应不大于 0.85。

7. 吸水率

多孔砖的吸水率应不大于20％

8. 放射性核素限量

多孔砖的放射性核素限量应符合《建筑材料放射性核素限量》(GB 6566—2010)的规定。

五、普通混凝土小型砌块

普通混凝土小型砌块是以水泥、矿物掺合料、砂、石、水等为原材料,经搅拌、振动成型、养护等工艺制成的小型砌块。

(1)主块型砌块。外形为直角六面体,长度尺寸为400mm减砌筑时竖灰缝厚度,砌块高度尺寸为200mm减砌筑时水平灰缝厚度,条面是封闭完好的砌块。

(2)辅助砌块。与主块型砌块配套使用的特殊形状与尺寸的砌块,分为空心和实心两种;包括各种异形砌块,如圈梁梁砌块、一端开口的砌块、七分头块、半块等。

(3)免浆砌块。砌块砌筑(垒砌)成墙片过程中,无须使用砌筑砂浆,块与块之间主要靠榫槽结构相连的砌块。

(一)分类与规格

1. 分类

(1)砌块按空心率分为空心砌块(空心率不小于25％,代号H)和实心砌块(空心率小于25％,代号S)。

(2)砌块按使用时砌筑墙体的结构和受力情况,分为承重结构用砌块(代号L,简称承重砌块)、非承重结构用砌块(代号N,简称非承重砌块)。

(3)常用的辅助砌块代号分别为:半块——50,七分头块——70,圈梁块——U,清扫孔块——W。

2. 规格与等级

(1)砌块的外形宜为直角六面体,常用块型的规格尺寸见表4-243。

表 4-243　　　　　　　　　　砌块的规格尺寸　　　　　　　　　　mm

长度 L	宽度 b	高度 H
390	90、120、140、190、240、290	90、140、190

注:其他规格尺寸可由供需双方协商确定,采用薄灰缝砌筑的块型,相关尺寸可做相应调整。

（2）等级。按砌块的抗压强度分级,见表 4-244。

表 4-244　　　　　　　　　　砌块的强度等级　　　　　　　　　　MPa

砌块种类	承重砌块(L)	非承重砌块(N)
空心砌块(H)	7.5、10.0、15.0、20.0、25.0	5.0、7.5、10.0
实心砌块(S)	15.0、20.0、25.0、30.0、35.0、40.0	10.0、15.0、20.0

(二)技术要求

1. 尺寸允许偏差

砌块的尺寸允许偏差应符合表 4-245 的规定。对于薄灰缝砌块,其高度允许偏差应控制在 +1mm、-2mm。

表 4-245　　　　　　　　　　砌块的尺寸允许偏差　　　　　　　　　　mm

项目名称	技术指标
长度 L	±2
宽度 b	±2
高度 H	+3、-2

注:免浆砌块的尺寸允许偏差,应由企业根据块型特点自行给出,尺寸偏差不应影响垒砌和墙片性能。

2. 外观质量

砌块的外观质量应符合表 4-246 的规定。

表 4-246 砌块的外观质量

项目名称		技术指标
弯曲	不大于	2mm
缺棱掉角 个数	不超过	1个
缺棱掉角 三个方向投影尺寸的最大值	不大于	20mm
裂纹延伸的投影尺寸累计	不大于	30mm

3. 空心率

空心砌块(H)应不小于 25%；实心砌块(S)应不小于 25%。

4. 外壁和肋厚

(1)承重空心砌块的最小外壁厚应不小于 30mm，最小肋厚应不小于 25mm。

(2)非承重空心砌块的最小壁厚和最小肋厚均应不小于 20mm。

5. 强度等级

砌块的强度等级应符合表 4-247 的规定。

表 4-247 砌块的强度等级 MPa

强度等级	抗压强度	
	平均值≥	单块最小值≥
MU5.0	5.0	4.0
MU7.5	7.5	6.0
MU10	10.0	8.0
MU15	15.0	12.0
MU20	20.0	16.0
MU25	25.0	20.0
MU30	30.0	24.0
MU35	35.0	28.0
MU40	40.0	32.0

6. 吸水率

L 类砌块的吸水率应不大于 10%；N 类砌块的吸水率应不大于 14%。

7. 线性干燥收缩值

L 类砌块的线性干燥收缩值应不大于 0.45mm/m；N 类砌块的线性干燥收缩值应不大于 0.65mm/m。

8. 抗冻性

砌块的抗冻性应符合表 4-248 的规定。

表 4-248　　　　　　　　砌块的抗冻性

使用条件	抗冻指标	质量损失率	强度损失率
夏热冬暖地区	D15	平均值≤5% 单块最大值≤10%	平均值≤20% 单块最大值≤30%
夏热冬冷地区	D25		
寒冷地区	D35		
严寒地区	D50		

注：使用条件应符合《民用建筑热工设计规范》(GB 50176—1993)的规定。

9. 碳化系数

砌块的碳化系数应不小于 0.85。

10. 软化系数

砌块的软化系数应不小于 0.85。

六、粉煤灰混凝土小型空心砌块

粉煤灰混凝土小型空心砌块是指以粉煤灰、水泥、集料、水为主要组分(也可加入外加剂)制成的混凝土小型空心砌块。

(一)分类

按砌块孔的排数分为单排孔(1)、双排孔(2)和多排孔(D)三类。

(二)技术要求

1. 规格尺寸

(1)规格尺寸。主规格尺寸为 390mm×190mm×190mm,其他规格尺寸可由供需双方商定。

(2)粉煤灰混凝土小型空心砌块的尺寸允许偏差应符合表 4-249 的规格。

表 4-249　　粉煤灰混凝土小型空心砌块的尺寸允许偏差和外观质量

项　　目		指标
尺寸允许偏差(mm)	长度	±2
	宽度	±2
	高度	±2
最小外壁厚(mm)　≥	用于承重墙体	30
	用于非承重墙体	20
肋厚(mm)　≥	用于承重墙体	25
	用于非承重墙体	15
缺棱掉角	个数,不多于(个)	2
	3 个方向投影的最小值(mm) ≤	20
裂缝延伸投影的累计尺寸(mm) ≤		20
弯曲(mm) ≤		2

2. 密度等级

粉煤灰混凝土小型空心砌块的密度等级应符合表 4-250 的规定。

表 4-250 　　　　粉煤灰混凝土小型空心砌块的密度等级 　　　kg/m³

密度等级	砌块块体密度的范围
600	≤600
700	610～700
800	710～800
900	810～900
1000	910～1000
1200	1010～1200
1400	1210～1400

3. 强度等级

粉煤灰混凝土小型空心砌块的强度等级应符合表 4-251 的规定。

表 4-251 　　　　粉煤灰混凝土小型空心砌块的强度等级 　　　MPa

强度等级	砌块抗压强度	
	平均值≥	单块最小值≥
MU3.5	3.5	2.8
MU5	5.0	4.0
MU7.5	7.0	6.0
MU10	10.0	8.0
MU15	15.0	12.0
MU20	20.0	16.0

4. 相对含水率

粉煤灰混凝土小型空心砌块的相对含水率应符合表 4-252 的规定。

表 4-252　　　　　　粉煤灰混凝土小型空心砌块的相对含水率　　　　　　　%

使用地区	潮湿	中等	干燥
相对含水率 ≤	40	35	30

5. 抗冻性

粉煤灰混凝土小型空心砌块的抗冻性应符合表 4-253 的规定。

表 4-253　　　　　　粉煤灰混凝土小型空心砌块的抗冻性　　　　　　%

使用条件	抗冻指标	质量损失率	强度损失率
夏热冬暖地区	F15		
夏热冬冷地区	F25	≤5	≤25
寒冷地区	F35		
严寒地区	F50		

七、轻集料混凝土小型空心砌块

(一)分类

(1)按砌块孔的排数分为:单排孔、双排孔、三排孔、四排孔等。

(2)砌块密度等级分为八级:700、800、900、1000、1100、1200、1300、1400。除自燃煤矸石掺量不小于砌块质量 35% 的砌块外,其他砌块的最大密度等级为 1200。

(3)砌块强度等级分为五级:MU2.5、MU3.5、MU5.0、MU7.5、MU10.0。

(二)技术要求

1. 规格尺寸

(1)主规格尺寸长×宽×高为 390mm×190mm×190mm。其他规格尺寸可由供需双方商定。

(2)轻集料混凝土小型空心砌块的尺寸偏差和外观质量应符合表4-254 的规格。

表 4-254　　　　轻集料混凝土小型空心砌块的尺寸偏差和外观质量

项　　目		指标
尺寸偏差(mm)	长度	±3
	宽度	±3
	高度	±3
最小外壁厚(mm)	用于承重墙体 ≥	30
	用于非承重墙体 ≥	20
肋厚(mm)	用于承重墙体 ≥	25
	用于非承重墙体 ≥	20
缺棱掉角	个数/块 ≤	2
	三个方向投影的最大值/mm ≤	20
裂缝延伸的累计尺寸(mm)	≤	30

2. 密度等级

轻集料混凝土小型空心砌块的密度等级应符合表4-255 的规定。

表 4-255　　　　轻集料混凝土小型空心砌块的密度等级　　　　kg/m³

密度等级	干表观密度范围
700	≥610,≤700
800	≥710,≤800
900	≥810,≤900

密度等级	干表观密度范围
1000	≥910,≤1000
1100	≥1010,≤1100
1200	≥1100,≤1200
1300	≥1210,≤1300
1400	≥1310,≤1400

3. 强度等级

同一强度等级砌块的抗压强度和密度等级范围应同时满足表 4-256的要求。

表 4-256　　　　　轻集料混凝土小型空心砌块的强度等级

强度等级	抗压强度 （MPa）		密度等级范围 （kg/m³）
	平均值	最小值	
MU2.5	≥2.5	≥2.0	≤800
MU3.5	≥3.5	≥2.8	≤1000
MU5.0	≥5.0	≥4.0	≤1200
MU7.5	≥7.5	≥5.0	≤1200[a] ≤1300[b]
MU10.0	≥10.0	≥8.0	≤1200[a] ≤1400[b]

注：当砌块的抗压强度同时满足 2 个强度等级或 2 个以上强度等级要求时，应以满足要求的最高强度等级为准。

　　a 除自燃矸石掺量不小于砌块质量 35％以外的其他砌块。

　　b 自燃煤矸石掺量不小于砌块质量 35％的砌块。

4. 吸水率、干燥收缩率和相对含水率

(1)吸水率应不大于 18%。

(2)干燥收缩率应不大于 0.0065%。

(3)相对含水率应符合表 4-257 的规定。

表 4-257　　　　　轻集料混凝土小型空心砌块的相对含水率

干燥收缩率 （%）	相对含水率（%）		
	潮湿地区	中等湿度地区	干燥地区
＜0.03	≤45	≤40	≤35
≥0.03,≤0.045	≤40	≤35	≤30
＞0.045,≤0.065	≤35	≤30	≤25

注:1. 相对含水率为砌块出厂含水率与吸水率之比。

$$W=\frac{w_1}{w_2}\times 100$$

　　式中　W——砌块的相对含水率,用百分数表示(%);

　　　　　w_1——砌块出厂时的含水率,用百分数表示(%);

　　　　　w_2——砌块的吸水率,用百分数表示(%)。

　2. 使用地区的湿度条件:

　　　潮湿地区——年平均相对湿度大于 75%的地区;

　　　中等潮湿地区——年平均相对湿度 50%～75%的地区;

　　　干燥地区——年平均相对湿度小于 50%的地区。

5. 碳化系数和软化系数

碳化系数应不小于 0.8;软化系数应不小于 0.8。

6. 抗冻性

轻集料混凝土小型空心砌块的抗冻性应符合表 4-258 的规定。

表 4-258　　　　　轻集料混凝土小型空心砌块的抗冻性

环境条件	抗冻标号	质量损失率 %	强度损失率 %
温和与夏热冬暖地区	D15	≤5	≤25
夏热冬冷地区	D25		

环境条件	抗冻标号	质量损失率 %	强度损失率 %
寒冷地区	D35	≤5	≤25
严寒地区	D50		

注:环境条件应符合《民用建筑热工设计规范》(GB 50176—1993)的规定。

八、石膏砌块

石膏砌块是以建筑石膏为主要原料,经加水搅拌、浇筑成型和干燥制成的建筑石膏制品,其外形为长方体,纵横边缘分别设有榫头和榫槽。生产中允许加入纤维增强材料或其他集料,也可加入发泡剂、憎水剂。

(一)分类

(1)按石膏砌块的结构分类。

1)空心石膏砌块。带有水平或垂直方向预制孔洞的砌块,代号 K。

2)实心石膏砌块。无预制孔洞的砌块,代号 S。

(2)按石膏砌块的防潮性能分类。

1)普通石膏砌块。在成型过程中未做防潮处理的砌块,代号 P。

2)防潮石膏砌块。在成型过程中经防潮处理,具有防潮性能的砌块,代号 F。

(二)技术要求

1. 规格尺寸

石膏砌块规格见表 4-259。若有其他规格,可由供需双方商定。

表 4-259　　　　　　　石膏砌块的规格尺寸　　　　　　　mm

项　目	公称尺寸
长　度	600、666
高　度	500
厚　度	80、100、120、150

2. 外观质量

外表面不应有影响使用的缺陷,具体应符合表 4-260 的规定。

表 4-260	石膏砌块的外观质量
项 目	指 标
缺角	同一砌块不应多于 1 处,缺角尺寸应小于 30mm×30mm
板面裂缝、裂纹	不应有贯穿裂缝;长度小于 30mm,宽度小于 1mm 的非贯穿裂纹不应多于 1 条
气孔	直径 5~10mm 不应多于 2 处;大于 10mm 不应有
油污	不应有

3. 尺寸和尺寸偏差

石膏砌块的尺寸和尺寸偏差应符合表 4-261 的规定。

表 4-261	石膏砌块的尺寸和尺寸偏差	mm
序 号	项 目	要 求
1	长度偏差	±3
2	高度偏差	±2
3	厚度偏差	±1.0
4	孔与孔之间和孔与板面之间的最小壁厚	≥15.0
5	平整度	≤1.0

4. 物理力学性能

石膏砌块的物理力学性能应符合表 4-262 的规定。

表 4-262	石膏砌块的物理力学性能	
项 目		要 求
表观密度(kg/m³)	实心石膏砌块	≤1100
	空心石膏砌块	≤800
断裂荷载(N)		≥2000
软化系数		≥0.6

▶◀ 复习思考题 ◀

1. 简述烧结普通砖的定义及其分类。

2. 简述烧结多孔砖和多空砌块的定义及其分类。

3. 简述烧结空心砖的定义及其抗压强度分级。

第五章 给排水管道材料

第一节 给水管道材料

一、给水塑料管材

1. 给水用硬聚氯乙烯管材

建筑给水用硬聚氯乙烯管材是以聚氯乙烯树脂为主要原料,经挤出成型的,产品按连接方式不同可分为弹性密封圈式和溶剂粘接式。

(1)尺寸规格。

1)管材公称压力等级和规格尺寸应符合表 5-1 和表 5-2 的规定。

表 5-1　　　　　　管材公称压力等级和规格尺寸(一)　　　　mm

公称外径 d_n	管材 S 系列 SDR 系列和公称压力						
	S16 SDR33 PN0.63	S12.5 SDR26 PN0.8	S10 SDR21 PN1.0	S8 SDR17 PN1.25	S6.3 SDR13.6 PN1.6	S5 SDR11 PN2.0	S4 SDR9 PN2.5
	公称壁厚 e_n						
20	—	—	—	—	—	2.0	2.3
25	—	—	—	—	2.0	2.3	2.8
32	—	—	—	2.0	2.4	2.9	3.6
40	—	—	2.0	2.4	3.0	3.7	4.5
50	—	2.0	2.4	3.0	3.7	4.6	5.6
63	2.0	2.5	3.0	3.8	4.7	5.8	7.1
75	2.3	2.9	3.6	4.5	5.6	6.9	8.4
90	2.8	3.5	4.3	5.4	6.7	8.2	10.1

注:公称壁厚(e_n)根据设计应力(σ_s)10MPa 确定,最小壁厚不小于 2.0mm。

表 5-2			公称压力等级和规格尺寸(二)				mm
公称外径 d_n	管材 S 系列 SDR 系列和公称压力						
	S20 SDR41 PN0.63	S16 SDR33 PN0.8	S12.5 SDR26 PN1.0	S10 SDR21 PN1.25	S8 SDR17 PN1.6	S6.3 SDR13.6 PN2.0	S5 SDR11 PN2.5
	公称壁厚 e_n						
110	2.7	3.4	4.2	5.3	6.6	8.1	10.0
125	3.1	3.9	4.8	6.0	7.4	9.2	11.4
140	3.5	4.3	5.4	6.7	8.3	10.3	12.7
160	4.0	4.9	6.2	7.7	9.5	11.8	14.6
180	4.4	5.5	6.9	8.6	10.7	13.3	16.4
200	4.9	6.2	7.7	9.6	11.9	14.7	18.2
225	5.5	6.9	8.6	10.8	13.4	16.6	—
250	6.2	7.7	9.6	11.9	14.8	18.4	—
280	6.9	8.6	10.7	13.4	16.6	20.6	—
315	7.7	9.7	12.1	15.0	18.7	23.2	—
355	8.7	10.9	13.6	16.9	21.1	26.1	—
400	9.8	12.3	15.3	19.1	23.7	29.4	—
450	11.0	13.8	17.2	21.5	26.7	33.1	—
500	12.3	15.3	19.1	23.9	29.7	36.8	—
560	13.7	17.2	21.4	26.7	—	—	—
630	15.4	19.3	24.1	30.0	—	—	—
710	17.4	21.8	27.2	—	—	—	—
800	19.6	24.5	30.6	—	—	—	—
900	22.0	27.6	—	—	—	—	—
1000	24.5	30.6	—	—	—	—	—

注:公称壁厚(e_n)根据设计应力(σ_s)12.5MPa确定。

2)壁厚。

①管材任一点的壁厚及偏差应符合表 5-3 的规定。

表 5-3 壁厚及偏差 mm

壁　厚 *e*		允许偏差	壁　厚 *e*		允许偏差
＞	≤		＞	≤	
—	2. 0	＋0. 4，0	4. 6	5. 3	＋0. 8，0
2. 0	3. 0	＋0. 5，0	5. 3	6. 0	＋0. 9，0
3. 0	4. 0	＋0. 6，0	6. 0	6. 6	＋1. 0，0
4. 0	4. 6	＋0. 7，0	6. 6	7. 3	＋1. 1，0
7. 3	8. 0	＋1. 2，0	23. 3	24. 0	＋3. 6，0
8. 0	8. 6	＋1. 3，0	24. 0	24. 6	＋3. 7，0
8. 6	9. 3	＋1. 4，0	24. 6	25. 3	＋3. 8，0
9. 3	10. 0	＋1. 5，0	25. 3	26. 0	＋3. 9，0
10. 0	10. 6	＋1. 6，0	26. 0	26. 6	＋4. 0，0
10. 6	11. 3	＋1. 7，0	26. 6	27. 3	＋4. 1，0
11. 3	12. 0	＋1. 8，0	27. 3	28. 0	＋4. 2，0
12. 0	12. 6	＋1. 9，0	28. 0	28. 6	＋4. 3，0
12. 6	13. 3	＋2. 0，0	28. 6	29. 3	＋4. 4，0
13. 3	14. 0	＋2. 1，0	29. 3	30. 0	＋4. 5，0
14. 0	14. 6	＋2. 2，0	30. 0	30. 6	＋4. 6，0
14. 6	15. 3	＋2. 3，0	30. 6	31. 3	＋4. 7，0
15. 3	16. 0	＋2. 4，0	31. 3	32. 0	＋4. 8，0
16. 0	16. 6	＋1. 5，0	32. 0	32. 6	＋4. 9，0
16. 6	17. 3	＋2. 6，0	32. 6	33. 3	＋5. 0，0
17. 3	18. 0	＋2. 7，0	33. 3	34. 0	＋5. 1，0
18. 0	18. 6	＋2. 8，0	34. 0	34. 6	＋5. 2，0
18. 6	19. 3	＋2. 9，0	34. 6	35. 3	＋5. 3，0
19. 3	20. 0	＋3. 0，0	35. 3	36. 0	＋5. 4，0
20. 0	20. 6	＋3. 1，0	36. 0	36. 6	＋5. 5，0
20. 6	21. 3	＋3. 2，0	36. 6	37. 3	＋5. 6，0
21. 3	22. 0	＋3. 3，0	37. 3	38. 0	＋5. 7，0
22. 0	22. 6	＋3. 4，0	38. 0	38. 6	＋5. 8，0
22. 6	23. 3	＋3. 5，0	—	—	—

②管材的平均壁厚及允许偏差应符合表 5-4 的规定。

表 5-4　　　　　　　　　平均壁厚及允许偏差　　　　　　　　　mm

壁　厚 e		允许偏差	壁　厚 e		允许偏差
>	≤		>	≤	
—	2.0	+0.4,0	20.0	21.0	+2.3,0
2.0	3.0	+0.5,0	21.0	22.0	+2.4,0
3.0	4.0	+0.6,0	22.0	23.0	+2.5,0
4.0	5.0	+0.7,0	23.0	24.0	+2.6,0
5.0	6.0	+0.8,0	24.0	25.0	+2.7,0
6.0	7.0	+0.9,0	25.0	26.0	+2.8,0
7.0	8.0	+1.0,0	26.0	27.0	+2.9,0
8.0	9.0	+1.1,0	27.0	28.0	+3.0,0
9.0	10.0	+1.2,0	28.0	29.0	+3.1,0
10.0	11.0	+1.3,0	29.0	30.0	+3.2,0
11.0	12.0	+1.4,0	30.0	31.0	+3.3,0
12.0	13.0	+1.5,0	31.0	32.0	+3.4,0
13.0	14.0	+1.6,0	32.0	33.0	+3.5,0
14.0	15.0	+1.7,0	33.0	34.0	+3.6,0
15.0	16.0	+1.8,0	34.0	35.0	+3.7,0
16.0	17.0	+1.9,0	35.0	36.0	+3.8,0
17.0	18.0	+2.0,0	36.0	37.0	+3.9,0
18.0	19.0	+2.1,0	37.0	38.0	+4.0,0
19.0	20.0	+2.2,0	38.0	39.0	+4.1,0

3)承口。

①弹性密封圈式连接型承口最小深度应符合图 5-1 和表 5-5 的规定。

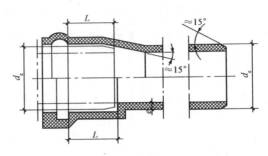

图 5-1 弹性密封圈式连接型承插口

②溶剂粘接式承口的最小深度、承口中部内径尺寸应符合图 5-2 和表 5-5 的规定。

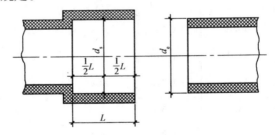

图 5-2 溶剂粘接式承插口

表 5-5 承口尺寸 mm

公称外径 d_n	弹性密封圈承口最小配合深度 m_{min}	溶剂粘接承口最小深度 m_{min}	溶剂粘接承口中部平均内径 d_{am}	
			$d_{am,min}$	$d_{am,max}$
20	—	16.0	20.1	20.3
25	—	18.5	25.1	25.3

续表

公称外径 d_n	弹性密封圈承口最小配合深度 m_{min}	溶剂粘接承口最小深度 m_{min}	溶剂粘接承口中部平均内径 d_{am}	
			$d_{am,min}$	$d_{am,max}$
32	—	22.0	32.1	32.3
40	—	26.0	40.1	40.3
50	—	31.0	50.1	50.3
63	34	37.5	63.1	63.3
75	67	43.5	75.1	75.3
90	70	51.0	90.1	90.3
110	75	61.0	110.1	110.4
125	78	68.5	125.1	125.4
140	81	76.0	140.2	140.5
160	86	86.0	160.2	160.5
180	90	96.0	180.3	180.6
200	94	106.0	200.3	200.6
225	100	118.5	225.3	225.6
250	105	—	—	—
280	112	—	—	—
315	118	—	—	—
355	124	—	—	—
400	130	—	—	—
450	138	—	—	—
500	145	—	—	—
560	154	—	—	—
630	165	—	—	—
710	177	—	—	—
800	190	—	—	—
1000	220	—	—	—

注:1. 承口中部的平均内径是指在承口深度二分之一处所测定的相互垂直的两直径的算术平均值。承口的最大锥度(a)不超过$0°30'$。

2. 当管材长度大于12m时,密封圈式承口深度 m_{min} 需另行设计。

③溶剂粘接式承口壁厚不得低于管材公称壁厚的75%,即0.75e。

(2)技术要求。

1)外观要求。

①管材内外表面应光滑、平整,无凹陷、分解变色线和其他影响性能的表面缺陷,并且不应含有可见杂质。管材端面应切割平整并与轴线垂直。

②管材应不透光。

2)尺寸要求。

①管材的长度一般为4m、6m,也可由供需双方商定。长度不允许负偏差。

②管材弯曲度应符合表5-6的规定。

表5-6　　　　　　　　　　管材的弯曲度

公称外径 d_e(mm)	≤32	40~200	≥225
弯曲度(%)	不规定	≤1.0	≤0.5

③平均外径及偏差和不圆度应符合表5-7的规定。PN0.63、PN0.8的管材不要求不圆度。

表5-7　　　　　　　　　平均外径及偏差和不圆度　　　　　　　mm

平均外径		不圆度	平均外径		不圆度
公称外径	允许偏差		公称外径	允许偏差	
20	+0.3,0	1.2	90	+0.3,0	1.8
25	+0.3,0	1.2	110	+0.4,0	2.2
32	+0.3,0	1.3	125	+0.4,0	2.5
40	+0.3,0	1.4	140	+0.5,0	2.8
50	+0.3,0	1.4	160	+0.5,0	3.2
63	+0.3,0	1.5	180	+0.6,0	3.6
75	+0.3,0	1.6	200	+0.6,0	4.0

续表

平均外径		不圆度	平均外径		不圆度
公称外径	允许偏差		公称外径	允许偏差	
225	+0.7,0	4.5	500	+1.5,0	12.0
250	+0.8,0	5.0	560	+1.7,0	13.5
280	+0.9,0	6.8	630	+1.9,0	15.2
315	+1.0,0	7.6	710	+2.0,0	17.1
355	+1.1,0	8.6	800	+2.0,0	19.2
400	+1.2,0	9.6	900	+2.0,0	21.6
450	+1.4,0	10.8	1000	+2.0,0	24.0

3）物理性能。物理性能应符合表 5-8 的规定。

表 5-8　　　　　　　　　　物理性能

项　目	技术指标
密　度	1350～1460kg/m³
维卡软化温度	≥80℃
纵向回缩率	≤5%
二氯甲烷浸渍试验（15℃15min）	表面变化不少于 4N

4）力学性能。力学性能应符合表 5-9 的规定。

表 5-9　　　　　　　　　　力学性能

项　目	技术指标
落锤冲击试验（0℃）TIR	≤5%
液压试验	无破裂,无渗漏

5）硬质聚氯乙烯管件。

①注压管件。注压管件是由聚氯乙烯树脂加入稳定剂、润滑剂、着色剂及少量增型剂后,经捏和塑化切粒,再注压而成。

②热加工焊接管件。热加工焊接管件是由硬聚氯乙烯塑料经热加工焊接而成。

硬聚氯乙烯管件及阀门规格见表 5-10。

表 5-10 硬聚氯乙烯管件及阀门规格

品 种	公称直径(mm)							
管接螺母	25	32	40	50	65	80	100	—
带凸缘接管	25	32	40	50	65	80	100	—
带螺纹接管	25	32	40	50	65	80	100	—
活套法兰	25	32	40	50	65	80	100	150
带螺纹法兰	25	32	40	50	65	80	100	—
带承接口 90°肘形弯头	—	—	—	—	—	80	—	—
带承接口 T 形三通`	—	—	—	—	—	80	100	—
带螺纹 90°肘形弯头	25	32	40	50	65	—	—	—
带螺纹 T 形三通	25	32	40	50	65	—	—	—
带螺纹大小头	25/32	32/40	40/50	—	—	—	—	—
带螺纹 45°角形截止阀	25	32	40	50	—	—	—	—
隔膜阀	—	—	—	—	65	80	100	150

特别提示

硬聚氯乙烯管的特点

硬聚氯乙烯管与传统用管材相比,具有密度小、表面光滑、摩擦系数小、输水能力强、长期使用不结垢、耐化学腐蚀、具有较高的抗冲击性能和力学强度,且安装方便、成本低廉等特点,在管道系统中,具有很好的适应性。优选在城镇埋地供水管网中使用,也可作为排水排污管使用。

2. 给水用聚乙烯(PE)管材

(1)尺寸规格。

1)不同等级材料设计应力的最大允许值见表 5-11。

表 5-11　　　　　　不同等级材料设计应力的最大允许值

材料的等级	设计应力的最大允许值 σ_5(MPa)
PE63	5
PE80	6.3
PE100	8

2)管材按照选定的公称压力,采用表 5-11 中的设计应力而确定的公称外径和壁厚应分别符合表 5-12、表 5-13 和表 5-14 的规定。

表 5-12　　　　　　PE63 级聚乙烯管材公称压力和规格尺寸

公称外径 d_n(mm)	公称壁厚 e_n(mm)				
	标准尺寸比				
	SDR33	SDR26	SDR17.6	SDR13.6	SDR11
	公称压力(MPa)				
	0.32	0.4	0.6	0.8	1.0
16	—	—	—	—	2.3
20	—	—	—	2.3	2.3
25	—	—	2.3	2.3	2.3
32	—	—	2.3	2.4	2.9
40	—	2.3	2.3	3.0	3.7
50	—	2.3	2.9	3.7	4.6
63	2.3	2.5	3.6	4.7	5.8
75	2.3	2.9	4.3	5.6	6.8

续表

公称外径 d_n(mm)	公称壁厚 e_n(mm)				
	标准尺寸比				
	SDR33	SDR26	SDR17.6	SDR13.6	SDR11
	公称压力(MPa)				
	0.32	0.4	0.6	0.8	1.0
90	2.8	3.5	5.1	6.7	8.2
110	3.4	4.2	6.3	8.1	10.0
125	3.9	4.8	7.1	9.2	11.4
140	4.3	5.4	8.0	10.3	12.7
160	4.9	6.2	9.1	11.8	14.6
180	5.5	6.9	10.2	13.3	16.4
200	6.2	7.7	11.4	14.7	18.2
225	6.9	8.6	12.8	16.6	20.5
250	7.7	9.6	14.2	18.4	22.7
280	8.6	10.7	15.9	20.6	25.4
315	9.7	12.1	17.9	23.2	28.6
355	10.9	13.6	20.1	26.1	32.2
400	12.3	15.3	22.7	29.4	36.3
450	13.8	17.2	25.5	33.1	40.9
500	15.30	19.1	28.3	36.8	45.4
560	17.2	21.4	31.7	41.2	50.8
630	19.3	24.1	35.7	46.3	57.2
710	21.8	27.2	40.2	52.2	—
800	24.5	30.6	45.3	58.8	—
900	27.6	34.4	51.0	—	—
1000	30.6	38.2	56.6	—	—

表 5-13 **PE80 级聚乙烯管材公称压力和规格尺寸**

公称外径 d_n(mm)	公称壁厚 e_n(mm)				
	标准尺寸比				
	SDR33	SDR21	SDR17	SDR13.6	SDR11
	公称压力(MPa)				
	0.4	0.6	0.8	1.0	1.25
16	—	—	—	—	—
20	—	—	—	—	—
25	—	—	—	—	2.3
32	—	—	—	—	3.0
40	—	—	—	—	3.7
50	—	—	—	—	4.6
63	—	—	—	4.7	5.8
75	—	—	4.5	5.6	6.8
90	—	4.3	5.4	6.7	8.2
110	—	5.3	6.6	8.1	10.0
125	—	6.0	7.4	9.2	11.4
140	4.3	6.7	8.3	10.3	12.7
160	4.9	7.7	9.5	11.8	14.6
180	5.5	8.6	10.7	13.3	16.4
200	6.2	9.6	11.9	14.7	18.2
225	6.9	10.8	13.4	16.6	20.5
250	7.7	11.9	14.8	18.4	22.7
280	8.6	13.4	16.6	20.6	25.4
315	9.7	15.0	18.7	23.2	28.6
355	10.9	16.9	21.1	26.1	32.2
400	12.3	19.1	23.7	29.4	36.3
450	13.8	21.5	26.7	33.1	40.9
500	15.3	23.9	29.7	36.8	45.4
560	17.2	26.7	33.2	41.2	50.8
630	19.3	30.0	37.4	46.3	57.2
710	21.8	33.9	42.1	52.2	—
800	24.5	38.1	47.4	58.8	—
900	27.6	42.9	53.3	—	—
1000	30.6	47.7	59.3	—	—

表 5-14   **PE100 级聚乙烯管材公称压力和规格尺寸**

公称外径 d_n(mm)	公称壁厚 e_n(mm)				
	标准尺寸比				
	SDR33	SDR21	SDR17	SDR13.6	SDR11
	公称压力(MPa)				
	0.6	0.8	1.0	1.25	1.6
32	—	—	—	—	3.0
40	—	—	—	—	3.7
50	—	—	—	—	4.6
63	—	—	—	4.7	5.8
75	—	—	4.5	5.6	6.8
90	—	4.3	5.4	6.7	8.2
110	4.2	5.3	6.6	8.1	10.0
125	4.8	6.0	7.4	9.2	11.4
140	5.4	6.7	8.3	10.3	12.7
160	6.2	7.7	9.5	11.8	14.6
180	6.9	8.6	10.7	13.3	16.4
200	7.7	9.6	11.9	14.7	18.2
225	8.6	10.8	13.4	16.6	20.5
250	9.6	11.9	14.8	18.4	22.7
280	10.7	13.4	16.6	20.6	25.4
315	12.1	15.0	18.7	23.2	28.6
355	13.6	16.9	21.1	26.1	32.2
400	15.3	19.1	23.7	29.4	36.3
450	17.2	21.5	26.7	33.1	40.9
500	19.1	23.9	29.7	36.8	45.4
560	21.4	26.7	33.2	41.2	50.8
630	24.1	30.0	37.4	46.3	57.2
710	27.2	33.9	42.1	52.2	—
800	30.6	38.1	47.4	58.8	—
900	34.4	42.9	53.3	—	—
1000	38.2	47.7	59.3	—	—

3)管材的平均外径,应符合表 5-15 的规定。

表 5-15　　　　　　　　　平均外径　　　　　　　　　　mm

公称外径 d_n	最小平均外径 d_m,min	最大平均外径 d_m,min	
		等级 A	等级 B
16	16.0	16.3	16.3
20	20.0	20.3	20.3
25	25.0	25.3	25.3
32	32.0	32.3	32.3
40	40.0	40.4	40.3
50	50.0	50.5	50.3
63	63.0	63.6	63.4
75	75.0	75.7	75.5
90	90.0	90.9	90.6
110	110.0	111.0	110.7
125	125.0	126.2	125.8
140	140.0	141.3	140.9
160	160.0	161.5	161.0
180	180.0	181.7	181.1
200	200.0	201.8	201.2
225	225.0	227.1	226.4
280	280.0	282.6	281.7
315	315.0	317.9	316.9
355	355.0	358.2	357.2
400	400.0	403.6	402.4
450	450.0	454.1	452.7
500	500.0	504.5	503.0
560	560.0	565.0	563.4
630	630.0	635.7	638.8
710	710.0	716.4	714.0
800	800.0	807.2	804.2
900	900.0	908.1	904.0
1000	1000.0	1009.0	1004.0

4)壁厚及偏差。管材任一点的壁厚公差应符合表 5-12 的规定。

表 5-16　　　　　　　　　　　　壁厚公差　　　　　　　　　　　　　mm

最小壁厚 t_y min		公差 t_1	最小壁厚 t_y min		公差 t_1	最小壁厚 t_y min		公差 t_1
>	≤		>	≤		>	≤	
			25.0	25.5	5.0	45.0	45.5	9.0
25.5	25.0	5.1	45.5	45.0	9.1			
2.0	3.0	0.5	26.0	26.5	5.2	46.0	46.5	9.2
3.0	4.0	0.6	26.5	27.0	5.3	46.5	47.0	9.3
4.0	4.6	0.7	27.0	27.5	5.4	47.0	47.5	9.4
5.3	6.0	0.9	28.0	28.5	5.6	48.0	48.5	9.6
6.0	6.6	1.0	28.5	29.0	5.7	48.5	49.0	9.7
6.6	7.3	1.1	29.0	29.5	5.8	49.0	49.5	9.8
7.3	8.0	1.2	29.5	30.0	5.9	49.5	50.0	9.9
8.0	8.6	1.3	30.0	30.5	6.0	50.0	50.5	10.0
8.6	9.3	1.4	30.5	31.0	6.1	50.5	51.0	10.1
9.3	10.0	1.5	31.0	31.5	6.2	51.0	51.5	10.2
10.0	10.6	1.6	31.5	32.0	6.3	51.5	52.0	10.4
10.6	11.3	1.7	32.0	32.5	6.4	52.0	52.5	10.4
11.3	12.0	1.8	32.5	33.0	6.5	52.5	53.0	10.5
12.0	12.6	1.9	33.0	33.5	6.5	53.0	53.5	10.6
12.6	13.3	2.0	33.5	34.0	6.7	53.5	54.0	10.7
13.3	14.0	2.1	34.0	34.5	6.8	54.0	54.5	10.8
14.0	14.6	2.2	34.5	35.0	6.9	54.5	55.0	10.9
14.6	15.3	2.3	35.0	35.5	7.0	55.0	55.5	11.0
15.3	16.0	2.4	35.5	36.5	7.2	56.0	56.5	11.2
16.0	16.5	3.2	36.0	36.5	7.2	56.0	56.5	11.2
16.5	17.0	3.3	36.5	37.0	7.3	56.6	57.0	11.3
17.0	17.5	3.4	37.0	37.5	7.4	57.0	57.5	11.4
17.5	18.0	3.5	37.5	38.0	7.5	57.5	58.0	11.5

续表

最小壁厚 t_y min		公差	最小壁厚 t_y min		公差	最小壁厚 t_y min		公差
>	≤	t_1	>	≤	t_1	>	≤	t_1
18.0	18.5	3.6	38.0	38.5	7.6	58.0	58.5	11.6
18.5	19.0	3.7	38.5	39.0	7.7	58.5	59.0	11.7
19.0	19.5	3.8	39.0	39.5	7.8	59.0	59.5	11.8
19.5	20.0	3.9	39.5	40.0	7.9	59.5	60.0	11.9
20.0	20.5	4.0	40.0	40.5	8.0	60.0	60.5	12.0
20.5	21.0	4.1	40.5	41.0	8.1	60.5	61.0	12.1
21.0	21.5	4.2	41.0	41.5	8.2	61.0	61.5	12.2
21.5	22.0	4.3	41.5	42.0	8.3	—	—	—
22.0	22.5	4.4	42.0	42.5	8.4	—	—	—
22.5	23.0	4.5	42.5	43.0	8.5	—	—	—
23.0	23.5	4.6	43.0	43.5	8.6	—	—	—
23.5	24.0	4.7	43.5	44.0	8.7	—	—	—
24.0	24.5	4.8	44.0	44.5	8.8	—	—	—
24.5	25.0	4.9	44.5	45.0	8.9	—	—	—

(2)技术要求。

1)物理性能。管材的物理性能应符合表5-17的规定。

表5-17　　　　　　　　管材物理性能要求

序　号	项　目		要　求
1	断裂伸长率(%)		≥350
2	纵向回缩率(110℃)(%)		≤3
3	氧化诱导时间(200℃)(min)		≥20
4	耐候性① (管材累计接受 ≥3.5GJ/m² 老化能量后)	80℃静液压强度(165h)	不破裂,不渗漏
		断裂伸长率(%)	≥350
		氧化诱导时间(200℃)(min)	≥10

①仅适用于蓝色管材。

2)管材的不圆度。管材的不圆度在挤出时测量。对公称直径小于等于 630mm 的直管的不圆度的推荐要求见表 5-18。盘管及公称外径大于 630mm 管材的不圆度可由供需双方商定。

表 5-18　　　　　　　　　　　　管材不圆度

公称外径 d_1	最大不圆度
16	1.2
20	1.2
25	1.2
32	1.3
40	1.4
50	1.4
63	1.5
75	1.6
90	1.8
110	2.2
125	2.5
140	2.8
160	3.2
180	3.6
200	4.0
225	4.5
250	5.0
280	9.8
315	11.1
355	12.5
400	14.0

续表

公称外径 d_1	最大不圆度
450	15.6
500	17.5
560	19.6
630	22.1
710	—
800	—
900	—
1000	—

二、给水钢管

1. 无缝钢管

无缝钢管是一种具有中空截面,周边没有接缝的长条钢材。大量用作输送流体的管道,如输送石油、天然气、煤气、水及某些固体物料的管道等。钢管与圆钢等实心钢材相比,在抗弯抗扭强度相同时,质量较轻,是一种经济截面钢材,广泛用于制造结构件和机械零件,如石油钻杆、汽车传动轴、自行车架以及建筑施工中用的钢脚手架等。用钢管制造环形零件,可提高材料利用率,简化制造工序,节约材料和加工工时,如滚动轴承套圈、千斤顶套等,目前已广泛用钢管来制造。钢管还是各种常规武器不可缺少的材料,枪管、炮筒等都由钢管来制造。钢管按横截面积形状的不同可分为圆管和异型管。由于在周长相等的条件下,圆面积最大,用圆形管可以输送更多的流体。另外,圆环截面在承受内部或外部径向压力时,受力较均匀,因此绝大多数钢管是圆管。但是,圆管也有一定的局限性,如在受平面弯曲的条件下,圆管就不如方、矩形管抗弯强度大,一些农机具骨架、钢木家具等就常用方、矩形管。根据不同用途还需有其他截面形状的异型钢管。

(1)普通钢管尺寸及单位长度理论质量见表5-19。

(2)精密钢管尺寸及单位长度理论质量见表5-20。

(3)不锈钢管的外径和壁厚见表5-21。

表5-19　普通钢管尺寸及单位长度理论质量

外径(mm) 系列1	系列2	系列3	壁厚(mm) / 单位长度理论质量(kg/m) 0.25	0.30	0.40	0.50	0.60	0.80	1.0	1.2	1.4	1.5	1.6	1.8	2.0	2.2(2.3)	2.5(2.6)	2.8
6			0.035	0.042	0.055	0.068	0.080	0.103	0.123	0.142	0.159	0.166	0.174	0.186	0.197			
7			0.042	0.050	0.065	0.080	0.095	0.122	0.148	0.172	0.193	0.203	0.213	0.231	0.247	0.260	0.277	
8			0.048	0.057	0.075	0.092	0.109	0.142	0.173	0.201	0.228	0.240	0.253	0.275	0.296	0.315	0.339	
9			0.054	0.064	0.085	0.105	0.124	0.162	0.197	0.231	0.262	0.277	0.292	0.320	0.345	0.369	0.401	0.428
10	(10.2)		0.060	0.072	0.095	0.117	0.139	0.182	0.222	0.260	0.297	0.314	0.331	0.364	0.395	0.423	0.462	0.497
11			0.066	0.079	0.105	0.129	0.154	0.201	0.247	0.290	0.331	0.351	0.371	0.408	0.444	0.477	0.524	0.566
12			0.072	0.087	0.114	0.142	0.169	0.221	0.271	0.320	0.366	0.388	0.410	0.453	0.493	0.532	0.586	0.635
13	(12.7)		0.079	0.094	0.124	0.154	0.184	0.241	0.296	0.349	0.401	0.425	0.450	0.497	0.543	0.586	0.647	0.704
13.5			0.082	0.098	0.129	0.160	0.191	0.251	0.308	0.364	0.418	0.444	0.470	0.519	0.567	0.613	0.678	0.739
		14	0.085	0.101	0.134	0.166	0.198	0.260	0.321	0.379	0.435	0.462	0.489	0.542	0.592	0.640	0.709	0.773
16			0.097	0.116	0.154	0.191	0.228	0.300	0.370	0.438	0.504	0.536	0.568	0.630	0.691	0.749	0.832	0.911
17	(17.2)		0.103	0.124	0.164	0.203	0.243	0.320	0.395	0.468	0.539	0.573	0.608	0.675	0.740	0.803	0.894	0.981
		18	0.109	0.131	0.174	0.216	0.257	0.339	0.419	0.497	0.573	0.610	0.647	0.719	0.789	0.857	0.956	1.05
19			0.116	0.138	0.183	0.228	0.272	0.359	0.444	0.527	0.608	0.647	0.687	0.764	0.838	0.911	1.02	1.12

续一

外径(mm)			壁 厚(mm) 单位长度理论质量(kg/m)															
系列1	系列2	系列3	0.25	0.30	0.40	0.50	0.60	0.80	1.0	1.2	1.4	1.5	1.6	1.8	2.0	2.2 (2.3)	2.5 (2.6)	2.8
		20	0.122	0.146	0.193	0.240	0.287	0.379	0.469	0.556	0.642	0.684	0.726	0.808	0.888	0.966	1.08	1.19
21 (21.3)					0.203	0.253	0.302	0.399	0.493	0.586	0.677	0.721	0.765	0.852	0.937	1.02	1.14	1.26
		22			0.213	0.265	0.317	0.418	0.518	0.616	0.711	0.758	0.805	0.897	0.986	1.07	1.20	1.33
	25				0.243	0.302	0.361	0.477	0.592	0.704	0.815	0.869	0.923	1.03	1.13	1.24	1.39	1.53
		25.4			0.247	0.307	0.367	0.485	0.602	0.716	0.829	0.884	0.939	1.05	1.15	1.26	1.41	1.56
27 (26.9)					0.262	0.327	0.391	0.517	0.641	0.764	0.884	0.943	1.00	1.12	1.23	1.35	1.51	1.67
		28			0.272	0.339	0.405	0.537	0.666	0.793	0.918	0.98	1.04	1.16	1.28	1.40	1.57	1.74

外径(mm)			壁 厚(mm) 单位长度理论质量(kg/m)															
系列1	系列2	系列3	3.0 (2.9)	3.2	3.5 (3.6)	4.0	4.5	5.0	5.5 (5.4)	6.0	6.5 (6.3)	7.0 (7.1)	7.5	8.0	8.5	9.0 (8.8)	9.5	10
		6																
		7																
		8																
		9																

续二

外径(mm)			壁厚(mm) 理论质量(kg/m) 单位长度																	
系列1	系列2	系列3	(2.9) 3.0	3.2	3.5 (3.6)	4.0	4.5	5.0	(5.4) 5.5	6.0	(6.3) 6.5	7.0 (7.1)	7.5	8.0	8.5	(8.8) 9.0	9.5	10
10 (10.2)			0.518	0.537	0.561													
	11		0.592	0.616	0.647													
	12		0.666	0.694	0.734	0.789												
		13 (12.7)	0.740	0.773	0.820	0.888												
13.5			0.777	0.813	0.863	0.937												
	14		0.814	0.852	0.906	0.986												
	16		0.962	1.01	1.08	1.18	1.28	1.36										
17 (17.2)			1.04	1.09	1.17	1.28	1.39	1.48										
	18		1.11	1.17	1.25	1.38	1.50	1.60										
	19		1.18	1.25	1.34	1.48	1.61	1.73	1.83	1.92								
	20		1.26	1.33	1.42	1.58	1.72	1.85	1.97	2.07								
21 (21.3)			1.33	1.40	1.51	1.68	1.83	1.97	2.10	2.22								
	22		1.41	1.48	1.60	1.78	1.94	2.10	2.24	2.37								

续三

外径(mm) / 壁厚(mm) / 单位长度理论质量(kg/m)

外径(mm) 系列1	系列2	系列3	(2.9)3.0	3.2	3.5(3.6)	4.0	4.5	5.0	(5.4)5.5	6.0	(6.3)6.5	7.0(7.1)	7.5	8.0	8.5	(8.8)9.0	9.5	10
25			1.63	1.72	1.86	2.07	2.28	2.47	2.64	2.81	2.97	3.11						
		25.4	1.66	1.75	1.89	2.11	2.32	2.52	2.70	2.87	3.03	3.18						
	27	(26.9)	1.78	1.88	2.03	2.27	2.50	2.71	2.92	3.11	3.29	3.45						
28			1.85	1.96	2.11	2.37	2.61	2.84	3.05	3.26	3.45	3.63						

外径(mm) / 壁厚(mm) / 单位长度理论质量(kg/m)

外径(mm) 系列1	系列2	系列3	0.25	0.30	0.40	0.50	0.60	0.80	1.0	1.2	1.4	1.5	1.6	1.8	2.0	2.2(2.3)	2.5(2.6)	2.8
	30				0.292	0.364	0.435	0.576	0.715	0.852	0.987	1.05	1.12	1.25	1.38	1.51	1.70	1.88
32		(31.8)			0.312	0.388	0.465	0.616	0.765	0.911	1.06	1.13	1.20	1.34	1.48	1.62	1.82	2.02
	34	(33.7)			0.331	0.413	0.494	0.655	0.814	0.971	1.13	1.20	1.28	1.43	1.58	1.73	1.94	2.15
	35				0.341	0.425	0.509	0.675	0.838	1.000	1.160	1.24	1.32	1.47	1.63	1.78	2.00	2.22
	38				0.371	0.462	0.553	0.734	0.912	1.09	1.26	1.35	1.44	1.61	1.78	1.94	2.19	2.43
40					0.391	0.487	0.583	0.773	0.962	1.15	1.33	1.42	1.52	1.70	1.87	2.05	2.31	2.57

续四

外径(mm) 系列1	系列2	系列3	\	\	\	\	\	\	\	\	\	\	\	\	\	\	\	\
			0.25	0.30	0.40	0.50	0.60	0.80	1.0	1.2	1.4	1.5	1.6	1.8	2.0	2.2 (2.3)	2.5 (2.6)	2.8
			单 位 长 度 理 论 质 量 (kg/m)															
42 (42.4)									1.01	1.21	1.40	1.50	1.59	1.78	1.97	2.16	2.44	2.71
		45 (44.5)							1.09	1.30	1.51	1.61	1.71	1.92	2.12	2.32	2.62	2.91
48 (48.3)									1.16	1.38	1.61	1.72	1.83	2.05	2.27	2.48	2.81	3.12
	51								1.23	1.47	1.71	1.83	1.95	2.18	2.42	2.65	2.99	3.33
		54							1.31	1.56	1.82	1.94	2.07	2.32	2.56	2.81	3.18	3.54
57									1.38	1.65	1.92	2.05	2.19	2.45	2.71	2.97	3.36	3.74
60 (60.3)									1.46	1.74	2.02	2.16	2.30	2.58	2.86	3.14	3.55	3.95
	63 (63.5)								1.53	1.83	2.13	2.28	2.42	2.72	3.01	3.30	3.73	4.16
65									1.58	1.89	2.20	2.35	2.50	2.81	3.11	3.41	3.85	4.30
68									1.65	1.98	2.30	2.46	2.62	2.94	3.26	3.57	4.04	4.50
70									1.70	2.04	2.37	2.53	2.70	3.03	3.35	3.68	4.16	4.64
		73							1.78	2.12	2.47	2.64	2.82	3.16	3.50	3.84	4.35	4.85
76 (76.1)									1.85	2.21	2.58	2.76	2.94	3.29	3.65	4.00	4.53	5.05
		77									2.61	2.79	2.98	3.34	3.70	4.06	4.59	5.12
		80									2.71	2.90	3.09	3.47	3.85	4.22	4.78	5.33

续五

外径(mm)			壁厚(mm) 理论质量(kg/m)														
系列1	系列2	系列3	3.0 (2.9)	3.2	3.5 (3.6)	4.0	4.5	5.0	5.5 (5.4)	6.0	6.5 (6.3)	7.0 (7.1)	7.5	8.0	8.5	9.0 (8.8)	9.5	10
		30	2.00	2.11	2.29	2.56	2.83	3.08	3.32	3.55	3.77	3.97	4.16	4.34				
	32 (31.8)		2.15	2.27	2.46	2.76	3.05	3.33	3.59	3.85	4.09	4.32	4.53	4.74				
34 (33.7)			2.29	2.43	2.63	2.96	3.27	3.58	3.87	4.14	4.41	4.66	4.90	5.13				
		35	2.37	2.51	2.72	3.06	3.38	3.70	4.00	4.29	4.57	4.83	5.09	5.33	5.56			
	38		2.59	2.75	2.98	3.35	3.72	4.07	4.41	4.74	5.05	5.35	5.64	5.92	6.18	6.44	6.68	6.91
40			2.74	2.90	3.15	3.55	3.94	4.32	4.68	5.03	5.37	5.70	6.01	6.31	6.60	6.88	7.15	7.40
	42 (42.4)		2.89	3.06	3.32	3.75	4.16	4.56	4.95	5.33	5.69	6.04	6.38	6.71	7.02	7.32	7.61	7.89
		45 (44.5)	3.11	3.30	3.58	4.04	4.49	4.93	5.36	5.77	6.17	6.56	6.94	7.30	7.65	7.99	8.32	8.63
48 (48.3)			3.33	3.54	3.84	4.34	4.83	5.30	5.76	6.21	6.65	7.08	7.49	7.89	8.28	8.66	9.02	9.37
	51		3.55	3.77	4.10	4.64	5.16	5.67	6.17	6.66	7.13	7.60	8.05	8.48	8.91	9.32	9.72	10.11
		54	3.77	4.01	4.36	4.93	5.49	6.04	6.58	7.10	7.61	8.11	8.60	9.08	9.54	9.99	10.43	10.85
57			4.00	4.25	4.62	5.23	5.83	6.41	6.99	7.55	8.10	8.63	9.16	9.67	10.17	10.65	11.13	11.59

续六

单位长度理论质量(kg/m)

外径(mm) 系列1	系列2	系列3	壁厚(mm) 3.0 (2.9)	3.2	3.5 (3.6)	4.0	4.5	5.0	5.5 (5.4)	6.0	6.5 (6.3)	7.0 (7.1)	7.5	8.0	8.5	9.0 (8.8)	9.5	10
(60.3)		60	4.22	4.48	4.88	5.52	6.16	6.78	7.39	7.99	8.58	9.15	9.71	10.26	10.80	11.32	11.83	12.33
	(63.5)	63	4.44	4.72	5.14	5.82	6.49	7.15	7.80	8.43	9.06	9.67	10.27	10.85	11.42	11.99	12.53	13.07
		65	4.59	4.88	5.31	6.02	6.71	7.40	8.07	8.73	9.38	10.01	10.64	11.25	11.84	12.43	13.00	13.56
		68	4.81	5.11	5.57	6.31	7.05	7.77	8.48	9.17	9.86	10.53	11.19	11.84	12.47	13.10	13.71	14.30
		70	4.96	5.27	5.74	6.51	7.27	8.02	8.75	9.47	10.18	10.88	11.56	12.23	12.89	13.54	14.17	14.80
		73	5.18	5.51	6.00	6.81	7.60	8.38	9.16	9.91	10.66	11.39	12.11	12.82	13.52	14.21	14.88	15.54
(76.1)		76	5.40	5.75	6.26	7.10	7.93	8.75	9.56	10.36	11.14	11.91	12.67	13.42	14.15	14.87	15.58	16.28
		77	5.47	5.82	6.34	7.20	8.05	8.88	9.70	10.51	11.30	12.08	12.85	13.61	14.36	15.09	15.81	16.52
		80	5.70	6.06	6.60	7.50	8.38	9.25	10.11	10.95	11.78	12.60	13.41	14.21	14.99	15.76	16.52	17.26

单位长度理论质量(kg/m)

外径(mm) 系列1	系列2	系列3	壁厚(mm) 11	12 (12.5)	13	14 (14.2)	15	16	17 (17.5)	18	19	20	22 (22.2)	24	25	26	28	30
		30																
(31.8)		32																

续七

外径(mm)			壁厚(mm) 理论质量(kg/m) 单位长度																
系列1	系列2	系列3	11	12 (12.5)	13	14 (14.2)	15	16	17 (17.5)	18	19	20	22 (22.2)	24	25	26	28	30
34		(33.7)																
	35																	
38																		
40																		
42		(42.4)																
45		(44.5)	9.22	9.77														
48		(48.3)	10.04	10.65														
	51		10.85	11.54														
54			11.66	12.43	13.14	13.81												
	57		12.48	13.32	14.11	14.85												
60		(60.3)	13.29	14.21	15.07	15.88	16.64	17.36										
63		(63.5)	14.11	15.09	16.03	16.92	17.76	18.55										

续八

壁厚（mm）；单位长度理论质量（kg/m）

外径(mm) 系列1	系列2	系列3	11	12 (12.5)	13	14 (14.2)	15	16	17 (17.5)	18	19	20	22 (22.2)	24	25	26	28	30
		65	14.65	15.68	16.67	17.61	18.50	19.33										
		68	15.46	16.57	17.63	18.64	19.61	20.52										
	70		16.01	17.16	18.27	19.33	20.35	21.31	22.22									
		73	16.82	18.05	19.24	20.37	21.46	22.49	23.48	24.41	25.30							
76 (76.1)			17.63	18.94	20.20	21.41	22.57	23.68	24.74	25.75	26.71	27.62						
		77	17.90	19.24	20.52	21.75	22.94	24.07	25.15	26.19	27.18	28.11						
		80	18.72	20.12	21.48	22.79	24.05	25.25	26.41	27.52	28.58	29.59						

壁厚（mm）；单位长度理论质量（kg/m）

外径(mm) 系列1	系列2	系列3	0.25	0.30	0.40	0.50	0.60	0.80	1.0	1.2	1.4	1.5	1.6	1.8	2.0	2.2 (2.3)	2.5 (2.6)	2.8
	(82.5)	83									2.82	3.01	3.21	3.60	4.00	4.38	4.96	5.54
		85									2.89	3.09	3.29	3.69	4.09	4.49	5.09	5.68
89 (88.9)											3.02	3.24	3.45	3.87	4.29	4.71	5.33	5.95

续九

外径(mm)			壁厚(mm) 单位长度理论质量(kg/m)															
系列1	系列2	系列3	0.25	0.30	0.40	0.50	0.60	0.80	1.0	1.2	1.4	1.5	1.6	1.8	2.0	2.2 (2.3)	2.5 (2.6)	2.8
	95										3.23	3.46	3.69	4.14	4.59	5.03	5.70	6.37
	102 (101.6)										3.47	3.72	3.96	4.45	4.93	5.41	6.13	6.85
		108									3.68	3.94	4.20	4.71	5.23	5.74	6.50	7.26
114 (114.3)												4.16	4.44	4.98	5.52	6.07	6.87	7.68
	121											4.42	4.71	5.29	5.87	6.45	7.31	8.16
	127													5.56	6.17	6.77	7.68	8.58
	133																8.05	8.99
140 (139.7)																		
		142 (141.3)																
	146																	
		152 (152.4)																

续十

外径(mm)			壁厚(mm) 单位长度理论质量(kg/m)																
系列1	系列2	系列3	0.25	0.30	0.40	0.50	0.60	0.80	1.0	1.2	1.4	1.5	1.6	1.8	2.0	2.2 (2.3)	2.5 (2.6)	2.8
168 (168.3)		159																
		180 (177.8)																
		194 (193.7)																
	203																	
219 (219.1)																		
		232																
		245 (244.5)																
		267 (267.4)																

续十一

壁 厚 (mm)　理论质量　单位长度　质量(kg/m)

外径(mm) 系列1	系列2	系列3	(2.9)3.0	3.2	3.5(3.6)	4.0	4.5	5.0	(5.4)5.5	6.0	(6.3)6.5	7.0(7.1)	7.5	8.0	8.5	(8.8)9.0	9.5	10
		83(82.5)	5.92	6.30	6.86	7.79	8.71	9.62	10.51	11.39	12.26	13.12	13.96	14.80	15.62	16.42	17.22	18.00
		85	6.07	6.46	7.03	7.99	8.93	9.86	10.78	11.69	12.58	13.47	14.33	15.19	16.04	16.87	17.69	18.50
89(88.9)			6.36	6.77	7.38	8.38	9.38	10.36	11.33	12.28	13.22	14.16	15.07	15.98	16.87	17.76	18.63	19.48
		95	6.81	7.24	7.90	8.98	10.04	11.10	12.14	13.17	14.19	15.19	16.18	17.16	18.13	19.09	20.03	20.96
		102(101.6)	7.32	7.80	8.50	9.67	10.82	11.96	13.09	14.21	15.31	16.40	17.48	18.55	19.60	20.64	21.67	22.69
		108	7.77	8.27	9.02	10.26	11.49	12.70	13.90	15.09	16.27	17.44	18.59	19.73	20.86	21.97	23.08	24.17
114(114.3)			8.21	8.74	9.54	10.85	12.15	13.44	14.72	15.98	17.23	18.47	19.70	20.91	22.12	23.31	24.48	25.65
		121	8.73	9.30	10.14	11.54	12.93	14.30	15.67	17.02	18.35	19.68	20.99	22.29	23.58	24.86	26.12	27.37
		127	9.17	9.77	10.66	12.13	13.59	15.04	16.48	17.90	19.32	20.72	22.10	23.48	24.84	26.19	27.53	28.85
		133	9.62	10.24	11.18	12.73	14.26	15.78	17.29	18.79	20.28	21.75	23.21	24.66	26.10	27.52	28.93	30.33
140(139.7)			10.14	10.80	11.78	13.42	15.04	16.65	18.24	19.83	21.40	22.96	24.51	26.04	27.57	29.08	30.57	32.06
		142(141.3)	10.28	10.95	11.95	13.61	15.26	16.89	18.51	20.12	21.72	23.31	24.88	26.44	27.98	29.52	31.04	32.55

续十二

| 外径(mm) | | | 壁厚(mm) 理论质量(kg/m) 单位长度 | | | | | | | | | | | | | | |
系列1	系列2	系列3	(2.9) 3.0	3.2	3.5 (3.6)	4.0	4.5	5.0	(5.4) 5.5	6.0	(6.3) 6.5	7.0 (7.1)	7.5	8.0	8.5	(8.8) 9.0	9.5	10
		146	10.58	11.27	12.30	14.01	15.70	17.39	19.06	20.72	22.36	24.00	25.62	27.23	28.82	30.41	31.98	33.54
	152 (152.4)		11.02	11.74	12.82	14.60	16.37	18.13	19.87	21.60	23.32	25.03	26.73	28.41	30.08	31.74	33.39	35.02
		159			13.42	15.29	17.15	18.99	20.82	22.64	24.45	26.24	28.02	29.79	31.55	33.29	35.03	36.75
168 (168.3)					14.20	16.18	18.14	20.10	22.04	23.97	25.89	27.79	29.69	31.57	33.44	35.29	37.13	38.97
		180 (177.8)			15.23	17.36	19.48	21.58	23.67	25.75	27.81	29.87	31.91	33.93	35.95	37.95	39.95	41.92
		194 (193.7)			16.44	18.74	21.03	23.31	25.57	27.82	30.06	32.28	34.50	36.70	38.89	41.06	43.23	45.38
203					17.22	19.63	22.03	24.41	26.79	29.15	31.50	33.84	36.16	38.47	40.77	43.06	45.33	47.60
219 (219.1)										31.52	34.06	36.60	39.12	41.63	44.13	46.61	49.08	51.54
		232								33.44	36.15	38.84	41.52	44.19	46.85	49.50	52.13	54.75
		245 (244.5)								35.36	38.23	41.09	43.93	46.76	49.58	52.38	55.17	57.95
		267 (267.4)								38.62	41.76	44.88	48.00	51.10	54.19	57.26	60.33	63.38

续十三

外径(mm) 系列1	外径(mm) 系列2	外径(mm) 系列3	11	12 (12.5)	13	14 (14.2)	15	16	17 (17.5)	18	19	20	22 (22.2)	24	25	26	28	30
	85	83 (82.5)	19.53	21.01	22.44	23.82	25.15	26.44	27.67	28.85	29.99	31.07	33.10					
	85		20.07	21.60	23.08	24.51	25.89	27.23	28.51	29.74	30.93	32.06	34.18					
89 (88.9)			21.16	22.79	24.37	25.89	27.37	28.80	30.19	31.52	32.80	34.03	36.35	38.47				
	95		22.79	24.56	26.29	27.97	29.59	31.17	32.70	34.18	35.61	36.99	39.61	42.02				
	102 (101.6)		24.69	26.63	28.53	30.38	32.18	33.93	35.64	37.29	38.89	40.44	43.40	46.17	47.47	48.73	51.10	
		108	26.31	28.41	30.46	32.45	34.40	36.30	38.15	39.95	41.70	43.40	46.66	49.71	51.17	52.58	55.24	57.71
114 (114.3)			27.94	30.19	32.38	34.53	36.62	38.67	40.67	42.62	44.51	46.36	49.91	53.27	54.87	56.43	59.39	62.15
	121		29.84	32.26	34.62	36.94	39.21	41.43	43.60	45.72	47.79	49.82	53.71	57.41	59.19	60.91	64.22	67.33
	127		31.47	34.03	36.55	39.01	41.43	43.80	46.12	48.39	50.61	52.78	56.97	60.96	62.89	64.76	68.36	71.77
	133		33.10	35.81	38.47	41.09	43.66	46.17	48.63	51.05	53.42	55.74	60.22	64.51	66.59	68.61	72.50	76.20
140 (139.7)			34.99	37.88	40.72	43.50	46.24	48.93	51.57	54.16	56.70	59.19	64.02	68.66	70.90	73.10	77.34	81.38
		142 (141.3)	35.54	38.47	41.36	44.19	46.98	49.72	52.41	55.04	57.63	60.17	65.11	69.84	72.14	74.38	78.72	82.86

壁　厚(mm)　　理　论　质　量(kg/m)　　长　度　单　位

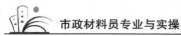

| 外径(mm) | | | 壁厚(mm) 单位长度理论质量(kg/m) | | | | | | | | | | | | | | | |
系列1	系列2	系列3	11	12(12.5)	13	14(14.2)	15	16	17(17.5)	18	19	20	22(22.2)	24	25	26	28	30
	146		36.62	39.66	42.64	45.57	48.46	51.30	54.08	56.82	59.51	62.15	67.28	72.21	74.60	76.94	81.48	85.82
		152(152.4)	38.25	41.43	44.56	47.65	50.68	53.66	56.60	59.48	62.32	65.11	70.53	75.76	78.30	80.79	85.62	90.26
159			40.15	43.50	46.81	50.06	53.27	56.43	59.53	62.59	65.60	68.56	74.33	79.90	82.62	85.28	90.46	95.44
168(168.3)			42.59	46.17	49.69	53.17	56.60	59.98	63.31	66.59	69.82	73.00	79.21	85.23	88.17	91.05	96.67	102.10
		180(177.8)	45.85	49.72	53.54	57.31	61.04	64.71	68.34	71.91	75.44	78.92	85.72	92.33	95.56	98.74	104.96	110.98
		194(193.7)	49.64	53.86	58.03	62.15	66.22	70.24	74.21	78.13	82.00	85.82	93.32	100.62	104.20	107.72	114.63	121.33
	203		52.09	56.52	60.91	65.25	69.55	73.79	77.98	82.13	86.22	90.26	98.20	105.95	109.74	113.49	120.84	127.99
219(219.1)			56.43	61.26	66.04	70.78	75.46	80.10	84.69	89.23	93.71	98.15	106.88	115.42	119.61	123.75	131.89	139.83
		232	59.95	65.11	70.21	75.27	80.27	85.23	90.14	95.00	99.81	104.57	113.94	123.11	127.62	132.09	140.87	149.45
		245(244.5)	63.48	68.95	74.38	79.76	83.08	90.36	95.59	100.77	105.90	110.98	120.99	130.80	135.64	140.42	149.84	159.07
		267(267.4)	69.45	75.46	81.43	87.35	93.22	99.04	104.81	110.53	116.21	121.83	132.93	143.83	149.20	154.53	165.04	175.34

续十五

| 外径(mm) | | | 壁厚(mm) 单位长度理论质量(kg/m) | | | | | | | | | | | |
系列1	系列2	系列3	32	34	36	38	40	42	45	48	50	55	60	65
		83 (82.5)												
	85													
89 (88.9)														
	95													
	102 (101.6)													
		108												
114 (114.3)														
	121		70.24											
	127		74.97											
	133		79.71	83.01	86.12									
140 (139.7)			85.23	88.88	92.33									
		142 (141.3)	86.81	90.56	94.11									

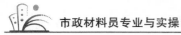

续十六

| 外径（mm） | | | 壁厚（mm）　单位长度理论质量（kg/m） | | | | | | | | | | | | |
系列1	系列2	系列3	32	34	36	38	40	42	45	48	50	55	60	65
	146		89.97	93.91	97.66	101.21	104.57							
		152 (152.4)	94.70	98.94	102.99	106.83	110.48							
		159	100.22	104.81	109.20	113.39	117.39	121.19	126.51					
168 (168.3)			107.33	112.36	117.19	121.83	126.27	130.51	136.50					
		180 (177.8)	116.80	122.42	127.85	133.07	138.10	142.94	149.82	156.26	160.30			
		194 (193.7)	127.85	134.16	140.27	146.19	151.92	157.44	165.36	172.83	177.56			
	203		134.95	141.71	148.27	154.63	160.79	166.76	175.34	183.48	188.66	200.75		
219 (219.1)			147.57	155.12	162.47	169.62	176.58	183.33	193.10	202.42	209.38	222.45		
		232	157.83	166.02	174.01	181.81	189.40	196.80	207.53	217.81	224.42	240.08	254.51	267.70
		245 (244.5)	168.09	176.92	185.55	193.99	202.22	210.26	221.95	233.20	240.45	257.71	273.74	288.54
		267 (267.4)	185.45	195.37	205.09	214.60	223.93	233.05	246.37	259.24	267.58	287.55	306.30	323.81

续十七

外径(mm) 系列1	系列2	系列3	壁厚(mm) 3.5(3.6)	4.0	4.5	5.0	(5.4)5.5	6.0	(6.3)6.5	7.0(7.1)	7.5	8.0	8.5	(8.8)9.0	9.5	10	11
							单位长度理论质量(kg/m)										
273									42.72	45.92	49.11	52.28	55.45	58.60	61.73	64.86	71.07
	299 (298.5)										53.92	57.41	60.90	64.37	67.83	71.27	78.13
		302									54.47	58.00	61.52	65.03	68.53	72.01	78.94
		318.5									57.52	61.26	64.98	68.69	72.39	76.08	83.42
325 (323.9)											58.73	62.54	66.35	70.14	73.92	77.68	85.18
	340 (339.7)											65.50	69.49	73.47	77.43	81.38	89.25
	351											67.67	71.80	75.91	80.01	84.10	92.23
356 (355.6)														77.02	81.18	85.33	93.59
		368												79.68	83.99	88.29	96.85
	377													81.68	86.10	90.51	99.29
	402													87.23	91.96	96.67	106.07
406 (406.4)														88.12	92.89	97.66	107.15
		419												91.00	95.94	100.87	110.68

外径(mm)			壁厚(mm)														
系列1	系列2	系列3	3.5(3.6)	4.0	4.5	5.0	(5.4)5.5	6.0	(6.3)6.5	7.0(7.1)	7.5	8.0	8.5	(8.8)9.0	9.5	10	11
			理论质量 单位长度(kg/m)														
	426													92.55	97.58	102.59	112.58
	450													97.88	103.20	108.51	119.09
457														99.44	104.84	110.24	120.99
	473													102.99	108.59	114.18	125.33
	480													104.54	110.23	115.91	127.23
	500													108.98	114.92	120.84	132.65
508														110.76	116.79	122.81	134.82
	530													115.64	121.95	128.24	140.79
		560(559)												122.30	128.97	135.64	148.93
	610													133.39	140.69	147.97	162.50

外径(mm)			壁厚(mm)														
系列1	系列2	系列3	12(12.5)	13	14(14.2)	15	16	17(17.5)	18	19	20	22(22.2)	24	25	26	28	30
			理论质量 单位长度(kg/m)														
273			77.24	83.36	89.42	95.44	101.41	107.33	113.20	119.02	124.79	136.18	147.38	152.90	158.38	169.18	179.78
	299(298.5)		84.93	91.69	98.40	105.06	111.67	118.23	124.74	131.20	137.61	150.29	162.77	168.93	175.05	187.13	199.02

单位长度质量（kg/m） 理论质量

外径(mm) 系列1	系列2	系列3	壁厚(mm) 12 (12.5)	13	14 (14.2)	15	16	17 (17.5)	18	19	20	22 (22.2)	24	25	26	28	30
		302	85.82	92.65	99.44	106.17	112.85	119.49	126.07	132.61	139.09	151.92	164.54	170.78	176.97	189.20	201.24
		318.5	90.71	97.94	105.13	112.27	119.36	126.40	133.39	140.34	147.23	160.87	174.31	180.95	187.55	200.60	213.45
325 (323.9)			92.63	100.03	107.38	114.68	121.93	129.13	136.28	143.38	150.44	164.39	178.16	184.96	191.72	205.09	218.25
	340 (339.7)		97.07	104.84	112.56	120.23	127.85	135.42	142.94	150.41	157.83	172.53	187.03	194.21	201.34	215.44	229.35
	351		100.32	108.36	116.35	124.29	132.19	140.03	147.82	155.57	163.26	178.50	193.54	200.99	208.39	223.04	237.49
356 (355.6)			101.80	109.97	118.08	126.14	134.16	142.12	150.04	157.91	165.73	181.21	196.50	204.07	211.60	226.49	241.19
		368	105.35	113.81	122.22	130.58	138.89	147.16	155.37	163.53	171.64	187.72	203.61	211.47	219.29	234.78	250.07
	377		108.02	116.70	125.33	133.91	142.45	150.93	159.36	167.75	176.08	192.61	208.93	217.02	225.06	240.99	256.73
	402		115.42	124.71	133.96	143.16	152.31	161.41	170.46	179.46	188.41	206.17	223.73	232.44	241.09	258.26	275.22
406 (406.4)			116.60	126.00	135.34	144.64	153.89	163.09	172.24	181.34	190.39	208.34	226.10	234.90	243.66	261.02	278.18
		419	120.45	130.16	139.83	149.45	159.02	168.54	178.01	187.43	196.80	215.39	233.79	242.92	251.99	269.99	287.80
	426		122.52	132.41	142.25	152.04	161.78	171.47	181.11	190.71	200.25	219.19	237.93	247.23	256.48	274.83	292.98
	450		129.62	140.10	150.53	160.92	171.25	181.53	191.77	201.95	212.09	232.21	252.14	262.03	271.87	291.40	310.74

续二十

外径(mm) / 壁厚(mm) / 理论单位长度质量(kg/m)

系列1	系列2	系列3	12 (12.5)	13	14 (14.2)	15	16	17 (17.5)	18	19	20	22 (22.2)	24	25	26	28	30
457			131.69	142.35	152.95	163.51	174.01	184.47	194.88	205.23	215.54	236.01	256.28	266.34	276.36	296.23	315.91
	473		136.43	147.48	158.48	169.42	180.33	191.18	201.98	212.73	223.43	244.69	265.75	276.21	286.62	307.28	327.75
	480		138.50	149.72	160.89	172.01	183.09	194.11	205.09	216.01	226.89	248.49	269.90	280.53	291.11	312.12	332.93
	500		144.42	156.13	167.80	179.41	190.98	202.50	213.96	225.38	236.75	259.34	281.73	292.86	303.93	325.93	347.93
508			146.79	158.70	170.56	182.37	194.14	205.85	217.51	229.13	240.70	263.68	286.47	297.79	309.06	331.45	353.65
	530		153.30	165.75	178.16	190.51	202.82	215.07	227.28	239.44	251.55	275.62	299.49	311.35	323.17	346.64	369.92
		560 (559)	162.17	175.37	188.51	201.61	214.65	227.65	240.60	253.50	266.34	291.89	317.25	329.85	342.40	367.36	392.12
610			176.97	191.40	205.78	220.10	234.38	248.61	262.79	276.92	291.01	319.02	346.84	360.68	374.46	401.88	429.11

外径(mm) / 壁厚(mm) / 理论单位长度质量(kg/m)

系列1	系列2	系列3	32	34	36	38	40	42	45	48	50	55	60	65	70	75	80
273			190.19	200.40	210.41	220.23	229.85	239.27	253.03	266.34	274.98	295.69	315.17	333.42	350.44	366.22	380.77
	299 (298.5)		210.71	222.20	233.50	244.59	255.49	266.20	281.88	297.12	307.04	330.96	353.65	375.10	395.32	414.31	432.07
		302	213.08	224.72	236.16	247.40	258.45	269.30	285.21	300.67	310.74	335.03	358.09	379.91	400.50	419.86	437.99
		318.5	226.10	238.55	250.81	262.87	274.73	286.39	303.52	320.21	331.08	357.41	382.50	406.36	428.99	450.38	470.54

续二十一

外径(mm)			壁厚(mm)　单位长度理论质量(kg/m)															
系列1	系列2	系列3	32	34	36	38	40	42	45	48	50	55	60	65	70	75	80
325 (323.9)			231.23	244.00	256.58	268.96	281.14	293.13	310.74	327.90	339.10	366.22	392.12	416.78	440.21	462.40	483.37
340 (339.7)			243.06	256.58	269.90	283.02	295.94	308.66	327.38	345.66	357.59	386.57	414.31	440.83	466.10	490.15	512.96
351			251.75	265.80	279.66	293.32	306.79	320.06	339.59	358.68	371.16	401.49	430.59	458.46	485.09	510.49	534.66
356 (355.6)			255.69	269.99	284.10	298.01	311.72	325.24	345.14	364.60	377.32	408.27	437.99	466.47	493.72	519.74	544.53
		368	265.16	280.06	294.75	309.26	323.56	337.67	358.46	378.80	392.12	424.55	455.75	485.71	514.44	541.94	568.20
377			272.26	287.60	302.75	317.69	332.44	346.99	368.44	389.46	403.22	436.76	469.06	500.14	529.98	558.58	585.96
402			291.99	308.57	324.94	341.12	357.10	372.88	396.19	419.05	434.04	470.67	506.06	540.21	573.13	604.82	635.28
406 (406.4)		419	295.15	311.92	328.49	344.87	361.05	377.03	400.63	423.78	438.98	476.09	511.97	546.62	580.04	612.22	643.17
419			305.41	322.82	340.03	357.05	373.87	390.49	415.05	439.17	455.01	493.72	531.21	567.46	602.48	636.27	668.82
	426		310.93	328.69	346.25	363.61	380.77	397.74	422.82	447.46	463.64	503.22	541.57	578.68	614.57	649.22	682.63
	450		329.87	348.81	367.56	386.10	404.45	422.60	449.46	475.87	493.23	535.77	577.08	617.16	656.00	693.61	729.98
457			335.40	354.68	373.77	392.66	411.35	429.85	457.23	484.16	501.86	545.27	587.44	628.38	668.08	706.55	743.79
	473		348.02	368.10	387.98	407.66	427.14	446.42	474.98	503.10	521.59	566.97	611.11	654.02	695.70	736.15	775.36
	480		353.55	373.97	394.19	414.22	434.04	453.67	482.75	511.38	530.22	576.46	621.47	665.25	707.79	749.09	789.17

理论质量 单位长度 质量（kg/m）

外径(mm)			壁厚(mm)															
系列1	系列2	系列3	32	34	36	38	40	42	45	48	50	55	60	65	70	75	80
500			369.33	390.74	411.95	432.96	453.77	474.39	504.95	535.06	554.89	603.59	651.07	697.31	742.31	786.09	828.63
508			375.64	397.45	419.05	440.46	461.66	482.68	513.82	544.53	564.75	614.44	662.90	710.13	756.12	800.88	844.41
530			393.01	415.89	438.58	461.07	483.37	505.46	538.24	570.57	591.88	644.28	695.46	745.40	794.10	841.58	887.82
		560(599)	416.68	441.06	465.22	489.19	512.96	536.54	571.53	606.08	628.87	684.97	739.85	793.49	845.89	897.06	947.00
610			456.14	482.97	509.61	536.04	562.28	588.33	627.02	665.27	690.52	752.79	813.83	873.64	932.21	989.55	1045.65

理论质量 单位长度 质量（kg/m）

外径(mm)			壁厚(mm)					
系列1	系列2	系列3	85	90	95	100	110	120
273			394.09					
	299(298.5)		448.59	463.88	477.94	490.77		
		302	454.88	470.54	484.97	498.16		
		318.5	489.47	507.16	523.63	538.86		
325(323.9)			503.10	521.59	538.86	554.89		
	340(339.7)		534.54	554.89	574.00	591.88		
	351		557.60	579.30	599.77	619.01		
356(355.6)			568.08	590.40	611.48	631.34		
		368	593.23	617.03	639.60	660.93		

续二十三

外　径(mm)			壁　　厚(mm)					
系列1	系列2	系列3	85	90	95	100	110	120
			单　位　长　度　理　论　质　量(kg/m)					
	377		612.10	637.01	660.68	683.13		
	402		664.51	692.50	719.25	744.78		
406(406.4)			672.89	701.37	728.63	754.64		
		419	700.14	730.23	759.08	786.70		
	426		714.82	745.77	775.48	803.97		
	450		765.12	799.03	831.71	863.15		
457			779.80	814.57	848.11	880.42		
	473		813.34	850.08	885.60	919.88		
	480		828.01	865.62	902.00	937.14		
	500		869.94	910.01	948.85	986.46	1057.98	
508			886.71	927.77	967.60	1006.19	1079.68	
	530		932.82	976.60	1019.14	1060.45	1139.36	1213.35
		560(559)	995.71	1043.18	1089.42	1134.43	1220.75	1302.13
610			1100.52	1154.16	1206.57	1257.74	1356.39	1450.10

外　径(mm)			壁　　厚(mm)											
系列1	系列2	系列3	9	9.5	10	11	12(12.5)	13	14(14.2)	15	16	17(17.5)	18	19	20	22(22.2)
			单　位　长　度　理　论　质　量(kg/m)													
	630		137.83	145.37	152.90	167.92	182.89	197.81	212.68	227.50	242.28	257.00	271.67	286.30	300.87	329.87
		660	144.49	152.40	160.30	176.06	191.77	207.43	223.04	238.60	254.11	269.58	284.99	300.35	315.67	346.15

续二十四

外径(mm) 系列1	系列2	系列3	9	9.5	10	11	12(12.5)	13	14(14.2)	15	16	17(17.5)	18	19	20	22(22.2)
							单位长度理论质量(kg/m) 壁厚(mm)									
	699						203.31	219.93	236.50	253.03	269.50	285.93	302.30	318.63	334.90	367.31
711							206.86	223.78	240.65	257.47	274.24	290.96	307.63	324.25	340.82	373.82
		720					209.52	226.66	243.75	260.80	277.79	294.73	311.62	328.47	345.26	378.70
762															365.98	401.49
		788.5													379.05	415.87
813															391.13	429.16
	864														416.29	456.83
914																
1016																

外径(mm) 系列1	系列2	系列3	24	25	26	28	30	32	34	36	38	40	42	45	48
							单位长度理论质量(kg/m) 壁厚(mm)								
	630		358.68	373.01	387.29	415.70	443.91	471.92	499.74	527.36	554.79	582.01	609.04	649.22	688.95
660			376.43	391.50	406.52	436.41	466.10	495.60	524.90	554.00	582.90	611.61	640.12	682.51	724.46
		699	399.52	415.55	431.53	463.34	494.96	526.38	557.60	588.62	619.45	650.08	680.51	725.79	770.62
711			406.62	422.95	439.22	471.63	503.84	535.85	567.66	599.28	630.69	661.92	692.94	739.11	784.83
720			411.95	428.49	444.99	477.84	510.49	542.95	575.21	607.27	639.13	670.79	702.26	749.09	795.48
762			436.81	454.39	471.92	506.84	541.57	576.09	610.42	644.55	678.49	712.23	745.77	795.71	845.20
		788.5	452.49	470.73	488.92	525.14	561.17	597.01	632.64	668.08	703.32	738.37	773.21	825.11	876.57

续二十五

外径(mm)			壁　厚　(mm)												
系列1	系列2	系列3	24	25	26	28	30	32	34	36	38	40	42	45	48
			单　位　长　度　理　论　质　量(kg/m)												
813			466.99	485.83	504.62	542.06	579.30	616.34	653.18	689.83	726.28	762.54	798.59	852.30	905.57
	864		497.18	517.28	537.33	577.28	617.03	656.59	695.95	735.11	774.08	812.85	851.42	908.90	965.94
914				548.10	569.39	611.80	654.02	696.05	737.87	779.50	820.93	862.17	903.20	964.39	1025.13
	965			579.55	602.09	647.02	691.76	736.30	780.64	824.78	868.73	912.48	956.03	1020.99	1085.50
1016					634.79	682.24	729.49	776.54	826.40	870.06	916.52	962.79	1008.86	1077.59	1145.87

外径(mm)			壁　厚　(mm)												
系列1	系列2	系列3	50	55	60	65	70	75	80	85	90	95	100	110	120
			单　位　长　度　理　论　质　量(kg/m)												
	630		715.19	779.92	843.43	905.70	966.73	1026.54	1085.11	1142.45	1198.55	1253.42	1307.06	1410.64	1509.29
	660		752.18	820.61	887.82	953.79	1018.52	1082.03	1144.30	1205.33	1265.14	1323.71	1381.05	1492.02	1598.07
		699	800.27	873.51	945.52	1016.30	1085.85	1154.16	1221.24	1287.09	1351.70	1415.08	1477.23	1597.82	1713.49
711			815.06	889.79	963.28	1035.54	1106.56	1176.36	1244.92	1312.24	1378.33	1443.19	1506.82	1630.38	1749.00
	720		826.16	902.00	976.60	1049.97	1122.10	1193.00	1262.67	1331.11	1398.31	1464.28	1529.02	1654.79	1775.63
	762		877.95	958.96	1038.74	1117.29	1194.61	1270.69	1345.53	1419.15	1491.53	1562.68	1632.60	1768.73	1899.93
		788.5	910.63	994.91	1077.96	1159.77	1240.35	1319.70	1397.82	1474.70	1550.35	1624.77	1697.95	1840.62	1978.35
813			940.84	1028.14	1114.21	1199.05	1282.65	1365.02	1446.15	1526.06	1604.73	1682.17	1758.37	1907.08	2050.86
	864		1003.73	1097.32	1189.67	1280.80	1370.69	1459.35	1546.77	1632.97	1717.92	1801.65	1884.14	2045.43	2201.78
914			1065.38	1165.14	1263.66	1360.95	1457.00	1551.83	1645.42	1737.78	1828.90	1918.79	2007.45	2181.07	2349.75
	965		1128.27	1234.31	1339.12	1442.70	1545.05	1646.16	1746.04	1844.68	1942.10	2038.28	2133.22	2319.42	2500.68
1016			1191.15	1303.49	1414.59	1524.45	1633.09	1740.49	1846.66	1951.59	2055.29	2157.76	2259.00	2457.77	2651.61

注:括号内尺寸为相应的 ISO 4200 的规格。

表5-20　　精密钢管尺寸及单位长度理论质量

外径(mm)		壁厚(mm) 单位长度理论质量(kg/m)													
系列2	系列3	0.5	(0.8)	1.0	(1.2)	1.5	(1.8)	2.0	(2.2)	2.5	(2.8)	3.0	(3.5)	4	(4.5)	5
4		0.043	0.063	0.074	0.083											
5		0.056	0.083	0.099	0.112											
6		0.068	0.103	0.123	0.142	0.166	0.186									
8		0.092	0.142	0.173	0.201	0.240	0.275	0.296	0.315	0.339						
10		0.117	0.182	0.222	0.260	0.314	0.364	0.395	0.423	0.462						
12		0.142	0.221	0.271	0.320	0.388	0.453	0.493	0.532	0.586	0.635	0.666				
12.7		0.150	0.235	0.289	0.340	0.414	0.484	0.528	0.570	0.629	0.684	0.718				
	14	0.166	0.260	0.321	0.379	0.462	0.542	0.592	0.640	0.709	0.773	0.814	0.906			
16		0.191	0.300	0.370	0.438	0.536	0.630	0.691	0.749	0.832	0.911	0.962	1.08	1.18		
	18	0.216	0.339	0.419	0.497	0.610	0.719	0.789	0.857	0.956	1.05	1.11	1.25	1.38	1.50	
20		0.240	0.379	0.469	0.556	0.684	0.808	0.888	0.966	1.08	1.19	1.26	1.42	1.58	1.72	1.85
	22	0.265	0.418	0.518	0.616	0.758	0.897	0.986	1.07	1.20	1.33	1.41	1.60	1.70	1.94	2.10
25		0.302	0.477	0.592	0.704	0.869	1.03	1.13	1.24	1.39	1.53	1.63	1.86	2.07	2.28	2.47
28		0.339	0.537	0.666	0.793	0.980	1.16	1.28	1.40	1.57	1.74	1.85	2.11	2.37	2.61	2.84
30		0.364	0.576	0.715	0.852	1.05	1.25	1.38	1.51	1.70	1.88	2.00	2.29	2.56	2.83	3.08
32		0.388	0.616	0.765	0.911	1.13	1.34	1.48	1.62	1.82	2.02	2.15	2.46	2.76	3.05	3.33
	35	0.425	0.675	0.838	1.00	1.24	1.47	1.63	1.78	2.00	2.22	2.37	2.72	3.06	3.38	3.70
38		0.462	0.734	0.912	1.09	1.35	1.61	1.78	1.94	2.19	2.43	2.59	2.98	3.35	3.72	4.07
40		0.487	0.773	0.962	1.15	1.42	1.70	1.87	2.05	2.31	2.57	2.74	3.15	3.55	3.94	4.32

续一

外径(mm) 系列2	系列3	0.5	(0.8)	1.0	(1.2)	1.5	(1.8)	2.0	(2.2)	2.5	(2.8)	3.0	(3.5)	4	(4.5)	5
								单位长度质量(kg/m) 理论质量 壁厚(mm)								
42			0.813	1.01	1.21	1.50	1.78	1.97	2.16	2.44	2.71	2.89	3.32	3.75	4.16	4.56
	45		0.872	1.09	1.30	1.61	1.92	2.12	2.32	2.62	2.91	3.11	3.58	4.04	4.49	4.93
48			0.931	1.16	1.38	1.72	2.05	2.27	2.48	2.81	3.12	3.33	3.84	4.34	4.83	5.30
50			0.971	1.21	1.44	1.79	2.14	2.37	2.59	2.93	3.26	3.48	4.01	4.54	5.05	5.55
	55		1.07	1.33	1.59	1.98	2.36	2.61	2.86	3.24	3.60	3.85	4.45	5.03	5.60	6.17
60			1.17	1.46	1.74	2.16	2.58	2.86	3.14	3.55	3.95	4.22	4.88	5.52	6.16	6.78
63			1.23	1.53	1.83	2.28	2.72	3.01	3.30	3.73	4.16	4.44	5.14	5.82	6.49	7.15
70			1.37	1.70	2.04	2.53	3.03	3.35	3.68	4.16	4.64	4.96	5.74	6.51	7.27	8.02
76			1.48	1.85	2.21	2.76	3.29	3.65	4.00	4.53	5.05	5.40	6.26	7.10	7.93	8.75
80			1.56	1.95	2.33	2.90	3.47	3.85	4.22	4.78	5.33	5.70	6.60	7.50	8.38	9.25
	90				2.63	3.27	3.92	4.34	4.76	5.39	6.02	6.44	7.47	8.48	9.49	10.48
100					2.92	3.64	4.36	4.83	5.31	6.01	6.71	7.18	8.33	9.47	10.6	11.71
	110				3.22	4.01	4.80	5.33	5.85	6.63	7.40	7.92	9.19	10.46	11.71	12.95
120							5.25	5.82	6.39	7.24	8.09	8.66	10.06	11.44	12.82	14.18
130							5.69	6.31	6.93	7.86	8.78	9.40	10.92	12.43	13.93	15.41
	140						6.13	6.81	7.48	8.48	9.47	10.14	11.78	13.42	15.04	16.65
150							6.58	7.30	8.02	9.09	10.16	10.88	12.65	14.4	16.15	17.88
160							7.02	7.79	8.56	9.71	10.86	11.62	13.51	15.39	17.26	19.11

续二

外径(mm)		壁　厚(mm) 单位长度理论质量(kg/m)														
系列2	系列3	0.5	(0.8)	1.0	(1.2)	1.5	(1.8)	2.0	(2.2)	2.5	(2.8)	3.0	(3.5)	4	(4.5)	5
170																
	180												14.37	16.38	18.37	20.35
190																21.58
200																
	220															
	240															
	260															

外径(mm)		壁　厚(mm) 单位长度理论质量(kg/m)													
系列2	系列3	(5.5)	6	(7)	8	(9)	10	(11)	12.5	(14)	16	(18)	20	(22)	25
4															
5															
6															
8															
10															
12															
12.7															

续三

外径(mm) 系列2	外径(mm) 系列3	壁厚(mm) 单位长度理论质量(kg/m)													
		(5.5)	6	(7)	8	(9)	10	(11)	12.5	(14)	16	(18)	20	(22)	25
16	14														
20	18														
	22														
25		2.64	2.81												
	28	3.05	3.26	3.63	3.95										
	30	3.32	3.55	3.97	4.34										
32	35	3.59	3.85	4.32	4.74										
		4.00	4.29	4.83	5.33										
38		4.41	4.74	5.35	5.92	6.44	6.91								
40		4.68	5.03	5.70	6.31	6.88	7.40								
42		4.95	5.33	6.04	6.71	7.32	7.89								
48	45	5.36	5.77	6.56	7.30	7.99	8.63	9.22	10.02						
50		5.76	6.21	7.08	7.89	8.66	9.37	10.04	10.94						
		6.04	6.51	7.42	8.29	9.10	9.86	10.58	11.56						
60	55	6.71	7.25	8.29	9.27	10.21	11.1	11.94	13.1	14.16					
63		7.39	7.99	9.15	10.26	11.32	12.33	13.29	14.64	15.88	17.36				
		7.80	8.43	9.67	10.85	11.99	13.07	14.11	15.57	16.92	18.55				

续四

外径(mm)		壁厚(mm)　单位长度理论质量(kg/m)													
系列2	系列3	(5.5)	6	(7)	8	(9)	10	(11)	12.5	(14)	16	(18)	20	(22)	25
70		8.75	9.47	10.88	12.23	13.54	14.8	16.01	17.73	19.33	21.31				
76		9.56	10.36	11.91	13.42	14.87	16.28	17.63	19.58	21.41	23.68				
80		10.11	10.95	12.6	14.21	15.76	17.26	18.72	20.81	22.79	25.25	27.52			
	90	11.46	12.43	14.33	16.18	17.98	19.73	21.43	23.89	26.24	29.2	31.96	34.53	36.89	
100		12.82	13.91	16.05	18.15	20.2	22.2	24.14	26.97	29.69	33.15	36.4	39.46	42.32	46.24
	110	14.17	15.39	17.78	20.12	22.42	24.66	26.86	30.06	33.15	37.09	40.84	44.39	47.74	52.41
120		15.53	16.87	19.51	22.1	24.64	27.13	29.57	33.14	36.6	41.04	45.28	49.32	53.17	58.57
130		16.89	18.35	21.23	24.07	26.86	29.59	32.28	36.22	40.05	44.98	49.72	54.26	58.6	64.74
	140	18.24	19.83	22.96	26.04	29.06	32.06	34.99	39.3	43.5	48.93	54.16	59.19	64.02	70.9
150		19.6	21.31	24.69	28.02	31.3	34.53	37.71	42.39	46.96	52.87	58.6	64.12	69.45	77.07
160		20.96	22.79	26.41	29.99	33.52	36.99	40.42	45.47	50.41	56.82	63.03	69.05	74.87	83.23
170		22.31	24.27	28.14	31.96	35.73	39.46	43.13	48.55	53.86	60.77	67.47	73.98	80.3	89.4
	180	23.67	25.75	29.87	33.93	37.95	41.92	45.85	51.64	57.31	64.71	71.91	78.92	85.72	95.56
190		25.03	27.23	31.59	35.91	40.17	44.39	48.56	54.72	60.77	68.66	76.35	83.85	91.15	101.73
200			28.71	33.32	37.88	42.39	46.86	51.27	57.8	64.22	72.6	80.79	88.78	96.57	107.89
	220			36.77	41.83	46.83	51.79	56.7	63.97	71.12	80.5	89.67	98.65	107.43	120.23
240				40.22	45.77	51.27	56.72	62.12	70.13	78.03	88.39	98.55	108.51	118.28	132.56
260				43.68	49.72	55.71	61.65	67.55	76.3	84.93	96.28	107.43	118.38	129.13	144.89

注:括号内尺寸不推荐使用。

表 5-21

不锈钢管的外径和壁厚

| 外径(mm) | | | 壁厚(mm) | | | | | | | | | | | 2.2 (2.3) | 2.5 (2.6) | 2.8 (2.9) |
系列1	系列2	系列3	0.5	0.6	0.7	0.8	0.9	1.0	1.2	1.4	1.5	1.6	2.0			
	6		●	●	●	●	●	●	●							
	7		●	●	●	●	●	●	●							
	8		●	●	●	●	●	●	●							
	9		●	●	●	●	●	●	●							
10 (10.2)			●	●	●	●	●	●	●	●	●	●	●			
	12		●	●	●	●	●	●	●	●	●	●	●			
	12.7		●	●	●	●	●	●	●	●	●	●	●			
13 (13.5)			●	●	●	●	●	●	●	●	●	●	●	●	●	●
		14	●	●	●	●	●	●	●	●	●	●	●	●	●	●
	16		●	●	●	●	●	●	●	●	●	●	●	●	●	●
17 (17.2)			●	●	●	●	●	●	●	●	●	●	●	●	●	●
		18	●	●	●	●	●	●	●	●	●	●	●	●	●	●
	19		●	●	●	●	●	●	●	●	●	●	●	●	●	●
	20		●	●	●	●	●	●	●	●	●	●	●	●	●	●

续一

外径(mm)			壁厚(mm)													
系列1	系列2	系列3	0.5	0.6	0.7	0.8	0.9	1.0	1.2	1.4	1.5	1.6	2.0	2.2(2.3)	2.5(2.6)	2.8(2.9)
21(21.3)			●	●	●	●	●	●	●	●	●	●	●	●	●	●
		22	●	●	●	●	●	●	●	●	●	●	●	●	●	●
	24		●	●	●	●	●	●	●	●	●	●	●	●	●	●
	25		●	●	●	●	●	●	●	●	●	●	●	●	●	●
		25.4						●	●	●	●	●	●	●	●	●
27(26.9)								●	●	●	●	●	●	●	●	●
		30						●	●	●	●	●	●	●	●	●
	32(31.8)							●	●	●	●	●	●	●	●	●

外径(mm)			壁厚(mm)											
系列1	系列2	系列3	3.0	3.2	3.5(3.6)	4.0	4.5	5.0	5.5(5.6)	6.0	(6.3)6.5	7.0(7.1)	7.5	8.0
	6													
	7													
	8													

续一

外径(mm)			壁厚(mm)											
系列1	系列2	系列3	3.0	3.2	3.5 (3.6)	4.0	4.5	5.0	5.5 (5.6)	6.0	(6.3) 6.5	7.0 (7.1)	7.5	8.0
	9		●	●										
10 (10.2)			●	●										
	12		●	●										
	12.7		●	●	●									
13 (13.5)			●	●	●	●								
		14	●	●	●	●								
	16		●	●	●	●	●							
17 (17.2)			●	●	●	●	●							
		18	●	●	●	●	●							
	19		●	●	●	●								
	20		●	●	●	●								
21 (21.3)			●	●	●	●	●	●						

续三

外径(mm)			壁厚(mm)											
系列1	系列2	系列3	3.0	3.2	3.5(3.6)	4.0	4.5	5.0	5.5(5.6)	6.0	(6.3)6.5	7.0(7.1)	7.5	8.0
		22	●	●	●	●	●	●						
	24		●	●	●	●	●	●						
	25		●	●	●	●	●	●	●	●				
		25.4		●	●	●	●	●	●	●				
27(26.9)			●		●	●		●	●	●				
		30	●		●	●	●	●	●	●	●			
	32(31.8)		●		●	●	●	●	●	●	●			

外径(mm)			壁厚(mm)													
系列1	系列2	系列3	1.0	1.2	1.4	1.5	1.6	2.0	2.2(2.3)	2.5(2.6)	2.8(2.9)	3.0	3.2	3.5(3.6)	4.0	4.5	5.0
34(33.7)			●	●	●	●	●	●	●	●	●	●	●	●	●	●	●
		35	●	●	●	●	●	●	●	●	●	●	●	●	●	●	●
	38		●	●	●	●	●	●	●	●	●	●	●	●	●	●	●

续四

外径(mm)			壁厚(mm)													
系列1	系列2	系列3	1.0	1.2	1.4	1.5	1.6	2.0	2.2(2.3)	2.5(2.6)	2.8(2.9)	3.0	3.2	3.5(3.6)	4.0	4.5	5.0
	40		●	●	●	●	●	●	●	●	●	●	●	●	●	●	●
42(42.4)			●	●	●	●	●	●	●	●	●	●	●	●	●	●	●
		45(44.5)	●	●	●	●	●	●	●	●	●	●	●	●	●	●	●
48(48.3)			●	●	●	●	●	●	●	●	●	●	●	●	●	●	●
	51		●	●	●	●	●	●	●	●	●	●	●	●	●	●	●
		54					●	●	●	●	●	●	●	●	●	●	●
	57						●	●	●	●	●	●	●	●	●	●	●
60(60.3)								●	●	●	●	●	●	●	●	●	●
	64(63.5)						●	●	●	●	●	●	●	●	●	●	●
	68						●	●	●	●	●	●	●	●	●	●	●
	70						●	●	●	●	●	●	●	●	●	●	●
	73						●	●	●	●	●	●	●	●	●	●	●

续五

外径(mm)			壁厚(mm)														
系列1	系列2	系列3	1.0	1.2	1.4	1.5	1.6	2.0	2.2(2.3)	2.5(2.6)	2.8(2.9)	3.0	3.2	3.5(3.6)	4.0	4.5	5.0
76(76.1)							●	●	●	●	●	●	●	●	●	●	●
		83(82.5)					●	●	●	●	●	●	●	●	●	●	●
89(88.9)							●	●	●	●	●	●	●	●	●	●	●
	95						●	●	●	●	●	●	●	●	●	●	●
	102(101.6)						●	●	●	●	●	●	●	●	●	●	●
	108						●	●	●	●	●	●	●	●	●	●	●
114(114.3)							●	●	●	●	●	●	●	●	●	●	●

外径(mm)			壁厚(mm)											
系列1	系列2	系列3	5.5(5.6)	6.0	(6.3)6.5	7.0(7.1)	7.5	8.0	8.5	(8.8)9.0	9.5	10	11	12(12.5)	14(14.2)
34(33.7)			●	●	●										

续六

外径(mm) 系列1	系列2	系列3	壁厚(mm) 5.5(5.6)	6.0	(6.3)6.5	7.0(7.1)	7.5	8.0	8.5	(8.8)9.0	9.5	10	11	12(12.5)	14(14.2)
		35	●	●	●										
	38		●	●	●										
	40		●	●	●										
42 (42.4)			●	●	●	●	●								
		45 (44.5)	●	●	●	●	●	●	●						
48 (48.3)			●	●	●	●	●	●	●						
	51		●	●	●	●	●	●	●	●					
		54	●	●	●	●	●	●	●	●					
	57		●	●	●	●	●	●	●	●	●	●			
60 (60.3)			●	●	●	●	●	●	●	●	●	●			
	68		●	●	●	●	●	●	●	●	●	●	●	●	
	70		●	●	●	●	●	●	●	●	●	●	●	●	
	73		●	●	●	●	●	●	●	●	●	●	●	●	

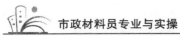

续七

外径(mm)			壁厚(mm)												
系列1	系列2	系列3	5.5 (5.6)	6.0	6.5 (6.3)	7.0 (7.1)	7.5	8.0	8.5	9.0 (8.8)	9.5	10	11	12 (12.5)	14 (14.2)
76 (76.1)		83 (82.5)	●	●	●	●	●	●	●	●	●	●	●	●	
			●	●	●	●	●	●	●	●	●	●	●	●	●
89 (88.9)			●	●	●	●	●	●	●	●	●	●	●	●	●
	95		●	●	●	●	●	●	●	●	●	●	●	●	●
	102 (101.6)		●	●	●	●	●	●	●	●	●	●	●	●	●
	108		●	●	●	●	●	●	●	●	●	●	●	●	●
114 (114.3)			●	●	●	●	●	●	●	●	●	●	●	●	●

外径(mm)			壁厚(mm)												
系列1	系列2	系列3	1.6	2.0	2.2 (2.3)	2.5 (2.6)	2.8 (2.9)	3.0	3.2	3.5 (3.6)	4.0	4.5	5.0	5.5 (5.6)	6.0
127			●	●	●	●	●	●	●	●	●	●	●	●	●
133			●	●	●	●	●	●	●	●	●	●	●	●	●

续八

外径(mm)			壁厚(mm)												
系列1	系列2	系列3	1.6	2.0	2.2 (2.3)	2.5 (2.6)	2.8 (2.9)	3.0	3.2	3.5 (3.6)	4.0	4.5	5.0	5.5 (5.6)	6.0
140 (139.7)			●	●	●	●	●	●	●	●	●	●	●	●	●
	146		●	●	●	●	●	●	●	●	●	●	●	●	●
	152		●	●	●	●	●	●	●	●	●	●	●	●	●
	159		●	●	●	●	●	●	●	●	●	●	●	●	●
168 (168.3)			●	●	●	●	●	●	●	●	●	●	●	●	●
	180			●	●	●	●	●	●	●	●	●	●	●	●
	194			●	●	●	●	●	●	●	●	●	●	●	
219 (219.1)				●	●	●	●	●	●	●	●	●	●	●	
	245			●	●	●	●	●	●	●	●	●	●	●	
273						●	●	●	●	●	●	●	●	●	
325 (323.9)						●	●	●	●	●	●	●	●	●	
	351					●	●	●	●	●	●	●	●	●	

续九

外径(mm)			壁厚(mm)													
系列1	系列2	系列3	1.6	2.0	2.2(2.3)	2.5(2.6)	2.8(2.9)	3.0	3.2	3.5(3.6)	4.0	4.5	5.0	5.5(5.6)	6.0
356(356.6)						●		●	●	●	●		●	●	
	377					●	●	●	●	●	●	●	●	●	
406(406.4)						●	●	●	●	●	●	●	●	●	●
	426						●		●	●	●	●	●	●	●

外径(mm)			壁厚(mm)									
系列1	系列2	系列3	6.5(6.3)	7.0(7.1)	7.5	8.0	8.5	9.0(8.8)	9.5	10	11	12(12.5)
	127		●	●	●	●	●	●	●	●	●	●
	133		●		●	●	●	●	●	●	●	●
140(139.7)			●	●	●	●	●	●	●	●	●	●
	146		●	●	●	●	●	●	●	●	●	●
	152		●	●	●	●	●	●	●	●	●	●
	159		●	●	●	●	●	●	●	●	●	●

续十

| 外 径（mm） | | | 壁 厚（mm） | | | | | | | | | |
系列 1	系列 2	系列 3	(6.3) 6.5	7.0 (7.1)	7.5	8.0	8.5	(8.8) 9.0	9.5	10	11	12 (12.5)
168 (168.3)			●	●	●	●	●	●	●	●	●	●
	180		●	●	●	●	●	●	●	●	●	●
	194		●	●	●	●	●	●	●	●	●	●
219 (219.1)			●	●	●	●	●	●	●	●	●	●
	245		●	●	●	●	●	●	●	●	●	●
273			●	●	●	●	●	●	●	●	●	●
325 (323.9)			●	●	●	●	●	●	●	●	●	●
	351		●	●	●	●	●	●	●	●	●	●
356 (355.6)			●	●	●	●	●	●	●	●	●	●
	377		●	●	●	●	●	●	●	●	●	●

续十一

外 径(mm)			壁 厚(mm)									
系列 1	系列 2	系列 3	(6.3)6.5	7.0(7.1)	7.5	8.0	8.5	(8.8)9.0	9.5	10	11	12(12.5)
406	(406.4)		●	●	●	●	●	●	●	●	●	●
		426	●	●	●	●	●	●	●	●	●	●

外 径(mm)			壁 厚(mm)										
系列 1	系列 2	系列 3	14(14.2)	15	16	17(17.5)	18	20	22(22.2)	24	25	26	28
	127		●										
	133		●	●									
140(139.7)			●	●	●								
	146		●	●	●								
	152		●	●	●								
	159		●	●	●								
168(168.3)			●	●	●	●	●						

续十二

外　径 (mm)			壁　厚 (mm)										
系列 1	系列 2	系列 3	14 (14.2)	15	16	17 (17.5)	18	20	22 (22.2)	24	25	26	28
	180		●	●	●	●	●						
	194		●	●	●	●	●						
219 (219.1)			●	●	●	●	●		●	●	●	●	●
	245		●	●	●	●	●		●	●	●	●	●
273			●	●	●	●	●	●	●	●	●	●	●
325 (323.9)			●	●	●	●	●	●	●	●	●	●	●
	351		●	●	●	●	●	●	●	●	●	●	●
356 (355.6)			●	●	●	●	●	●	●	●	●	●	●
	377		●	●	●	●	●	●		●	●	●	●
406 (406.4)			●	●	●	●	●	●		●	●	●	●
	426			●	●	●	●	●					

注：1. 括号内尺寸为相应的英制单位。
　　2. "●"表示常用规格。

（4）无缝钢管尺寸及允许偏差见表 5-22。

表 5-22　　　　　　　　　无缝钢管尺寸及允许偏差

偏差等级	D1	D2	D3	D4
标准化外径允许偏差	±1.5%，最小±0.75mm	±1.0%，最小±0.05mm	±0.75%，最小±0.30mm	±0.50%，最小±0.10mm

2. 焊接钢管

（1）直缝电焊钢管。直缝电焊钢管的通常长度应符合表 5-23 的规定。

表 5-23　　　　　　　　　直缝电焊钢管通常长度

外径（mm）	通常长度（mm）
≤30	4000～6000
>30～70	4000～8000
>70	4000～12000

直缝电焊钢管的外径（D）和壁厚（t）应符合《焊接钢管尺寸及单位长度重量》（GB/T 21835—2008）的规定，外径和壁厚的允许偏差应符合表 5-24 和表 5-25 的规定。

表 5-24　　　　　　　　　钢管外径允许偏差　　　　　　　　　mm

外径 D	普通精度（PD. A）	较高精度（PD. B）	高精度（PD. C）
5～20	±0.30	±0.20	±0.10
>20～50	±0.50	±0.30	±0.15
>50～80	±1.0%D	±0.50	±0.30
>80～114.3	±1.0%D	±0.60	±0.40
>114.3～219.1	±1.0%D	±0.80	±0.60
>219.1	±1.0%D	±0.75%D	±0.5%D

表 5-25　　　　　　　　　钢管壁厚允许偏差　　　　　　　　　　mm

壁厚(t)	普通精度(PT. A)[①]	较高精度(PT. B)	高精度(PT. C)	同截面壁厚允许差[②]
0.50~0.60		±0.06	+0.03 −0.05	
>0.60~0.80	±0.10	±0.07	+0.04 −0.07	
>0.80~1.0		±0.08	+0.04 −0.07	
>1.0~1.2		±0.09	+0.05 −0.09	
>1.2~1.4		±0.11		
>1.4~1.5		±0.12	+0.06 −0.11	
>1.5~1.6		±0.13		
>1.6~2.0		±0.14		≤7.5%t
>2.0~2.2		±0.15	+0.07 −0.13	
>2.2~2.5	±0.10%t	±0.16		
>2.5~2.8		±0.17	+0.08 −0.16	
>2.8~3.2		±0.18		
>3.2~3.8		±0.20	+0.10 −0.20	
>3.8~4.0		±0.22		
>4.0~5.5		±7.5%t	±5%t	
>5.5	±12.5%t	±10%t	±7.5%t	

① 不适用于带式输送机托辊用钢管。

② 不适合普通精度的钢管。同截面壁厚差指同一横截面上实测壁厚的最大值与最小值之差。

(2)低压流体输送用焊接钢管。

1)低压流体输送用焊接钢管和镀锌焊接钢管可用于输送水、煤气、空气、油和取暖蒸汽等一般较低压力的流体或其他用途,俗称水煤气管。焊接钢管又称黑铁管,镀锌焊接钢管又称白铁管。白铁管即镀了锌的黑铁管,两者的品种、规格等完全相同,只是理论质量不同。

2)钢管外径和壁厚的允许偏差应符合表 5-26 的规定。根据需方要求,经供需双方协商,并在合同中注明,可供应表 5-26 规定以外允许偏差的钢管。

表 5-26   外径和壁厚的允许偏差   mm

外 径	外径允许偏差		壁厚允许偏差
	管体	管端 (距管端 100mm 范围内)	
$D \leqslant 48.3$	± 0.5	—	$\pm 10\%t$
$48.3 < D \leqslant 273.1$	$\pm 1\%D$	—	
$273.1 < D \leqslant 508$	$\pm 0.75\%D$	$+2.4$ -0.8	
$D > 508$	$\pm 1\%D$ 或 ± 10.0, 两者取较小值	$+3.2$ -0.8	

3)钢管的力学性能要求应符合表 5-27 的规定,其他钢牌号的力学性能要求由供需双方协商确定。

表 5-27   力学性能

牌 号	下屈服强度 $R_{eL}(N/mm^2)$ 不小于		抗拉强度 $R_m(N/mm^2)$ 不小于	断后伸长率 $A(\%)$ 不小于	
	$t \leqslant 16mm$	$t > 16mm$		$D \leqslant 168.3mm$	$D > 168.3mm$

牌　　号	下屈服强度 $R_{eL}(N/mm^2)$不小于		抗拉强度 $R_m(N/mm^2)$ 不小于	断后伸长率 $A(\%)$ 不小于	
	$t\leqslant16mm$	$t>16mm$		$D\leqslant168.3mm$	$D>168.3mm$
Q195	195	185	315	15	20
Q215A,Q215B	215	205	335	15	20
Q235A,Q235B	235	225	370	15	20
Q295A,Q295B	295	275	390	13	18
Q345A,Q345B	345	325	470	13	18

4)钢管的力学性能要求应符合表 5-28 的规定,其他钢牌号的力学性能要求由需双方协商确定。

表 5-28　　　　　　　力学性能

牌　　号	下屈服强度 $R_{eL}(N/mm^2)$不小于		抗拉强度 $R_m(N/mm^2)$ 不小于	断后伸长率 $A(\%)$ 不小于	
	$t\leqslant16mm$	$t>16mm$		$D\leqslant168.3mm$	$D>168.3mm$
Q195	195	185	315	15	20
Q215A,Q215B	215	205	335	15	20
Q235A,Q235B	235	225	370	15	20
Q295A,Q295B	295	275	390	13	18
Q345A,Q345B	345	325	470	13	18

(3)低压流体输送管道用螺旋缝埋弧焊钢管。

1)低压流体输送管道用螺旋缝埋弧焊,钢管标称外径、标称壁厚应符合表 5-29 的规定。

表 5-29　　钢管的标称外径、标称壁厚和线质量

t(mm)，M(kg/m)

D(mm)	5	5.4	5.6	6	6.3	7.1	8	8.8	10	11	12.5	14.5	16	17.5	20
273	33.05	35.64	36.93	39.51	41.44	46.56	52.28	57.34	64.86						
323.9	39.32	42.42	43.96	47.04	49.34	55.47	62.32	68.38	77.41						
355.6	43.23	46.64	48.34	51.73	54.27	61.02	68.58	75.26	85.23						
(337)	45.87	49.49	51.29	54.90	57.59	64.77	72.80	79.91	90.51						
406.4	49.50	53.40	55.35	59.25	62.16	69.92	78.60	86.29	97.76	107.26					
(426)	51.91	56.01	58.06	62.15	65.21	73.35	82.47	90.54	102.59	112.58					
457	55.73	60.14	62.34	66.73	70.02	78.78	88.58	97.27	110.24	120.99	137.03				
508			69.38	74.28	77.95	87.71	98.65	108.34	122.81	134.82	152.75				
(529)			72.28	77.39	81.21	91.38	102.79	112.89	127.99	140.52	159.22				
559			76.43	81.83	85.87	96.64	108.71	119.41	135.39	148.66	168.47				
610				89.37	93.80	105.57	118.77	130.47	147.97	162.49	184.19				
(630)				92.33	96.90	109.07	122.72	134.81	152.90	167.92	190.36				
660				96.77	101.56	114.32	128.63	141.32	160.30	176.06	199.60	226.15			
711					109.49	123.25	138.70	152.39	172.88	189.89	215.33	344.01			
(720)					110.89	124.83	140.47	154.35	175.10	192.34	218.10	247.17			
762					117.41	132.18	148.76	163.46	185.45	203.73	231.05	261.87			
813					125.33	141.11	158.82	174.53	198.03	217.56	246.77	279.73			
864					133.26	150.04	168.88	185.60	210.61	231.40	262.49	297.59	334.61		
914							178.75	196.45	222.94	244.96	277.90	315.10	354.34		

续表

t(mm) / M(kg/m)

D(mm)	5	5.4	5.6	6	6.3	7.1	8	8.8	10	11	12.5	14.5	16	17.5	20
1016							198.87	218.58	248.09	272.63	309.35	350.82	394.58		
1067								229.65	260.67	286.47	325.07	368.68	414.71		
1118								240.72	273.25	300.30	340.79	386.54	434.83	474.95	541.57
1168								251.57	285.58	313.87	356.20	404.05	454.56	496.53	566.23
1219								262.64	298.16	327.70	371.93	421.91	474.68	518.54	591.38
1321									260.67	286.47	325.07	368.68	414.71	452.94	516.41
1422									348.22	382.77	434.50	493.00	554.79	606.15	691.51
1524									373.38	410.44	465.95	528.72	595.03	650.17	741.82
1626									398.53	438.11	497.39	564.44	635.28	694.19	791.82
1727											528.53	599.81	675.13	737.78	841.94
1829											559.97	635.53	715.38	781.80	892.25
1930											591.11	670.90	755.23	825.39	942.07
2032												706.62	795.48	869.41	992.38
2134													835.73	913.43	1042.69
2235													875.58	957.02	1092.50
2337													915.83	1001.04	1142.81
2438													955.68	1044.63	1192.63
2540													995.93	1088.65	1242.94

注：1. 根据购方需要，并经购方与制造厂协议，可供应介于本表所列标称外径和标称壁厚之间或之外尺寸的钢管。

2. 本表中加括号的标号为保留标称外径。

2)钢管外径偏差应符合表 5-30 的要求,应使用卷尺、环规、卡规、卡尺或光学测量仪器测量直径。

表 5-30　　　　　　　　　　钢管外径偏差　　　　　　　　　　mm

公称外径 D	允许偏差[a]	
	管体	管端[b]
$D \leqslant 610$	$\pm 1.0\%D$	$\pm 0.75\%D$ 或 ± 2.5,取小值
$610 < D \leqslant 1422$	$\pm 0.75\%D$	$\pm 0.50\%D$ 或 ± 4.5,取小值
$D > 1422$	依照协议	

a 钢管外径偏差换算为周长后,可修约到最邻近的 1mm。

b 管端为距钢管端部 100mm 范围内的钢管。

3)钢管壁厚偏差应符合表 5-31 的要求。可采用壁厚千分尺或其他具有相应精度的无损检验装置测量,发生争议时应以壁厚千分尺的测量结果为准。

表 5-31　　　　　　　　　　钢管壁厚偏差　　　　　　　　　　mm

公称壁厚 t	$t < 5.0$	$5.0 < t \leqslant 15.0$	$t > 15.0$
偏差	± 0.5	$\pm 10.0\%t$	± 1.5

3. 钢管管件

钢管管件的规格见表 5-32～表 5-34。

表 5-32　　　　　　　　　　钢制管接头规格和质量

公称直径 (mm)	管螺纹 d(in)	钢制管接头		
		L(mm)	δ(mm)	质量(kg/个)
15	1/2	35	5	0.066
20	3/4	40	5	0.11
25	1	45	6	0.21
32	1¼	50	6	0.27

续表

公称直径 （mm）	管螺纹 d(in)	钢制管接头		
		L(mm)	δ(mm)	质量（kg/个）
40	1½	50	7	0.45
50	2	60	7	0.63
70	2½	65	8	1.1
80	3	70	8	1.3
100	4	85	10	2.2
120	5	90	10	3.2
150	6	100	12	5.8

表 5-33　　　　　　　　　　**压制弯头规格**　　　　　　　　　　mm

公称 直径	外　径	弯曲半径 R		结构长度 L		壁　　厚 δ		
		1.5DN	1DN	1.5DN	1DN	$PN4.0$ 级	$PN6.4$ 级	$PN10.0$ 级
25	32	38	25	38	25	3	—	4.5
32	38	48	32	48	32	3	—	4.5
40	45	60	40	60	40	3.5	—	5
50	57	75	50	75	50	3.5	—	5
65	76	100	65	100	65	4	—	6
80	89	120	80	125	80	4	—	6
100	108	150	100	150	100	4	6	8
125	133	190	125	190	125	4.5	7	10
150	159	225	150	225	150	5	8	12
200	219	300	200	300	200	7	10	14

公称直径 $DN_1 \times DN_2$	外 径 $D_1 \times D_2$	壁厚 $\delta_1 \times \delta_2$			结构长度 L
		PN4.0 级	PN4.6 级	PN10.0 级	
25×15	32×18	3×3	—	4.5×4.5	
25×20	32×25	3×3	—	4.5×4.5	50
32×15	38×18	3×3	—	4.5×4.5	
32×20	38×25	3×3	—	4.5×4.5	50
32×25	38×32	3×3	—	4.5×4.5	
40×20	45×25	3.5×3	—	5×4.5	
40×25	45×32	3.5×3	—	5×4.5	65
40×32	45×38	3.5×3	—	5×4.5	
50×25	57×32	3.5×3	—	5×4.5	
50×32	57×38	3.5×3	—	5×4.5	75
50×40	57×45	3.5×3.5		5×5	
65×32	76×38	4×3	—	6×4.5	
65×40	76×45	4×3.5	—	6×5	90
65×50	76×57	4×3.5	—	6×5	

表 5-34　　　压制异径管规格　　　mm

三、给水铜管

1. 铜及铜合金拉制管

(1)规格。铜及铜合金拉制管的牌号、状态和规格应符合表 5-35 的规定。

表 5-35　　　　　　　　　　牌号、状态和规格

牌　号	状　态	圆形 外径	圆形 壁厚	矩(方)形 对边距	矩(方)形 壁厚
T2、T3、TU1、TU2、TP1、TP2	软(M)、轻软(M_2)硬(Y)、特硬(T)	3~360	0.5~15		1~10
	半硬(Y_2)	3~100			
H96、H90	软(M)、轻软(M_2)半硬(Y_2)、硬(Y)	3~200	0.2~10	3~100	0.2~7
H85、H80、H85A					
H70、H68、H59、HPb59-1、HSn62-1、HSn70-1、H70A、H68A		3~100			
H65、H63、H62、HPb66-0.5、H65A		3~200			
HPb63-0.1	半硬(Y_2)	18~31	6.5~13	—	—
HPb63-0.1	1/3硬(Y_3)	8~31	3.0~13		
BZn15-20	硬(Y)、半硬(Y_2)、软(M)	4~40		—	—
BFe10-1-1	硬(Y)、半硬(Y_2)、软(M)	8~160	0.5~8		
BFe30-1-1	半硬(Y_2)、软(M)	8~80			

注：1. 外径≤100mm 的圆形直管,供应长度为 1000~7000mm;其他规格的圆形直管供应长度为 500~6000mm。

2. 矩(方)形直管的供应长度为 1000~5000mm。

3. 外径≤30mm、壁厚<3mm 的圆形管材和圆周长≤100mm 或圆周长与壁厚之比≤15 的矩(方)形管材,可供应长度≥6000mm 的盘管。

(2)力学性能。纯铜圆形管材的纵向室温力学性能应符合表 5-36 的规定,黄铜、白铜管材的力学性能应符合表 5-37 的规定,矩(方)形管材的室温力学性能由供需双方协商确定。

表 5-36 纯铜圆形管的力学性能

牌 号	状 态	壁厚 (mm)	拉伸试验		硬度试验	
			抗拉强度 R_m (MPa)不小于	伸长率 A (%)不小于	维氏硬度[2] (HV)	布氏硬度[3] (HB)
T2、T3、 TU1、TU2、 TP1、TP2	软(M)	所有	200	40	40～65	35～60
	轻软(M₂)	所有	220	40	45～75	40～70
	半硬(Y₂)	所有	250	20	70～100	65～95
T2、T3、 TU1、TU2、 TP1、TP2	硬(Y)	≤6	290	—	95～120	90～115
		>6～10	265	—	75～110	70～105
		>10～15	250	—	70～100	65～95
	特硬[1](T)	所有	360	—	≥110	≥150

①特硬(T)状态的抗拉强度仅适用于壁厚≤3mm 的管材;壁厚>3mm 的管材,其性能
　由供需双方协商确定。

②维氏硬度试验负荷由供需双方协商确定。软(M)状态的维氏硬度试验仅适用于壁厚
　>1mm 的管材。

③布氏硬度试验仅适用于壁厚≥3mm 的管材。

表 5-37 黄铜、白铜管的力学性能

牌 号	状 态	拉伸试验		硬度试验	
		抗拉强度 R_m (MPa)不小于	伸长率 A (%)不小于	维氏硬度[1] (HV)	布氏硬度[2] (HB)
H96	M	205	42	45～70	40～65
	M₂	220	35	50～75	45～70
	Y₂	260	18	75～105	70～100
	Y	320	—	≥95	≥90
H90	M	220	42	45～75	40～70
	M₂	240	35	50～80	45～75
	Y₂	300	18	75～105	70～100
	Y	360	—	≥100	≥95

续一

牌　号	状　态	拉伸试验		硬度试验	
		抗拉强度 R_m（MPa）不小于	伸长率 A（%）不小于	维氏硬度[①]（HV）	布氏硬度[②]（HB）
H85、H85A	M	240	43	45～75	40～70
	M_2	260	35	50～80	45～75
	Y_2	310	18	80～110	75～105
	Y	370	—	≥105	≥100
H80	M	240	43	45～75	40～70
	M_2	260	40	55～85	50～80
	Y_2	320	25	85～120	80～115
	Y	390	—	≥115	≥110
H70、H68、H70A、H68A	M	280	43	55～85	50～80
	M_2	350	25	85～120	80～115
	Y_2	370	18	95～125	90～120
	Y	420	—	≥115	≥110
H65、HPb66-0.5、H65A	M	290	43	55～85	50～80
	M_2	360	25	80～115	75～110
	Y_2	370	18	90～120	85～115
	Y	430	—	≥110	≥105
H63、H62	M	300	43	60～90	55～85
	M_2	360	25	75～110	70～105
	Y_2	370	18	85～120	80～115
	Y	440	—	≥115	≥110
H59、HPb59-1	M	340	35	75～105	70～100
	M_2	370	20	85～115	80～110
	Y_2	410	15	100～130	95～125
	Y	470	—	≥125	≥120

续二

| 牌 号 | 状 态 | 拉伸试验 | | 硬度试验 | |
		抗拉强度 R_m (MPa)不小于	伸长率 A (%)不小于	维氏硬度[1] (HV)	布氏硬度[2] (HB)
HSn70-1	M	295	40	60～90	55～85
	M_2	320	35	70～100	65～95
	Y_2	370	20	85～110	80～105
	Y	455	—	≥110	≥105
HSn62-1	M	295	35	60～90	55～85
	M_2	335	30	75～105	70～100
	Y_2	370	20	85～110	80～105
	Y	455	—	≥110	≥105
HPb63-0.1	半硬(Y_2)	353	20	—	110～165
	1/3 硬(Y_3)	—	—	—	70～125
BZn15-20	软(M)	295	35	—	—
	半硬(Y_2)	390	20	—	—
	硬(Y)	490	8	—	—
BFe10-1-1	软(M)	290	30	75～110	70～105
	半硬(Y_2)	310	12	105	100
	硬(Y)	480	8	150	145
BFe30-1-1	软(M)	370	35	135	130
	半硬(Y_2)	480	12	85～120	80～115

[1] 维氏硬度试验负荷的供需双方协商确定。软(M)状态的维氏硬度试验仅适用于壁厚 ≥0.5mm 的管材。

[2] 布氏硬度试验仅适用于壁厚≥3mm 的管材。

2. 铜及铜合金挤制管

铜及铜合金挤制管材的牌号、状态、规格应符合表 5-38 的规定。

表 5-38　　　　　　　　　　牌号、状态、规格

牌　号	状态	规格（mm）		
		外径	壁厚	长度
TU1、TU2、T2、T3、TP1、TP2	挤制（R）	30～300	5～65	300～6000
H95、H62、HPb59-1、HFe59-1-1		20～300	1.5～42.5	
H80、H65、H68、HSn62-1、HSi80-3、HMn58-2、HMn57-3-1		60～220	7.5～30	
QAl9-2、QAl9-4、QAl10-3-1.5、QAl10-4-4		20～250	3～50	500～6000
QSi3.5-3-1.6		80～200	10～30	
QCr0.5		100～220	17.5～37.5	500～3000
BFe10-1-1		70～250	10～25	300～3000
BFe30-1-1		80～120	10～25	

3. 铜管管件

铜管管件的规格见表 5-39 和表 5-40。

表 5-39　　　　　　　　　　铜管管件常用规格（一）

公称直径 DN	铜管外径 D_w	主要结构尺寸（mm）										
		公称压力		承口长度	插口长度	套管接头	45°弯头		90°弯头		180°弯头	三通接头	管帽
		PN1.0	PN1.6										
		壁　厚											
mm		t	t	l	l_0	L	L_1	L_0	L_1	L_0	L	R	L_1	L
6	8	0.75	0.75	8	10	20	12	14	16	18	25.5	13.5	15	10
8	10	0.75	0.75	9	11	22	15	17	17	19	28.5	14.5	17	12
10	12	0.75	0.75	10	12	24	17	19	18	20	34	18	19	13
15	16	0.75	0.75	12	14	28	22	24	22	24	39	19	24	16
20	22	0.75	0.75	17	19	38	31	33	31	33	62	34	32	22
25	28	1.0	1.0	20	22	44	37	39	38	40	79	45	37	24

续表

公称直径 DN	铜管外径 Dw	主要结构尺寸(mm)											
		公称压力		承口长度	插口长度	套管接头	45°弯头		90°弯头		180°弯头	三通接头	管帽	
		PN1.0 壁厚	PN1.6 壁厚											
32	35	1.0	1.0	24	26	52	46	48	46	48	93.5	52	43	28
40	45	1.0	1.5	30	32	64	57	59	58	60	120	68	55	34
50	55	1.0	1.5	34	36	74	67	69	72	74	143.5	82	63	38
65	70	1.5	2.0	34	36	74	75	77	84	86	—	—	71	—
80	85	1.5	2.5	38	40	82	84	86	98	100	—	—	88	—
100	105	2.0	3.0	48	50	102	102	104	128	130	—	—	111	—
100	(108)	2.0	3.0	48	50	102	102	104	128	130	—	—	111	—
125	133	2.5	4.0	68	70	142	134	136	168	170	—	—	139	—
150	159	3.0	4.5	80	83	166	159	162	200	203	—	—	171	—
200	219	4.0	6.0	105	108	216	209	212	255	258	—	—	218	—

注:表中 L 表示全长;L_1、L_0 表示端面至轴线交点的距离;R 表示弯曲半径。

表 5-40　　　　　　　　　铜管管件常用规格(二)

公称直径 DN_1/DN_2	铜管外径 D_{w1}/D_{w2}	主要结构尺寸(mm)								
		公称压力				承口长度		异径接头	异径三通接头	
		PN1.0 壁厚		PN1.6 壁厚						
mm		t_1	t_2	t_1	t_2	l_1	l_2	L	L_1	L_2
8/6	10/8	0.75	0.75	0.75	0.75	9	8	25	17	13
10/6	12/8	0.75	0.75	0.75	0.75	10	8	—	19	15
10/8	12/10	0.75	0.75	0.75	0.75	10	9	25	—	—
15/8	16/10	0.75	0.75	0.75	0.75	12	9	30	24	19
15/10	16/12	0.75	0.75	0.75	0.75	12	10	36	24	20
20/10	22/12	0.75	0.75	0.75	0.75	17	10	40	—	—

续表

公称直径 DN_1/DN_2	铜管外径 D_{w1}/D_{w2}	主要结构尺寸（mm）								
		公称压力				承口长度		异径接头	异径三通接头	
		PN1.0		PN1.6						
		壁　厚								
mm		t_1	t_2	t_1	t_2	l_1	l_2	L	L_1	L_2
20/15	22/16	0.75	0.75	0.75	0.75	17	12	46	32	25
25/15	28/16	1.0	0.75	1.0	0.75	20	12	48	37	28
25/20	28/22	1.0	0.75	1.0	0.75	20	17	48	37	34
32/15	35/16	1.0	0.75	1.0	0.75	24	12	52	39	32
32/20	35/22	1.0	0.75	1.0	0.75	24	17	56	39	38
32/25	35/28	1.0	1.0	1.0	1.0	24	20	56	39	39
40/15	44/16	1.0	0.75	1.5	0.75	30	12	—	55	37
40/20	44/22	1.0	0.75	1.5	0.75	30	17	64	55	40
40/25	44/28	1.0	1.0	1.5	1.0	30	20	66	55	42
40/32	44/35	1.0	1.0	1.5	1.0	30	24	66	55	44
50/20	55/22	1.0	0.75	1.5	0.75	34	17	—	63	48
50/25	55/28	1.0	1.0	1.5	1.0	34	20	70	63	50
50/32	55/35	1.0	1.0	1.5	1.0	34	24	70	63	54
50/40	55/44	1.0	1.0	1.5	1.5	34	30	75	63	60
65/25	70/28	1.5	1.0	2.0	1.0	34	20	—	71	58
65/32	70/35	1.5	1.0	2.0	1.0	34	24	75	71	62
65/40	70/44	1.5	1.0	2.0	1.5	34	30	82	71	68
65/50	70/55	1.5	1.0	2.0	1.5	34	34	82	71	71
80/32	85/35	1.5	1.0	2.5	1.0	38	24	—	88	69
80/40	85/44	1.5	1.0	2.5	1.5	38	30	92	88	75
80/50	85/55	1.5	1.0	2.5	1.5	38	34	98	88	79
80/65	85/70	1.5	1.5	2.5	2.0	38	34	92	88	79

第二节 排水管道材料

一、排水塑料管材

1. 排水用硬聚氯乙烯管材

建筑排水用硬聚氯乙烯管材是以聚氯乙烯（PVC）树脂为主要原料，经挤出而成型的。管材按连接形式不同分为胶粘剂连接型管材和弹性密封圈连接型管材。

（1）管材平均外径、壁厚。管材平均外径、壁厚应符合表 5-41 的规定。

表 5-41   管材平均外径、壁厚   mm

公称外径 d_n	平均外径		壁厚	
	最小平均外径 $d_{m,min}$	最大平均外径 $d_{m,man}$	最小壁厚 e_{min}	最大壁厚 e_{max}
32	32.0	32.2	2.0	2.4
40	40.0	40.2	2.0	2.4
50	50.0	50.2	2.0	2.4
75	75.0	75.3	2.3	2.7
90	90.0	90.3	3.0	3.5
110	110.0	110.3	3.2	3.8
125	125.0	125.3	3.2	3.8
160	160.0	160.4	4.0	4.6
200	200.0	200.5	4.9	5.6
250	250.0	250.5	6.2	7.0
315	315.0	315.6	7.8	8.6

（2）管材长度。管材长度 L 一般为 4m 或 6m,其他长度由供需双方协商确定,管材长度不允许有负偏差。管材长度 L、有效长度 L_1 如图 5-3 所示。

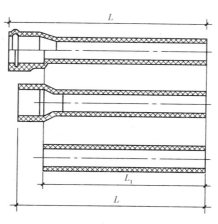

图 5-3　管材长度示意图

（3）不圆度。管材不圆度应不大于 $0.024d_n$。不圆度的测定应在管材出厂前进行。

（4）弯曲度。管材弯曲度应不大于 0.50%。

（5）管材承口尺寸。

1）胶粘剂粘接式管材承口尺寸应符合表 5-42 规定,其示意图如图 5-4 所示。

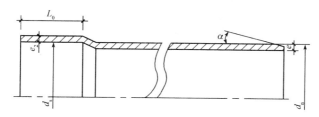

图 5-4　胶黏剂粘接式管材承口示意图

d_n——公称外径;d_s——承口中部内部;e——管材壁厚;
e_2——承口壁厚;L_2——承口深度;α——倒角

表 5-42　　　　　　　　　　胶粘剂粘接型管材承口尺寸　　　　　　　　　mm

公称外径 d_n	承口中部平均内径		承口深度 $L_{0,min}$
	$d_{sm,min}$	$d_{sm,max}$	
32	32.1	32.4	22
40	40.1	40.4	25
50	50.1	50.4	25
75	75.2	75.5	40
90	90.2	90.5	46
110	110.2	110.6	48
125	125.2	125.7	51
160	160.3	160.8	58
200	200.4	200.9	60
250	250.4	250.9	60
315	315.5	316.0	60

　　2)弹性密封圈连接型管材承口示意图如图 5-5 所示,其尺寸应符合表 5-43 的规定。

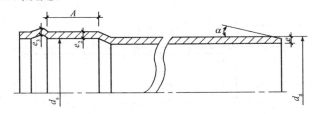

图 5-5　弹性密封圈连接型管材承口示意图

d_n——公称外径;d_s——承口中部内径;e——管材壁厚;e_2——承口壁厚;

e_3——密封圈槽壁厚;A——承口配合深度;α——倒角

表 5-43	弹性密封圈连接型管材承口尺寸	mm
公称外径 d_n	承口端部平均内径 $d_{sm,mm}$	承口配合深度 A_{min}
32	32.3	16
40	40.3	18
50	50.3	20
75	75.4	25
90	90.4	28
110	110.4	32
125	125.4	35
160	160.5	42
200	200.6	50
250	250.8	55
315	316.0	62

（6）管材物理力学性质。管材的物理力学性能应符合表 5-44 的规定。

表 5-44	管材物理力学性能
项 目	要 求
密度（kg/m^2）	1350～1550
维卡软化温度（VST）（℃）	≥79
纵向回缩率（%）	≤5
二氯甲烷浸渍试验	表面变化不劣于 4L
拉伸屈服强度（MPa）	≥40
落锤冲击试验 TIR	TIR≤10%

2. 排水用硬聚氯乙烯管件

建筑排水用硬聚氯乙烯管件是以聚氯乙烯（PVC）树脂为主要原料，经注塑成型的。管件按连接形式不同分为胶粘剂连接型管件和弹性密封圈连接型管件。

（1）管件承口和插口的直径和长度应符合表 5-45 和表 5-46 的规定，其尺寸示意图如图 5-6 和图 5-7 所示。

表 5-45　　　　胶黏剂连接型管件承口和插口的直径和长度　　　mm

公称外径	插口的平均外径		承口中部平均内径		承口深度和插口长度
d_n	$d_{cm,min}$	$d_{cm,max}$	$d_{cm,min}$	$d_{cm,max}$	$L_{1,min}$ 和 $L_{2,min}$
32	32.0	32.2	32.1	32.4	22
40	40.0	40.2	40.1	40.4	25
50	50.0	50.2	50.1	50.4	25
75	75.0	75.3	75.2	75.5	40
90	90.0	90.3	90.2	90.5	46
110	110.0	110.3	110.2	110.6	48
125	125.0	125.3	125.2	125.7	51
160	160.0	160.4	160.3	160.8	58
200	200.0	200.5	200.4	200.9	60
250	250.0	250.5	250.4	250.9	60
315	315.0	315.6	315.5	316.0	60

注：沿承口深度方向允许有不大于 30′ 脱模所必需的锥度。

表 5-46　　　　弹性密封圈连接型管件承口和插口的直径和长度　　　mm

公称外径	插口的平均外径		承口端部平均内径	承口配合深度和插口长度	
d_n	$d_{cm,min}$	$d_{cm,max}$	$d_{cm,min}$	A_{min}	$L_{2,min}$
32	32.0	32.2	32.3	16	42
40	40.0	40.2	40.3	18	44
50	50.0	50.2	50.3	20	46
75	75.0	75.3	75.4	25	51
90	90.0	90.3	90.4	28	56
110	110.0	110.3	110.4	32	60
125	125.0	125.3	125.4	35	67
160	160.0	160.4	160.5	42	81
200	200.0	200.5	200.6	50	99
250	250.0	250.5	250.8	55	125
315	315.0	315.6	316.0	62	132

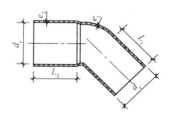

图 5-6　胶粘剂连接型承口和插口

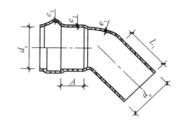

图 5-7　弹性密封圈连接型承口和插口

二、其他排水管材及管件

1. 混凝土管

混凝土管是用混凝土或钢筋混凝土制作的管子。混凝土管分为素混凝土管、普通钢筋混凝土管、自应力钢筋混凝土管和预应力混凝土管四类。按混凝土管内径的不同,可分为小直径管(内径 400mm 以下)、中直径管(400～1400mm)和大直径管(1400mm 以上)。按管子承受水压能力的不同,可分为低压管和压力管,压力管的工作压力一般有 0.4MPa、0.6MPa、0.8MPa、1.0MPa、1.2MPa 等。混凝土管与钢管比较,按管子接头形式的不同,又可分为平口式管和承插式管。

(1)混凝土和钢筋混凝土排水管。

1)混凝土管和钢筋混凝土管的规格、外压荷载和内水压力分别见表 5-47 和表 5-48。

表 5-47　　　　　　　混凝土管规格、外压荷载和内水压力

公称内径 D_0(mm)	有效长度 L (mm) ≥	Ⅰ级管			Ⅱ级管		
		壁厚 t (mm) ≥	破坏荷载 (kN/m)	内水压力 (MPa)	壁厚 t (mm) ≥	破坏荷载 (kN/m)	内水压功力 (MPa)
100		19	12		25	19	
150	100	19	8	0.02	25	14	0.04
200		22	8		27	12	
250		25	9		33	15	

公称内径 D_0(mm)	有效长度 L (mm) ≥	I级管			II级管		
		壁厚 t (mm) ≥	破坏荷载 (kN/m)	内水压力 (MPa)	壁厚 t (mm) ≥	破坏荷载 (kN/m)	内水压功力 (MPa)
300		30	10		40	18	
350		35	12		45	19	
400	1000	40	14	0.02	47	19	0.04
450		45	16		50	19	
500		50	17		55	21	
600		60	21		65	24	

表 5-48　　钢筋混凝土管规格、压荷载和内水压力

公称内径 D_0 (mm)	有效长度 L(mm) ≥	I级管				II级管				III级管			
		壁厚 t (mm)≥	裂纹荷载 (kN/m)	破坏荷载 (kN/m)	内水压力 (MPa)	壁厚 t (mm)≥	裂纹荷载 (kN/m)	破坏荷载 (kN/m)	内水压力 (MPa)	壁厚 t (mm)≥	裂纹荷载 (kN/m)	破坏荷载 (kN/m)	内水压力 (MPa)
200		30	12	18		30	15	23		30	19	29	
300		30	15	23		30	19	29		30	27	41	
400		40	17	26		40	27	41		40	35	53	
500		50	21	32		50	32	48		50	44	68	
600		55	25	38		60	40	60		60	53	80	
800		70	33	50		80	54	81		80	71	107	
900		75	37	56		90	61	92		90	80	120	
1000		85	40	60		100	69	100		100	89	134	
1100		95	44	66		110	74	110		110	98	147	
1200		100	48	72		120	81	120		120	107	161	
1350		115	55	83		135	90	135		135	122	183	
1400	2000	117	57	86	0.06	140	93	140	0.01	140	126	189	0.01
1500		125	60	90		150	99	150		150	135	203	
1600		135	64	96		160	106	159		160	144	216	
1650		140	66	99		165	110	170		165	148	222	
1800		150	72	110		180	120	180		180	162	243	
2000		170	80	120		200	134	200		200	181	272	
2200		185	84	130		220	145	220		220	199	299	
2400		200	90	140		230	152	230		230	217	326	
2600		220	104	156		235	172	260		235	235	353	
2800		235	112	168		255	185	280		255	254	381	
3000		250	120	180		275	198	300		275	273	410	
3200		265	128	192		290	211	317		290	292	438	
3500		290	140	210		320	231	347		320	321	482	

2)端面碰伤环向长度限值见表 5-49。

表 5-49　　　　　　　　　端面碰伤环向长度限值

公称内径 D_0 (mm)	碰伤环向长度限值(mm)	公称内径 D_0 (mm)	碰伤环向长度限值(mm)
100～200	45	1650～2400	120
300～500	60	2600～3000	150
600～900	80	3200～3500	200
1000～1600	105		

（2）预应力混凝土管。

1)外观质量。预应力混凝土管的外观质量要求见表 5-50。

表 5-50　　　　　　　预应力混凝土管的外观质量要求

序　号	具　体　要　求
1	管子承口工作面不应有蜂窝、脱皮现象,缺陷凹凸度不大于 2mm,面积不大于 30mm²
2	管子插口工作面不应有蜂窝、刻痕、脱皮、缺边等
3	管体内壁平整,不应露石,不宜有浮渣;局部凹坑深度不应大于壁厚的 1/5 或 10mm
4	管体外部保护层不应有脱落和不密实现象。一阶段管保护层空鼓面积累计不得超过 40cm²
5	管子内外表面不得出现结构性裂缝,插口端安装线内的保护层厚度不得超过止胶台厚度高度
6	管子承插口工作面的环向连续碰伤长度不超过 250mm,且不降低接头密封性能和结构性能时,应予补修
7	一阶段管承插口端面外露的纵向钢筋头应清除掉并至少深入 5mm,其残留凹坑应采用砂浆或无毒防腐材料填补
8	管体所有标准允许修补的缺陷应修补完整,结合牢固,不应漏修

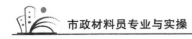

2)抗渗性。预应力混凝土管的抗渗性见表 5-51。

表 5-51 预应力混凝土管的抗渗性

序 号	具 体 要 求
1	成品管子的抗渗检验压力值应为管道工作压力的 1.5 倍,最低的抗渗检验压力应为 0.2MPa
2	抗渗检验压力管体不应出现冒汗、淌水、喷水;管体出现的任何单个潮片面积不应超过 20cm^2,管体任意外表面 1m^2 面积的潮片数量不得超过 5 处
3	抗渗检验过程中,管子的接头处不应滴水

(3)混凝土低压排水管。

1)外观质量。混凝土低压排水管的外观质量要求见表 5-52。

表 5-52 混凝土低压排水管的外观质量要求

序 号	具 体 要 求
表面质量	管子的外表面应平整。不应出现黏皮、蜂窝、麻面、坍落、露筋、合缝漏浆、端部碰伤和保护层空鼓、脱落现象
表面裂缝	①管子外表面不得有裂缝。 ②预应力混凝土低压排水管(不包括 DY—PCCP)内表面不得有裂缝。 ③普通混凝土低压排水管和自应力混凝土低压排水管内表面裂缝宽度不得大于 0.05mm。 ④预应力混凝土低压排水管(DY—PCCP)内表面纵向裂缝宽度不得大于 0.1mm,裂缝长度不得大于 150mm;管身环向裂缝宽度不得大于 0.25mm;距管端 300mm 范围内出现的环向裂缝宽度不得大于 0.4mm
接口工作面	管子接口工作面应平整光洁,不得出现蜂窝、灰渣和脱皮现象
修补	有瑕疵的管子允许修补,其修补范围和方法应符合有关的规定。

2)物理力学性能。混凝土低压排水管的物理力学性能见表 5-53。

表 5-53	混凝土低压排水管的物理力学性能
项 目	具 体 指 标
抗渗性	①普通混凝土低压排水管和预应力混凝土低压排水管(不包括 DY－PC-CP),其抗渗检验压力为管子静水压力的 1.5 倍; ②自应力混凝土低压排水管,其抗渗检验压力为管子静水压力的 2 倍; ③在规定的抗渗检验压力下,普通混凝土低压排水管、自应力混凝土低压排水管和预应力混凝土低压排水管(不包括 DY－PCCP)外表面允许有潮片,但潮片面积不得大于总外表面积的 5%,管体表面不得出现水珠流淌,管子接头不得滴水,管子不得开裂; ④预应力钢筒混凝土低压排水管,在制管过程中检验薄钢的抗渗性。在《预应力钢筒混凝土管》(GB/T 19685—2005)规定的抗渗检验压力下,薄钢筒包括钢筒焊缝不得出现渗漏。如在钢筒水压检验时发现任何渗漏,应在卸压后进行修补。修补后的薄钢筒应重新进行抗渗检验,直到无渗漏才能进入下道工序
外压荷载或抗裂压力	①普通混凝土低压排水管按《混凝土低压排水管》(JC/T 923—2003)规定的三点法进行外压荷载检验时,管子外压荷载值不得低于《混凝土低压排水管》(JC/T 923—2003)的规定; ②自应力混凝土低压排水管和预应力混凝土低压排水管按《混凝土低压排水管》(JC/T 923—2003)规定的内水压方法进行抗裂压力检验时,管子的抗裂值应满足《混凝土低压排水管》(JC/T 923—2003)的规定

2. 石棉水泥落水管、排污管及其接头

(1)外观质量。在每根管子未加工的外表面上允许有深度不大于 2mm 的伤痕和脱皮,每处面积不得大于 10cm²,其总面积不大于 50cm²。管子内表面上允许有深度不大于 2mm 的脱皮,其总面积不大于 25cm²。如果车削,车削部位的外表面上不允许有伤痕、脱皮和起鳞。

(2)物理力学性能。

1)抗渗性。落水管在 0.2MPa,排污管的一等品与合格品分别在 0.6MPa 与 0.4MPa 的试验水压下保持 60s,管子外表面不得有洇湿。

2)抗折荷载。不同级别、不同规格的管子应承受表 5-54 中规定的最小抗折荷载,而不发生破坏。

表 5-54 不同级别、不同规格的管子应承受的最小抗折荷载

公称直径(mm)	支距(mm)	落水管(N)		排污管(N)	
		一等品	合格品	一等品	合格品
75	800	3800	2700	4000	3000
100	800	5700	4500	6000	5000
125	1200	6700	4900	7000	6000
150	1370	8900	5800	10000	9000
200	1870	—	—	12000	10000
250	2000	—	—	13000	11000

3)外压荷载与外压强度。

①管子的外压荷载应承受表 5-55 中规定的最小外压荷载,而不发生破坏。

表 5-55 管子的外压荷载

公称直径(mm)	落水管外压试验荷载(N)	排污管外压试验荷载(N)
75		5500
100		5400
125	2500	4400
150		4000
200		3600
250		3600

②套管的外压强度不应低于 33MPa。

4)管子与套管的管壁吸水率不应大于 20%。

5)管子与套管应能经受反复交替冻融 25 次(落水管为 35 次),其外观不出现龟裂、起层现象。

3. 排水陶管及配件

(1)外观质量。排水陶管及配件的外观质量要求见表 5-56。

表 5-56　　　　　　　　排水陶管及配件的外观质量要求

缺陷名称	允许范围(mm)	
	一级品	合格品
管身裂纹	内壁:不允许 外壁:宽≤1,每处长≤35,累计长≤80	内壁:宽≤1,每处长≤30,累计长≤60 外壁:宽≤1,每处长≤50,累计长≤160
承口裂纹	内壁:宽≤1,长≤25,允许 3 条 外壁:横纹宽≤1 　　累计长≤1/4 周长 　　竖纹宽≤1,长≤30,不贯及管身,允许 1 条	内壁:宽≤1,长≤50,允许 5 条 外壁:横纹宽≤1 　　累计长≤1/3 周长 　　竖纹宽≤1,长≤30,不贯及管身,允许 5 条
承口底部裂纹	横纹宽≤1,长≤1/4 周长 竖纹宽≤1,不贯及管身,累计长≤20	横纹宽≤1.5,长≤1/3 周长 竖纹宽≤1,不贯及管身,累计长≤80
插口外壁裂纹	宽≤1,累计长≤50	宽≤1,每处长≤50,累计长≤20
粘疤	内壁:不允许 外壁:深(或高)≤3 　　面积≤30×30,允许 1 处	内壁:深(或高)≤2 　　面积≤30×30,允许 2 处 外壁:深(或高)≤3 　　面积≤30×30,允许 2 处
缺轴	内壁:不允许 外壁:面积≤50×50	内壁:面积≤100×100 外壁:面积≤150×150
熔疤	内壁:面积≤5×5 　　深≤壁厚的 1/5,允许 1 处 外壁:面积≤10×10 　　深≤壁厚的 1/4,允许 1 处	内壁:面积≤10×10 　　深≤壁厚的 1/4,允许 4 处 外壁:面积≤20×20 　　深≤壁厚的 1/4,允许 6 处
鼓泡	直径≤15	直径≤40
砂眼	直径≤5,深≤3,允许 5 处	直径≤6,深≤3,允许 15 处
磕碰	长≤30,深≤壁厚的 1/3,允许 2 处	长≤50,深≤壁厚的 1/2,允许 3 处

(2)物理力学性能。

1)陶管的抗外压强度。陶管抗外压强度的具体要求见表 5-57。

表5-57　　　　　　　　　　　陶管抗外压强度的具体要求

公称直径 DN(mm)	抗外压强度(kN/m)	公称直径 DN(mm)	抗压强度(kN/m)
100	15.7	300	15.7
150	15.7	400	15.2
200	15.7	500	按协议要求
250	15.7		

注:陶管及配件的吸水率不大于11%。陶管及配件承受0.069MPa水压,并保持5min,
　　不应有渗漏现象。陶管及配件的耐酸度不得低于94%。

2)陶管的抗弯强度。陶管抗弯强度的具体要求见表5-58。

表5-58　　　　　　　　　　　陶管抗弯强度的具体要求

公称直径 DN(mm)	抗弯强度(MPa)	公称直径 DN(mm)	抗弯强度(MPa)
100	5.9	1.50	6.9

注:公称直径为100mm或150mm,长度不小于1m的陶管,需进行弯曲强度检验,结果
　　应符合表中的规定。

▶复习思考题◀

1. 硬聚氯乙烯管与传统管材相比有什么优点?
2. 简述混凝土管的分类。
3. 简述混凝土与钢筋混凝土排水管的分类。
4. 混凝土低压排水管的表面裂纹有哪些具体规定?
5. 预应力混凝土管的外观质量有哪些具体要求?

下篇 岗位知识与实务

第六章 材料管理

第一节 材料管理相关法律法规

材料管理的相关法律法规见表 6-1。

表 6-1   材料管理相关法律法规

法律、法规	相关条款
《中华人民共和国建筑法》（1997 年 11 月 1 日通过）（2011 年有修正版）	第二十五条　按照合同约定，建筑材料、建筑构配件和设备由工程承包单位采购的，发包单位不得指定承包单位购入用于工程的建筑材料、建筑构配件和设备或者指定生产厂、供应商
	第三十四条　工程监理单位与被监理工程的承包单位以及建筑材料、建筑构配件和设备供应单位不得有隶属关系或者其他利害关系
	第五十六条　设计文件选用的建筑材料、建筑构配件和设备，应当注明其规格、型号、性能等技术指标，其质量要求必须符合国家规定的标准
	第五十七条　建筑设计单位对设计文件选用的建筑材料、建筑构配件和设备，不得指定生产厂、供应商
	第五十九条　建筑施工企业必须按照工程设计要求、施工技术标准和合同的约定，对建筑材料、建筑构配件和设备进行检验，不合格的不得使用

法律、法规	相 关 条 款
《中华人民共和国产品质量法》 （1993年2月22日通过， 2000年7月8日修正）	第二十七条　产品或者其包装上的标识必须真实，并符合下列要求： （一）有产品质量检验合格证明； （二）有中文标明的产品名称、生产厂厂名和厂址； （三）根据产品的特点和使用要求，需要标明产品规格、等级、所含主要成分的名称和含量的，用中文相应予以标明；需要事先让消费者知晓的，应当在外包装上标明，或者预先向消费者提供有关资料； （四）限期使用的产品，应当在显著位置清晰地标明生产日期和安全使用期或者失效日期； （五）使用不当，容易造成产品本身损坏或者可能危及人身、财产安全的产品，应当有警示标志或者中文警示说明
《中华人民共和国产品质量法》 （1993年2月22日通过， 2000年7月8日修正）	第二十九条至第三十二条　生产者不得生产国家明令淘汰的产品。 　生产者不得伪造产地，不得伪造或者冒用他人的厂名、厂址。 　生产者不得伪造或者冒用认证标志等质量标志。 　生产者生产产品，不得掺杂、掺假，不得以假充真、以次充好，不得以不合格产品冒充合格产品
	第三十三条至第三十九条　销售者应当建立并执行进货检查验收制度，验明产品合格证明和其他标识。 　销售者应当采取措施，保持销售产品的质量。 　销售者不得销售国家明令淘汰并停止销售的产品和失效、变质的产品。 　销售者销售的产品的标识应当符合本法第二十七条的规定。 　销售者不得伪造产地，不得伪造或者冒用他人的厂名、厂址。 　销售者不得伪造或者冒用认证标志等质量标志。 　销售者销售产品，不得掺杂、掺假，不得以假充真、以次充好，不得以不合格产品冒充合格产品

续二

法律、法规	相 关 条 款
《建设工程质量管理条例》 （2000年1月10日通过）	第八条 建设单位应当依法对工程建设项目的勘察、设计、施工、监理以及与工程建设有关的重要设备、材料等的采购进行招标
	第十四条 按照合同约定，由建设单位采购建筑材料、建筑构配件和设备的，建设单位应当保证建筑材料、建筑构配件和设备符合设计文件和合同要求。 建设单位不得明示或者暗示施工单位使用不合格的建筑材料、建筑构配件和设备
	第二十二条 设计单位在设计文件中选用的建筑材料、建筑构配件和设备，应当注明规格、型号、性能等技术指标，其质量要求必须符合国家规定的标准。 除有特殊要求的建筑材料、专用设备、工艺生产线等外，设计单位不得指定生产厂、供应商
《建设工程质量管理条例》 （2000年1月10日通过）	第二十九条 施工单位必须按照工程设计要求、施工技术标准和合同约定，对建筑材料、建筑构配件、设备和商品混凝土进行检验，检验应当有书面记录和专人签字；未经检验和检验产品不合格的，不得使用
	第三十一条 施工人员对涉及结构安全的试块、试件以及有关材料，应当在建设单位或者工程监理单位监督下现场取样，并送具有相应资质等级的质量检测单位进行检测
	第三十五条 工程监理单位与被监理工程的施工承包单位以及建筑材料、建筑构配件和设备供应单位有隶属关系或者其他利害关系的，不得承担该项建设工程的监理业务
	第三十七条 未经监理工程师签字，建筑材料、建筑构配件、设备不得在工程上使用或者安装，施工单位不得进行下一道工序的施工，未经总监理工程师签字，建设单位不得拨付工程款，不得进行竣工验收
	第五十一条 供水、供电、供气、公安消防等部门或者单位不得明示或者暗示建设单位、施工单位购买其指定的生产供应单位的建筑材料、建筑构配件和设备

法律、法规	相 关 条 款
《建设工程勘察设计管理条例》 （2000 年 9 月 20 日通过）	第二十七条　设计文件中选用的材料、构配件、设备，应当注明其规格、型号、性能等技术指标，其质量要求必须符合国家规定的标准。除有特殊要求的建筑材料、专用设备和工艺生产线等外，设计单位不得指定生产厂、供应商
	第二十九条　建设工程勘察、设计文件中规定采用的新技术、新材料，可能影响建设工程质量和安全，又没有国家技术标准的，应当由国家认可的检测机构进行试验、论证，出具检测报告，并经国务院有关部门或者省、自治区、直辖市人民政府有关部门组织的建设工程技术专家委员会审定后，方可使用
《实施工程建设强制性标准监督规定》 （2000 年 8 月 21 日发布）	第十条　强制性标准监督检查的内容包括：（三）工程项目采用的材料、设备是否符合强制性标准的规定

第二节　材料质量管理

一、建材产品生产过程质量管理

建材产品有国家标准、行业标准、地方标准，国家和地方还有很多质量方面的规定，如有《中华人民共和国产品质量法》、《建设工程质量管理条例》、《上海市建设工程材料管理条例》等行政管理的法律法规，也有《通用硅酸盐水泥》、《预拌混凝土》、《钢筋混凝土用热轧带肋钢筋》等建材产品的国家标准，还有地方的生产、流通、使用的具体管理要求，可以说在我国建材质量处于全面控制，各项规章制度基本齐全。但是，由于建材生产的原材料来自于天然，受自然界形成过程影响，原材料的品位波动起伏是客观存在，加上生产过程各种因素的干扰，对产品质量必然会产生影响，所以必须严格原材料检验、生产过程工序质量控制、抓好出厂检验和售后质量跟踪服务,才能防止不合格产品流入市场。

二、建材产品流通过程质量管理

流通经营不生产建材,也不使用建材,但是流通经营将建材产品购入,经过运输、储存、销售等环节,最终供应工程建设,为生产、使用起到承前启后的桥梁作用。由于生产与用户被经销商隔离不通气,中转交易造成的信息不对称,有些建材无明显标识,个别生产企业自我保护不当,产品容易发生张冠李戴和假冒伪劣现象,所以经营行为的好坏,直接关系到工程用建材的质量。合格供应商和诚信企业考评是对流通领域质量管理的一种补充,但是有利可图、有责难究的现状,不能阻止违规经营的行为发生,因此,加强对流通中转过程的管理是非常必要的,作为工程项目的材料员和资料员要予以重视,做好建材进场的质量验收。

三、建材产品使用过程质量管理

建材产品使用过程的管理比较复杂,涉及面也比较广,管理的重点是全过程的。

(一)建材质量是工程质量的生命线

加强和完善建材采购、验收、使用的质量控制,是保证工程质量的生命线。

质量除了从经济角度所考察的"使用价值"的意义以外,还有从文化角度所考察的"精神价值"的内涵,体现了一种企业文化和员工素质。不同的企业有不同的创建、发展历史背景,质量的观点也是不一致的。有的企业追求产品合格目标,质量控制在产品标准的合格底线上,这样容易增加不合格概率;而有的企业则更在乎社会责任,产品质量优异稳定,广受市场欢迎。在营销上有的企业喜欢用价廉质次冲击市场,有些企业则用优质优价来吸引用户,不同的质量认知,形成规范市场的障碍和鸿沟。随着社会的发展,对工程建设的质量目标不断提升,对建材的质量要求也越来越高,建材质量已成为工程质量的生命线。只有通过严格验收和规范质量复试,才能确保优质稳定的建材用于工程中。

(二)建材质量有波动

建材生产过程出现波动是正常的,但是要在可控范围内,由于建材属于连续性生产,任何环节的疏忽,都可能造成优质原材料生产出劣质建材。品质好坏都是相对时间、地点而言的,上一批产品好并不代表下一批产品也是好的,为了减少波动对质量的影响,保障合格的产品用于工程建设中,提出建材产品进场必须验收、复试合格方可使用的理念。

建材质量不合格与经销商的经营行为也有关系,有些供应商借用他人的资质证书,供应价廉质次的建材,有的采用瞒天过海的手法,将不安全的材料混入工程。而个别人员出于私欲,采购不合格建材的情况也屡有发生,因此对建材进场严格验收,对供应商资格的验证、建材的品种规格和数量的核对、质保资料的核查,都是阻止不合格建材进入施工现场的有效措施之一。

(三)质保资料与实物质量匹配性

由于建材产品具有流水性生产的特点,批量大、供应范围广是销售质量控制的难点,常会出现质保资料与实物不匹配,质保资料没有代表性。如钢材市场钢筋都是一次进货,然后分级批发销售,质量证明书内容与实际进入工程的钢筋信息内容不一致,更不用说炉批号等信息,要获知其质量状况只有通过检测,所以加强取样复试是材料员、资料员应该做好的工作。

第三节　材料使用管理

一、材料领发要求、依据、程序及常用方法

(一)现场材料发放要求、依据和程序

1. 现场材料发放要求

材料发放是材料储存保管与材料使用的界限,是仓储管理的最后

一个环节。

材料发放应遵循先进先出、及时、准确、面向生产、为生产服务、保证生产正常进行的原则。

(1)及时。及时是指及时审核发料单据上的各项内容是否符合要求,及时核对库存材料能否满足施工要求;及时备料、安排送料、发放;及时下账改卡,并复查发料后的库存量与下账改卡后的结存数是否相符;剩余材料(包括边角废料、包装物)及时回收利用。

(2)准确。准确是指准确地按发料单据的品种、规格、质量、数量进行备料、复查和点交;准确计量,以免发生差错;准确地下账、改卡,确保账、卡、物相符;准确掌握送料时间,既要防止与施工活动争场地,避免材料二次转运,又要防止因材料供应不及时而使施工中断,出现停工待料现象。

(3)节约。节约是指有保存期限要求的材料,应在规定期限内发放;对回收利用的材料,在保证质量的前提下,先旧后新;坚持能用次料不发好料,能用小料不发大料,凡规定交旧换新的,坚持交旧发新。

2. 现场材料发放依据

现场发料的依据是下达给施工班组、专业施工队的班组作业计划(任务书),根据任务书上签发的工程项目和工程量所计算的材料用量,办理材料的领发手续。由于施工班组、专业施工队伍各工种所担负的施工部位和项目有所不同,因此除任务书以外,还需根据不同的情况办理一些其他领发料手续。

(1)工程用料的发放。凡属于工程用料,包括大堆材料、主要材料、成品及半成品等,必须以限额领料单作为发料依据。大堆材料如砖、砂石、石灰等;主要材料如水泥、钢材、木材等;成品及半成品如混凝土构件、门窗、金属配件等。在实际生产过程中,因各种原因变化很多,如设计变更、施工不当等造成工程量增加或减少,使用的材料也发生变更,造成限额领料单不能及时下达。此时,应凭由工长填制、项目经理审批的工程暂借用料单(表6-2),在3日内补齐限额领料单,交到材料部门作为正式发料凭证,否则停止发料。

表 6-2　　　　　　　　　　　　工程暂借用料单

施工日期_____　　工程名称_____　　　　工程量_____

施工项目_____　　　　　　　　　　　　　　____年___月___日

材料名称	规　格	计量单位	应发数量	实发数量	原　因	领料人

项目经理论(主管工长)_____　　　　发料人_____　　　　领料人_____

（2）工程暂设用料。在施工组织设计以外的临时零星用料，属于工程暂设用料。凭由工长填制、项目经理审批的工程暂设用料申请单办理领发手续，工程暂设用料申请单见表 6-3。

表 6-3　　　　　　　　　　　　工程暂设用料申请单

单位_____　施工班组_____　编号_____　　____年___月___日

材料名称	规　格	计量单位	请发数量	实发数量	用途

项目经理论(主管工长)_____　　　　发料人_____　　　　领料人_____

（3）调拨用料。对于调出给项目外的其他部门或施工项目的，凭施工项目材料主管人签发或上级主管部门签发、项目材料主管人员批准的调拨单发料，材料调拨单见表6-4。

表6-4 材料调拨单

收料单位_____ 编号_____ 发料单位_____ _____年___月___日

材料名称	规 格	单 位	请发数量	实发数量	实际价格		计划价格		备注
					单价	金额	单价	金额	
合计									

主管_____ 收料人_____ 发料人_____ 制表_____

（4）行政及公共事务用料。对于行政及公共事务用料，包括大堆材料、主要材料及剩余材料等，主要凭项目材料主管人员或施工队主管领导批准的用料计划到材料部门领料,并且办理材料调拨手续。

3. 现场材料发放程序

(1)发放准备。材料发放前,应做好计量工具、装卸倒运设备、人力以及随货发出的有关证件的准备,提高材料发放效率。

(2)将施工预算或定额员签发的限额领料单下达到班组。在工长对班组交代生产任务的同时,做好用料交底。

(3)核对凭证。班组料具员持限额领料单向材料员领料。限额领料单是发放材料的依据,材料员要认真审核,经核实工程量、材料品种、规格、数量等无误后限量发放。可直接记载在限额领料单上,也可开领料单(表 6-5),双方签字认证。若一次开出的领料量较大,且需多次发放时,应在发放记录上逐日记载实领数量,由领料人签认,发放记录见表 6-6。

表 6-5 领料单

工程名称_____ 施工班组_____ 工程项目_____

用途_____ _____年____月____日

材料编号	材料名称	规　格	单　位	数　量	单　价	金　额

材料保管员_____ 领料人_____ 材料员_____

表6-6　　　　　　　　　　　材料发放记录表

楼(栋)号_____　施工班组_____　计量单位_____　_____年___月___日

任务书编号	日　　期	工程项目	发放数量	领料人

主管_____　　　　　　　　　材料员_____

（4）当领用数量达到或超过限额数量时,应立即向主管工长和材料部门主管人员说明情况,分析原因,采取措施。若限额领料单不能及时下达,应凭由工长填制并由项目经理审批的工程暂借用料单,办理因超耗及其他原因造成多用材料的领发手续。

（5）清理。材料发放出库后,应及时清理拆散的垛、捆、箱、盒,部分材料应恢复原包装要求,整理垛位,登卡记账。

（二）现场材料发放常用方法

在现场材料管理中,各种材料的发放程序基本上是相同的,而现场材料发放方法却因品种、规格不同而有所不同。

1. 大堆材料

大堆材料一般是指砖、瓦、灰、砂、石等材料,多为露天存放。按照材料管理要求,大堆材料的进场、出场及现场发放都要进行计量检测。这样既保证了施工的质量,也保证了材料进出场及发放数量的准确性。大堆材料的发放除按限额领料单中确定的数量发放外,还应做到在指定的料场清底使用。

对混凝土、砂浆所使用的砂、石,既可以按配合比进行计量控制发放,也可以按混凝土、砂浆不同强度等级的配合比,分盘计算发料的实际数量,并做好分盘记录和办理领发料手续。

2. 主要材料

主要材料一般是指水泥、钢材、木材等。主要材料一般是库房或是在指定的露天料场和大棚内保管存放,由专职人员办理领发手续。主要材料的发放要凭限额领料单(任务书)、有关的技术资料和使用方案办理领发料手续。

3. 成品及半成品

成品及半成品一般是指混凝土构件、门窗、铁件及成型钢筋等材料。这些材料一般是在指定的场地和大棚内存放,由专职人员管理和发放。发放时依据限额领料单及工程进度,办理领发手续。

(三)现场材料发放中应注意的问题

针对现场材料管理的薄弱环节,应做好以下几个方面工作:

(1)提高材料员的业务素质和管理水平,熟悉工程概况、施工进度计划、材料性能及工艺要求等,便于配合施工生产。

(2)根据施工生产需要,按照国家计量法规定,配备足够的计量器具,严格执行材料进场及发放的计量检测制度。

(3)在材料发放过程中,认真执行定额用料制度,核实工程量、材料的品种、规格及定额用量,以免影响施工生产。

(4)严格执行材料管理制度,大堆材料清底使用,水泥早进早发,装修材料按计划配套发放,以免造成浪费。

(5)加强施工过程中材料管理,采取各项技术措施节约材料。

二、限额领料方法

（一）限额领料方式

限额领料是依据材料消耗定额，有限制地供应材料的一种方法。就是指工程项目在建设施工时，必须把材料的消耗量控制在操作项目的消耗定额之内。限额领料主要有以下四种方式。

1. 按分项工程限额领料

按分项工程限额领料是按分项工程、分工种对工人班组实行限额领料，如按钢筋绑扎、混凝土浇筑、墙体砌筑、墙地面抹灰。其优点是实施用料限额的范围小，责任明确，利益直接，便于操作和管理；缺点是容易出现班组在操作中考虑自身利益而不顾与下道工序的衔接，以致影响整体工程或承包范围的总体用料效果。

2. 按分层分段限额领料

按工程施工段或施工层对混合队或扩大的班组限定材料消耗数量，按段或层进行考核，这种方法是在分项工程限额领料的基础上进行了综合。其优点是对限额使用者直接、形象，较为简便易行，但要注意综合定额的科学性和合理性，该种方式尤其适合于工程按流水作业划分施工段的情况。

3. 按工程部位限额领料

以施工部位材料总需用量为控制目标，以分承包方为对象实行限额领料。这种做法实际是扩大了的分项工程限额领料。其特点是分承包方内部易于从整体利益出发，有利于工种之间的配合和工序搭接，各班组互创条件，促进节约使用。但这种方法要求分承包方必须具有较好的内部管理能力。

4. 按单位工程限额领料

按单位工程限额领料是扩大了的部位限额领料方法。其限额对象是以项目经理部或分包单位为对象，以单位工程材料总消耗量为控制目标，从工程开始到完成为考核期限。其优点是工程项目材料消耗整体上得到了控制,但因考核期过长。应与其他几种限额领料方式结合起来,才能取得较好效果。

(二)限额领料的依据和实施程序

限额领料的依据主要有三个,一是材料消耗定额;二是材料使用者承担的工程量或工作量;三是施工中必须采取的技术措施。由于材料消耗定额是在一般条件下确定的,在实际操作中应根据具体的施工方法、技术措施及不同材料的试配翻样资料来确定限额领料的数量。

限额领料的实施操作程序分为以下七个步骤:

1. 限额领料单的签发

采用限额领料单或其他形式,根据不同用料者所承担的工程项目和工程量,查阅相应操作项目的材料消耗定额,同时,考虑该项目所需采取的技术节约措施,计算限额用料的品种和数量,填写限额领料单或其他限额凭证。

2. 限额领料单的下达

将限额领料单下达到材料使用者生产班组并进行限额领料的交底,讲清楚使用部位、完成的工程量及必须采取的技术节约措施,提示相关注意事项。

3. 限额领料单的应用

材料使用者凭限额领料单到指定的部门领料,材料管理部门在限额内发放材料,每次领发数量和时间都要做好记录,互相签认。材料成本管理、材料采购管理等环节,也可利用限额领料单开展本业务工作,因此限额领料单可一式多份,同时发放至相关业务环节。

4. 限额领料的检查

在材料使用过程中,对影响材料使用的因素要进行检查,帮助材料使用者正确执行定额,合理使用材料。检查的内容一般包括:施工项目与限额领料要求的项目的一致性,完成的工程量与限额领料单中所要求的工程量的一致性,操作工艺是否符合工艺规程,限额领料单中所要求的技术措施是否实施,工程项目操作时和完成后作业面的材料是否余缺。

5. 限额领料的验收

限额领料单中所要标明的工程项目和工程量完成后,由施工管理、质量管理等人员,对实际完成的工程量和质量情况进行测定和验收,作为核算用工、用料的依据。

6. 限额领料的核算

根据实际完成的工程量,核对和调整应该消耗的材料数量,与实际材料使用量进行对比,计算出材料使用量的节约和超耗。

7. 限额领料的分析

针对限额领料的核算结果,分析发生材料节约和超耗的原因,总结经验,汲取教训,制定改进措施。如有约定合同,则可按约定的合同,对用料节超进行奖罚兑现。

三、材料领用其他方法

限额领料,是在多年的实践中不断总结出的控制现场使用材料行之有效的方法。但是在具体工作中,它受操作者的熟练程度、材料本身的质量等因素影响,加之由于施工项目管理的方式在实践中不断改革,尤其在与国际惯例衔接和过渡过程中,许多地方已取消了施工消耗定额,给限额领料的开展带来了一定困难。随着项目法施工的不断完善,许多企业和项目开展了不同形式控制材料消耗的方法,如:包工包料,将材料消耗控制全部交分包管理控制;与分包签订包保合同;定额供应,包干使用等。这些方法在一定时期、一定程度上也取得了较好效果。如根据不同的施工过程,可采取以下材料的供应和控制消耗的方法。

(一)结构施工阶段

(1)钢筋加工。与分包或加工班组签订协议,将钢筋的加工损耗给加工班组或分包单位。加工后,根据损耗情况实行奖罚。这种办法可控制钢筋加工错误,促使操作者合理利用、综合下料,降低消耗。

(2)混凝土。按图纸上算出的工程量与混凝土供应单位进行结算,这种办法可控制混凝土在供应过程的亏量。

（3）模板及转料具。确定周转次数和损耗量与分包单位或班组签订包保合同。

（4）其他材料。在领料时，由工程部门协助控制数量。由工程主管人员签字后，材料部门方可发料。

在施工过程中结合现场文明施工管理，采取跟踪检查。检查施工人员是否按规定的技术规范进行操作，有无大材小用等浪费现象；执行效果；检查使用者是否做到了工完场清，活完脚下清，各种材料清底使用。

（二）装饰施工阶段

检查是否按技术部门制定的节约措施执行及采取"样板间控制法"。由于现场各工程在装饰阶段都制作了样板间或样板墙。在制作样板间或样板墙时，物资管理人员可跟踪全过程，根据所测的材料实际使用数量和合理损耗，可以房间或分项工程为单位，编制装饰工程阶段的材料消耗定额。根据工程部门签发的施工任务书，进行限额领料。

四、影响材料使用质量因素分析

（一）影响要素

1. 人，项目经理、采购员、材料员、资料员

有些项目追求成本，选购价格低廉的建材，有意或无意忽视产品质量；有的材料员不重视学习，不了解各种材料，特别是新材料的性能，容易被误导选购不合适的材料；有的不认真执行相关的规定，随心所欲取样复试，导致不合格建材被用于工程中。

2. 机，施工机械

对机械与建材质量的关系不了解，如干混砂浆在散装筒仓内容易离析，使用时不注意对仓内料位的控制，会造成一会儿黄砂多、一会儿水泥多，砂浆的质量不均衡，因为干混砂浆中的砂是干的，需要吸附一定的水才能符合施工性能；有的因为搅拌时间太短，施工时操作难，工

程质量也受影响。

3. 料,建材本身的质量

由于建材本身质量不符合使用要求,管理再佳、措施再好也无法改变对工程质量的影响,因此复试合格再使用是十分必要的。

4. 环,使用的环境

环境对建材质量是最容易被忽视的。如高温太阳直射、冬季低温时必须注意新浇捣混凝土的养护,早期脱水会影响强度;当秋高气爽或刮大风时,对新浇捣的混凝土如果不做好保水养护,特别是楼板、地面等薄层混凝土,容易引起裂缝、起砂,直接影响到工程的质量。

5. 法,施工工艺,操作方法

混凝土在泵送时加水、干混砂浆搅拌时间太短或墙体粉刷时没有根据不同墙料特性进行洒水湿润都会对建材质量的判定产生误导。

要学会分析现状,找出质量问题存在的原因,根据影响因素制定改进措施,不仅是技术人员的事,也是材料员、资料员分内的职责。

(二)影响的实案分析

1. 规定执行不力

规定施工现场应该建立标准养护室,但是有的工地养护室非常简陋。

2. 现场责任人员缺位

如夜间施工,现场管理相对松懈,监理到位情况也较差,建材进场验收力度会减弱,对钢筋、防水材料等易混堆和使用较快的材料特别容易漏检。

3. 技术规范执行不到位

如某工地在粉刷时发现施工困难而且发现大片空鼓,施工人员反映砂浆中砂太多,经调查,原来施工人员没有按规定控制散装筒仓的料位,由于砂和粉料离析,造成砂和粉料忽多忽少,同时搅拌时间控制太短,湿砂浆没有搅拌均匀。后来通过控制筒仓的料位,减小了离析影响,并增加搅拌时间后,砂浆质量趋于稳定,再没有发生施工质量问题。

4. 缺少对材料使用的考虑

不少水泥混合料掺加量偏多,有的使用了未经验证的助磨剂,引起水泥强度异常,或早期强度偏低,或后期强度增长缓慢,给施工质量带来很大的影响。

5. 质次材料还有市场

钢筋由于供货中间环节繁多,质量责任不明确,因此价低质次的钢筋仍有市场,特别是矫直钢筋的冷拉冷拔不能完全消除,如不加强复试,不合格钢筋用于工程的现象依然会存在。

6. 标识混乱源头不清

产品质量法的规定应明示产品生产(供应)商名称,但一些生产企业没有严格执行,进场验收也不予重视,特别是砌块和一些节能建筑材料产品,由于没有标识不清楚生产厂家,个别企业为了规避管理,故意在标识上开天窗,鱼目混珠情况时有发生,材料员、资料员要及时联系,确认责任单位,对于屡教不改的供应商应该及时调整。

7. 租赁难题有待破解

租赁市场的不规范经营,经营人的不当牟利,加上缺少对回收件的检验,工程现场使用的脚手架用钢管、扣件质量不尽如人意,失效产品重复使用是周转性材料质量监管的难题,也是现场安全的拦路虎,如何破解尚需时日,材料员应该注意租赁环节,对进场的周转材料要安排专人检查后使用。

第四节 现场机具设备和周转材料管理

一、现场机具设备管理

本节所指现场机具设备包括现场施工所需各类设施、仪器、工具,其管理是施工项目资源管理中重要的组成部分。通常将价值较低,操作较简单的称为机具(或称工具,如手电钻、扳子、油刷等),将价值较高,操作较复杂(操作人员需持特殊上岗资格证)的称为设备(如吊车、卷扬机等)。

(一)机具设备管理的意义

机具设备是人们用以改变劳动对象的手段,是生产力中的重要组成要素。机具管理的实质是使用过程中的管理,是在保证适用的基础上延长机具的使用寿命,使之能更长时间地发挥作用。机具管理是施工企业材料管理的组成部分,机具管理的好坏,直接影响施工能否顺利进行,影响着劳动生产率和成本的高低。

机具设备管理的主要任务是:

(1)及时、齐备地向施工班组提供优良、适用的施工机具设备,积极推广和采用先进设备,保证施工生产,提高劳动效率。

(2)采取有效的管理办法,加快机具设备的周转,延长其使用寿命,最大限度地发挥机具设备效能。

(3)做好施工机具设备的收、发、保管和保养维修工作,防止机具设备损坏,节约机具设备费用。

(二)机具设备的分类

施工机具设备不仅品种多,而且用量大。因此,搞好机具管理,对提高企业经济效益也很重要。为了便于管理,将机具设备按不同内容进行分类。

1. 按机具设备的价值和使用期划分

按机具设备的价值和使用期划分,施工设备可分为固定资产设备、低值易耗机具和消耗性机具三类。

(1)固定资产设备。固定资产设备是指使用年限在 1 年以上,单价在规定限额(一般为 2000 元)以上的机具设备,如塔吊、搅拌机、测量用的水准仪等。

(2)低值易耗机具。低值易耗机具是指使用期或价值低于固定资产标准的机具设备,如手电钻、灰槽、苫布、扳子、灰桶等。这类机具量大繁杂,约占企业生产机具总价值的 60% 以上。

（3）消耗性机具。消耗性设备是指价值较低,使用寿命很短,重复使用次数很少且无回收价值的设备,如扫帚、油刷、锹把、锯片等。

2. 按使用范围划分

按使用范围划分,施工机具设备可分为专用机具和通用机具两类。

（1）专用机具。专用机具是指为某种特殊需要或完成特定作业项目所使用的机具,如量卡具、根据需要而自制或定购的非标准机具等。

（2）通用机具。通用机具是指使用广泛的定型产品,如各类扳手、钳子等。

3. 按使用方式和保管范围划分

按使用方式和保管范围划分,施工机具可分为个人随手机具和班组共用机具两类。

（1）个人随手机具。个人随手机具是指在施工生产中使用频繁,体积小便于携带而交由个人保管的机具,如瓦刀、抹子等。

（2）班组共用机具。班组共用机具是指在一定作业范围内为一个或多个施工班组共同使用的机具。它包括两种情况:一是在班组内共同使用的机具,如胶轮车、水桶等;二是在班组之间或工种之间共同使用的机具,如水管、搅灰盘、磅秤等。前者一般固定给班组使用并由班组负责保管;后者按施工现场或单位工程配备,由现场材料人员保管;计量器具则由计量部门统管。

知识拓展

机具设备的分类方式与目的

机具设备的分类方式有很多,例如,按机具的性能分类,有电动机具、手动机具两类。按使用方向划分,有木工机具、瓦工机具、油漆机具等。按机具的产权划分,有自有机具、借入机具、租赁机具。机具设备分类的目的是满足某一方面管理的需要,便于分析机具设备管理动态,提高机具设备管理水平。

（三）机具设备管理的内容

1. 储存管理

机具设备验收入库后应按品种、质量、规格、新旧残废程度分开存放。同样的机具设备不得分存两处，成套的机具设备不得拆开存放，不同的机具设备不得叠压存放。制定机具设备的维护保养技术规程，如防锈、防刀口碰伤、防易燃物品自燃、防雨淋和日晒制度等。对损坏的机具设备及时修复，延长机具设备的使用寿命，使之处于随时可投入使用的状态。

2. 发放管理

按机具设备费定额发出的机具设备，根据品种、规格、数量、金额和发出日期登记入账，以便考核班组执行机具设备费定额的情况。出租或临时借出的机具设备，要做好详细记录并办理有关租赁或借用手续，以便按期、按质、按量归还。坚持"交旧领新"、"交旧换新"和"修旧利废"等行之有效的制度，做好废旧机具设备的回收、修理工作。

3. 使用管理

根据不同机具设备的性能和特点制定相应的机具设备使用技术规程、机具设备维修及保养制度。监督、指导班组按照机具设备的用途和性能合理使用。

（四）机具设备管理的方法

由于施工机具设备具有多次使用、在劳动生产中能长时间发挥作用等特点，因此，机具设备管理的实质是使用过程中的管理，是在保证生产使用的基础上延长机具设备使用寿命的管理。机具设备管理的方法主要有租赁管理、定包管理、机具设备津贴管理、临时借用管理等方法。

1. 设备租赁管理方法

设备租赁是在一定的期限内，设备的所有者在不改变所有权的条件下，有偿地向使用者提供设备的使用权，双方各自承担一定义务的一种经济关系。设备租赁的管理方法适合于除消耗性设备和实行设备费补贴的个人随手设备以外的所有设备品种,如塔吊、挖掘机等。

企业对生产设备实行租赁的管理方法,需进行以下几步工作:

(1)建立正式的设备租赁机构。确定租赁设备的品种范围,制定有关规章制度,并设专人负责办理租赁业务。班组亦应指定专人办理租用、退租及赔偿事宜。

(2)测算租赁单价。租赁单价或按照设备的日摊销费确定的日租金额,计算公式如下:

$$某种设备的日租金(元)=\frac{该种设备的原值+采购、维修、管理费}{使用天数}$$

(6-1)

式中　采购、维修、管理费——按设备原值的一定比例计数,一般为原值的 $1\%\sim2\%$;

使用天数——可按本企业的历史水平计算。

(3)设备出租者和使用者签订租赁协议或合同。协议的内容及格式,见表6-7。

表 6-7　　　　　　　　　　设备租赁协议

根据××××工程施工需要,租方向供方租用如下一批设备。

名　称	规　格	单　位	需用数	实租数	备　注

租用时间:自_____年___月___日起至_____年___月___日止,租金标准、结算办法、有关责任事项均按租赁管理办法执行。

本合同一式____份(双方管理部门____份,财务部门____份),双方签字盖章生效,退租结算清楚后本租凭协议生效。

租用单位_____   供应单位_____

负 责 人_____   负 责 人_____

____年___月___日   ____年___月___日

(4)根据租赁协议,租赁部门应将实际出租设备的有关事项登入租金结算台账。设备租金结算明细表见表 6-8。

表 6-8   设备租金结算明细表

施工单位_____   单位工程名称_____

设备名称	规 格	单 位	租用数量	计费时间		计费天数	租金计算(元)	
				起	止		每日	合计

租用单位_____ 负责人_____ 供应单位_____ 负责人_____

____年___月___日

(5)租赁期满后,租赁部门根据租金结算台账填写租金及赔偿结算单。如有发生设备的损坏、丢失,将丢失损坏金额一并填入该单"赔偿栏"内。结算单中合计金额应等于租赁费和赔偿费之和。租金及赔偿结算单见表6-9。

表6-9　　　　　　　　　　　租金及赔偿结算单

合同编号＿＿＿＿＿＿＿＿＿＿　　　　　　　　　本单编号＿＿＿＿＿＿＿＿＿＿

设备名称	规格	单位	租金			赔偿费						合计金额
			租用天数	日租金	租赁费	原值	损坏量	赔偿比例	丢失量	赔偿比例	金额	

制表＿＿＿＿＿　　　　材料主管＿＿＿＿＿　　　　财务主管＿＿＿＿＿

（6）班组用于支付租金的费用来源是定包设备费收入和固定资产设备及大型低值设备的平均占用费。其计算公式如下：

班组租赁费收入＝定包设备费收入＋固定资产设备和大型低值设备平均占用费

$$(6-2)$$

某种固定资产设备和大型低值设备平均占用费=该种设备分摊额×月利用率(%) (6-3)

班组所付租金,从班组租赁费收入中核减,财务部门查收后,作为班组设备费支出,计入工程成本。

2. 设备定包管理办法

设备定包管理是"生产设备定额管理、包干使用"的简称,是指施工企业对班组自有或个人使用的生产设备,按定额数量配给,由使用者包干使用,实行节奖超罚的管理方法。

设备定包管理,一般在瓦工组、抹灰工组、木工组、油漆组、电焊工组、架子工组、水暖工组、电工组实行。实行定包管理的设备品种范围,可包括除固定资产设备及实行个人设备费补贴的随手设备以外的所有设备。

班组设备定包管理是按各工种的设备消耗,对班组集体实行定包。实行班组设备定包管理,需进行以下几步工作:

(1)实行定包的设备,所有权属于企业。企业材料部门指定专人为设备定包员,专门负责设备定包的管理工作。

(2)测定各工种的设备费定额。定额的测定,由企业材料管理部门负责,分三步进行:

1)在向有关人员调查的基础上,查阅不少于两年的班组使用设备资料。确定各工种所需设备的品种、规格、数量,并以此作为各工种的标准定包设备。

2)分别确定各工种设备的使用年限和月摊销费。月摊销费的计算公式如下:

$$某种设备的月摊销费=\frac{该种设备的单价}{该种设备的使用期限(月)} \qquad (6-4)$$

式中　设备的单价——采用企业内部不变价格,以避免因市场价格的经常波动,影响设备费定额;

设备的使用期限——可根据本企业具体情况凭经验确定。

3)分别测定各工种的日设备费定额,计算公式如下:

某工种人均日设备费定额=

$$\frac{该工种全部标准定包设备月摊销费总额}{该工种班组额定人数 \times 月工作日} \qquad (6\text{-}5)$$

式中 班组额定人数——由企业劳动部门核定的某工种的标准人数；

月工作日——按 22d 计算。

(3)确定班组月度定包设备费收入,计算公式如下:

某工种班组月度定包设备费收入＝班组月度实际作业工日×该工种人均日设备费定额 (6-6)

班组设备费收入可按季或按月,以现金或转账的形式向班组发放,用于班组向企业使用定包设备的开支。

(4)企业基层材料部门,根据工种班组标准定包设备的品种、规格、数量,向有关班组发放设备。班组可按标准定包数量足量领取,也可根据实际需要少领。自领用日起,按班组实领设备数量计算摊销,使用期满以旧

> 企业应参照有关设备修理价格,结合本单位各工种实际情况,制定设备修理取费标准及班组定包设备修理费收入,这笔收入可记入班组月度定包设备费收入,统一发放。

换新后继续摊销。但使用期满后能延长使用时间的设备,应停止摊销收费。凡因班组责任造成的设备丢失和因非正常使用造成的损坏,由班组承担损失。

(5)实行设备定包的班组需设立兼职设备员,负责保管设备,督促组内成员爱护设备和记载保管手册。

零星机具设备可按定额规定使用期限,由班组交给个人保管,丢失赔偿。

班组因生产需要调动工作,小型设备自行搬运,不报销任何费用或增加工时,班组确属无法携带需要运输车辆时,由公司出车运送。

(6)班组定包设备费的支出与结算。此项工作分三步进行:

1)根据班组设备定包及结算台账,按月计算班组定包设备费支出,计算公式如下:

班组定包设备费支出 $= \sum_{i=1}^{n}$ (第 i 种设备数 × 该种设备的日摊销费) × 班组月度实际作业天数 (6-7)

$$某种设备的日摊销费 = \frac{该种设备的月摊销费}{22d} \qquad (6-8)$$

2)按月或按季结算班组定包设备费收支额,计算公式如下:

某工种班组月度定包设备费收支额＝该工种班组月度定包设备费收入－月度定包设备费支出－月度租赁费用－月度其他支出　(6-9)

式中　租赁费——若班组已用现金支付,则此项不计;

其他支出——包括应扣减的修理费和丢失损失费。

3)根据设备费结算结果,填制设备定包结算单。设备定包结算单见表 6-10。

表 6-10　　　　　　　　　设备定包结算单

班组名称＿＿＿＿＿＿＿＿　　　　　　　　工种＿＿＿＿＿＿＿＿

月　份	设备费收入(元)	设备费支出(元)					盈亏金额(元)	奖罚金额(元)
		小计	定包支出	租赁费	赔偿费	其他		

制表＿＿＿＿＿　　　班组＿＿＿＿＿　　　财务＿＿＿＿＿　　　主管＿＿＿＿＿

(7)班组机具设备费结算若有盈余,为班组机具设备节约,盈余额可全部或按比例,作为机具设备节约奖,归班组所有;若有亏损,则由班组负担。企业可将各工种班组实际的定包机具设备费收入,作为企业的机具设备费开支,记入工程成本。

企业每年年终应对机具设备定包管理效果进行总结分析,找出影响因素,提出有针对性的处理意见。

(8)其他机具设备的定包管理方法。

1)按分部工程的机具设备使用费,实行定额管理、包干使用的管理方法。它是实行栋号工程全面承包或分部、分项承包中机具设备费按定额包干,节约有奖、超支受罚的机具设备管理办法。

承包者的机具设备费收入按机具设备费定额和实际完成的分部工程量计算;机具设备费支出按实际消耗的机具设备摊销额计算。其中各个分部工程机具设备使用费,可根据班组机具设备定包管理方法中的人均日机具设备费定额折算。

2)按完成百元工作量应耗机具设备费实行定额管理、包干使用的管理方法。这种方法是先由企业分工种制定万元工作量的机具设备费定额,再由工人按定额包干,并实行节奖超罚。

机具设备领发时采取计价"购买"或用"代金成本票"支付的方式,以实际完成产值与万元机具设备定额计算节约和超支。机具设备费万元定额要根据企业的具体条件而定。

3. 对外包队使用机具设备的管理方法

(1)凡外包队使用企业机具设备者,均不得无偿使用,一律执行购买和租赁的办法。外包队领用机具设备时,必须由企业劳资部门提供有关详细资料,包括外包队所在地区出具的证明、人数、负责人、工种、合同期限、工程结算方式及其他情况。

(2)对外包队一律按进场时申报的工种颁发机具设备费。施工期内变换工种的,必须在新工种连续操作25d,方能申请按新工种发放机具设备费。

外包队机具设备费发放的数量,可参照班组机具设备定包管理中某工种班组月度定包机具设备费收入的方法确定。两者的区别是,外包队的人均日机具设备费定额,需按照机具设备的市场价格确定。

外包队的机具设备费随企业应付工程款一起发放。

(3)外包队使用企业设备的支出。采取预扣设备款的方法,并将此项内容列入设备承包合同。预扣设备款的数量,根据所使用设备的品种、数量、单价和使用时间进行预计,计算公式如下:

$$预扣设备款总额 = \sum_{i=1}^{n}(第\ i\ 种设备日摊销费 \times 该种设备使用数量 \times 预计租用天数) \tag{6-10}$$

$$某种设备的日摊销费 = \frac{该种设备的市政采购价}{使用期限(d)} \tag{6-11}$$

(4)外包队向施工企业租用机具设备的具体程序

1)外包队进场后由所在施工队工长填写机具设备租用单,经材料员审核后,一式三份(外包队、材料部门、财务部门各一份)。

2)财务部门根据机具设备租用单签发预扣机具设备款凭证,一式三份(外包队、财务部门、劳资部门各一份)。

3)劳资部门根据预扣机具设备款凭证按月分期扣款。

4)工程结束后,外包队需按时归还所租用的机具设备,将材料员签发的实际机具设备租赁费凭证,与劳资部门结算。

5)外包队领用的小型易耗机具,领用时一次性计价收费。

6)外包队在使用机具设备期内所发生的机具设备修理费,按现行标准付修理费,从预扣工程款中扣除。

7)外包队丢失和损坏所租用的机具设备,一律按机具设备的现行市场价格赔偿,并从工程款中扣除。

8)外包队退场时,如果料具手续不清,劳资部门不准结算工资,财务部门可不付款。

4. 机具津贴管理方法

机具津贴管理法是指对于个人使用的随手工具,由个人自备,企业按实际作业的工日发给设备管理费的管理方法。这种管理方法使工人有权自选顺手工具,有利于加强工具设备维护保养,延长工具设备的使用寿命。

（1）适用范围。施工企业的瓦工、木工、抹灰工等专业工种。

（2）确定设备津贴费标准。根据一定时期的施工方法和工艺要求，确定随手工具的范围和数量，然后测算分析这部分工具的历史消耗水平，在这个基础上，制定分工种的作业工日个人工具津贴费标准。再根据每月实际作业工日，发给个人工具津贴费。

凡实行个人工具津贴费的工具，单位不再发给施工中需用的这类工具，由个人负责购买、维修和保管。丢失、损坏由个人负责。学徒工在学徒期不享受工具津贴，由企业一次性发给需用的生产工具。学徒期满后，将原领工具按质折价卖给个人，再享受工具津贴。

二、周转材料管理

（一）周转材料的概念

周转材料是指在施工生产过程中可以反复使用，并能基本保持其原有形态而逐渐转移其价值的材料。就其作用而言，周转材料应属于工具，在使用过程中不构成建筑产品实体，而是在多次反复使用中逐步磨损与消耗。因其在预算取费与财务核算上均被列入材料项目，故称之为周转材料。如浇筑混凝土构件所需的模板和配件、施工中搭设的脚手架及其附件等。

周转材料与一般建筑材料相比，价值周转方式（价值的转移方式和价值的补偿方式）不同。建筑材料的价值是一次性全部转移到建筑产品价格中，并从销售收入中得到补偿；而周转材料却不同，它能在建筑施工过程中多次反复使用，并不改变其本身的实物形态，直至完全丧失其使用价值、损坏报废时为止。它的价值转移是根据其在施工过程中损耗程度，逐步转移到产品价格中，成为建筑产品价值的组成部分，并从建筑产品的销售收入中逐步得到补偿。

在一些特殊情况下，由于受施工条件限制，有些周转材料也是一次性消耗的，其价值也就一次性地转移到工程成本中去，如大体积混凝土浇筑时所使用的钢支架等在浇筑完成后无法取出、钢板桩由于施工条件限制无法拔出、个别模板无法拆除等。也有些因工程的特殊要求而加工制作的非规格化的特殊周转材料,只能使用一次。这些情况虽然核算要求与材料性质相同,实物也做销账处理,但也必须做好残值回收,以减少损耗,降低工程成本。因此,搞好周转材料的管理,对施工企业来讲是一项至关重要的工作。

(二)周转材料的分类

1. 按材质属性划分

按材质属性的不同,周转材料可分为钢制品、木制品、竹制品及胶合板四类。

(1)钢制品。如定型组合钢模板、钢管脚手架及其配件等。

(2)木制品。如木模板、木脚手架及脚手板、木挡土板等。

(3)竹制品。如竹脚手架、竹跳板等。

(4)胶合板。如胶合大模板。

2. 按使用对象划分

按使用对象的不同,周转材料可分为混凝土工程用周转材料、结构及装修工程用周转材料和安全防护用周转材料三类。

(1)混凝土工程用周转材料。如钢模板、木模板等。

(2)结构及装修工程用周转材料。如脚手架、跳板等。

(3)安全防护用周转材料。如安全网、挡土板等。

3. 按施工生产过程中的用途划分

按其在施工生产过程中的用途不同,周转材料可分为模板、挡板、架料和其他四类。

(1)模板。指浇筑混凝土构件所需的模板,如木模板、钢模板及其配件。

(2)挡板。指土方工程中的挡板,如挡土板及其支撑材料。

(3)架料。指搭设脚手架所用材料,如木脚手架、钢管脚手架及其配件等。

(4)其他。指除以上各类外,作为流动资产管理的其他周转材料,如塔吊使用的轻轨、安全网等。

(三)周转材料管理的任务

(1)根据施工生产需要,及时、配套地提供适量和适用的各种周转材料。

(2)根据不同种类周转材料的特点建立相应的管理制度和办法,加速周转,以较少的投入发挥最大的效能。

(3)加强维修保养,延长使用寿命,提高使用的经济效果。

(四)周转材料管理的内容

(1)使用管理。是指为了保证施工生产正常进行或有助于建筑产品的形成而对周转材料进行拼装、支搭以及拆除的作业过程管理。

(2)养护管理。是指例行养护,包括除去灰垢、涂刷防锈剂或隔离剂,以使周转材料处于随时可投入使用状态的管理。

(3)维修管理。是指对损坏的周转材料进行修复,使其恢复或部分恢复原有功能的管理。

(4)改制管理。是指对损坏且不可修复的周转材料,按照使用和配套要求改变外形(如大改小、长改短)的管理。

(5)核算管理。是指对周转材料的使用状况进行反映与监督,包括会计核算、统计核算和业务核算三种核算方式。会计核算主要反映周转材料投入和使用的经济效果及其摊销状况,它是资金(货币)的核算;统计核算主要反映数量规模、使用状况和使用趋势,它是数量的核算;业务核算是材料部门根据实际需要和业务特点而进行的核算,它既有资金的核算,也有数量的核算。

(五)周转材料的管理方法

周转材料的管理方法主要有租赁管理、费用承包管理、实物量承包管理等。

1. 租赁管理

(1)租赁的概念。租赁是指在一定期限内,产权的拥有方向使用方提供材料的使用权,但不改变所有权,双方各自承担一定的义务,履行契约的一种经济关系。

实行租赁制度必须将周转材料的产权集中于企业进行统一管理,

这是实行租赁制度的前提条件。

（2）租赁管理的内容

1）周转材料费用测算。应根据周转材料的市场价格变化及摊销额度要求测算租金标准，并使之与工程周转材料费用收入相适应。计算公式如下：

$$日租金=\frac{月摊销费+管理费+保养费}{月度日历天数} \tag{6-12}$$

式中　管理费和保养费——均按周转材料原值的一定比例计取，一般不超过原值的2%。

2）签订租赁合同。在合同中应明确以下内容：

①租赁的品种、规格、数量，附有租用品明细表以便查核。

②租用的起止日期、租用费用以及租金结算方式。

③规定使用要求、质量验收标准和赔偿办法。

④双方的责任和义务。

⑤违约责任的追究和处理。

3）考核租赁效果。租赁效果应通过考核出租率、损耗率、周转次数等指标进行评定，针对出现的问题，采取措施提高租赁管理水平。

①出租率：

$$某种周转材料的出租率=\frac{期内平均出租数量}{期内平均拥有量}\times100\% \tag{6-13}$$

$$期内平均出租数量=\frac{期内租金收入（元）}{期内单位租金（元）} \tag{6-14}$$

式中　期内平均拥有量——以天数为权数的各阶段拥有量的加权平均值。

②损耗率：

$$某种周转材料的损耗率=\frac{期内损耗量总金额（元）}{期内出租数量总金额（元）}\times100\% \tag{6-15}$$

③周转次数（主要考核组合钢模板）：

$$年周转次数（次/年）=\frac{期内钢模支模面积}{期内钢模平均拥有量} \tag{6-16}$$

(3)租赁管理的方法

1)周转材料的租用。项目确定使用周转材料后,应根据使用方案制定需要计划,由专人向租赁部门签订租赁合同,并做好周转材料进入施工现场的各项准备工程中,如整理存放及拼装场地等。租赁部门必须按合同保证配套供应并登记周转材料租赁台账。

2)周转材料的验收和赔偿。租赁部门应对退库周转材料进行数量及外观质量验收。如有丢失损坏应由租用单位按照租赁合同规定进行赔偿。赔偿标准一般按以下原则进行:如丢失或严重损坏(指不可修复的,如管体有死弯,板面严重扭曲)按原值的 50% 赔偿;一般性损坏(指可修复的,如板面打孔、开焊等)按原值的 30% 赔偿;轻微损坏(指不需使用机械,仅用手工即可修复的)按原值的 10% 赔偿。

租用单位退租前必须清理租赁物品上的灰垢,确保租赁物品干净,为验收创造条件。

3)结算。租金的结算期限一般自提运的次日起至退租之日止,租金按日历天数考核,逐日计取,按月结算。租用单位实际支付的租赁费用包括租金和赔偿费两项。

$$租赁费用 = \sum(租用数量 \times 相应日租金 \times 租用天数 +$$

$$丢失损坏数量 \times 相应原值 \times 相应赔偿率) \qquad (6\text{-}17)$$

根据结算结果由租赁部门填制租金及赔偿结算单。

为简化核算工作也可不设周转材料租赁台账,而直接根据租赁合同进行结算。但要加强合同的管理,严防遗失,以免错算和漏算。

2. 费用承包管理

(1)费用承包管理的概念。周转材料的费用承包管理是指以单位工程为基础,按照预定的期限和一定的方法测定一个适当的费用额度交由承包者使用,实行节奖超罚的管理。它是适应项目管理的一种管理形式,也可以说是项目管理对周转材料管理的要求。

(2)周转材料承包费用的确定。

1)周转材料承包费用的收入。承包费用的收入即承包者所接受的承包额。承包额有两种确定方法,一种是扣额法;另一种是加额法。

扣额法是指按照单位工程周转材料的预算费用收入,扣除规定的成本降低额后的费用;加额法是指根据施工方案所确定的使用数量,结合额定周转次数和计划工期等因素所限定的实际使用费用,加上一定的系数额作为承包者的最终费用收入。系数额是指一定历史时期的平均耗费系数与施工方案所确定的费用收入的乘积。

承包费用收入的计算公式如下:

$$扣额法费用收入=预算费用收入×(1-成本降低率\%) \qquad (6\text{-}18)$$

$$加额法费用收入=施工方案确定的费用收入×(1+平均耗费系数) \qquad (6\text{-}19)$$

$$平均耗费系数=\frac{实际耗用量-定额耗用量}{实际耗用量} \qquad (6\text{-}20)$$

2)周转材料承包费用的支出。承包费用的支出是在承包期限内所支付的周转材料使用费(租金)、赔偿费、运输费、二次搬运费以及支出的其他费用之和。

(3)费用承包管理的内容。

1)签订承包协议。承包协议是对承、发包双方的责、权、利进行约束的内部法律文件。一般包括工程概况、应完成的工程量、需用周转材料的品种、规格、数量及承包费用、承包期限、双方的责任与权力、不可预见问题的处理以及奖罚等内容。

2)承包额的分析。

①分解承包额。承包额确定之后,应进行大概的分解。以施工用量为基础将其还原为各个品种的承包费用。例如将费用分解为钢模板、焊管等品种所占的份额。

②分析承包额。在实际工作中,常常是不同品种的周转材料分别进行承包,或只承包某一品种的费用,这就需要对承包效果进行预测,并根据预测结果提出有针对性的管理措施。

③周转材料进场前的准备工作。根据承包方案和工程进度认真编制周转材料的需用计划,注意计划的配套性(如周转材料品种、规

格、数量及时间的配套），要留有余地，不留缺口。

根据配套数量同企业租赁部门签订租赁合同，积极组织材料进场并做好进场前的各项准备工作，包括选择、平整存放和拼装场地、开通道路等，对现场狭窄的地方应做好分批进场的时间安排，或事先另选存放场地。

（4）费用承包效果的考核。承包期满后要对承包效果进行严肃认真的考核、结算和奖罚。

承包的考核和结算是将承包费用收、支对比，出现盈余为节约，反之为亏损。如实现节约应对参与承包的有关人员进行奖励。可以按节约额进行全额奖励，也可以扣留一定比例后再予奖励。奖励对象应包括承包班组、材料管理人员、技术人员和其他有关人员。按照各自的参与程度和贡献大小分配奖励份额。如出现亏损，则应按与奖励对等的原则对有关人员进行罚款。费用承包管理方法是目前普遍实行的项目经理责任制中较为有效的方法，企业管理人员应不断探索有效的管理措施，提高承包经济效果。

提高承包经济效果的基本途径有两条：

1）在使用数量既定的条件下努力提高周转次数。

2）在使用期限既定的条件下努力减少占用量。同时应减少丢失和损坏数量，积极实行和推广组合钢模的整体转移，以减少停滞、加速周转。

3. 实物量承包管理

（1）实物量承包管理的概念。周转材料实物量承包管理是指项目班子或施工队根据使用方案按定额数量对班组配备周转材料，规定损耗率，由班组承包使用，实行节奖超罚的管理办法。周转材料实物量承包的主体是施工班组，也称班组定包。

实物量承包是费用承包的深入和继续，是保证费用承包目标值的实现和避免费用承包出现断层的管理措施。

（2）定包数量的确定。以组合钢模为例，说明定包数量的确定方法。

1）模板用量的确定。根据费用承包协议规定的混凝土工程量编

制模板配模图,据此确定模板计划用量,加上一定的损耗量即为交由班组使用的承包数量。其计算公式如下:

$$模板定包数量＝计划用量×(1＋定额损耗率) \qquad (6-21)$$

式中 定额损耗率——一般不超过 1%。

2)零配件用量的确定

零配件定包数量根据模板定包数量来确定。每万平方米模板零配件的用量分别为:U 形卡:14 万件;插销:30 万件;内拉杆:1.2 万件;外拉杆:2.4 万件;三型扣件:3.6 万件;勾头螺栓:1.2 万件;紧固螺栓:1.2 万件。

$$零配件定包数量＝计划用量×(1＋定额损耗率) \qquad (6-22)$$

$$计划用量＝\frac{模板定包量}{10000}×相应配件用量 \qquad (6-23)$$

（3)定包效果的考核和核算。定包效果的考核主要是损耗率的考核,即用定额损耗量与实际损耗量相比。如有盈余为节约,反之为亏损。如实现节约则全额奖给定包班组,如出现亏损则由班组赔偿全部亏损金额。其计算公式如下:

$$奖(＋)罚(-)金额＝定包数量×原值×(定额损耗率-实际损耗率) \qquad (6-24)$$

$$实际损耗率＝\frac{实际损耗数量}{定包数量}×100\% \qquad (6-25)$$

根据定包及考核结果,对定包班组兑现奖罚。

4. 周转材料租赁、费用承包和实物量承包三者之间的关系

周转材料的租赁、费用承包和实物量承包是三个不同层次的管理,是有机联系的统一整体。实行租赁办法是企业对工区或施工队所进行的费用控制和管理;实行费用承包是工区或施工队对单位工程或承包标段所进行的费用控制和管理;实行实物量承包是单位工程或承包标段对使用班组所进行的数量控制和管理,这样便形成了既有不同层次、不同对象的,又有费用的和数量的综合管理体系。降低企业周转的费用消耗,应该同时搞好三个层次的管理。

限于企业的管理水平和各方面的条件,作为管理初步,可于三者之间任择其一。如果实行费用承包则必须同时实行实物量承包,否则费用承包易出现断层,出现"以包代管"的状况。

第五节　材料监督管理

一、质量监督管理必要性

建材的质量关系重大,工程质量事故均与所使用劣质的建设工程材料有关,近年来各地频频发生的"瘦身"钢筋、垮桥事故以及央视大楼烟花引起的火灾等,无不是因为材料的质量不符合使用要求引起的。造成材料质量问题除客观存在的原因外,更与主观因素直接关联,以次充好、以假充真、降低产品使用标准等现象依然存在,为了确保工程质量和安全,维护人民生命财产安全,必须抓好施工现场的材料质量监督管理。

二、材料质量监督管理意义

建材质量对于不同地方、不同企业有着不同的创建、发展历史背景,质量的观点也是不一样的,这往往会形成规范市场秩序的障碍或鸿沟,随着建设的发展,质量监督显得尤为重要,通过建材质量的监管,引导生产到使用各方主体严格产品标准、遵守操作规范,及时制止各责任方违规行为的发生,保证建设工程质量安全、人身安全和公共利益。

三、材料质量监督管理特点

作为一项管理工作,由于管理对象的不同,必有其区别于其他管理工作的自身特点。同样,作为建设工程材料质量监督管理也有区别于其他产品质量监督管理的特点。

(一)产品多、品种杂

建设工程材料包括所有用于工程建设中的各类材料,因此其产品繁杂、范围广,涉及的生产、制造行业也多,其中既有钢材、水泥等传统产品,也有防水材料、外加剂等新型化学建材;既有砂石料等初级矿产品,也有混凝土、混凝土构件等深加工产品,还有粉煤灰、矿粉等综合利用的次生产品。材料性能、运输保管、检测使用要求不一,部分产品的质量潜在性指标反应滞后,需要较高的专业技术和实践经验,通过监督管理可以减少不合格产品流入市场。

(二)抽检是监督的必要手段

建材产品具有从原料到成品生产不间断、环节多、连续性强的基本特点,同时建材产品的质量检验采用的是抽样检验,质保书上的检验参数实际上反映的是某一单位时间内生产的产品质量情况,因此出厂合格的产品中仍可能含有不合格品。现场抽检具有随机性、偶然性,能够比较客观地反映材料的质量状况,是建材日常监督管理中有效的补充手段。

(三)使用全过程的管理

建材质量管理的特点是,从矿山原材料、生产加工直至使用评定,整个过程都属于监管范畴。建材的生命周期全过程可以划分为资源开采与原材料制备、建材产品的生产与加工、建材产品的使用、建材产品废弃物的处置与资源化再生四个阶段,在每个阶段都对应不同产业过程(图 6-1)。

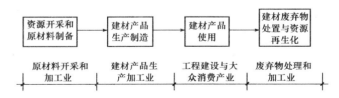

图 6-1 建材产品生命周期与相关产业示意图

建材产品从砂石料等原材料开采,混凝土等结构性材料和防水涂料等功能性材料的生产、运输，工程上的使用、保养，均存在着干扰因素的影响，只有加强管理才能降低或消除这种不利的影响，因此，要在三大领域实施全过程、广覆盖的质量管理，满足建材产品生命周期的需要，三大领域即：

(1)建筑材料生产领域。即从生产、加工最终成为建材产品的整个制造过程。

(2)建筑材料流通领域。即产品从出厂到进入使用现场的交易流转所涉及的整个销售过程。

(3)建筑材料使用领域。即建材产品被使用、安装的整个施工过程。

四、材料质量监督管理对象

1. 监管对象涵盖建设工程的三大材料

(1)钢材、水泥、预拌混凝土、混凝土构件等结构性材料。

(2)管道、门窗、防水材料等功能性材料。

(3)涂料、板材、石材等装饰装修材料。

2. 监管对象涉及的行为主体（主要有六类）

(1)建材生产企业。

(2)建材经销企业。

(3)建材采购企业。

(4)建材使用企业。

(5)建材监理企业。

(6)建材检测企业。

五、材料使用监督制度

材料使用监督制度，就是保证材料在使用过程中能合理地消耗，充分发挥其最大效用的制度。

1. 材料使用监督的内容

(1)监督材料在使用中是否按照材料的使用说明和材料做法的规

定操作。

（2）监督材料在使用中是否按技术部门制定的施工方案和工艺进行。

（3）监督材料在使用中操作人员有无浪费现象。

（4）监督材料在使用中操作人员是否做到工完场清、活完脚下清。

2. 材料使用监督的方法

（1）采用实践证明有效的供料方式，如限额领料或其他方式，控制现场消耗。

（2）采用"跟踪管理"的方法，将物资从出库到运输到消耗实现全过程跟踪管理，保证材料在各个阶段处于受控状态。

（3）通过使用过程中的检查，查看操作者在使用过程中的使用效果，及时调整相应的方法和进行奖罚。

经验总结

材料现场的使用监督

材料现场的使用监督要提倡管理监督和自我监督相结合的方式，充分调动监督对象的自我约束、自我控制能力，在保证质量前提下，充分发挥相关管理、操作人员降低消耗的积极性，才能取得使用监督的实效。

六、材料质量监督管理

（一）建设工程材料管理的形式

为了加强对建设工程材料使用的监督管理，规范建材使用行为，强化建材使用各方主体质量责任，建立建材市场诚信体系，确保建设工程安全和质量维护人民生命财产和城市安全，目前部分省市对建设工程材料实行备案管理。备案管理有两种模式，一种是由建设行政管理部门负责管理，备案的对象是钢筋、水泥、混凝土等重要的结构性材料和功能性材料；另一种则由相关行业协会通过诚信备案的形式来实施,备案的对象通常是没有进入政府部门规定备案目录,而在日常使用中又比较重要的材料,如脚手架钢管、扣件、加工钢筋等。实施备案的建材都实施诚信管理,通过监督检查和产品实物检测,来实现对建材质量的日常动态管理。

(二)建设工程材料质量监督检查

建设工程材料质量监督管理是通过备案和检查来实施的,分为现场检查和抽样检测两种模式。

1. 监督现场检查

按照检查性质的不同,监督检查可分为日常监督检查、举报现场检查、专项(综合)检查三大类。

(1)日常监督检查。日常监督检查又称为日常巡检,质量监督机构按法律、法规、规章和相关规定,对辖区内的建设工程施工现场进行巡视检查,有些地区据此组建网格化管理,取得了显著的效果。由于日常监督具有经常化,又可顾及重点监管对象,监管效能较强,常常能将质量事故苗子及时化解,监督信息比较真实,是建材质量监督最重要的抓手。

(2)举报现场检查。根据举报内容,对涉及的工地现场或建材生产企业进行检查,这类检查具有明确的目的,对质量行为的针对性强,是日常监督管理不可或缺的补充。

(3)专项(综合)检查。这类检查具有明确的时间节点,是依照国家和地方整顿规范建筑建材市场的整体要求,或根据工程现场建材质量状况,开展的建材实物质量和质量行为综合性检查。因为是根据年度工作计划安排及确定的检查对象,因此检查的影响比较大,检查结果的通报威慑力也较大。专项检查对象可以是一个产品,也可以是数类产品;综合检查的对象则是不特定的建材产品,检查地点都是施工现场或混凝土、混凝土制品、商品砂浆、墙体材料、节能保温材料、钢筋加工企业等建材生产现场。建设、工商、质量技监等管理部门联合,组织开展的规范建筑市场整治、打假治劣等检查也属于综合检查。

2. 监督抽样检测

监督抽检具有权威性、随机性、公开性，可以比较真实地反映当前工程中使用的建材质量现状，及时将质量不良产品清出建设市场。监督抽样检测可以分为日常监督抽检和专项监督抽检两种。

（1）日常监督抽检。日常监督抽检通常是在施工现场或混凝土、混凝土制品、商品砂浆等生产现场，由专业人员抽取备案的建材产品，送省级或其他有资质的检测机构检测，检测结果作为衡量该产品是否具有备案资格的依据。日常监督抽检的建材产品种类多、涉及的工程面广，是建材动态质量信息最重要的来源之一。

（2）专项监督抽检。专项监督抽检由质量监督机构组织，在施工现场或混凝土、混凝土制品、商品砂浆等生产现场，由专业人员抽取指定的建材产品，并当场确认产品来源、品种规格、进货时间与数量、复试情况、使用情况等，抽样单经使用单位和抽检人员共同签字后，送有资格的检测机构盲样检测，由于检测机构不清楚样品来源、生产单位和使用单位，可以有效地防止人为因素的影响，检测结果比较真实反映建设工程在用建材的质量动态。

抽样时必须有两名持证抽样人员，受检单位应派员共同到现场抽样。抽样时必须由抽样人员自己操作，取样的样品必须具有代表性，取样过程应严格执行相关的国家标准，没有国家标准的执行行业标准，没有行业标准的执行经备案的企业标准。抽样后，受检单位应在抽样单上签名，并加盖公章，如无公章则须有两人以上签名方有效。

抽样地点应在施工现场（包括混凝土搅拌站、混凝土构件厂、商品砂浆厂等），不得在未验收的进料运输工具上抽样。

抽样前必须认真核对拟抽取样品的生产企业、品种规格、出厂日期和批次，并查看相应的质保书、进料单、材料台账，对产品标识不清或有疑问的，应了解清楚后再确定生产企业。对砂石料等易产生离析的建材，在散料堆上取样的应取样部位均匀分布，从不同部位取等量的样品，混合均匀后按技术标准操作。

（三）建设工程材料质量诚信建设

为了增强建材生产企业的社会责任感，提高施工单位选择优质建材的自觉性，减少、慎用存在质量缺陷的建材，开展建材质量诚信建设是很有必要的。各地采用的方式方法不尽相同，评定的形式也有所不同，但是诚信建设在建材选用中发挥越来越重要的作用。目前建设工程材料质量诚信建设主要有以下两种形式：

1. 合格供应商评选

合格供应商的评选由行业协会组织，在企业自愿申报的基础上，组织专家评审，按照事先拟定的评审方法和考核条件，对申报者经销产品实物质量和经营质量行为的考评，符合要求的企业，经网上社会公示后，成为建材的合格供应商。施工单位优先选用合格供应商提供的产品，对于不是合格供应商的建材企业会产生巨大生存压力。同样合格供应商不是永久的，只要发生质量问题、造成工程质量事故的，将被取消合格供应商资格，因此对所有的建材企业都是巨大的压力，由此形成全行业讲诚信的氛围，引导建材行业健康有序的发展。

2. 质量诚信管理

为了建立扬优治劣建材市场诚信体制，落实质量责任，实施差别化管理，不少地区开展了质量诚信建设，通过质量诚信档案信息数据库，对建材生产企业进行产品质量和质量行为的综合性考核，评选出质量诚信企业名单。由于质量诚信是参加合格供应商推荐的先决条件，社会上对诚信企业的认可度远远高于其他企业，在市场活动中形成对失信企业的社会化"惩罚链"，引导企业珍视信用、约束经营行为，成为建材质量长效管理的重要环节。

质量诚信信息系统包括企业基本信息和动态信息记录。动态信息记录包括良好信息，记录企业受到的奖励、表扬信息；不良信息，记录产品抽检不合格、质量行为不合格、行政受处罚的时间、原因、处理结果。

▶复习思考题◀

1. 现场材料发放的要求和程序分别是什么？

2. 限额领料主要有哪些方式？

3. 周转材料的概念及其按使用对象不同有哪些分类？

4. 周转材料管理的任务及其方法主要有哪些？

5. 材料质量监督管理的对象有哪些？

6. 材料使用监督的内容及方法有哪些？

第七章 材料仓储与保管

第一节 材料仓储

一、仓库分类

(一)按储存材料的种类划分

1. 综合性仓库

综合性仓库建有若干库房,储存各种各样的材料,如在同一仓库中储存钢材、电料、木料、五金、配件等。

2. 专业性仓库

专业性仓库只储存某一类材料,如钢材库、木料库、电料库等。

(二)按保管条件划分

1. 普通仓库

普通仓库是指储存没有特殊要求的一般性材料的仓库。

2. 特种仓库

特种仓库是指某些材料对库房的温度、湿度、安全有特殊要求,需按不同要求设置的仓库,如保温库、燃料库、危险品库等。水泥由于粉尘大,防潮要求高,因而水泥库也属于特种仓库。

(三)按建筑结构划分

1. 封闭式仓库

封闭式仓库是指有屋顶、墙壁和门窗的仓库。

2. 半封闭式仓库

半封闭式仓库是指有顶无墙的仓库,如料库、料棚等。

3. 露天料场

露天料场主要指储存不易受自然条件影响的大宗材料的场地。

(四)按管理权限划分

1. 中心仓库

中心仓库是指大中型企业(公司)设立的仓库。这类仓库材料吞吐量大,主要材料由公司集中储备,也叫作一级储备。除远离公司独立承担任务的工程处核定储备资金控制储备外,公司下属单位一般不设仓库,避免层层储备,分散资金。

2. 总库

总库是指公司所属项目经理部或工程处(队)所设施工备料仓库。

3. 分库

分库是指施工队及施工现场所设的施工用料准备库,业务上受项目部或工程队直接管辖,统一调度。

二、现场材料仓储保管基本要求

现场材料仓储保管,应根据现场材料的性能和特点,结合仓储条件进行合理的储存与保管。进入施工现场的材料,必须加强库存保管,保证材料完好,便于装卸搬运、发料及盘点。

(一)选择进场材料保管场所

应根据进场材料的性能特点和储存保管要求,合理选择进场材料保管场所。建筑施工现场储存保管材料的场所有仓库(或库房)、库棚(或货棚)和料场。

仓库(或库房)的四周有围墙、顶棚、门窗,是可以完全将库内空间与室外隔离开来的封闭式建筑物。由于其具有良好的隔热、防潮、防水作用,因此通常存放不宜风吹日晒、雨淋,对空气中温度、湿度及有害气体反应较敏感的材料,如各类水泥、镀锌钢管、镀锌钢板、混凝土外加剂、五金设备、电线电料等。

库棚(或货棚)的四周有围墙、顶棚、门窗,但一般未完全封闭起来。这种库棚虽然能挡风遮雨、避免暴晒,但库棚内的温度、湿度与外界一致。通常存放不宜雨淋日晒,而对空气中温度、湿度要求不高的材料,如陶瓷、石材等。

料场即为露天仓库,是指地面经过一定处理的露天储存场所。一般要求料场的地势较高,地面经过一定处理(如夯实处理)。主要储存不怕风吹、日晒、雨淋,对空气中温度、湿度及有害气体反应不敏感的材料,如钢筋、型钢、砂石、砖等。

(二)材料堆码

材料的合理堆码关系到材料保管的质量,材料码放形状和数量必须满足材料性能、特点、形状等要求。材料堆码应遵循"合理、牢固、定量、整齐、节约和便捷"的原则。

1. 堆码的原则

(1)合理。对不同的品种、规格、质量、等级、出厂批次的材料都应分开,按先后顺序堆码,以便先进先出。特别注意性能互相抵触的材料应分开码放,防止材料之间发生相互作用而降低使用性能。占用面积、垛形、间隔均要合理。

(2)牢固。材料码放数量应视存放地点的负荷能力而确定,以垛基不沉陷、材料不受压变形、变质、损坏为原则,垛位必须有最大的稳定性,不偏不倒,苫盖物不怕风雨。

(3)定量。每层、每堆力求成整数,过磅材料分层、分捆计重,做出标记,自下而上累计数量。

(4)整齐。纵横成行,标志朝外,长短不齐、大小不同的材料、配件,靠通道一头齐。

(5)节约。一次堆好,减少重复搬运、堆码,堆码紧凑,节约占用面积。爱护苫垫材料及包装,节省费用。

(6)便捷。堆放位置要便于装卸搬运、收发保管、清仓盘点、消防安全。

2. 定位和堆码的方法

（1）四号定位。四号定位是在统一规划、合理布局的基础上，进行定位管理的一种方法。四号定位就是定仓库号、货架号、架层号、货位号（简称库号、架号、层号、位号）。料场则是区号、点号、排号和位号，固定货位、定位存放、"对号入座"。对各种材料的摆放位置作全面、系统、具体的安排，使整个仓库堆放位置有条不紊，便于清点与发料，为科学管理打下基础。

四号定位编号方法：材料定位存放，将存放位置的四号连起来编号。

（2）五五化堆码。五五化堆码是材料保管的堆码方法。它是根据人们计数习惯以五为基数计数的特点，如五、十、二十……五十、一百、一千等进行计数。将这种计数习惯用于材料堆码，使堆码与计数相结合，便于材料收发、盘点计数快速准确，这就是"五五摆放"。如果全部材料都按五五摆放，则仓库就达到了五五化。

五五化是在四号定位的基础上，即在固定货位、"对号入座"的货位上具体摆放的方法。按照材料的不同形状、体积、质量，大的五五成方，高的五五成行，矮的五五成堆，小的五五成包（捆），带眼的五五成串（如库存不多，亦需按定位堆放整齐），堆成各式各样的垛形。要求达到横看成行，竖看成线，左右对齐，方方定量，过目成数，便于清点，整齐美观。

（3）四号定位与五五化堆码是全局与局部的关系。两者互为补充，互相依存，缺一不可。如果只搞四号定位，不搞五五化，对仓库全局来说，有条理、有规律，定位合理，而在具体货位上既不能过目成数，也不整齐美观。反之，如果只搞五五化，不搞四号定位，则在局部货位上能过目成数，达到整齐美观；但从库房全局看，还是堆放凌乱，没有规律。所以两者必须配合使用。

（三）材料标识

储存保管材料应"统一规划、分区分类、统一分类编号、定位保管"，并要使其标识鲜明、整齐有序，以便于转移记录和具备可追溯性。

1. 现场存放的物资标识

进场物资应进行标识，标识包括产品标识和状态标识，状态标识包括待验，检验合格，检验不合格。

（1）钢筋原材、型钢原材要挂牌标识：名称、规格、厂家、质量状态。

（2）加工成型的钢筋、铁件要挂扉子标识：名称、规格、数量、使用部位。

（3）水泥、外加剂要挂牌标识：名称、规格、厂家、生产日期、质量状态。

（4）砂子、石子、白灰要挂牌标识：名称、规格、产地（矿场）、质量状态。

（5）砖、砌块、隔墙板、保温材料、陶粒，石材、门窗、构件、装饰型材、风道、管材、建材制成品等要挂牌标识：名称、规格、厂家、质量状态。

2. 库房存放的物资标识

（1）五金、物料、水料、电料，土产、电器、电线、电缆、暖卫品、防水材料、焊接材料、装饰细料、墙面砖、地面砖等要挂卡标识：名称、规格、数量、合格证。

（2）化工、油漆、燃料、气体缸瓶等有毒、有害、易燃、易爆物资要分别设立专业危险品库房，悬挂警示牌，各类物资分别挂卡标识：名称、规格、数量、合格证和使用说明书。

（3）入库、出库手续完备，做到账、卡、物相符。

3. 标识转移记录和可追溯性

为便于可追溯，器材员应填写进场时间、数量、供方名称、质量合格证编号、外观检查结果等。

（1）工程物资主要材料进场要将材质单、合格证、复试报告单等质保资料的唯一编号记入材料验收记录。

商品混凝土进场要随车带有完整的质保资料，运输单要写明混凝土的出厂时间、强度等级、品种、数量、坍落度、生产厂家、工程名称和使用部位,逐项记入混凝土验收和使用记录。

(2)物资进场的运输单、验收单、入库单、调拨单、耗料单都要进行可追溯性的唯一编号,确保与材料验收记录、耗料账表相吻合。耗料单要写明使用部位、材质单号。

(3)用于隐蔽工程、关键工序、特殊工序、分部分项单位工程的材料要与材料验收记录、耗用记录以及材料质保资料的唯一编号相吻合。

(四)材料安全消防

每种进场材料的安全消防方式应视进场材料的性能而确定。液体材料燃烧时,可采用干粉灭火器或黄砂灭火,避免液体外溅,扩大火势;固体材料燃烧时,可采用高压水灭火,如果同时伴有有害气体挥发,应用黄砂灭火并覆盖。

(五)材料维护保养

材料的维护保养,即采取一定的技术措施或手段,保证所储存保管材料的性能或使受到损坏的材料恢复其原有性能。由于材料自身的物理性能、化学成分是不断发生变化的,这种变化在不同程度上影响着材料的质量。其变化原因主要是自然因素的影响,如温度、湿度、日光、空气、雨、雪、露、霜、尘土、虫害等,为了防止或减少损失,应根据材料本身不同的性质,事前采取相应技术措施,控制仓库的温度与湿度,创造合适的条件来保管和保养。反之,如果忽视这些自然因素,就会发生变质,如霉腐、熔化、干裂、挥发、变色、渗漏、老化、虫蛀、鼠伤,甚至会发生爆炸、燃烧、中毒等恶性事故。不仅失去了储存的意义,反而造成损失。

材料维护保养工作,必须坚持"预防为主,防治结合"的原则。具体要求如下:

1. 安排适当的保管场所

根据材料的不同性能,采取不同的保管条件,如仓库、库棚、料场及特种仓库,尽可能满足储存材料性能的要求。

2. 搞好堆码、苫垫及防潮防损

有的材料堆码要稀疏，以利通风；有的要防潮，有的要防晒，有的要立放，有的要平置等；对于防潮、防止有害气体等要求高的，还必须密封保存，并在搬码过程中，轻拿轻放，特别是仪器、仪表、易碎器材，应防止剧烈震动或撞击，杜绝损坏等事故发生。

3. 严格控制温、湿度

对于温、湿度要求高的材料（如焊接材料），要做好温度、湿度的调节控制工作。高温季节要防暑降温，梅雨季节要防潮防霉，寒冷季节要防冻保温。还要做好防洪水、台风等灾害性侵害的工作。

4. 强化检查

要经常检查，随时掌握和发现保管材料的变质情况，并积极采取有效的补救措施。对于已经变质或将要变质的材料，如霉腐、受潮、粘结、锈蚀、挥发、渗漏等，应采取干燥、晾晒、除锈涂油、换桶等有效措施，以挽回或减少损失。

5. 严格控制材料储存期限

一般来说，材料储存时间越长，对质量影响越大。特别是规定有储存期限过期失效的材料，要特别注意分批堆码，先进先出，避免或减少损失。

6. 搞好仓库卫生及库区环境卫生

经常清洁，做到无垃圾、无杂草，消灭虫害、鼠害。加强安全工作，搞好消防管理，加强电源管理，搞好保卫工作，确保仓库安全。

三、仓储盘点及账务处理

(一)仓库盘点的意义

仓库所保管的材料，品种、规格繁多，计量、计算易发生差错，保管中发生的损耗、损坏、变质、丢失等种种因素，可能导致库存材料数量不符，质量下降。只有通过盘点，才能准确地掌握实际库存量,摸清质量状况,掌握材料保管中存在的各种问题,了解储备定额执行情况和呆滞、积压数量,以及利用、代用等挖潜措施的落实情况。

(二)盘点方法

1. 定期盘点

定期盘点是指季末或年末对仓库保管的材料进行全面、彻底盘点。做到有物有账,账物相符,账账相符,并把材料数量、规格、质量及主要用途搞清楚。由于清点规模大,应先做好组织与准备工作,主要内容有:

(1)划区分块,统一安排盘点范围,防止重查或漏查。

(2)校正盘点用计量工具,统一印制盘点表,确定盘点截止日期和报表日期。

(3)安排各现场、车间,已领未用的材料办理"假退料"手续,并清理成品、半成品、在线产品。

(4)尚未验收的材料,具备验收条件的,抓紧验收入库。

(5)代管材料应有特殊标志,另列报表,便于查对。

2. 永续盘点

永续盘点是指对库房内每日有变动(增加或减少)的材料,当日复查一次,即当天对有收入或发出的材料,核对账、卡、物是否对口。这样连续进行抽查盘点,能及时发现问题,便于清查和及时采取措施,是保证账、卡、物"三对口"的有效方法。永续盘点必须做到当天收发,当天记账和登卡。

(三)盘点中问题账务处理

盘点时要对实际库存量和账面结存量进行逐项核对,并同时检查材料质量、有效期、安全消防及保管状况,编制盘点报告。

盘点中数量出现盈亏,若盈亏量在企业规定的范围之内时,可在盘点报告中反映,不必编制盈亏报告,经业务主管审批后,据此调整账务;若盈亏量超过规定范围时,除在盘点报告中反映外,还应填写"材料盘点盈亏报告单"(表7-1),经领导审批后再行处理。

表 7-1　　　　　　　　　　　　材料盘点盈亏报告单

填报单位：　　　　　　　　　年　月　日　　　　　　　第　号

材料名称	单位	账存数量	实存数量	盈（＋）亏（－）数量及原因
部门意见				
领导批示				

库存材料发生损坏、变质、降等级等问题时,填报"材料报损报废报告单"(表7-2),并通过有关部门鉴定损失金额,经领导审批后,根据批示意见处理。

表 7-2

材料报损报废报告单

填报单位：　　　　　　　　　　年　　月　　日　　　　　　　　　编号

名　　称	规格型号	单　位	数　量	单　价	金　额
质量状况					
报损报废原因					
技术鉴定处理意见			负责人签章		
领导批示			签　　章		

主管：　　　　　　　　审核：　　　　　　　　制表：

库房被盗或遭破坏,其丢失及损坏材料数量及相应金额,应专项报告,经保卫部门认真查核后,按上级最终批示做账务处理。

出现品种规格混串和单价错误时,在查实的基础上,经业务主管审批后按表7-3 的要求进行调整。

表 7-3

材料调整单

仓库名称：　　　　　　　　　　　　　　　　　　　第　　号

项　目	材料名称	规格	单位	数量	单价	金额	差额（＋、－）
原列							
应列							
调整原因							
批示							

保管：　　　　　　　　记账：　　　　　　　　制表：

库存材料一年以上没有发出,列为积压材料。

第二节 常用材料保管

一、水泥现场保管及受潮水泥处理

(一)水泥现场仓储管理

1. 进场入库验收

水泥进场入库必须附有水泥出厂合格证或水泥进场质量检测报告。进场时应检查水泥出厂合格证或水泥进场质量检测报告单上水泥品种、强度等级与水泥包装袋上印的标志是否一致,不一致的要另外码放,待进一步查清;检查水泥出厂日期是否超过规定时间,超过的要另行处理;遇有两个单位同时到货的,应详细验收,分别码放,挂牌标明,防止水泥生产厂家、出厂日期、品种、强度等级不同而混杂使用。水泥入库后应按规范要求进行复检。

2. 仓储保管

水泥仓储保管时,必须注意防水防潮,应放入仓库保管。仓库地坪要高出室外地面 20～30cm,四周墙面要有防潮措施。袋装水泥在存放时,应用木料垫高超出地面 30cm,四周离墙 30cm,码垛时一般码放 10 袋,最高不得超过 15 袋。储存散装水泥时,应将水泥储存于专用的水泥罐中,以保证既能用自卸汽车进料,又能人工出料。

3. 临时存放

如遇特殊情况,水泥需在露天临时存放时,必须设有足够的遮垫措施,做到防水、防雨、防潮。

4. 空间安排

水泥储存时要合理安排仓库内出入通道和堆垛位置,以使水泥能够实行先进先出的发放原则,避免部分水泥因长期积压在不易运出的角落里,从而造成水泥受潮变质。

5. 储存时间

水泥的储存时间不能过长，水泥会吸收空气中的水分缓慢水化而降低强度。袋装水泥储存 3 个月后强度降低 10%～20%；6 个月后强度降低 15%～30%；1 年后强度降低 25%～40%。水泥的储存期自出厂日期算起，通用硅酸盐水泥出厂超过 3 个月、铝酸盐水泥出厂超过 2 个月、快凝快硬硅酸盐水泥出厂超过 1 个月，应进行复检，并按复检结果使用。

6. 库房环境

水泥库房要经常保持清洁，落地灰及时清理、收集、灌装，并应另行收存使用。

水泥应避免与石灰、石膏以及其他易于飞扬的粒状材料同存，以防混杂，影响质量。包装如有损坏，应及时更换以免散失。

(二)受潮水泥处理

水泥在储存保管过程中很容易吸收空气中的水分产生水化作用，凝结成块，降低水泥强度，影响水泥的正常使用。对于受潮水泥可以根据受潮程度，按表 7-4 的方法做适当处理。

表 7-4　　　　　　　　受潮水泥的鉴别与处理方法

受潮程度	水泥外观	手感	强度降低	处理方法
轻微受潮	水泥新鲜，有流动性，肉眼观察完全呈细粉	用手捏碾无硬粒	强度降低不超过 5%	正常使用
开始受潮	内有小球粒，但易散成粉末	用手捏碾无硬粒	强度降低 5% 以下	用于要求不严格的工程部位
受潮加重	水泥细度变粗，有大量小球粒和松块	用手捏碾，球粒可成细粉，无硬粒	强度降低 15%～20%	将松块压成粉末，降低强度等级，用于要求不严格的工程部位

受潮程度	水泥外观	手感	强度降低	处理方法
受潮较重	水泥结成粒块,有少量硬块,但硬块较松,容易被击碎	用手捏碾,球粒不能变成粉末,有硬粒	强度降低30%～50%	用筛子筛除硬粒、硬块,降低强度等级,用于要求较低的工程部位
严重受潮	水泥中有许多硬粒、硬块、难以被击碎	用手捏碾不动	强度降低50%以上	不能用于工程中

二、钢材现场保管及代换应用

(一)钢材现场保管

建筑工程中使用的建筑钢材主要有两大类,一类是钢筋混凝土结构用钢材,如热轧钢筋、钢丝、钢绞线等;另一类则为钢结构用钢材,如各种型钢、钢板、钢管等。

(1)建筑钢材应按不同的品种、规格,分别堆放。对于优质钢材、小规格钢材,如镀锌板、镀锌管、薄壁电线管、高强度钢丝等最好放入仓库储存保管。库房内要求保持干燥,地面无积水、无污物。

(2)建筑钢材只能露天存放时,料场应选择在地势较高而又平坦的地面,经平整、夯实、预设排水沟、做好垛底,苫垫后方可使用。为避免因潮湿环境而导致钢材表面锈蚀,雨、雪季节应用防雨材料进行覆盖。

(3)施工现场堆放的建筑钢材应注明钢材生产企业名称、品种、规格、进场日期与数量等内容,并以醒目标识标明建筑钢材合格、不合格、在检、待检等产品质量状态。

(4)施工现场应由专人负责建筑钢材的储存保管与发料。

(二)钢材代换应用

在施工中,经常会遇到建筑钢材的品种或规格与设计要求不符的情况,此时可进行钢材的代换。

1. 代换原则

（1）当构件受承载力控制时，建筑钢材可按强度相等原则进行代换，即等强度代换原则。

（2）当构件按最小配筋率配筋时，建筑钢材可按截面面积相等原则进行代换，即等面积代换原则。

（3）当构件受裂缝宽度或挠度控制时，建筑钢材代换后应进行构件裂缝宽度或挠度验算。

2. 代换方法

（1）采用等面积代换时，使代换前后的钢材截面面积相等即可。

（2）采用等强度代换时应满足下式要求：

$$n_2 \geqslant \frac{n_1 d_1^2 f_{y1}}{d_2^2 f_{y2}} \tag{7-1}$$

式中　n_2——代换钢筋根数；

　　　n_1——原设计钢筋根数；

　　　d_2——代换钢筋直径（mm）；

　　　d_1——原设计钢筋直径（mm）；

　　　f_{y2}——代换钢筋抗拉强度设计值（N/mm²）；

　　　f_{y1}——原设计钢筋抗拉强度设计值（N/mm²）。

在运用式(7-1)进行钢筋代换时，有以下两种特例：

强度设计值相同、直径不同的钢筋可采用式(7-2)代换。

$$n_2 \geqslant \frac{n_1 d_1^2}{d_2^2} \tag{7-2}$$

直径相同、强度设计值不同的钢筋可采用式(7-3)代换。

$$n_2 \geqslant \frac{n_1 f_{y1}}{f_{y2}} \tag{7-3}$$

3. 代换注意事项

（1）建筑钢材代换时，必须充分了解结构设计意图和代换材料性能，并严格遵守《混凝土结构设计规范》（GB 50010—2010）的各项规定，凡重要结构中的钢筋代换，应征得设计单位同意。

（2）对于某些重要构件，如吊车梁、桁架下弦等，不宜用光圆热轧钢筋代替 HRB335 级和 HRB400 级带肋钢筋。

(3)钢筋代换后,应满足配筋构造要求,如钢筋的最小直径、间距、根数、锚固长度等。

(4)梁内纵向受力钢筋与弯起钢筋应分别代换,以保证构件正截面和斜截面承载力要求。

(5)偏心受压构件或偏心受拉构件进行钢筋代换时,不按整个截面配筋量计算,应按受力面分别代换。

(6)当构件受裂缝宽度控制时,如用细钢筋代换较大直径钢筋、低强度等级钢筋代换高强度等级钢筋时,可不进行构件裂缝宽度验算。

三、其他材料仓储保管

(一)木材

木材应按材种、规格、等级不同而分别码放,要便于抽取和保持通风,板、木材的垛顶部要遮盖,以防日晒雨淋。经过烘干处理的木材,应放进仓库储存保管。

木材各表面水分蒸发不一致,常常容易干裂,应避免日光直接照射,采用狭而薄的衬条或用隐头堆积,或在端头设置遮阳板等。木材存料场地要高,通风要好,并清除腐木、杂草和污物。必要时用 5% 的漂白粉溶液喷洒。

(二)砂、石料

砂、石料均为露天存放,存放场地要砌筑围护墙,地面必须硬化;若同时存放砂和石,则砂石之间必须砌筑高度不低于 1m 的隔墙。

一般集中堆放在混凝土搅拌机和砂浆搅拌机旁,不宜过远。

堆放要成方成堆,避免成片。平时要经常清理,并督促班组清底使用。

(三)烧结砖

烧结砖应按现场平面布置图码放于垂直运输设备附近,便于起吊。

不同品种规格的砖,应分开码放,基础墙、底层墙的砖可沿墙周围码放。

使用中要注意清底,用一垛清一垛,断砖要充分利用。

(四)成品、半成品

成品、半成品包括混凝土构件、门窗、铁件等。除门窗用于装修外,其他都用于工程的承重结构系统。在一般的混合结构项目中,这些成品、半成品占材料费的30%左右,是建筑工程的重要材料,因此,进场的建筑材料成品、半成品必须严加保护,不得损坏。随着建筑业的发展,工厂化、机械化施工水平的提高,成品、半成品的用量会越来越多。

1.混凝土构件

混凝土构件一般在工厂生产,再运到施工现场安装。由于混凝土构件有笨重、量大和规格型号多的特点,码放时一定要对照加工计划,分层分段配套码放,码放在吊车的悬臂回转半径范围以内,以避免场内的二次搬运。要认真核对品种、规格、型号,检验外观质量,及时登记台账,掌握配套情况。构件存放场地要平整,垫木规格一致且位置上下对齐,保持平整和受力均匀。混凝土构件一般按工程进度进场,防止过早进场,阻塞施工场地。

2.铁件

铁件主要包括金属结构、预埋铁件、楼梯栏杆、垃圾斗、水落管等。铁件进场应按加工图纸验收,复杂的要会同技术部门验收。铁件一般在露天存放,精密的放入库内或棚内。露天存放的大件铁件要用垫木垫起,小件可搭设平台,分品种、规格、型号码放整齐,并挂牌标明,做好防雨、防撞、防挤压保护。由于铁件分散堆放,保管困难,要经常清点,防止散失和腐蚀。

3.门窗

门窗有钢质、木质、塑料质和铝合金质的,都是在工厂加工运到现场安装。门窗验收要详细核对加工计划,认真检查规格、型号,进场后要分品种、规格码放整齐。木门窗口及存放时间短的钢门、钢窗可露天存放,用垫木垫起,雨期时要上遮,防止雨淋日晒变形。木门、窗扇及存放时间长的钢门、钢窗要存放在仓库内或棚内,用垫木垫起。门窗验收码放后,要挂牌标明规格、型号、数量,按单位工程建立门窗及附件台账,防止错领错用。

4. 装饰材料

装饰材料种类繁多、价值高,易损、易坏、易丢失。对于壁纸、瓷砖、陶瓷锦砖、油漆、五金、灯具等应入库专人保管,防止丢失。量大笨重的装饰材料必须落实保管措施,以防损坏。

四、各类易损、易燃、易变质材料保管

(一)易破损物品

易破损物品是指那些在搬运、存放、装卸过程中容易发生损坏的物品,如玻璃制品、陶瓷制品等。易破损物品储存保管的原则是努力降低搬运强度、减少单次装卸量、尽量保持原包装状态。为此,在储存保管过程中应注意:

(1)严格执行"小心轻放、文明作业"的制度。

(2)尽可能在原包装状态下实施搬运和装卸作业。

(3)不使用带有滚轮的贮物架。

(4)不与其他物品混放。

(5)利用平板车搬运时要对码层做适当捆绑后进行。

(6)一般情况下不允许使用吊车作业。

(7)严格限制摆放的高度。

(8)明显标识其易损的特性。

(9)严禁以滑动方式搬运。

(二)易燃易爆物品

凡具有爆炸、易燃、毒害、腐蚀、放射性等危险性质,在运输、装卸、生产、使用、储存、保管过程中,在一定条件下能引起燃烧、爆炸,导致人身伤亡和财产损失等事故的物品,称之为易燃易爆物品,如燃油、有机溶剂等。

易燃易爆物品在储存保管过程中应注意：

（1）施工现场内严禁存放大量的易燃易爆物品。

（2）易燃易爆物品品种繁多，性能复杂，储存时，必须按照分区、分类、分段、专仓专储的原则，采取必要的防雨、防潮、防爆措施，妥善存放，专人管理。要分类堆放整齐，并挂牌标志。严格执行领退料手续。

（3）保管员要详细核对产品名称、规格、牌号、质量、数量，应熟知易燃易爆物品的火灾危险性和管理贮存方法以及发生事故处理方法。

（4）库房内物品堆垛不得过高、过密，堆垛之间、堆垛与墙壁之间，应保持一定的间距。库房保持通风良好，并设置明显"严禁烟火"标志。库房周围无杂草和易燃物。

（5）易燃易爆物品在搬运时严防撞击、振动、摩擦、重压和倾斜。严禁用产生火花的设备敲打和启封。

（6）库房内应有隔热、降温、防爆型通排风装置，应配备足够的消防器材，并由专人管理和使用，定期检查，确保处于良好状态。

（7）储存易燃、易爆物品的库房等场所，严禁动用明火和带入火种，电气设备、开关、灯具、线路必须符合防爆要求。工作人员不准穿外露的钉子鞋和易产生静电的化纤衣服，禁止非工作人员进入。

（8）受阳光照射容易燃烧、爆炸或产生有毒气体的化学危险物品和桶装、罐装等易燃液体、气体应当在阴凉、通风地点存放。

（9）遇火、遇潮容易燃烧、爆炸或产生有毒气体，怕冻、怕晒的化学危险品，不得在露天、潮湿、露雨、低洼容易积水、低温和高温处存放；对可以露天存放的易燃物品，应设置在天然水源充足的地方，并宜布置在本单位或本地区全年最小频率风向的上风侧。

（三）易变质材料

易变质材料是指在施工现场成批储放过程中，由于仓储条件的缺失和不到位，易受到自然介质（水、盐分、CO_2 等）和其他共存材料的作用，材料的使用性能发生变化，影响其正常使用的材料。对于该类材料，要注意了解其化学性能的特点和对仓储条件的特殊要求，以保证在储放过程中，不发生变质情况。

玻璃虽然化学性质很稳定,但在储放过程,若保管不慎受到雨水浸湿,同时受到空气中 CO_2 的作用,则极易发生粘片和受潮发霉现象,透光性变差,影响施工使用。故在保管玻璃时应放入仓库保管,并且玻璃木箱底下必须垫高 100mm,注意防止受潮发霉。

如必须在露天堆放时,要在下面垫高,离地为 $200\sim300mm$,上面用帆布盖好,储存时间不宜过长。

高铝水泥由于化学活性很高,且易受碱性物质侵蚀。故存放时,一定不要和硅酸盐水泥混放,更严禁与硅酸盐水泥混用。又如快硬水泥易受潮变质,在运输和贮存时,必须注意防潮,并应及时使用,不宜久存,出厂一月后,应重新检验强度,合格后方可使用。

五、常用施工设备保管

(1)制定施工设备的保管、保养方案,包括施工设备分类、保管要求、保养要求、领用制度,道路、照明、消防设施规划等。

(2)施工设备验收入库后应按品种、质量、规格、新旧残废程度的不同分库、分区、分类保管,做到"材料不混、名称不错、规格不串、账卡物相符"。

(3)对露天存放的施工设备,应根据地理环境、气候条件和施工设备的结构形态、包装状况等,合理堆码。堆码时应定量、整齐,并做好通风防潮措施,应下垫上苫。垫垛应高出地面 200mm,苫盖时垛顶应平整,并适当起脊,苫盖材料不应妨碍垛底通风;同时,料场要具备以下条件:

1)地面平坦、坚实,视存料情况,每平方米承载力应达 $3\sim5t$。

2)有固定的道路,便于装卸作业。

3)设有排水沟,不应有积水、杂草污物。

(4)在储存保管过程中,应对施工设备的铭牌采取妥善防护措施,确保其完好。

(5)对损坏的施工设备及时修复,延长施工设备的使用寿命,使之处于随时可投入使用的状态。

▶复习思考题◀

1. 仓库按建筑结构和管理权限分别是怎样划分的？
2. 材料堆码应遵循的原则有哪些？
3. 材料堆码应遵循的原则及具体要求分别是什么？
4. 定期盘点和永续盘点的定义及其优点是什么？
5. 水泥仓储保管的要求有哪些？
6. 钢筋代换的原则是什么？
7. 易燃易爆物品在储存保管过程中应注意哪些问题？

第八章　危险物品及施工余料、废弃物管理

第一节　危险物品管理

一、设备材料安全管理责任制

(1)凡购置的各种机、电设备、脚手架、新型建筑装饰、防水等料具或直接用于安全防护的料具及设备,必须执行国家、市有关规定,必须有产品介绍或说明的资料,严格审查其产品合格证明材料,必要时做抽样试验,回收的必须检修。

(2)采购的劳动保护用品,必须符合国家标准及市有关规定,并向主管部门提供情况,接受对劳动保护用品的质量监督检查。

(3)认真执行《建筑工程施工现场管理基本标准》的规定及施工现场平面布置图要求,做好材料堆放和物品储存,对物品运输应加强管理,保证安全。

(4)对设备的租赁,要建立安全管理制度,确保租赁设备完好、安全可靠。

(5)对新购进的机械、锅炉、压力容器及大修、维修、外租回厂后的设备必须严格检查和把关,新购进的要有出厂合格证及完整的技术资料,使用前制定安全操作规程,组织专业技术培训,向有关人员交底,并进行鉴定验收。

(6)参加施工组织设计、施工方案的会审,提出设备材料涉及安全的具体意见和措施,同时负责督促岗位落实,保证实施。

(7)对涉及设备材料相关特种作业人员定期培训、考核。

(8)参加因工伤亡及重大未遂事故的调查,从事故设备材料方面

认真分析事故原因,提出处理意见,制定防范措施。

二、现场危险源辨识与控制

(一)危险源及其分类

危险源是指可能导致人员伤害或疾病、物质财产损失、工作环境破坏或这些情况组合的根源或状态的因素。虽然危险源的表现形式不同,但从本质上说,能够造成危害后果的(如伤亡事故、人身健康受损害、物体受破坏和环境污染等),均可归结为能量的意外释放或约束、限制能量和危险物质措施失控的结果。

根据危险源在事故发生发展中的作用,把危险源分为两大类,即第一类危险源和第二类危险源。

第一类危险源是指可能发生意外释放的能量(能源或能量载体)或危险物质。其危险性的大小主要取决于能量或危险物质的量、释放的强度或影响范围。如现场易爆材料(如雷管、氧气瓶)属于第一类危险源。

第二类危险源是指造成约束、限制能量和危险物质措施失控的各种不安全因素的危险源。第二类危险源主要体现在设备故障或缺陷(物的不安全状态)、人为失误(人的不安全行为)和管理缺陷等几个方面。这是导致事故的必要条件,决定事故发生的可能性。如现场材料堆放过高或易发生剧烈化学反应的材料混存都属于第二类危险源。

(二)危险源的事故

事故的发生是两类危险源共同作用的结果,第一类危险源是事故发生的前提,第二类危险源的出现是第一类危险源导致事故的必要条件。在事故的发生和发展过程中两类危险源相互依存,相辅相成。第一类危险源是事故的主体,决定事故的严重程度,第二类危险源出现的难易,决定事故发生的可能性大小。

危险源造成的安全事故的主要诱因可分为以下几类:

(1)人的因素。主要指人的不安全行为因素,包括身体缺陷、错误行为、违纪违章等。

（2）物的因素。包括材料和设备装置的缺陷。

（3）环境的因素。主要包括现场杂乱无章、视线不畅、交通阻塞、材料工具乱堆乱放、粉尘飞扬、机械无防护装置等。

（4）管理的因素。主要指各种管理上的缺陷，包括对物的管理、对人的管理、对工作过程（作业程序、操作规程、工艺过程等）的管理以及对采购、安全的监控、事故防范措施的管理失误。

（三）危险源的辨识

危险源识别是安全管理的基础工作，主要目的是要找出每项工作活动有关的所有危险源，并考虑这些危险源可能会对什么人造成什么样的伤害，或导致什么设备设施损坏等。

> 危险源的辨识方法各有其特点和局限性，往往采用两种或两种以上的方法识别危险源。

危险源常用的识别方法有现场调查法、工作任务分析法、专家调查法、安全检查表法、危险与可操作性研究法、事件或故障树分析法等。

其中专家调查法是通过向有经验的专家咨询、调查，识别、分析和评价危险源的一类方法。其优点是简便、易行；其缺点是受专家的知识、经验和占有资料的限制，可能出现遗漏。

安全检查表实际上就是实施安全检查和诊断项目的明细表。运用已编制好的安全检查表，进行系统的安全检查，识别工程项目存在的危险源。检查表的内容一般包括分类项目、检查内容及要求、检查以后处理意见等。可以用"是"、"否"作回答或"√"、"×"符号做标记，同时注明检查日期，并由检查人员和被检单位同时签字。安全检查表法的优点是简单易做、容易掌握，可以事先组织专家编制检查项目，使安全、检查做到系统化、完整化；缺点是只能做出定性评价。

（四）危险源风险控制方法

1. 第一类危险源控制方法

可以采取消除危险源、限制能量和隔离危险物质、个体防护、应急救援等方法。建设工程可能遇到不可预测的各种自然灾害引发的风险,只能采取预测、预防、应急计划和应急救援等措施,以尽量消除或减少人员伤亡和财产损失。

2. 第二类危险源控制方法

提高各类设施的可靠性以消除或减少故障、增加安全系数、设置安全监控系统、改善作业环境等。最重要的是要加强员工的安全意识培养和教育,克服不良的操作习惯,严格按章办事,并帮助其在生产过程中保持良好的心理状态。

三、危险物品储存、发放领用和使用监督

施工现场设备材料中若有危险物品,则其储存、发放领用和使用监督应符合现场统一的安全管理规定。易燃易爆物品在储存保管环节的措施见本书"第七章第二节中四、(二)易燃易爆物品"所述,以下是针对几种现场设备材料常见的危险源管理上应采取的措施。

(一)气焊危险源

(1)乙炔发生器、乙炔瓶、氧气瓶和焊割具的安全设备应齐全有效。

(2)乙炔发生器、乙炔瓶、液化石油气灌和氧气瓶在新建、维修工程内存放,应设置专用房间分别存放、专人管理,并有灭火器材和防火标识。电石应放在电石库内,不准在潮湿场所和露天存放。

(3)乙炔发生器和乙炔瓶等与氧气瓶应保持一定距离,在乙炔发生器处严禁一切火源。

夜间添加电石时,应使用防爆手电筒照明,禁止用明火照明。

(4)乙炔发生器、乙炔瓶和氧气瓶不准放在高低架空线路下方或变压器旁,在高空焊割时,不得放在焊割部位的下方,应保持一定的水平距离。

(二)夏季、雨季危险源

(1)油库、易燃易爆物品库房、塔吊、卷扬机架、脚手架,在施工的高层建筑工程等部位及设施都应安装避雷设施。

(2)易燃液体、电石、乙炔气瓶、氧气瓶等,禁止露天存放,防止受

雷雨、日晒发生起火事故。

（3）生石灰、石灰粉的堆放应远离可燃材料，防止因受潮或雨淋产生高热，引起周围可燃材料起火。

(三)现场火灾易发危险源

（1）一般临时设施区，每100m² 配备两个10L灭火器，大型临时设施总面积超过1200m² 的，应备有专供消防用的太平桶、积水桶（池）、黄砂池等器材设施。

（2）木工间、油漆间、机具间等每25m² 应配置一个合适的灭火器；油库、危险品仓库应配备足够数量、种类的灭火器。

（3）仓库或堆料场内，应根据灭火对象的特性，分组布置酸碱、泡沫、清水、二氧化碳等灭火器。每组灭火器不少于4个，每组灭火器之间的距离不大于30m。

第二节　施工余料、废弃物管理

一、施工余料管理

(一)施工余料产生情况的分析

现场施工余料是指已进入现场，由于某些原因而不再使用的那些材料。这些材料有新有旧，有残有废。由于不再使用，往往容易忽视对它的管理，造成丢失、损坏、变质。

施工余料产生的原因主要有以下几种：

（1）因建设单位设计变更，造成材料的剩余积压。

（2）由于施工单位施工方案的变更，造成材料的多余积压。

（3）由于施工单位备料计划或现场发料控制的原因，造成材料余料的产生。

(二)施工余料管理与处置

对于施工现场余料的处置，直接影响项目的成本核算，故要加强这方面的管理。

现场余料管理的内容主要包括：

（1）各项目经理部材料人员，在工程接近收尾阶段，要经常检查掌握现场余料情况，预测未完施工用料数量，严格控制现场进料，尽量减少现场余料积压。

（2）现场余料能否调出利用，往往受价格影响。为此企业或工程项目应建立统一的计价方法，合理确定调拨价格及费用核算方法，以利剩余材料的再利用。

（3）余料应由项目材料部门负责，做好回收、整修、退库和处理。

对剩余材料要及时回收入库和整修，以利再使用。对于工程项目不再使用的新品，应及时报上级供应部门，以便调出重新利用，避免长时间积压呆滞或损坏。

（4）对于不再使用且已判定为废料的，按照企业或工程项目相关规定的处理权限处置。处理回收的资金冲减工程项目成本。

（5）为推进剩余材料的修复利用，应采用鼓励措施，对修复利用好的工程项目、队组和个人应给予奖励。

现场剩余材料的主要处置措施：

（1）因建设单位设计变更，造成多余材料的积压，经监理工程师审核签字后，由项目物资部会同合同部与业主商谈，余料退回建设单位，收回料款或向建设单位提出积压材料经济损失索赔。

（2）工程的剩余物资如有后续工程尽可能用到新开的工程项目上，由公司物资部负责调剂，冲减原项目工程成本。为鼓励新开项目在保证工程质量的前提下，积极使用其他项目剩余物资和加工设备，将所使用其他工程的剩余、废旧物资作为积压、账外物资核算，给予所使用项目奖励。

（3）当项目竣工，又无后续工程时，剩余物资由公司物资部与项目部协商处理，处理后的费用冲减原项目工程成本。

（4）项目经理部在本项目竣工期内，或竣工后承接新的工程，剩余材料需列出清单，经审核后，办理转库手续后方可进入新的工程使用。此费用冲减原项目成本。

（5）工程竣工后废旧物资，由公司物资部负责处理。公司物资部有关人员严格按照国家和地方的有关规定进行，处理过程中，须会同项目经理部有关人员进行定价、定量。处理后，将所得费用冲减项目材料成本。

二、施工废弃物管理

（一）施工废弃物界定

建设工程施工现场上常见的施工废弃物有固体和液体两种形态，其中以固体废弃物为主，其主要包括：

（1）建筑渣土。包括砖瓦、碎石、渣土、混凝土碎块、废钢铁、碎玻璃、废屑、废弃装饰材料等。

（2）散装大宗建筑材料的废弃物。包括水泥、石灰、砂石料等。

（3）生活垃圾。包括炊厨废物、丢弃食品、废纸、生活用具、玻璃、陶瓷碎片、废电池、废日用品、废塑料制品、煤灰渣、粪便等。

（4）设备、材料等的包装材料。

（5）施工现场液体废弃物。主要指废水、液态有机材料和固体废物随水流可流入水体部分，包括泥浆、水泥、油漆、各种油类、混凝土添加剂、重金属、酸碱盐、非金属无机毒物等。

（二）施工废弃物处置

固体废物处置的基本思想是：采取资源化、减量化和无害化的处理，对固体废物产生的全过程进行控制。

1. 固体废弃物主要处置方法

（1）回收利用。回收利用是对固体废物进行资源化的重要手段之一。对于施工项目现场产生的固体废物中，虽自身处理有困难，但对于社会的资源综合利用有价值的固体废物，如钢筋头、木料边角余头等，要积极分类回收，统一交由物资回收部门，其回收款冲抵工程成本。

（2）减量化处理。减量化是对工程产生的固体废物进行分选、破碎、压实浓缩、脱水等减少其最终处置量，降低处理成本，减少对环境的污染。在减量化处理过程中，也包括和其他处理技术相关的工艺方法，如焚烧、热解等。其中焚烧用于不适合再利用且不宜直接予以填埋处置的废物。

（3）稳定和固化。利用水泥、沥青等胶结材料，将松散的废物胶结包裹起来，减少有害物质从废物中向外迁移、扩散，使得废物对环境的污染减少。

（4）填埋。填埋是固体废物经过无害化、减量化处理的废物残渣集中到填埋场进行处置。

（5）现场包装品。现场材料的包装品，如纸袋、麻袋、布袋、木箱、铁桶、瓷缸等，都有利用价值。施工现场必须建立回收制度，保证包装品的成套完整，提高回收率和完好率。对开拆包装的方法要有明确的规章制度，如铁桶不开大口，盖子不离箱，线封的袋子要拆线，黏口的袋子要用刀割等。要健全领用和回收的原始记录，对回收率、完好率进行考核，用量大、易损坏的包装品，如水泥包装袋等，可实行包装品的回收奖励制度。

施工现场固体废弃物在管理和处理中要严格符合现场安全及文明和环境保护制度的相关要求，并注意以下问题：

（1）除有符合规定的装置外，不得在施工现场熔化沥青和焚烧油毡、油漆，亦不得焚烧其他可产生有毒有害和恶臭气体的废弃物。垃圾焚烧处理应使用符合环境要求的处理装置，避免对大气的二次污染。

（2）禁止将有毒有害废弃物现场填埋，填埋场应利用天然或人工屏障。尽量使需处置的废物与环境隔离，并注意废物的稳定性和长期安全性。

（3）现场材料的包装品，尤其是装饰材料和设备的包装物，量大且材质大多为易燃材料，如包装纸板、隔离泡沫塑料等，极易形成火灾隐患，故应安排专人及时收集、分类处置，不可久存。

2. 液体废弃物污染防治与处置措施

（1）禁止将有毒有害废弃物作土方回填。

（2）施工现场搅拌站废水、现制水磨石的污水、电石（碳化钙）的污水必须经沉淀池沉淀合格后再排放,最好将沉淀水用于工地洒水降尘或采取措施回收利用。

(3)现场存放油料,必须对库房地面进行防渗处理,如采用防渗混凝土地面、铺油毡等措施。使用时,要采取防止油料跑、冒、滴、漏的措施,以免污染水体。

(4)施工现场的临时食堂,污水排放时可设置简易有效的隔油池,定期清理,防止污染。

(5)工地临时厕所、化粪池应采取防渗漏措施。中心城市施工现场的临时厕所可采用水冲式厕所,并有防蝇灭蛆措施,防止污染水体和环境。

(6)化学用品、外加剂等要妥善保管,库内存放,防止流失污染环境。

(7)严禁向市政排水管道排放液体废弃物。

▶复习思考题◀

1. 简述第一类危险源和第二类危险源的定义。

2. 危险源常用的识别方法有哪些?

3. 施工余料产生的原因是什么?

4. 固体废弃物的主要处置方法有哪些?

附录 《市政材料员专业与实操》模拟试卷

模拟试卷 A

一、单项选择题

1. 以下不属于材料员职责的是（　　）。
   A. 按时提出月度用料计划　　B. 做好材料收、发工作
   C. 执行限额领料制度　　　　D. 加强现场施工管理

2. 材料员的工作职责中材料管理计划的职责包括（　　）。
   A. 参与编制材料、设备配置计划
   B. 负责收集材料、设备的价格信息，参与供应单位的评价、选择
   C. 负责材料、设备的选购，参与采购合同的管理
   D. 负责进场材料、设备的验收和抽样复检

3. 材料员的工作职责中材料使用存储的职责包括（　　）。
   A. 参与建立材料、设备管理制度
   B. 负责收集材料、设备的价格信息，参与供应单位的评价、选择
   C. 负责监督、检查材料、设备的合理使用
   D. 负责建立材料、设备管理台账

4. 材料员应具备的专业技能中材料管理计划的专业技能是
   （　　）。
   A. 能够参与编制材料、设备配置管理计划
   B. 能够分析建筑材料市场信息，并进行材料、设备的计划与采购
   C. 能够组织保管、发放施工材料、设备
   D. 能够建立材料、设备的统计台账

5. 材料按其化学组成可以分为（　　）。

A. 无机材料、有机材料

B. 金属材料、非金属材料

C. 植物质材料、高分子材料、沥青材料、金属材料

D. 无机材料、有机材料、复合材料

6. 对于某一种市政工程材料,无论环境怎样变化,其(   )都是一定值。

A. 密度 　　　　　　　　　　B. 体积密度

C. 导热系数 　　　　　　　　D. 堆积密度

7. 对于同一市政工程材料,各种密度参数的大小排列为(   )。

A. 密度>堆积密度>体积密度

B. 密度>体积密度>堆积密度

C. 堆积密度>密度>体积密度

D. 体积密度>堆积密度>密度

8. 下列有关市政工程材料强度和硬度的内容叙述错误的是(   )。

A. 市政工程材料的抗弯强度与试件的受力情况、截面形态及支承条件等有关

B. 强度是衡量市政工程材料轻质高强的性能指标

C. 装饰石材可用刻痕法或磨耗来测定其硬度

D. 装饰金属材料、木材、装饰混凝土可用压痕法测其硬度

9. 市政工程材料的密度指的是(   )。

A. 在自然状态下,单位体积的质量

B. 在堆积状态下,单位体积的质量

C. 在绝对密实状态下,单位体积的质量

D. 在市政工程材料的体积不考虑开口孔隙在内时,单位体积的质量

10. 处于潮湿环境中的重要建筑物所选用的市政工程材料,其软化系数应(   )。

A. >0.5 　　　　　　　　　　B. >0.75

C. >0.85 　　　　　　　　　　D. >1

11. 岩石按其成因不同,可将其分为(   )三大类。

A. 岩浆岩、沉积岩、变质岩　　　B. 花岗石、大理石、石灰岩
C. 火成岩、水成岩、砂岩　　　　D. 花岗石、大理石、玄武岩

12. 花岗石具有的优点是（　　　）。
    Ⅰ. 耐磨性好　Ⅱ. 耐久性高　Ⅲ. 耐酸性好　Ⅳ. 耐火性好
    A. Ⅰ、Ⅱ　　　　　　　　　　B. Ⅰ、Ⅱ、Ⅲ
    C. Ⅰ、Ⅱ、Ⅳ　　　　　　　　D. Ⅰ、Ⅱ、Ⅲ、Ⅳ

13. 下列四种岩石中,耐火性最差的是（　　　）。
    A. 石灰岩　　　　　　　　　　B. 大理石
    C. 玄武岩　　　　　　　　　　D. 花岗石

14. 我国石材的强度等级共分为（　　　）。
    A. 6 级　　　　　　　　　　　B. 7 级
    C. 8 级　　　　　　　　　　　D. 9 级

15. MU15 代表石材的（　　　）。
    A. 抗压强度平均值≥15MPa
    B. 抗压强度标准值≥15MPa
    C. 抗折强度平均值≥15MPa
    D. 抗折强度标准值≥15MPa

16. 下列四种岩石中,耐久性最好的是（　　　）。
    A. 花岗石　　　　　　　　　　B. 硅质砂岩
    C. 石灰岩　　　　　　　　　　D. 石英岩

17. 高铝水泥使用时,（　　　）与硅酸盐水泥或石灰混杂使用。
    A. 严禁　　　　　　　　　　　B. 适宜
    C. 可以　　　　　　　　　　　D. 不可以

18. （　　　）中的三氧化硫的含量不得超过 4％。
    A. 普通硅酸盐水泥　　　　　　B. 矿渣硅酸盐水泥
    C. 火山灰质硅酸盐水泥　　　　D. 粉煤灰硅酸盐水泥

19. 沸煮法检验硅酸盐水泥的安定性时,主要检验的是（　　　）对安定性的影响。
    A. 游离氧化钙　　　　　　　　B. 氧化镁
    C. 游离氧化钙和氧化镁　　　　D. 石膏

20. 配制混凝土用砂、石应尽量使（　　）。

   A. 总表面积大些、总空隙率小些

   B. 总表面积大些、总空隙率大些

   C. 总表面积小些、总空隙率小些

   D. 总表面积小些、总空隙率大些

21. 按《土的工程分类标准》(GB/T 50145—2007)，细砾的粒组范围是（　　）。

   A. 20～60　　　　　　　　　B. 2～20

   C. 0.075～2　　　　　　　　D. 0.005～0.075

22. （　　）是指天然状态下土的单位体积的质量。

   A. 湿密度(ρ)　　　　　　　B. 干密度(ρ_d)

   C. 饱和密度(ρ_{sat})　　　　　D. 土粒相对密度(G_s)

23. （　　）是指土在 105～110℃ 烘至恒重时的质量与同体积的 4℃ 蒸馏水质量的比值。

   A. 湿密度(ρ)　　　　　　　　B. 干密度(ρ_d)

   C. 饱和密度(ρ_{sat})　　　　　　D. 土粒相对密度(G_s)

24. 土粒相对密度为土的三大实测指标之一，常用的测定方法是（　　）。

   A. 比重瓶法　　　　　　　　B. 环刀法

   C. 灌砂法　　　　　　　　　D. 灌水法

25. 塑性指数 I_P 在 $1 < I_P \leqslant 10$ 范围的土属于（　　）。

   A. 黏土(高塑性土)　　　　　B. 砂土(无塑性土)

   C. 粉土(低塑性土)　　　　　D. 粉质黏土(中塑性土)

26. 粒径大于 2mm 的颗粒质量超过总质量的 50% 的土，称为（　　）。

   A. 碎石土　　　　　　　　　B. 砂土

   C. 细粒土　　　　　　　　　D. 人工填土

27. 生石灰和消石灰的化学式分别为（　　）。

   A. $Ca(OH)_2$ 和 $CaCO_3$　　　B. CaO 和 $CaCO_3$

   C. CaO 和 $Ca(OH)_2$　　　　D. $Ca(OH)_2$ 和 CaO

28. 在下列几种无机胶凝材料中，属于气硬性的无机胶凝材料的是（　　）。

  A. 石灰、水泥、建筑石膏　　　B. 水玻璃、水泥、菱苦土

  C. 石灰、建筑石膏、菱苦土　　D. 沥青、石灰、建筑石膏

29. 不宜用于大体积混凝土工程的水泥是（　　）。

  A. 硅酸盐水泥　　　　　　　B. 矿渣硅酸盐水泥

  C. 粉煤灰硅酸盐水泥　　　　D. 火山灰质硅酸盐水泥

30. 配制有抗渗要求的混凝土时，不宜使用（　　）。

  A. 硅酸盐水泥　　　　　　　B. 普通硅酸盐水泥

  C. 矿渣硅酸盐水泥　　　　　D. 火山灰质硅酸盐水泥

31. 水泥安定性是指（　　）。

  A. 温度变化时，胀缩能力的大小

  B. 冰冻时，抗冻能力的大小

  C. 硬化过程中，体积变化是否均匀

  D. 拌合物中保水能力的大小

32. 对出厂日期超过 3 个月的过期水泥的处理办法是（　　）。

  A. 按原强度等级使用　　　　B. 降低使用

  C. 重新确定强度等级　　　　D. 判为废品

33. 在配制机场跑道混凝土时，不宜采用（　　）。

  A. 普通硅酸盐水泥　　　　　B. 矿渣硅酸盐水泥

  C. 硅酸盐水泥　　　　　　　D. 粉煤灰硅酸盐水泥

34. 通用水泥的储存期不宜过长，一般不超过（　　）。

  A. 一年　　　　　　　　　　B. 六个月

  C. 一个月　　　　　　　　　D. 三个月

35. 某工地实验室做混凝土抗压强度的所有试块尺寸均为 100mm×100mm×100mm，经标准养护条件下 28d 测起抗压强度值，下列叙述正确的是（　　）。

  A. 必须用标准立方体尺寸 150mm×150mm×150mm 重做

  B. 取其所有小试块中的最大强大度值

  C. 可乘以尺寸换算系数 0.95

  D. 可乘以尺寸换算系数 1.05

36. 以（   ）来划分混凝土的强度等级。

    A. 混凝土的立方体试件抗压强度

    B. 混凝土的立方体试件抗压强度标准值

    C. 混凝土的棱柱体抗压强度

    D. 混凝土的抗弯强度值

37. 在混凝土配合比设计中，选用合理砂率的主要目的是（   ）。

    A. 提高混凝土的强度　　　　B. 改善拌合物的和易性

    C. 节省胶凝材料　　　　　　D. 节省粗集料

38. 在下列因素中，影响混凝土耐久性最重要的是（   ）。

    A. 单位加水量　　　　　　　B. 集料配级

    C. 混凝土密实度　　　　　　D. 空隙特征

39. 为配制高强度混凝土宜使用的外加剂为（   ）。

    A. 早强剂　　B. 减水剂　　C. 缓凝剂　　D. 速凝剂

40. 混凝土的徐变是指（   ）。

    A. 在冲击荷载作用下产生的塑性变形

    B. 在瞬时荷载作用下产生的塑性变形

    C. 在振动荷载作用下产生的塑性变形

    D. 在长期荷载作用下产生的塑性变形

41. 混凝土配比设计的三个关键参数是（   ）。

    A. 水胶比、砂率、石子用量

    B. 水泥用量、砂率、单位用水量

    C. 水胶比、砂率、单位用水量

    D. 水胶比、砂子用量、单位用水量

42. 用于大体积混凝土或长距离运输的混凝土常用的外加剂是（   ）。

    A. 减水剂　　　　　　　　　B. 引气剂

    C. 早强剂　　　　　　　　　D. 缓凝剂

43. 混凝土拌合物的坍落度试验只适用于粗集料最大粒径（   ）mm 者。

    A. ≤80　　　　　　　　　　B. ≤60

C. ≤40　　　　　　　　　D. ≤20

44. 防止混凝土中钢筋锈蚀的主要措施是（　　）。

    A. 钢筋表面刷油漆　　　　B. 钢筋表面用碱处理

    C. 提高混凝土的密实度　　D. 加入阻锈剂

45. 涂在建筑物或构件表面的砂浆，可统称为（　　）。

    A. 砌筑砂浆　　　　　　　B. 抹面砂浆

    C. 混合砂浆　　　　　　　D. 防水砂浆

46. 混凝土强度主要取决于水泥强度和（　　）。

    A. 石子强度

    B. 砂子强度

    C. 掺合料强度

    D. 水泥石与集料表面的粘结强度

47. 对混凝土拌合物流动性起决定性作用的是（　　）。

    A. 水泥用量　　　　　　　B. 用水量

    C. 水胶比　　　　　　　　D. 水泥浆数量

48. 在混凝土配合比设计过程中，施工要求的坍落度主要用于确定（　　）。

    A. 混凝土的流动性　　　　B. 水胶比

    C. 用水量　　　　　　　　D. 混凝土早期强度

49. 下列仓库不是按保管条件分类的是（　　）。

    A. 封闭式仓库　　　　　　B. 半封闭式仓库

    C. 露天料场　　　　　　　D. 普通仓库

50. 袋装水泥储存 3 个月后强度降低（　　）。

    A. 10%～20%　　　　　　B. 20%～30%

    C. 30%～35%　　　　　　D. 35%～40%

二、多项选择题

1. 以下属于材料员职责的有（　　）。

    A. 周转材料管理

    B. 按时、准确完成采购任务

    C. 少用或不用施工余料

D. 准确、全面地做好各种统计报表

    E. 合理安排施工进度

2. 市政工程材料的体积密度与下列（   ）因素有关。

    A. 微观结构与组成　　　　　　B. 含水状态

    C. 内部构成状态　　　　　　　D. 抗冻性

    E. 材料大小

3. 按常压下水能否进入市政工程材料中，可将市政工程材料的孔隙分为（   ）。

    A. 开口孔　　　　　　　　　　B. 球形孔

    C. 闭口孔　　　　　　　　　　D. 非球形孔

    E. 半球形孔

4. 市政工程材料与水有关的性质有（   ）。

    A. 耐水性　　　　　　　　　　B. 抗剪性

    C. 抗冻性　　　　　　　　　　D. 抗渗性

    E. 体积密度

5. 下列岩石属于岩浆岩的有（   ）。

    A. 石灰岩　　　　　　　　　　B. 花岗石

    C. 玄武岩　　　　　　　　　　D. 大理石

    E. 石英岩

6. 下列岩石属于变质岩的有（   ）。

    A. 片麻岩　　　　　　　　　　B. 花岗石

    C. 石英岩　　　　　　　　　　D. 砂岩

    E. 玄武岩

7. 粗集料的质量要求包括（   ）。

    A. 最大粒径及级配　　　　　　B. 耐水性

    C. 有害杂质　　　　　　　　　D. 强度

    E. 抗冻性

8. 天然含水量是土的三大实测指标之一，常用的测定方法有（   ）。

    A. 比重瓶法　　　　　　　　　B. 烘干法

C. 虹吸筒法   D. 酒精燃烧法

  E. 筛分法

9. 土的天然密度是土的三大实测指标之一,常用的测定方法有（　　　）。

  A. 环刀法   B. 灌砂法

  C. 灌水法   D. 烘干法

  E. 酒精燃烧法

10. （　　　）是土的实测指标。

  A. 土天然密度(ρ) B. 土的含水量(w)

  C. 孔隙比(e) D. 土粒相对密度(G_s)

  E. 干密度(ρ_d)

11. 掺活性混合材料的硅酸盐水泥的共性是（　　　）。

  A. 早期强度低,后期强度增长快

  B. 适合蒸汽养护

  C. 水化热小

  D. 耐腐蚀性较好

  E. 密度较小

12. 高铝水泥主要适用于（　　　）工程中。

  A. 紧急抢修   B. 抗硫酸盐腐蚀

  C. 大体积   D. 高湿环境

  E. 高温环境

13. 矿渣硅酸盐水泥适用于（　　　）的混凝土工程。

  A. 抗渗性要求较高   B. 早期强度要求较高

  C. 大体积   D. 耐热

  E. 软水侵蚀

14. 防止水泥石腐蚀的措施有（　　　）。

  A. 合理选用水泥品种   B. 提高密实度

  C. 提高 C_3S 含量   D. 提高 C_3A 含量

  E. 表面加做保护层

15. 下列水泥中不宜用于大体积混凝土工程、化学侵蚀及海水侵蚀工程的有( )。

A. 硅酸盐水泥
B. 普通硅酸盐水泥
C. 矿渣硅酸盐水泥
D. 火山灰质硅酸盐水泥
E. 粉煤灰硅酸盐水泥

16. 水泥的质量标准有( )。

A. 细度
B. 含泥量
C. 胶结程度
D. 体积安定性
E. 强度

17. 特种混凝土包括( )。

A. 轻集料混凝
B. 碾压混凝土
C. 热拌混凝土
D. 防水混凝土
E. 轻质混凝土

18. 依据提供资料,普通混凝土配合比的设计步骤为( )。

A. 计算混凝土试配强度
B. 计算水胶比
C. 选用单位用水量
D. 确定养护条件、方式
E. 选择合理砂率,确定砂、石单位用量

19. 钢筋混凝土结构,除对钢筋要求有较高的强度外,还应具有一定的( )。

A. 弹性
B. 塑性
C. 韧性
D. 冷弯性
E. 可焊性

20. 混凝土经碳化作用后,性能变化有( )。

A. 可能产生微细裂缝
B. 抗压强度提高
C. 弹性模量增大
D. 可能导致钢筋锈蚀
E. 抗拉强度降低

21. 砂浆的和易性包括( )。

A. 流动性
B. 保水性
C. 黏聚性
D. 稠度

E. 含水率

22. 常用的普通抹面砂浆有（　　　）等。
　　A. 石灰砂浆　　　　　　　　B. 水泥砂浆
　　C. 混合砂浆　　　　　　　　D. 砌筑砂浆
　　E. 抹面砂浆

23. 钢筋经冷拉及时效处理后,其性质将产生变化的是（　　　）。
　　A. 屈服强度提高　　　　　　B. 塑性提高
　　C. 冲击韧性降低　　　　　　D. 抗拉强度提高
　　E. 塑性降低

24. 低合金结构钢具有（　　　）等性能。
　　A. 较高的强度　　　　　　　B. 较好的塑性
　　C. 较好的可焊性　　　　　　D. 较好的抗冲击韧性
　　E. 较好的冷弯性

25. 热拌沥青混合料的技术性质有（　　　）。
　　A. 施工和易性　　　　　　　B. 高温稳定性
　　C. 低温抗裂性　　　　　　　D. 耐久性
　　E. 抗滑性

26. 在下列建筑给水的管材及管件中,属于金属管材及管件的有（　　　）。
　　A. 给水钢管及管件　　　　　B. 给水铸铁管及管件
　　C. 给水塑料管及管件　　　　D. 给水不锈钢管及管件
　　E. 给水铜管及管件

27. 材料发放应遵循（　　　）的原则。
　　A. 先进先出　　　　　　　　B. 及时、准确
　　C. 面向生产　　　　　　　　D. 为生产服务
　　E. 保证生产正常进行

28. 限额领料的依据主要有（　　　）。
　　A. 材料消耗定额
　　B. 材料使用者承担的工程量或工作量
　　C. 施工中必须采取的技术措施

D. 施工方法

E. 施工定额

29. 按机具设备的价值和使用期划分,施工设备可分为(　　)。

A. 固定资产设备　　　　　　B. 专用机具

C. 低值易耗机具　　　　　　D. 消耗性机具

E. 通用机具

30. 按材质属性的不同,周转材料可分为(　　)。

A. 钢制品　　　　　　　　　B. 木制品

C. 竹制品　　　　　　　　　D. 胶合板

E. 模版

三、判断题

1. 软化系数越大的市政工程材料,其耐水性能越差。(　　)

2. 某些市政工程材料虽然在受力初期表现为弹性,达到一定程度后表现出塑性特征,这类市政工程材料称为塑性市政工程材料。(　　)

3. 在空气中吸收水分的性质称为市政工程材料的吸水性。(　　)

4. 花岗石属于火成岩。(　　)

5. 石材按其抗压强度共分为 MU100、MU80、MU 60、MU 50、MU40、MU30、MU20、MU15、MU10 九个强度等级。(　　)

6. 固相+气相(液相=0)为干土时,黏土呈干硬状态。(　　)

7. 对于粗粒土,即粒径大于 0.074mm 的土,用沉降分析法直接测定;对于粒径小于 0.074mm 的土,用筛分法。(　　)

8. 用沸煮法可以全面检验硅酸盐水泥的体积安定性是否良好。(　　)

9. 六大通用硅酸盐水泥中,矿渣硅酸盐水泥的耐热性最好。(　　)

10. 硅酸盐水泥中含有游离 CaO、游离 MgO 和过多的石膏都会造成水泥体积安定性不良。(　　)

11. 引气剂加入混凝土中,其产生的微小气泡对混凝土施工性能

有利。（　　）

12. 干硬性混凝土的流动性以坍落度表示。（　　）

13. 在其他原材料相同的情况下，混凝土中的水泥用量愈多混凝土的密实度和强度愈高。（　　）

14. 市政工程中的碳素结构钢主要是中碳钢。（　　）

15. 钢材冷拉是指在常温下将钢材拉断，以伸长率作为性能指标。（　　）

16. 煤沥青的温度敏感性比石油沥青的大。（　　）

17. 随沥青用量增大时，沥青混合料黏聚力和内摩阻力也增大。（　　）

18. 沥青混合料在其他条件相同的情况下，沥青混合料的黏聚力随沥青黏度的提高而增大，使其具有较高的抗剪强度。（　　）

19. 同时存放砂和石，则砂石之间必须砌筑高度不低于 2m 的隔墙。（　　）

20. 永续盘点是指对库房内每日有变动（增加或减少）的材料，当日复查一次，即当天对有收入或发出的材料，核对账、卡、物是否对口。（　　）

模拟试卷 B

一、单项选择题

1. 材料员的工作职责中材料采购验收的职责不包括(　　)。

A. 负责收集材料、设备的价格信息,参与供应单位的评价、选择

B. 负责材料、设备进场后的接收、发放、储存管理

C. 负责材料、设备的选购,参与采购合同的管理

D. 负责进场材料、设备的验收和抽样复检

2. 以下不属于材料员应具备的专业技能的是(　　)。

A. 能够分析建筑材料市场信息,进行材料、设备的计划与采购

B. 能够对危险物品进行安全管理

C. 能够参与材料、设备的成本核算

D. 负责材料、设备的盘点、统计

3. 材料员应具备的通用知识有(　　)。

A. 熟悉国家工程建设相关法律法规

B. 了解建筑力学的基本知识

C. 掌握物资管理的基本知识

D. 熟悉与本岗位相关的标准和管理规定

4. 市政工程材料在空气中能吸收空气中水分的能力称为(　　)。

A. 吸水性 　　　　　　　B. 吸湿性

C. 耐水性 　　　　　　　D. 渗透性

5. 市政工程材料的耐水性指市政工程材料(　　)而不破坏,其强度也不显著降低的性质。

A. 在水作用下 　　　　　B. 在压力水作用下

C. 长期在饱和水作用下 　D. 长期在湿气作用下

6. 增大市政工程材料的孔隙率,则其抗冻性能将(　　)。

A. 不变 　　　　　　　　B. 提高

C. 降低　　　　　　　　　　　　　D. 不一定

7. 混凝土抗冻等级 F20 中的 20 是指（　　　）。

　　A. 承受冻融的最大次数是 20 次

　　B. 冻结后在 20℃ 的水中融化

　　C. 最大冻融次数后质量损失率不超过 20%

　　D. 最大冻融次数后强度损失率不超过 20%

8. 市政工程材料的抗渗性是指市政工程材料抵抗（　　　）渗透的能力。

　　A. 水　　　　　　　　　　　　　B. 潮气

　　C. 压力水　　　　　　　　　　　D. 饱和水

9. 在混凝土用砂量不变的条件下, 砂的细度模数越小, 说明（　　　）。

　　A. 该混凝土细集料的总表面积增大, 水泥用量提高

　　B. 该混凝土细集料的总表面积减小, 可节约水泥

　　C. 该混凝土用砂的颗粒级配不良

　　D. 该混凝土用砂的颗粒级配良好

10. 砂子的颗粒直径在（　　　）之间。

　　A. 0.1~2.0mm　　　　　　　　　B. 0.1~3.0mm

　　C. 2.0~5.0mm　　　　　　　　　D. 0.1~5.0mm

11. 在工程中, 常用（　　　）来作为人工填土压实的控制指标。

　　A. 湿密度（ρ）　　　　　　　　B. 干密度（ρ_d）

　　C. 饱和密度（ρ_{sat}）　　　　　D. 土粒相对密度（G_s）

12. 黏性土的稠度状态是软塑状态, 则其液性指数 I_L 为（　　　）。

　　A. $I_L<0$　　　　　　　　　　　B. $0<I_L<0.5$

　　C. $0.5\leqslant I_L<1.0$　　　　　D. $I_L\geqslant 1.0$

13. 粒径大于 2mm 的颗粒质量不超过总质量的 50%, 且塑性指数 I_P 不大于 1 的土称为（　　　）。

　　A. 碎石土　　　　　　　　　　　B. 砂土

　　C. 细粒土　　　　　　　　　　　D. 人工填土

14. 生石灰消解反应的特点是（　　　）。

A. 放出大量热且体积大大膨胀

    B. 吸收大量热且体积大大膨胀

    C. 放出大量热且体积收缩

    D. 吸收大量热且体积收缩

15. 消石灰粉使用前应进行陈伏处理是为了（　　）。

    A. 有利于硬化　　　　　　　B. 消除过火石灰的危害

    C. 提高浆体的可塑性　　　　D. 使用方便

16. 为了保持石灰的质量，应使石灰储存在（　　）。

    A. 潮湿的空气中　　　　　　B. 干燥的环境中

    C. 水中　　　　　　　　　　D. 蒸汽的环境中

17. 下列各项中，不是影响硅酸盐水泥凝结硬化的因素的是
（　　）。

    A. 熟料矿物成分含量、水泥细度、用水量

    B. 环境温湿度、硬化时间

    C. 水泥的用量与体积

    D. 石膏掺量

18. 矿渣硅酸盐水泥比硅酸盐水泥抗硫酸盐腐蚀能力强的原因是
由于矿渣硅酸盐水泥（　　）。

    A. 水化产物中氢氧化钙较少

    B. 水化反应速度较慢

    C. 水化热较低

    D. 熟料相对含量减少，因而其水化产物中氢氧化钙和水化铝
酸钙都较少

19. 下列四种水泥，在采用蒸汽养护制作混凝土制品时，应选用
（　　）。

    A. 普通硅酸盐水泥　　　　　B. 矿渣硅酸盐水泥

    C. 硅酸盐水泥　　　　　　　D. 矾土水泥

20. 水泥强度试体养护的标准环境是（　　）。

    A. $(20＋3)℃$，95％相对湿度的空气

    B. $(20＋1)℃$，95％相对湿度的空气

C. (20+3)℃的水中

D. (20+1)℃的水中

21. 硅酸盐水泥初凝时间不得早于（　　　　）。

    A. 45min   B. 30min

    C. 60min   D. 90min

22. 有硫酸盐腐蚀的混凝土工程应优先选择（　　　　）硅酸盐水泥。

    A. 硅酸盐   B. 普通

    C. 矿渣   D. 高铝

23. 有耐热要求的混凝土工程,应优先选择（　　　　）硅酸盐水泥。

    A. 硅酸盐   B. 矿渣

    C. 火山灰   D. 粉煤灰

24. 有抗冻要求的混凝土工程,在下列水泥中应优先选择（　　　　）硅酸盐水泥。

    A. 矿渣   B. 火山灰

    C. 粉煤灰   D. 普通

25. 用蒸汽养护加速混凝土硬化,宜选用（　　　　）硅酸盐水泥。

    A. 硅酸盐   B. 高铝

    C. 矿渣   D. 低热

26. 混凝土是（　　　　）。

    A. 完全弹性体材料   B. 完全塑性体材料

    C. 弹塑性体材料   D. 不好确定

27. 混凝土强度的影响因素是（　　　　）。

    Ⅰ. 坍落度   Ⅱ. 水胶比   Ⅲ. 水泥品种   Ⅳ. 水泥强度

    A. Ⅰ、Ⅲ、Ⅳ   B. Ⅱ、Ⅲ、Ⅳ

    C. Ⅲ、Ⅳ   D. Ⅱ、Ⅳ

28. 提高混凝土拌合物的流动性,但又不降低混凝土的强度的措施为以下4条中的（　　　　）。

    Ⅰ. 增加用水量   Ⅱ. 采用合理砂率

    Ⅲ. 掺加减水剂

    Ⅳ. 保持水胶比不变,增加胶凝材料用量

A. Ⅰ、Ⅱ、Ⅲ   B. Ⅱ、Ⅲ、Ⅳ

C. Ⅰ、Ⅲ、Ⅳ   D. Ⅰ、Ⅱ、Ⅲ、Ⅳ

29. 混凝土的碱—集料反应必须具备（   ）可能发生。

    Ⅰ. 混凝土中水泥和外加剂总含碱量偏高

    Ⅱ. 使用了活性集料

    Ⅲ. 混凝土是在有水条件下使用

    Ⅳ. 混凝土是在干燥条件下使用

    A. Ⅰ、Ⅱ、Ⅳ   B. Ⅰ、Ⅱ、Ⅲ

    C. Ⅰ、Ⅱ   D. Ⅱ、Ⅲ

30. 下列有关坍落度的叙述不正确的是（   ）。

    A. 坍落度是表示塑性混凝土拌合物流动性的指标

    B. 干硬性混凝土拌合物的坍落度小于 10mm 切须用维勃稠度(s)表示其稠度

    C. 泵送混凝土拌合物的坍落度不低于 100mm

    D. 在浇筑板、梁和大型及中型截面的柱子时,混凝土拌合物的坍落度宜选 70~90mm

31. 石油沥青的牌号是由三个指标组成的,下列指标中的（   ）指标与划分牌号无关。

    A. 针入度   B. 延度

    C. 塑性   D. 软化点

32. 以下关于沥青的说法错误的是（   ）。

    A. 沥青的牌号越大,则其针入度值越大

    B. 沥青的针入度值越大,则其黏性越大

    C. 沥青的延度越大,则其塑性越大

    D. 沥青的软化点越低,则其温度稳定性越差

33. 沥青是一种有机胶凝材料,以下不属于沥青性能的是（   ）。

    A. 粘结性   B. 塑性

    C. 憎水性   D. 导电性

34. 不同性质的矿粉与沥青的吸附力是不同的,（   ）易与石油沥青产生较强的吸附力。

A. 石灰石粉   B. 石英砂粉

C. 花岗石粉   D. 石棉粉

35. 沥青混合料路面的抗滑性与矿质混合料的表面性质有关,选用(　　)的石料与沥青有较好的黏附性。

A. 酸性   B. 碱性

C. 中性   D. 强酸性

36. 通常采用马歇尔稳定度和流值作为评价沥青混合料的(　　)主要技术指标。

A. 施工和易性   B. 高温稳定性

C. 低温抗裂性   D. 耐久性

37. 沥青混合料的粗集料要求洁净、干燥、无风化、无杂质,并且具有足够的强度和(　　)。

A. 体积密度   B. 表面粗糙

C. 耐磨性   D. 石料压碎指标

38. 下列四种市政工程用排水管道,属于柔性管的是(　　)。

A. 塑料管   B. 铸铁管

C. 混凝土管   D. 陶制管

39. 制管用的混凝土强度不得低于(　　)。

A. C25   B. C30

C. C35   D. C40

40. 在抹面砂浆中掺入纤维材料可以改变砂浆的(　　)。

A. 抗压强度   B. 抗拉强度

C. 保水性   D. 分层度

41. 钢的化学成分除铁、碳外,还有其他元素,下列元素中属于有害杂质的是(　　)。

Ⅰ. 磷   Ⅱ. 锰   Ⅲ. 硫   Ⅳ. 氧

A. Ⅰ、Ⅱ、Ⅲ   B. Ⅱ、Ⅲ、Ⅳ

C. Ⅰ、Ⅲ、Ⅳ   D. Ⅰ、Ⅱ、Ⅳ

42. 关于高密度聚乙烯管,下列叙述正确的是(　　)。

A. 不结垢,不滋生细菌,摩擦损失小

B. 化学稳定性差

C. 抗冲击性能低

D. 使用寿命短

43. 在下列建筑给水的管材及管件中,不属于金属管材及管件的是(　　)。

　　A. 给水钢管及管件　　　　　B. 给水铸铁管及管件

　　C. 给水塑料管及管件　　　　D. 给水不锈钢管及管件

44. 下列关于钢管的叙述正确的是(　　)。

　　A. 不耐高压　　　　　　　　B. 质量较大

　　C. 不耐振动　　　　　　　　D. 耐腐蚀性差

45. 采用硅酸盐水泥或矿渣硅酸盐水泥拌制的混凝土浇水养护时间不得少于(　　)。

　　A. 6d　　　　　　　　　　　B. 7d

　　C. 8d　　　　　　　　　　　D. 9d

46. 在保证混凝土质量的前提下,影响混凝土和易性的主要因素之一是(　　)。

　　A. 水泥强度等级　　　　　　B. 水泥种类

　　C. 砂的粗细程度　　　　　　D. 水泥浆稠度

47. 掺用引气剂后混凝土的(　　)显著提高。

　　A. 强度　　　　　　　　　　B. 抗冲击性

　　C. 弹性模量　　　　　　　　D. 抗冻性

48. 减水剂的技术经济效果能够(　　)。

　　A. 保持强度不变,节约水泥用量 5%～20%

　　B. 提高混凝土早期强度

　　C. 提高混凝土抗冻融耐久性

　　D. 减少混凝土拌合物泌水离析现象

49. 下列不属于材料堆码应遵循的原则的是(　　)。

　　A. 合理　　　　　　　　　　B. 牢固

　　C. 稳定　　　　　　　　　　D. 节约和便捷

50. 刚开始受潮的水泥的处理方法是(　　)。

A. 正常使用

B. 用于要求不严格的工程部位

C. 与干燥水泥混合使用

D. 不能使用

二、多项选择题

1. 下列属于材料员应具备的专业技能有（　　　）。

 A. 能够参与编制材料、设备配置管理计划

 B. 能够分析建筑材料市场信息，并进行材料、设备的计划与采购

 C. 能够建立材料、设备的统计台账

 D. 能够编制、收集、整理施工材料、设备资料

 E. 掌握建筑材料验收、存储、供应的基本知识

2. 影响市政工程材料的吸湿性的因素有（　　　）。

 A. 市政工程材料的组成　　　　B. 微细孔隙的含量

 C. 耐水性　　　　　　　　　　D. 市政工程材料的微观结构

 E. 市政工程材料的密度

3. 影响市政工程材料的冻害因素有（　　　）。

 A. 孔隙率　　　　　　　　　　B. 开口孔隙率

 C. 导热系数　　　　　　　　　D. 孔的充水程度

 E. 空隙率

4. 市政工程材料的力学性质主要有（　　　）。

 A. 耐水性　　　　　　　　　　B. 强度

 C. 弹性　　　　　　　　　　　D. 塑性

 E. 密度

5. 下列属于天然石材缺点的有（　　　）。

 A. 抗拉强度低　　　　　　　　B. 抗压强度低

 C. 自重大　　　　　　　　　　D. 加工、运输较困难

 E. 价格较高

6. 下列岩石属于沉积岩的有（　　　）。

 A. 石灰岩　　　　　　　　　　B. 花岗石

C. 玄武岩   D. 砂岩

  E. 大理石

7. 花岗石具有（ ）等特性。

  A. 孔隙率小,吸水率低   B. 化学稳定性好

  C. 耐酸性能差   D. 结构致密,抗压强度高

  E. 耐高温

8. 下列关于普通混凝土集料的说法正确的有（ ）。

  A. 良好的砂子级配应有较多的中颗粒

  B. 混凝土配合比以天然干砂的质量参与计算

  C. 在规范范围内,石子最大粒径选用较大为宜

  D. C60 混凝土的碎石集料应进行岩石抗压强度检验

  E. 合理的集料级配可有效节约水泥用量

9. 土粒度成分常用的表示方法有（ ）。

  A. 筛分法   B. 表格法

  C. 沉降分析法   D. 累计曲线法

  E. 三角坐标法

10. 土粒相对密度为土的三大实测指标之一,常用的测定方法有

  （ ）。

  A. 比重瓶法   B. 烘干法

  C. 虹吸筒法   D. 酒精燃烧法

  E. 浮称法

11. 属于稳定土稳定剂的是（ ）。

  A. 土质   B. 石灰

  C. 水泥   D. 粉煤灰

  E. 水

12. 硅酸盐水泥腐蚀的基本原因是（ ）。

  A. 含过多的游离 CaO B. 水泥石存在 $Ca(OH)_2$

  C. 掺石膏过多   D. 水泥石本身不密实

  E. 水泥石存在水化铝酸钙

13. 目前常用的膨胀水泥有（ ）。

A. 硅酸盐膨胀水泥　　　　　B. 低热微膨胀水泥

C. 硫铝酸盐膨胀水泥　　　　D. 自应力水泥

E. 中热膨胀水泥

14. 快硬硫铝酸盐水泥主要适于（　　　）工程中。

A. 紧急抢修　　　　　　　　B. 低温施工

C. 大体积　　　　　　　　　D. 有硫酸盐腐蚀的工程

E. 耐热要求

15. 影响硅酸盐水泥强度的主要因素包括（　　　）。

A. 熟料组成　　　　　　　　B. 水泥细度

C. 储存时间　　　　　　　　D. 养护条件

E. 龄期

16. 在胶凝材料用量不变的情况下,提高混凝土强度的措施有

（　　　）。

A. 采用高强度等级水泥　　　B. 降低水胶比

C. 提高浇筑速度　　　　　　D. 提高养护温度

E. 掺入缓凝剂

17. 混凝土的耐久性通常包括（　　　）。

A. 抗冻性　　　　　　　　　B. 抗渗性

C. 抗老化性　　　　　　　　D. 抗侵蚀性

E. 抗碳化性

18. 混凝土配筋的防锈措施,施工中可考虑（　　　）。

A. 限制水灰比和水泥用量　　B. 保证混凝土的密实性

C. 加大保护层厚度　　　　　D. 加大配筋量

E. 钢筋表面刷防锈漆

19. 连续级配的沥青混合料按其压实后的剩余空隙率,可分为

（　　　）级配沥青混合料。

A. 密实式　　　　　　　　　B. 半开式

C. 开式　　　　　　　　　　D. 半密实式

E. 封闭式

20. 煤沥青的主要组分有（　　　）。

A. 油分
B. 沥青质
C. 树脂
D. 游离碳
E. 石蜡

21. 沥青混合料耐久性常用(   )评价。

A. 浸水马歇尔试验
B. 真空饱和马歇尔试验
C. 强度的实验
D. 马歇尔稳定度试验
E. 马歇尔稳定度和流值试验

22. 砂浆的技术性质有(   )。

A. 砂浆的和易性
B. 砂浆的强度
C. 砂浆粘结力
D. 砂浆的变形性能
E. 砂浆的耐久性

23. 混凝土小型空心砌块用干混砌筑砂浆的技术要求有(   )。

A. 抗压强度
B. 抗冻性
C. 密度
D. 稠度
E. 分层度

24. (   )使用时需要进行和易性检测。

A. 砌筑砂浆
B. 抹面砂浆
C. 干混砂浆
D. 干粉砂浆
E. 装饰砂浆

25. 钢筋混凝土结构除对钢筋要求有较高的强度外,还应具有一定的(   )。

A. 弹性
B. 塑性
C. 韧性
D. 冷弯性
E. 可焊性

26. 建筑钢材中可直接用作预应力钢筋的有(   )。

A. 冷拔低碳钢丝
B. 冷拉钢筋
C. 热轧 I 级钢筋
D. 碳素钢丝
E. 钢绞线

27. 按焊缝形状的不同,焊接钢管有(   )。

A. 电焊管
B. 直缝焊管

C. 炉焊管　　　　　　　　　　D. 螺旋焊管

　　E. 气焊管

28. 限额领料主要有(　　　)的方式。

　　A. 按分项工程限额领料　　　B. 按分层分段限额领料

　　C. 按工程部位限额领料　　　D. 按单位工程限额领料

　　E. 按分部工程限额领料

29. 按照检查性质的不同,监督检查可分为(　　　)。

　　A. 日常检查　　　　　　　　B. 监督抽样检测

　　C. 举报现场检查　　　　　　D. 专项(综合)检查

　　E. 专项监督抽检

30. 仓库按储存材料的种类可以分为(　　　)。

　　A. 综合性仓库　　　　　　　B. 专业性仓库

　　C. 普通仓库　　　　　　　　D. 特种仓库

　　E. 封闭式仓库

三、判断题

1. 吸水率小的市政工程材料,其孔隙率一定小。(　　　)

2. 在市政工程材料进行抗压试验时,小试件中较大试件的试验结果偏大。(　　　)

3. 把某种有孔的市政工程材料,置于不同湿度的环境中,分别测得其表观密度,其中以干燥条件下的表观密度最小。(　　　)

4. 沉积岩是由于地壳内部熔融岩浆上升冷却而成的岩石。(　　　)

5. 石材属于典型的脆性材料。(　　　)

6. 土由固体土粒、液体水和气体三部分组成,通常称之为土的三相组成。(　　　)

7. 一般认为,不均匀系数 $C_u < 5$ 时,称为均粒土,其级配不良;$C_u \geq 5$ 的土为非均粒土,其级配良好。(　　　)

8. 土的结构紧密,土粒质量多,土的密度值就大,孔隙率小。因此,在工程中,常用它来作为人工填土压实的控制指标。(　　　)

9. 火山灰质硅酸盐水泥不宜用于有抗冻、耐磨要求的工程。(　　　)

10. 在大体积混凝土中,应优先选用硅酸盐水泥。( )

11. 混凝土中水泥用量越多,徐变越大。( )

12. 在结构尺寸及施工条件允许下,尽可能选择较大粒径的粗集料,这样可以节约胶凝材料用量。( )

13. 混凝土抗压强度值等同于强度等级。( )

14. 屈服强度的大小表明钢材塑性变形能力。( )

15. 与伸长率一样,冷弯性能也可表明钢材的塑性大小。( )

16. 石油沥青的黏滞性用针入度表示,针入度值的单位是"mm"。( )

17. 软化点小的沥青,其抗老化能力较好。( )

18. 矿料的表面积越大,沥青混合料的黏聚力就越高。( )

19. 第一类危险源是指造成约束、限制能量和危险物质措施失控的各种不安全因素的危险源。( )

20. 材料维护保养工作,必须坚持"预防为主,防治结合"的原则。( )

参 考 文 献

[1]《建筑材料工程》编委会. 建筑工程材料[M]. 北京:中国建筑工业出版社,2004.

[2]《市政材料员一本通》编委会. 市政材料员一本通[M]. 北京:中国建筑工业出版社,2010.

[3] 魏鸿汉. 建筑材料[M]. 北京:中国建筑工业出版社,2007.

[4] 洪向道. 新编常用建筑材料手册[M]. 北京:中国建筑工业出版社,2006.

[5] 柯国军. 土木工程材料[M]. 北京:北京大学出版社,2006.

[6] 郑超荣. 土建材料标准速查与选用指南[M]. 北京:中国建材工业出版社,2011.

中国建材工业出版社
China Building Materials Press

我 们 提 供

图书出版、图书广告宣传、企业/个人定向出版、设计业务、企业内刊等外包、代选代购图书、团体用书、会议、培训，其他深度合作等优质高效服务。

编 辑 部	图书广告	出版咨询	图书销售	设计业务
010-68343948	010-68361706	010-68343948	010-88386906	010-68361706

邮箱：jccbs-zbs@163.com　　网址：www.jccbs.com.cn

发展出版传媒　　服务经济建设

传播科技进步　　满足社会需求